化工工人岗位培训教材

化工单元操作过程

第二版

闫 晔　刘佩田　主编

化学工业出版社

·北 京·

本书是根据国家有关标准，结合化工企业的需要而编写的技术工人培训教材。

本书介绍了化工单元操作的基本原理、典型设备和计算，内容包括流体流动、液体输送机械、气体压缩和输送机械、流体与粒子间相对运动的过程、传热原理及传热设备、蒸发、蒸馏、吸收、干燥、液-液萃取、结晶、膜分离技术和冷冻。每章前给出了培训目标，章后给出了习题并在书后附有答案，便于培训和自学。

本书可作为化工企业技术工人的培训教材，也可供非化工专业人员和生产管理部门人员学习和参考。

图书在版编目（CIP）数据

化学单元操作过程/闫晔，刘佩田主编．—2版．—北京：化学工业出版社，2008.7（2020.6重印）

化工工人岗位培训教材

ISBN 978-7-122-03037-5

Ⅰ.化…　Ⅱ.①闫…②刘…　Ⅲ.化工单元操作-技术培训-教材　Ⅳ.TQ02

中国版本图书馆CIP数据核字（2008）第096702号

责任编辑：刘　哲　周国庆　　文字编辑：张　艳
责任校对：陶燕华　　装帧设计：尹琳琳

出版发行：化学工业出版社（北京市东城区青年湖南街13号　邮政编码100011）
印　　装：北京盛通数码印刷有限公司
850mm×1168mm　1/32　印张14½　字数408千字　2020年6月北京第2版第8次印刷

购书咨询：010-64518888　　售后服务：010-64518899
网　　址：http://www.cip.com.cn
凡购买本书，如有缺损质量问题，本社销售中心负责调换。

定　　价：35.00元　

第二版前言

《化工单元操作过程》第一版于2004年9月由化学工业出版社出版发行，受到广大读者的欢迎。经过几年的使用，针对教材中的问题，我们征求了部分使用者的意见和建议，并结合企业技术工人培训的实际需求，决定对第一版进行修改补充。

本书第二版在原有常见的化工单元操作的基础上，删除了“新型分离技术”一章，将其中的“超临界萃取”放在萃取单元操作中，单独设置了“膜分离技术”单元，并增加了冷冻单元的内容，使单元操作的划分更为科学、合理。每章学习内容前增加了“本章培训目标”，使学习者明确学习目标和要求。在每章后配有大量复习思考题，题型包括判断题、选择题、填空题、问答题、计算题等，形式多样，知识点覆盖全面，便于学习者自主学习、复习，使本书在工人培训中更具使用价值。主要计量单位换算、常用物性参数、典型设备规格型号等内容则被收集在附录中，便于读者根据生产实际情况参考使用。

本书在表述方面注意语言简洁，图表清晰，物理量单位统一规范，专业术语、名词、符号符合规定。在每单元的内容修订中，考虑到对中级技术工人的理论和操作要求，重点突出了基本原理、基本计算和典型设备的操作、维护，删减了理论性较强的推导和计算以及应用较少的技术和设备，注重结论，贴近实际，具有实用价值。

本书共分13章。其中，绪论、第1章、第7章、第8章、第13章及附录由刘佩田编写，第2章、第3章、第4章由吕春莲编写，第5章、第6章、第9～12章由闫晔编写，全书由闫晔统稿。

由于编者水平有限，加之时间仓促，书中难免有不妥之处，恳请读者批评指正。

编　者

第一版前言

为适应市场经济发展和行业发展对职工教育培训的需要，积极配合化工企业技术工人进行职业技能鉴定及培训，提高工人理论知识水平和操作技能，根据国家有关部门职业技能鉴定标准，结合化工企业技术工人的现状，化学工业出版社组织了一套《化工工人岗位培训教材》，包括《化学基础》、《化工工艺基础》、《机械基础》、《化工安全技术基础》、《化工单元操作过程》、《化工电气》、《化工仪表》和《化工分析》。

本书为《化工单元操作过程》。全书针对化工各个单元的操作，分别介绍了其基本原理、典型设备和计算方法。在编写过程中，我们多次学习讨论了《化工特有工种职业技能鉴定规范》（讨论稿）和最新化工特有职业技能鉴定的有关精神，对其内容范围和深浅程度有了充分的理解，在写作上兼顾高级技术工人在操作技能上的差别及其在基本技术理论知识上的共性，并考虑成人学习的特点，注重理论联系实际，紧紧围绕化工生产的实际和检修维护的特点，由浅入深、由易到难地提出问题、分析问题、解决问题，列举了生产和计算实例。

本书在文字表述方面注意做到用语通俗易懂、图表清晰、术语、名词及符号符合新规定。在内容方面删减了部分目前化工企业生产中已淘汰的工艺、设备等方面的内容，增加了近年来在化工企业生产中采用的新标准、新技术、新工艺、新设备等方面的内容。

本教材的绪论、第1章、第7章、第8章由北京市化工学校刘佩田编写；第2章、第3章、第4章由北京市化工学校吕春莲编写；第5章、第6章、第9章、第10章、第11章、第12章由北京市化工学校闫晔编写。

由于编者水平有限，书中难免有不足之处，恳请读者提出宝贵意见。

编　者

2004年5月

目录

绪论

第7章 蒸馏 …………………………………… 201

第8章 吸收 …………………………………… 247

绪 论

本章培训目标

1. 熟知化工单元操作及研究对象。

2. 熟知常用的化工单元操作及遵循的基本规律。

3. 能进行常用物理量单位的换算；会查附录，逐步学会各种工程图表的使用方法。

0.1 化工单元操作及研究对象

用化工方法对原料进行加工处理成为产品的过程称为化工过程。化工过程千差万别，化工产品千千万万，但化工过程可以分为两类：一类是以化学反应为核心的化学反应过程，通常在化学反应器中进行；另一类是不进行化学反应的过程，不改变物料的化学性质，只改变其物理性质，这一类物理过程称为化工单元操作。化工单元操作具有如下特点：①它们都是物理过程，这些操作过程只改变物料的状态或其物理性质，并不改变其化学性质。②它们是化工生产中共有的操作。化工过程虽然差别很大，但它们都是由若干单元操作有机地组合而成的。③某一单元操作用于不同的化工生产过程，其原理是相同的，进行该单元操作的设备往往是通用的。

化工单元操作的研究对象就是化工生产中共通的部分，即化工单元操作的基本规律、基本计算、操作原理、典型设备的构造和操作等，本书的内容是讨论常用的一些单元操作。单元操作按其所遵循的规律分为如下四类。

(1) 流体动力传递过程

包括遵循流体流动规律的单元操作，如流体的输送、沉降、过滤、离心分离、固体流态化等。也称为动量传递过程。

(2) 热量传递过程

研究传热的基本规律及遵循传热基本规律的单元操作，如加热、冷却、蒸发等。也简称传热。

(3) 质量传递过程

研究质量传递过程的基本规律及遵循质量传递基本规律的单元操作，如蒸馏、吸收、萃取、膜分离等。也简称传质。

(4) 热力过程

遵循热力学定律的单元操作，如冷冻等。

化工单元操作的分类并不是绝对的，有些单元操作如干燥、结晶等同时遵循传热和传质的基本规律。

0.2 化工单元操作过程中的基本规律

单元操作的操作过程尽管比较复杂，但过程中遵循的是物料衡算、能量衡算、平衡关系和过程速率四个规律。下面扼要介绍这几个规律。

(1) 物料衡算

物料衡算的依据是质量守恒定律。化工过程中，向过程输入物料质量必等于从该过程输出物料质量和积累于该过程中物料质量之和。

输入物质质量＝输出物质质量＋累积物质质量

对于连续操作过程，各物料质量不随时间变化，即处于稳定操作状态时，过程中无物料累积，此时物料衡算关系为：

输入物质质量＝输出物质质量

物料衡算可以由过程的已知量求出未知量。进行物料衡算的步骤如下：

① 根据过程要求画出示意图，用箭头在图上标出物料的流向，将已知和所求标注在箭头旁边；

② 划定衡算范围，其边界要与待求的物流相交，这样所列的衡算式才包括所求的未知量；

③ 确定衡算基准，一般以时间、单位进料量或排除量及设备的单位体积等为基准；

④ 列出衡算式并求解。

【例 0-1】 连续操作的精馏塔将 15000kg/h 含苯 40％和甲苯 60％的混合液分离成为含苯 97％的馏出液和含甲苯 98％的残液(以上均为质量分数)。求馏出液和残液的流量。

解 如图虚线范围为精馏塔物料衡算范围，因连续操作，以每小时为衡算基准，列出衡算式求解。

全塔总物料衡算式 $15000=D+W$ ①

苯组分物料衡算式 $15000\times 40\%=D\times 97\%+W\times 2\%$ ②

联立方程①、②求解得

馏出液 $D=6000\text{kg/h}$

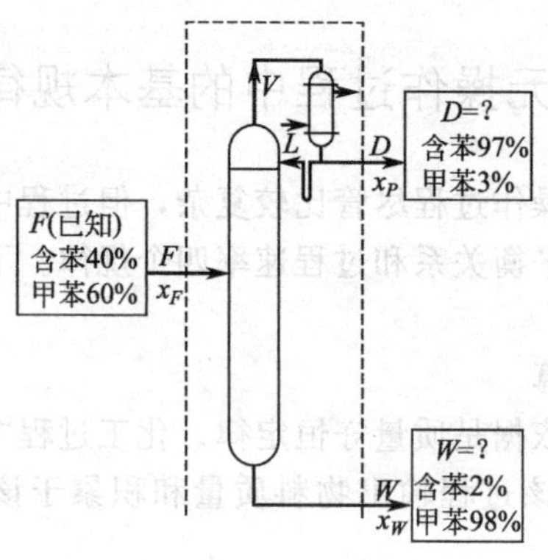

图 0-1　例 0-1 附图

残液　　　　　　$W=9000\text{kg/h}$

(2) 能量衡算

能量衡算的依据是能量守恒定律。在化工过程中，向过程输入的能量必等于从该过程中输出的能量。多数情况下化工过程涉及的能量为热量，能量衡算常为热量衡算。即

输入该过程总热量＝输出该过程总热量

应用热量衡算，可以了解生产过程中热量利用和损失情况，为生产和设计提供依据。进行热量衡算时，除要画出流程示意图、划定衡算范围、确定衡算基准外，还要确定出基准温度。一般选用0℃为基准温度。

(3) 平衡关系

自然界中的过程，总是一个由不平衡到平衡的过程。平衡关系可以用来判断过程能否进行以及进行的程度。平衡关系是设备设计的理论依据。平衡状态的建立都是在一定的条件下完成的，如在一定的温度和压力下二氧化碳溶解于水中直至达到饱和状态为止。当条件改变时，平衡溶解度发生变化，原有的平衡状态被破坏，平衡发生移动，直到在新条件下建立新的平衡。在生产过程中可以设置合理的操作条件，使平衡向有利于生产的方向移动。

(4) 过程速率

平衡关系只表明过程能否进行及过程进行的程度，而过程速率可以表明过程进行的快慢。一个过程由不平衡到平衡，速度相差很

大，有的很快，有的很慢。因此，在生产过程中过程速率非常重要，如果一个过程可以进行，但速率很慢，该过程在生产中无实用价值。过程速率可以近似表示如下：

过程速率＝过程推动力/过程阻力

对不同的过程，推动力和阻力的内容各不相同，其中过程的阻力较为复杂，将在有关章节中分别介绍。

0.3 单位制及单位换算

在化工过程中，有较多的化工计算，涉及许多物理量，要说明一个物理量的大小仅有数字是不够的，还必须与单位结合起来。我国实行的法定计量单位是以国际单位制（SI制单位）为基础的，国际单位制的基本单位见表0-1。

表0-1 国际单位制的基本单位

量名称	长度	质量	时间	热力学温度	物质量	电流强度	发光强度
单位名称	米	千克	秒	开尔文	摩尔	安培	坎德拉
单位符号	m	kg	s	K	mol	A	cd

SI单位具有通用性强、使用方便的特点，在我国已得到广泛的应用。同一物理量用不同的单位表示时，其数值也相应改变。由于在我国CGS制与工程单位制等也还有应用，因此，必须掌握物理量的单位换算方法。化工生产中常用的换算因数可以从本书的附录中查取。在此以例题的形式说明单位换算方法。

【例0-2】 将密度中英制单位 lb/ft^3 换算成SI制单位 kg/m^3。

解 由附录中查得

$$1ft=0.3048m \qquad 1lb=0.4536kg$$

因此 $$\rho=\frac{lb}{ft^3}=\frac{0.4536kg}{(0.3048m)^3}=16.02kg/m^3$$

【例0-3】 某流体压强为600mmHg，将其用kPa和Pa表示。

解 由附录中查得 1atm＝760mmHg；1atm＝101325Pa＝101.325kPa

$$600mmHg=\frac{600}{760}\times101325Pa=80\times10^3Pa=80kPa$$

1. ________________，称为化工过程。

2. 化工过程可以分为________过程和________过程。

3. 化工单元操作是________________。

4. 化工单元操作的特点是________________。

5. 化工单元操作研究的对象是________________。

6. 化工单元操作按照其遵循的规律可分为________________四类。

7. 化工单元操作所遵循的规律为________________。

8. 物料衡算遵循的是________________的规律。

9. 热量衡算遵循的是________________的规律。

10. 平衡关系表示的是________________。

11. 平衡关系可以判断________________。

12. 过程速率可以近似地表示为________________。

13. 我国实行的法定计量单位是________________，其特点是________________。

14. 某流体密度为 $13.6g/cm^3$，将其用 SI 制单位表示。

15. 某气体压强为 $10kgf/cm^2$，将其用 SI 制单位表示。

第1章

流体流动

本章培训目标

1. 会使用描述流体流动的物理量及基本术语；能进行基本物理量的计算、换算，会应用图表查常用物理性质数据。

2. 会应用流量方程式、连续性方程式进行简单计算；知道常用流体的流速范围及管子规格。

3. 熟知静力学方程式的应用和简单计算；熟知伯努利方程式的应用和简单计算。

4. 知道流体流动阻力产生的原因；会判断流体流动形态；知道减少流体流动阻力的途径和措施。

5. 知道管路布置和安装的基本原则；能处理管路常见故障。

6. 知道常用流量计测量原理及安装、使用的基本原则。

流体是指具有流动性的物质，常见的流体是气体和液体。化工生产中的物料大多数是流体。流体具有流动性，可呈现容器的形状。流体的体积不随温度、压力变化的称为不可压缩流体；流体的体积随温度、压力变化的称为可压缩流体。实际流体都是可压缩的。由于液体的体积随温度、压力变化很小，所以一般将液体当作不可压缩流体；气体的体积随温度、压力变化很大，所以气体属于可压缩流体。当压力、温度的变化率很小时，气体通常也可以看作不可压缩流体。流体输送操作是化工生产中最基本的单元操作，是其他单元操作的基础。

1.1 流体静力学

流体静止是流体流动的特殊形式。流体静力学是研究流体处于静止或平衡时的基本规律以及这些规律的实际应用，如管道或设备内压强的测量、储槽内液位的测量以及设备液封高度的确定等都是以流体平衡为根据。

1.1.1 流体的密度

单位体积的流体所具有的质量，称为密度。用符号 ρ 表示。

$$\rho=\frac{m}{V}\ (\mathrm{kg/m^3}) \tag{1-1}$$

式中 ρ——流体密度，$\mathrm{kg/m^3}$；

m——流体的质量，kg；

V——流体的体积，$\mathrm{m^3}$。

影响流体密度的因素主要是温度和压力。压力对液体密度的影响较小，通常可忽略，温度对液体密度有一定的影响；温度和压力对气体密度影响均很大。选用密度时应注意温度和压力的确定。

(1) 液体密度

一般由实验测定，不同温度下液体密度不同。例如，277K 时水的密度为 $1000\mathrm{kg/m^3}$；373K 时水的密度为 $958.4\mathrm{kg/m^3}$。在通常的工程计算中，如果温度变化不大时，可以把液体密度近似看作常数，例如，水的密度为 $1000\mathrm{kg/m^3}$。各种液体物质的密度可从手册或附录中查用。

(2) 液体混合物的密度

实际生产中常遇到的是液体混合物，它们密度的精确值要用实验的方法测得。当工程计算不要求特别精确时，可以用经验公式或下述方法计算混合液体密度的近似值。

$$\frac{1}{\rho}=\frac{X_{w1}}{\rho_1}+\frac{X_{w2}}{\rho_2}+\frac{X_{w3}}{\rho_3}+\cdots+\frac{X_{wn}}{\rho_n} \tag{1-2}$$

式中 ρ——混合液体的密度；

$\rho_1,\rho_2,\rho_3,\cdots,\rho_n$——混合液中各物质的密度，kg/m³；

$X_{w1},X_{w2},X_{w3},\cdots,X_{wn}$——混合液中各物质的质量分数。

【例 1-1】 已知乙醇-水溶液中乙醇为 80%，水为 20%（均为质量分数）。求此乙醇-水溶液在 293K 时密度的近似值。

解 已知 $X_{w1}=0.8$，$X_{w2}=0.2$。查附录，在 293K 时 $\rho_1=789\text{kg/m}^3$，$\rho_2=998\text{kg/m}^3$。

将 X_w、ρ 代入式(1-2) 得

$$\frac{1}{\rho}=\frac{X_{w1}}{\rho_1}+\frac{X_{w2}}{\rho_2}=\frac{0.8}{789}+\frac{0.2}{998}=0.001214$$

$$\rho=\frac{1}{0.001214}=823.7\ (\text{kg/m}^3)$$

(3) 气体密度

气体是具有可压缩性的流体，其密度随温度、压力的变化有明显的改变。在工程计算中低压、高温下的真实气体的密度可以式(1-3) 近似计算。

$$\rho=\frac{m}{V}=\frac{pM}{RT}\ (\text{kg/m}^3) \tag{1-3}$$

式中 p——气体绝对压力，N/m²（或 Pa）；

V——气体体积，m³；

m——气体质量，kg；

M——气体的摩尔质量，kg/mol；

R——通用气体常数，等于 8.314J/(mol·K)；

T——气体温度，K。

应用式(1-3) 求气体密度时，式中各项的单位制必须一致，最好使用 SI 制单位。

应用式(1-3) 还可求混合气体的密度，应用时要用混合气体的

平均摩尔质量 $\overline{M}$ 代替 M。

$$\rho=\frac{m}{V}=\frac{p\overline{M}}{RT}$$

混合气体的平均摩尔质量可用式(1-4) 计算

$$\overline{M}=M_1x_1+M_2x_2+\cdots+M_nx_n \quad (\text{kg/mol}) \tag{1-4}$$

式中　　$\overline{M}$——平均摩尔质量，kg/mol；

$M_1, M_2, \cdots, M_n$——混合气体中各组分的摩尔质量，kg/mol；

x——混合气体中各组分的摩尔分数、体积分数或压力分数。

【例 1-2】 已知氮氢混合气体，含氮 25%（体积分数），求在 5MPa 和 400K 时空气的密度。

解　空气为混合气体。先求 $\overline{M}$

$$\overline{M}=M_1x_1+M_2x_2=28\times10^{-3}\times0.25+2\times10^{-3}\times0.75$$
$$=8.5\times10^{-3} \quad (\text{kg/mol})$$

$$\rho=\frac{p\overline{M}}{RT}=\frac{5\times10^6\times8.5\times10^{-3}}{8.314\times400}=12.8 \quad (\text{kg/m}^3)$$

（4）比容

单位质量的流体所具有的体积，称为比容。用符号 ν 表示。

$$\nu=\frac{V}{m} \quad (\text{m}^3/\text{kg}) \tag{1-5}$$

式(1-5) 表明，流体的比容与密度互为倒数，气体的比容应用较多。

1.1.2 流体压强

（1）流体静压强及单位

流体在单位面积上所受垂直作用力，称为流体静压强或流体静压力，简称压强或压力，用符号 p 表示，其单位为 Pa。

$$p=\frac{F}{S} \quad (\text{Pa 或 N/m}^2) \tag{1-6}$$

化工生产中有时要用比 Pa 大的或小的单位，如 MPa（兆帕）、kPa（千帕）、mPa（毫帕）。

$$1\text{MPa}=10^3\text{kPa}=10^6\text{Pa}=10^9\text{mPa}$$

压强的常用单位还有 atm（标准大气压）、kgf/cm^2（千克力/厘米^2）、mmHg（毫米汞柱）、mH$_2$O（米水柱）、at（工程大气压）等压强单位。

$$1atm=1.033kgf/cm^2=760mmHg=10.33mH_2O=1.01325\times10^5Pa$$

$$1at=1kgf/cm^2=735.6mmHg=10mH_2O=0.9807\times10^5Pa$$

用液柱高度表示压力时，要注明液柱名称。常用压力单位换算关系见附录。

【例 1-3】 流体压力为 3at，用 kPa 和 mH_2O 表示流体压强。

解 应用以上压强换算关系，求解如下

① $p=3\times0.9807\times10^5=2.942\times10^5$ (Pa)$=294.2$ (kPa)

② $p=3\times10=30$ (mH_2O)

(2) 压强（压力）的表示方法

绝对压力 为真实压力，是以绝对零压力为基准的压力，简称绝压。

表压力 测压仪表所测的压力称为表压力。从压力表上读得的压力值不是真实压力，是以大气压力为基准，比大气压高出的部分压力。

表压力＝绝对压力－大气压力

真空度 若所测压力比大气压力低，采用真空表。真空表上读得的压力值称为真空度（又称负压），真空度是以大气压力为基准，比大气压低的部分压力。

真空度＝大气压力－绝对压力

绝压、表压、真空度关系如图 1-1 所示。

表压和真空度分别用 $p_{表}$、$p_{真空}$ 表示，如果不注明，即为绝压。大气压随温度、湿度和海拔高度而变。同一表压在不同地区的绝压是不相同的，同一地点的绝压也会随季节变化。所以，用表压和真空度表示压力时，必须标明当时当地的大气压。如果不加说明，表示大气压为标准大气压。

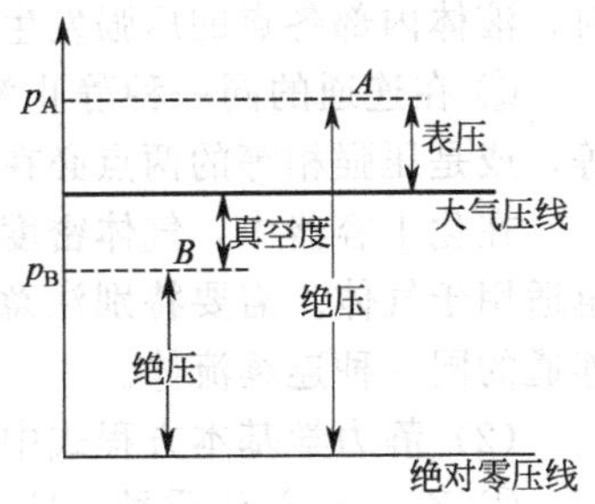

图 1-1 表压、真空度、绝压关系

【例 1-4】 真空蒸发器规定操作绝压为 0.15×10^5Pa，问在天津和兰州操作时，真空表的读数应为多少？已知兰州地区大气压强为 85.33kPa。

解 天津地区的大气压强为 1.013×10^5Pa，所以操作时，真空表的读数为

$$p_{真空}=1.013\times10^5-0.15\times10^5=8.63\times10^4\ (\text{Pa})$$

兰州地区的大气压强为 85.33kPa，所以操作时，真空表的读数为

$$p_{真空}=0.8533\times10^5-0.15\times10^5=7.033\times10^4\ (\text{Pa})$$

1.1.3 流体平衡时的规律——流体静力学基本方程式

(1) 流体静力学基本方程式

在流体受力达到平衡时，流体处于静止状态，如图 1-2 所示，液体密度为 ρ。则：

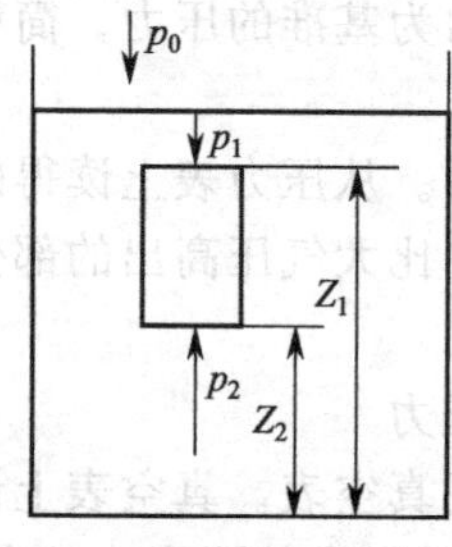

图 1-2 静止流体内部力的平衡

$$p_2=p_1+(Z_1-Z_2)\rho g\ (\text{Pa}) \quad (1\text{-}7)$$

$$\frac{p_1}{\rho}+Z_1 g=\frac{p_2}{\rho}+Z_2 g\ (\text{J/kg}) \quad (1\text{-}8)$$

$$Z_1+\frac{p_1}{\rho g}=Z_2+\frac{p_2}{\rho g}\ (\text{J/N 或 m}) \quad (1\text{-}9)$$

若液面上方压强为 p_0，液柱高度 $h=Z_1-Z_2$，式(1-7) 可改写为：

$$p_2=p_0+h\rho g \quad (1\text{-}10)$$

式(1-7)～式(1-10) 均为静力学基本方程式，它们表明了静止流体内部压力变化的规律。

① 在静止流体中，液体任一点的压强与液体的密度和其深度有关，液体的密度和深度越大，则该点的压力越大。

② 当液体上方的压强 p_0 或液体内部任意一点压强 p_1 有变化时，液体内部各点的压强发生同样大小的变化。

③ 在连通的同一种静止液体内部，同一水平面的流体压强相等，或是压强相等的两点必在同一水平面上。

在化工容器中，气体密度也可认为是常数，所以静力学方程式也适用于气体。需要特别注意的是静力学方程式只适用于静止的、连通的同一种连续流体。

(2) 静力学基本方程式中各项的含义

① Zg——单位质量（1kg）流体具有的位能，J/kg。

Z——单位重量（1N）流体具有的位能，也叫位压头，m。

② p/ρ——单位质量（1kg）流体具有的压力势能，J/kg。

$p/\rho g$——单位重量（1N）流体具有的静压能，也叫静压头，m。

压头和长度单位相同都是m，但意义有着本质的不同。用压头表示能量时，应说明是哪一种流体，如10m水柱。

（3）静力学基本方程式的应用

① 测量压强差与压强　测量压强差与压强的仪表种类很多，在此介绍以静力学基本方程为基础的测压仪表。常用的是液柱压力计（U形管压力计），结构如图1-3所示，在U形玻璃管内装有指示液。对指示液的基本要求是：不能与被测液体互溶；不起化学变化。这种压强计可以用来测量两截面间的压强差或任意截面处的压强。

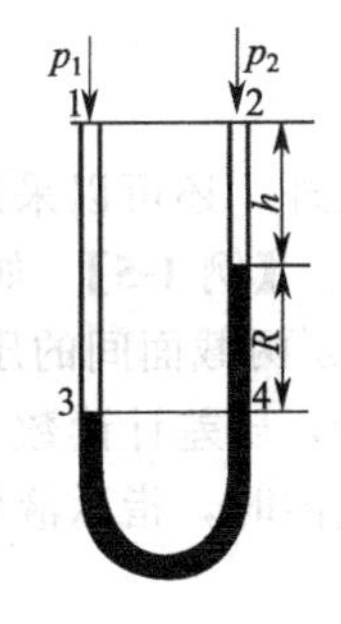

图1-3　U形管液柱压强计

将U形管的两端分别与测压点1、2相接，如果这两点的压强 p_1 和 p_2 不相等（图中 $p_1 > p_2$），指示液在U形管的两侧出现液面高度差 R。R 值越大，两点压强差就越大。由 R 和指示液的密度 $\rho_{指}$ 可以求得 p_1 和 p_2 之间的差值。

$$\Delta p = p_1 - p_2 = R(\rho_{指} - \rho)g \tag{1-11}$$

由式(1-11)可知，Δp 只与读数 R 和两流体的密度差有关。U形管的粗细、长短及形状对测量结果没有影响。

若被测量流体是气体时，由于指示液的密度远远大于气体密度 $\rho_{指} \gg \rho$，式(1-11)可以简化为

$$\Delta p = p_1 - p_2 = R\rho_{指}g \tag{1-12}$$

若要求测量管道中某一截面上的静压强时，可以采用开口U形管压差计，如图1-4所示。图(a)为测量截面上的表压强，图(b)为测量截面上的真空度。

为使 R 值大小适当，要选用密度适当的指示液，$\rho_{指} - \rho$ 值越小，R 读数越大，测量误差越小。常用的指示液有汞（水银）、四氯化碳、水、煤油等；测量气体时只要气体不溶解于水，一般用水作指示液，有时为了方便读数可以在水中加入一点染料。若被测量的压强差或压强较小，如测量气体压强时，除了用密度较小的指示

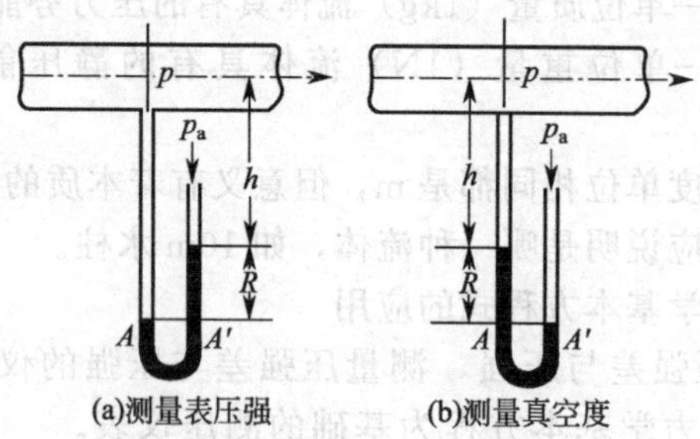

(a)测量表压强　(b)测量真空度

图 1-4　测量管路截面上的静压强

液外，还可以采用斜管压差计。

【例 1-5】 如图 1-5 所示，用 U 形管压差计测量管道中 1-1′、2-2′两截面间的压强差。①已知管内流动的是水，指示液是四氯化碳，压差计读数为 50cm；②若管内流动的是密度为 2.5kg/m³ 的气体时，指示液仍是四氯化碳，压差计读数为 40cm。

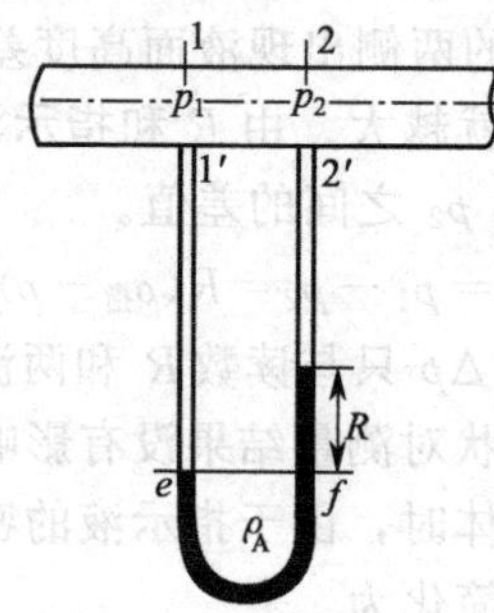

图 1-5　例 1-5 附图

解 ① 已知 $R=0.5\text{m}$；由附录查出 $\rho_{指}=1595\text{kg/m}^3$；$\rho=1000\text{kg/m}^3$。由式(1-11)

$$\Delta p=p_1-p_2=R(\rho_{指}-\rho)g$$

$$\Delta p=0.5(1595-1000)\times 9.81=2.92\times 10^3 \ (\text{Pa})$$

② 由式(1-11) $\Delta p=p_1-p_2=R(\rho_{指}-\rho)g$

$$\Delta p=0.4(1595-2.5)\times 9.81=6.25\times 10^3 \ (\text{Pa})$$

由式(1-12) $\Delta p=p_1-p_2=R\rho_{指}g$

$$\Delta p=0.4\times 1595\times 9.81=6.26\times 10^3 \ (\text{Pa})$$

可见，被测量流体是气体时，用式(1-12) 计算的结果误差很小。

② 测量容器内的液面高度　测量液面高度的装置很多，有浮标液位计、液面计、液柱压力液位计等，图 1-6 所示的液面计是用一根玻璃管与储槽上下连通，根据流体静力学原理可知：玻璃管内液面高度便是容器内的液位高度。图 1-7 是利用液柱压力计测量液位的装置，由静力学方程式得知：液面高度为 h 与压差计读数 R 成正比，即

$$h=R\times\frac{\rho_{指}}{\rho}$$

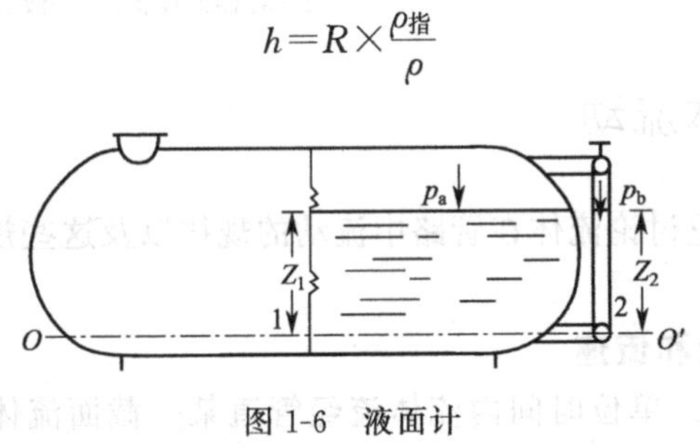

图 1-6　液面计

【例 1-6】 若图 1-7 中所示的容器内存有密度为 1595kg/m³ 的液体，U 形管压差计中指示液为密度 13600kg/m³ 的汞，读数 R 为 400mm。求容器内液位高度。

解　已知　$\rho=1595\text{kg/m}^3$；$\rho_{指}=13600\text{kg/m}^3$

则
$$h=R\times\frac{\rho_{指}}{\rho}=0.4\times\frac{13600}{1595}=3.41\ (\text{m})$$

③ 确定液封高度　用液柱高度形成的压强把气体封闭在设备中，来防止气体外泄或是防止压力过高而起泄压作用的设备保护装置，称为液封。通常使用的液体是水，因此常称为水封或安全水封。液封装置在化工生产中应用非常普遍。

【例 1-7】 如图 1-8 所示，乙炔发生器水封槽的水面高出水封管口 1.2m，求器内乙炔压强。已知大气压强为 750mmHg。

解　炉内压强 p_1 等于水封管口处的压强

$$p_1=p_{大}+\rho gh$$

$$p_1=0.75\times13600\times9.81+1.2\times1000\times9.81$$
$$=1.118\times10^5\ (\text{Pa})$$

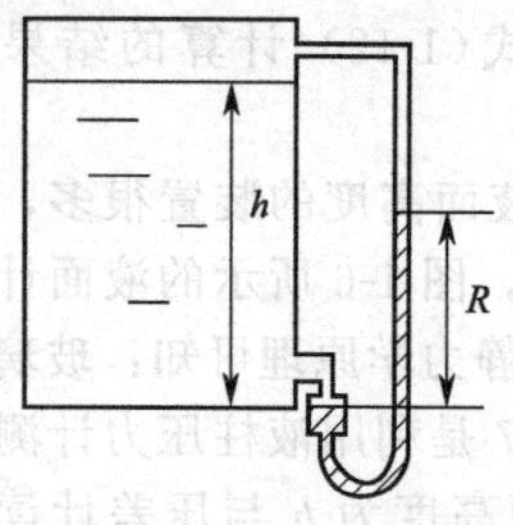

图 1-7　液柱压力液面计

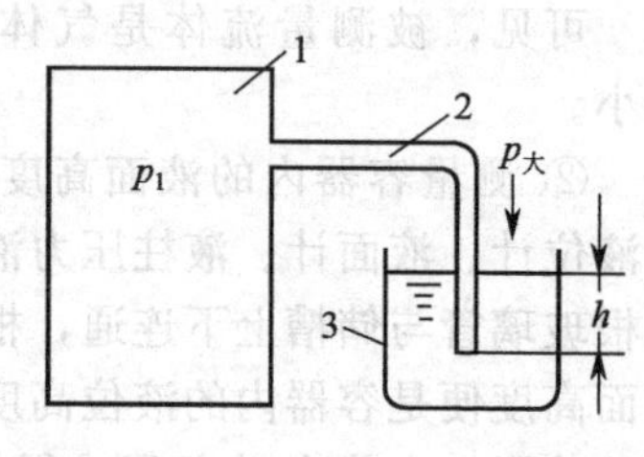

图 1-8　液封高度

1—容器或设备；2—液封管；3—液封槽

1.2　流体流动

本节着重讨论流体在管路中流动的规律以及这些规律在流体输送中的应用。

1.2.1　流量和流速

① 流量　单位时间内流体流经管道某一截面流体的量，称为流量。流量有两种表示方法。

体积流量　单位时间内流经管道有效截面的流体体积，称为体积流量，用符号 Q_s 表示，单位为 m^3/s。生产中常说的流量一般是指体积流量。有效截面是指与流体流动方向垂直，且被流体充满的管道截面积。

质量流量　单位时间内流经管道有效截面的流体质量，称为质量流量，用符号 G_s 表示，单位为 kg/s。

体积流量和质量流量的关系为

$$G_s=Q_s\rho \quad 或 \quad Q_s=G_s/\rho \tag{1-13}$$

② 流速　单位时间内流体在流动方向流过的距离，称为流速。通常说的流速是指某截面上各点流速的平均值，称为平均流速，简称流速，符号为 u，单位为 m/s。

$$u=\frac{Q_s}{S}\ (\mathrm{m/s}) \tag{1-14}$$

质量流速　质量流量与管道截面积之比称为质量流速。以符号 ω 表示，单位 $kg/(m^2 \cdot s)$。

$$\omega=\frac{G_s}{S}\ [kg/(m^2 \cdot s)] \tag{1-15}$$

质量流速的物理意义是：单位时间内流过单位管道截面流体的质量。

由于流体的密度受温度、压力的影响，所以体积流量和平均流速与温度、压力有关，质量流量和质量流速与温度、压力无关。当用到体积流量和平均流速时，须注明温度、压力条件。由于气体的可压缩性很大，所以用质量流量和质量流速表示气体比较方便。

流量和流速关系如下

$$u=\frac{Q_s}{S}=\frac{G_s}{\rho S}\ (m/s) \tag{1-16}$$

$$Q_s=uS \quad 或 \quad G_s=Q_s\rho=u\rho S \tag{1-17}$$

$$\omega=\frac{G_s}{S}=\frac{Q_s\rho}{S}=u\rho \tag{1-18}$$

式中　S——管道截面积，m^2。

式(1-16)、式(1-17)也常称为流量方程式。它表明流速、流量和管道截面积三者之间的关系。流量一定时，流速与管道截面积成反比。流量方程式是设计管道、塔、器等设备的基本关系。生产中适宜的流速是设备费用和操作费用之和为最小时的流速，也就是经济流速。

根据生产实践，工业上流体在管道中的适宜流速范围列在表1-1中，可供参考。

表 1-1　某些流体的适宜流速范围

流体种类	流速范围 u/(m/s)	流体种类	流速范围 u/(m/s)
水及低黏度液体	1～3	饱和蒸汽(3atm 以下)	20～40
高黏度液体	0.5～1	(8atm 以下)	40～60
低压空气	12～15	(36atm 以下)	80
高压空气	15～25	过热蒸汽	30～50
一般气体(常压)	10～20	真空操作下气体流速	<10

1.2.2　流体稳定流动时的物料衡算——连续性方程

(1) 流体稳定流动和不稳定流动

如图 1-9(a) 所示的稳定流动，因水槽上面不断加水，又有溢流装置，使槽内水位维持不变，则放水管中任一截面处的流速、流量、压强等与流动有关的物理量均不随时间而变化，这种流动称为稳定流动。

如图 1-9(b) 所示的不稳定流动，因水槽上面没有补充水，随着槽中的水被放出，槽中水位逐渐降低。放水管中任一截面处的流量、流速、压强等与流动有关的物理量随时间而变化，这种流动称为不稳定流动。

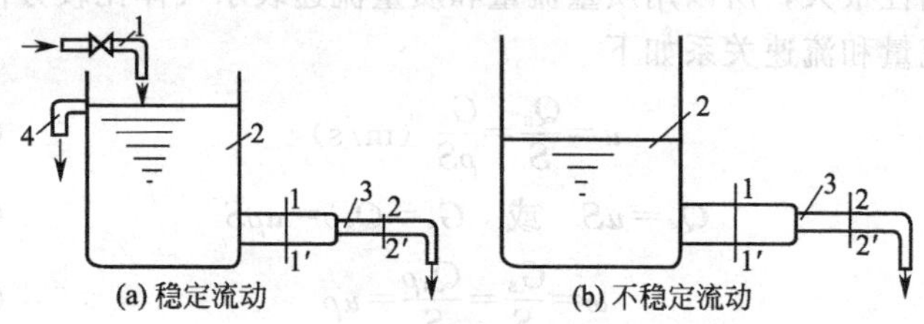

(a) 稳定流动　　(b) 不稳定流动

图 1-9　流动情况示意

1—进水管；2—储槽；3—排水管；4—溢流管

化工生产中，流体流动多数属于稳定流动。不稳定流动仅在某些设备的开车或停车时发生。本章只讨论稳定流动。

(2) 流体稳定流动时的连续性方程式

如图 1-10 所示，流体从截面 1-1′流入，从截面 2-2′流出。当管路中的流体形成稳定流动时，管中充满流体，流体连续流动的特性称为稳定流动的连续性。

对稳定流动系统，系统中物料的质量保持不变。按质量守恒定律，入口截面 1-1′处的质量流量 G_1 必等于出口截面处的质量流量 G_2，即

$$G_1 = G_2 \quad (\mathrm{kg/s}) \tag{1-19}$$

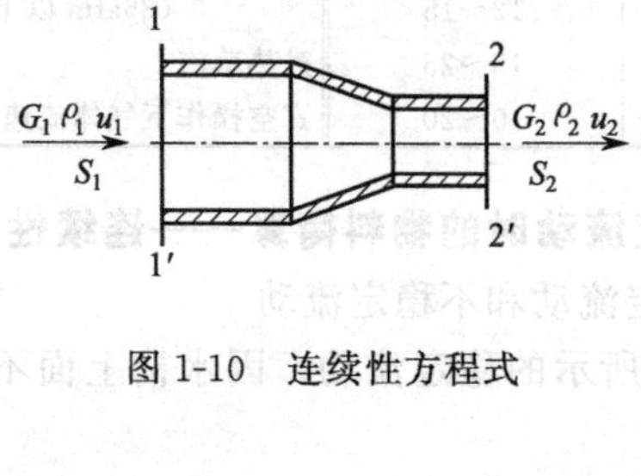

1　2　$G_1\ \rho_1\ u_1$　S_1　$G_2\ \rho_2\ u_2$　S_2　1′　2′

图 1-10　连续性方程式

式(1-19) 称为稳定流动连续性方程。

若流体在截面1-1′、2-2′处的流速、密度和管路截面积分别为u_1、ρ_1、S_1和u_2、ρ_2、S_2，则

$$u_1\rho_1S_1=u_2\rho_2S_2 \tag{1-20}$$

式(1-20) 表明，在稳定流动的管路中，任一截面处流体的流速、密度与截面积的乘积相等。

当管路为圆形管时，$S=\frac{\pi}{4}d^2$，式(1-20) 改写成

$$u_1\rho_1d_1^2=u_2\rho_2d_2^2 \tag{1-21}$$

当流体为不可压缩的液体时，密度是常数，即$\rho_1=\rho_2$，则式(1-20) 可改写为

$$u_1S_1=u_2S_2 \quad 或 \quad u_1/u_2=S_2/S_1 \tag{1-22}$$

$$Q_{s1}=Q_{s2} \quad (m^3/s)$$

式(1-22) 表明，在稳定流动时，液体的流速与截面积成反比。式(1-22) 可改写为

$$u_1d_1^2=u_2d_2^2 \quad 或 \quad \frac{u_1}{u_2}=\left(\frac{d^2}{d_1}\right)^2 \tag{1-23}$$

式(1-23) 表明流速和管径的平方成反比。

【例1-8】 在图1-9(a) 稳定流动中，水连续由1-1′截面ϕ108mm×4mm钢管流入2-2′截面ϕ76mm×2.5mm钢管中，水在2-2′截面的流速为3m/s，求水在1-1′截面的流速。

解 已知2-2′截面处$u_2=3$m/s，$d_2=76-2\times2.5=71$ (mm)，1-1′截面处$d_1=108-2\times4=100$ (mm)。

由式(1-23)
$$\frac{u_1}{u_2}=\left(\frac{d_2}{d_1}\right)^2$$

水在1-1′的流速

$$u_1=3\times\left(\frac{71}{100}\right)^2=1.51 \quad (m/s)$$

1.2.3 流体稳定流动时的能量衡算——伯努利方程式

流体稳定流动时机械能转换和变化的规律可以用伯努利方程式说明。

(1) 伯努利方程式

在图1-11所示的系统中，在截面1-1′至截面2-2′之间进行能量

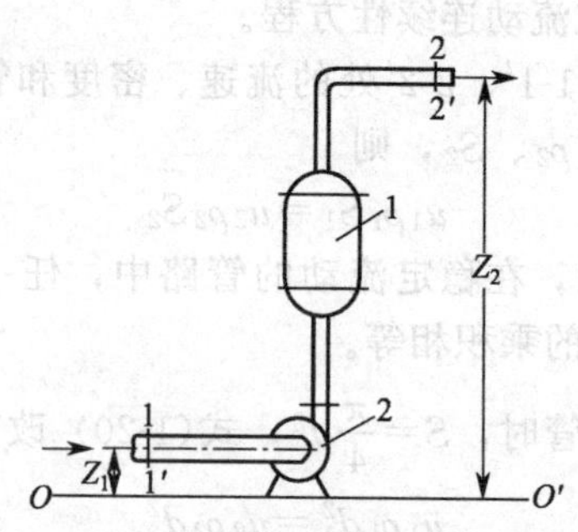

图 1-11 伯努利方程式示意

1—换热器；2—泵

衡算，基准水平面 $O\text{-}O'$ 为地面。根据能量守恒定律得

对 1kg 流体

$$\frac{p_1}{\rho}+\frac{u_1^2}{2}+Z_1g+W=\frac{p_2}{\rho}+\frac{u_2^2}{2}+Z_2g+E\ (\text{J/kg}) \tag{1-24}$$

对 1N 流体

$$\frac{p_1}{\rho g}+\frac{u_1^2}{2g}+Z_1+H=\frac{p_2}{\rho g}+\frac{u_2^2}{2g}+Z_2+h\ (\text{J/N 或 m}) \tag{1-25}$$

式中 Zg——单位质量（1kg）流体具有的位能，J/kg；

Z——单位重量（1N）流体具有的位能，称为位压头，m；

$\frac{p}{\rho}$——单位质量（1kg）流体具有的静压能，J/kg；

$\frac{p}{\rho g}$——单位重量（1N）流体具有的静压能，称为静压头，m；

$\frac{u^2}{2}$——单位质量（1kg）流体具有的动能，J/kg；

$\frac{u^2}{2g}$——单位重量（1N）流体具有的动能，称为动压头，m；

W——单位质量（1kg）流体从输送机械上获得的机械能，称为外加功，J/kg；

H——单位重量（1N）流体从输送机械上获得的机械能，称为外压头，m；

E——单位质量（1kg）流体损失的能量，J/kg；

h——单位重量（1N）流体损失的能量，称为损失压头，m。

式(1-24)和式(1-25)都称为伯努利方程式。从式(1-24)和式(1-25)可以看出

$$W=Hg \qquad E=hg$$

（2）伯努利方程式的讨论

① 式(1-24)、式(1-25)表明流体流动时管路中各截面上总机械能为常数，每一种机械能不一定相等，但各种能量形式可以互相转化。

② 若流体是静止的，即 $u_1=u_2=0$，此时无能量损失 $E=0$，也不需要外加功 $W=0$，则式(1-24)、式(1-25)转化为式(1-8)、式(1-9)，即静力学方程式。伯努利方程式不仅说明流体流动的规律，还说明了静止流体的规律。流体静止是流动的特殊形式。

③ 流体自然流动时，$W=0$，$E\neq 0$，则上游截面处的总机械能必大于下游截面处的总机械能，说明流体只能从高压头处自动流向低压头处。相反，要使流体从低压头处向高压头处流动，必须加入外加能量，或设法提高上游处的某种机械能，使上游处的总机械能大于下游截面处的总机械能。

④ 式(1-24)、式(1-25)只适用于液体。对于气体，如果密度变化不大，即 $\frac{p_1-p_2}{p_1}<20\%$ 时，可以近似使用式(1-24)、式(1-25)计算，式中密度 ρ 应取两截面上的算术平均值。这种处理方法引起的误差在一般工程计算中是允许的。

⑤ 依伯努利方程式可以算得外加功 W（或 H）。W（或 H）是决定流体输送设备所消耗功率的依据。流体输送设备的有效功率为：

$$N_{有}=G_sW=G_sHg \text{ (W)}$$

（3）伯努利方程式应用

【例1-9】 吸收塔的供水系统，储槽水面绝压为100kPa。塔内水管与喷头连接处高于储槽水面18.5m，钢管管径为 ϕ57mm×2.5mm，送水量为15m^3/h。塔内水管出口处的绝压为225kPa。设

损失能量为 $5mH_2O$。求水泵的有效功率。

解 如图 1-12 所示，取水槽水面为 1-1′截面，塔内出口处为 2-2′截面。以 1-1′为基准面。列出 1-1′与 2-2′间伯努利方程式

$$\frac{p_1}{\rho g}+\frac{u_1^2}{2g}+Z_1+H=\frac{p_2}{\rho g}+\frac{u_2^2}{2g}+Z_2+h$$

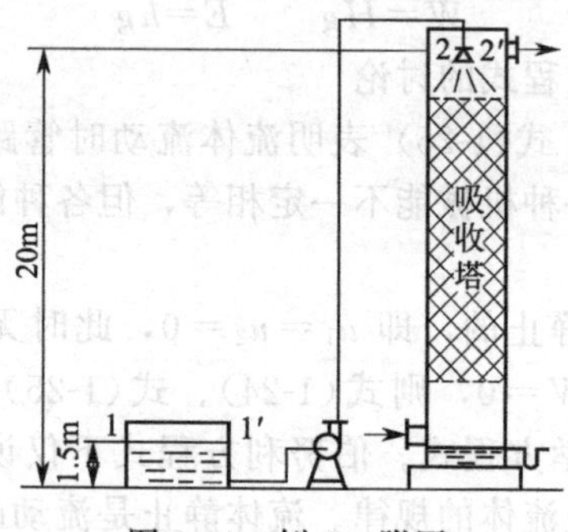

图 1-12 例 1-9 附图

已知：$Z_1=0$；$Z_2=18.5m$；$p_1=100kPa$；$p_2=225kPa$；$u_1=0$（截面积很大，流速很小，可认为是零）；$Q=15m^3/h$；$\rho=1000kg/m^3$；$h=5mH_2O$

$$d=57-2\times2.5=52\ (mm)=0.052\ (m)$$

$$u_2=\frac{Q_s}{\frac{\pi}{4}d^2}=\frac{15/3600}{\frac{\pi}{4}(0.052)^2}=1.96\ (m/s)$$

将各已知代入伯努利方程式中，得

$$\frac{100\times10^3}{1000\times9.81}+0+0+H=\frac{225\times10^3}{1000\times9.81}+\frac{1.96^2}{2\times9.81}+18.5+5$$

$$H=36.44m$$

$$N_{有}=G_sHg=(15\times1000/3600)\times9.81\times36.44=1489.5\ (W)$$

由例 1-9 归纳伯努利方程式解决问题的要点如下。

① 作示意图。依题意画出流程示意图。

② 确定上、下游截面分别为 1-1′和 2-2′，确定衡算范围。在衡算范围内两截面间连续稳定，截面与流体流向必须垂直。所求物理量应在两截面之一中反映出来。如求的是外加功，则两截面应分别在流体输送机械的两侧。所选截面上流体的 Z、u、p、ρ 等有关物

理量，除一个需求的以外，其余应该是已知或能通过其他关系计算出来。选储槽、设备的液面为截面时，因其截面积远大于管道截面积，可视为大截面上的流速为零；选敞口储槽液面或通大气的管道口为截面时，其截面上的压力为大气压力，大气压用表压表示时为零。

③ 确定出基准水平面。基准面必须是水平面，通常把基准面选在较低的截面处。要以截面的中心位置计算距基准水平面的垂直距离，在基准面以上的垂直距离为正值，在基准面以下的垂直距离为负值。

④ 方程式中各项单位要统一。压强可以用绝压、表压或真空度表示，但在方程式的两边要采用统一的表示方式。

注意：在式(1-24)、式(1-25) 中已规定入口截面为 1-1′，出口截面为 2-2′，否则方程式的形式会发生变化。

【例 1-10】 用压缩气体来输送密度 ρ 为 $1493kg/m^3$ 的腐蚀性液体，压送量为 $5m^3/h$，管子为 $\phi45mm\times3mm$ 的钢管，腐蚀性液体流入设备处与储槽液面间的垂直距离 15m，损失能量 10J/kg。求开始压送时压缩气体的表压强。

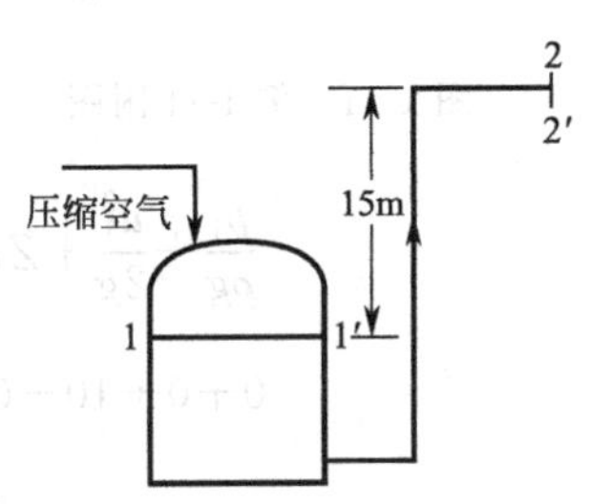

图 1-13　例 1-10 附图

解　如图 1-13 所示，取储槽液面为 1-1′截面，管子出口处为 2-2′截面。以 1-1′为基准面。列出 1-1′与 2-2′间伯努利方程式

$$\frac{p_1}{\rho}+\frac{u_1^2}{2}+Z_1g+W=\frac{p_2}{\rho}+\frac{u_2^2}{2}+Z_2g+E$$

由题可知：$Z_1=0$；$Z_2=15m$；$W=0$（无外加功）；p_2（表）$=0$；$E=10J/kg$；$\rho=1493kg/m^3$

$d=45-2\times3=39$（mm）$=0.039$（m）；$u_1=0$（因储槽截面比管径大得多，流速很小，可以忽略）

$$u_2=\frac{Q_s}{\frac{\pi}{4}d^2}=\frac{5/3600}{\frac{\pi}{4}(0.039)^2}=1.16\ (m/s)$$

$$\frac{p_1}{\rho}+0+0+0=0+\frac{1.16^2}{2}+15\times 9.81+10$$

$$p_1(\text{表})=\left(\frac{1.16^2}{2}+15\times 9.81+10\right)\times 1493=235629.4\ (\text{N/m}^2)$$

即开始压送时，压缩气体的表压强为 235629.4Pa。

本例中采用的装置是化工生产中用压缩空气或惰性气体压送腐蚀性液体或作近距离输送的设备，常称为酸蛋。

【例 1-11】 水槽液面至水管出口的垂直距离是 10m，水槽液面维持不变，水管规格为 ϕ114mm×4mm 的钢，管长 200m，能量损失为 9.6mH_2O，求水的流量。

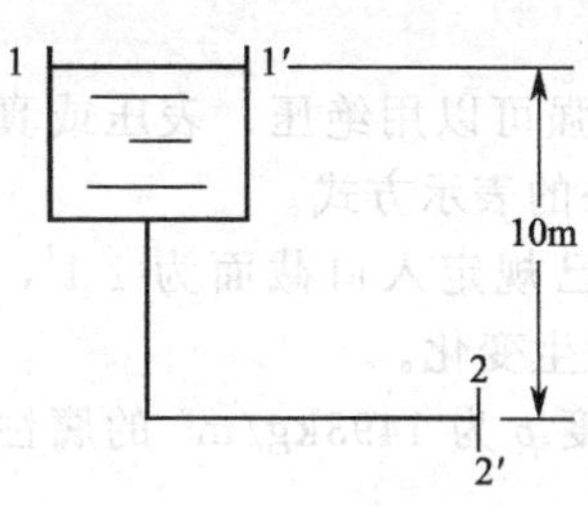

图 1-14 例 1-11 附图

解 如图 1-14 所示，选水槽截面为 1-1′，管出口截面为 2-2′，以过管出口中心线的水平面为基准面，则：$Z_1=10$m；$Z_2=0$；$p_1=p_2=0$（表）；$u_1=0$（截面很大，流速可视为零）；$h=9.6$mH_2O；$H=0$

$$\frac{p_1}{\rho g}+\frac{u_1^2}{2g}+Z_1+H=\frac{p_2}{\rho g}+\frac{u_2^2}{2g}+Z_2+h$$

$$0+0+10+0=0+\frac{u_2^2}{2\times 9.81}+0+9.6$$

$$u_2=2.8\text{m/s}$$

$$Q=\frac{\pi}{4}d^2u=0.785\times 0.106^2\times 2.8=0.025\ (\text{m}^3/\text{s})=88.9\ (\text{m}^3/\text{h})$$

【例 1-12】 从高位槽向精馏塔连续加料，料液密度为 900kg/m³，高位槽液面维持不变，塔内压力为 0.4kgf/m²（表压），连接管为 ϕ108mm×4mm 的钢管，进料量为 50m³/h，能量损失为 2.22m 液柱，求高位槽液面必须高于精馏塔进料口多少米。

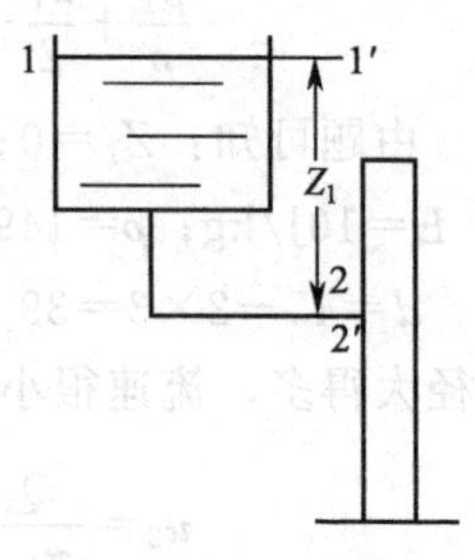

图 1-15 例 1-12 附图

解 如图 1-15 所示，取高位槽液面为截面 1-1′，精馏塔加料口为截面 2-2′，以过加料口中心线的水平面为基准面，则：

$Z_2=0$；p_1（表）$=0$；p_2（表）$=0.4\text{kgf/m}^2=0.4\times9.807\times10^4\text{Pa}=39228\text{Pa}$；$u_1=0$（截面很大）；$h=2.22\text{m}$ 液柱；$H=0$

$$u_2=\frac{50}{3600\times0.785\times0.1^2}=1.77\ (\text{m/s})$$

$$\frac{p_1}{\rho g}+\frac{u_1^2}{2g}+Z_1+H=\frac{p_2}{\rho g}+\frac{u_2^2}{2g}+Z_2+h$$

$$0+0+Z_1+0=\frac{39228}{900\times9.81}+\frac{1.77^2}{2\times9.81}+0+2.22$$

$$Z_1=6.82\text{m}$$

高位槽液面必须高出加料口 6.82m。

生产中输送流体时，流体的流量往往是操作中必须测量、调节与控制的一个重要参数。伯努利方程式在流体流量测量中有着广泛的应用。在化工生产中应用的孔板流量计、文丘里流量计、转子流量计等都是以伯努利方程式为测量原理的。

① 孔板流量计　在管道里垂直于流动方向插入一片中央开圆孔的金属板，孔板的中心位于管道的中心线上，如图 1-16 所示，孔板两侧的测压孔与液柱压力计相连，这样构成的装置称为孔板流量计。孔板上的孔要精细加工，从前到后逐渐扩大，其侧边与管轴成 45°角，也称为锐孔。流体在孔板前后流速的变化，将动能转化为静压能，在 U 形压差计上显示 R，即可得出流量。

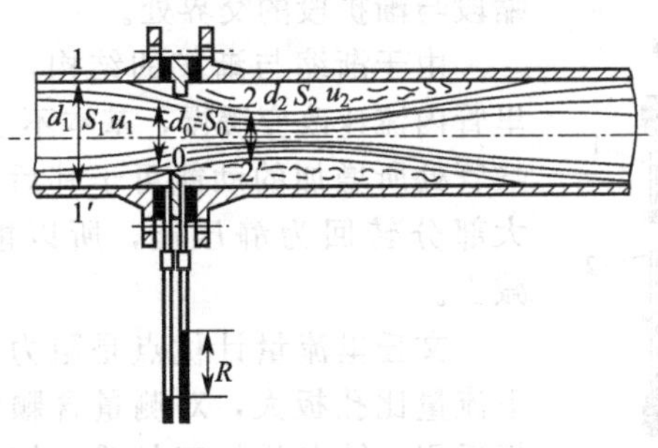

图 1-16　孔板流量计

取压口一个在孔板前，一个在孔板后，位置随设计依据的规范而定，常用取压方法如下：a. 角接法，取压口开在安置孔板的前后法兰上，其位置尽量靠近孔板；b. 径接法，上游取压口在距孔板1倍管径处，下游取压口在距孔板1/2倍管径处。两种方法结果差别很小。

安装孔板流量计时，上、下游都应有一段直径不变的直管，以保证流体通过孔板时的流速分布正常。若在孔板上、下游不远处安装有管件，读数的准确性和重现性会受到影响。一般孔板安装位置与上游管件应相距50倍管径，与下游管件应相距10倍管径。

孔板流量计优点是结构简单，制造安装方便。缺点是流体流经孔板时，损失压头较大。

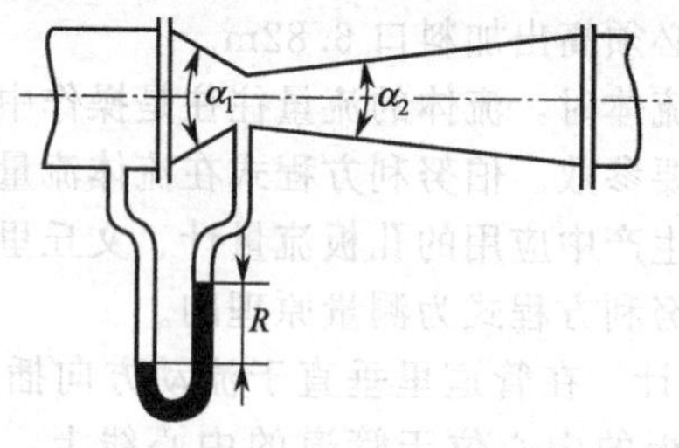

图1-17 文丘里流量计

② 文丘里流量计 为避免孔板的缺点，可令流体的流速通过渐缩、渐扩的短管而改变，如图1-17所示，此种短管称为文丘里管。文丘里管上游取压口在管与渐缩段的交界处，下游取压口在渐缩段与渐扩段的交界处。

由于渐缩与渐扩的结构，使流体在文丘里管内流速改变缓慢，基本不发生涡流现象，喉管处所增加的动能可于其后渐扩的过程中大部分转回为静压能，所以能量损失大为减少。

文丘里流量计优点是阻力小，相同条件下流量比孔板大，对测量含颗粒的液体较孔板适用。缺点是加工较难，精度要求高，造价高，安装时占去一定管长的位置。

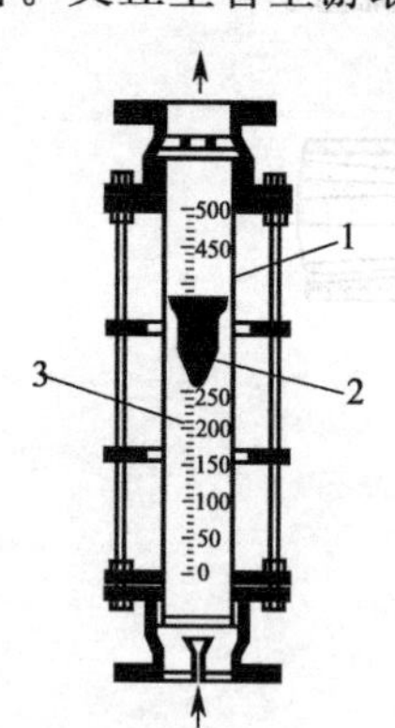

图1-18 转子流量计
1—锥形玻璃管；2—转子；3—刻度

③ 转子流量计 图1-18所示是转子流量计。它由一个截面积自下而上逐渐扩大的锥形玻璃管构成，其上带有刻度，管内装有一

个金属或其他材料制的转子，有些转子顶部边缘刻了斜槽，流体自下而上流过时会使转子旋转，所以称为转子。当流体流量发生变化时，转子的位置也随之发生变化。因此，利用转子位置的高低来测定流量的大小，其流量数值为转子的最大截面处，一般为转子的顶部。

转子流量计上的刻度通常是出厂前选用水或空气作为标定液体或气体标定刻度，绘有流量曲线。当用于测量其他流体流量时，需要对原有刻度进行校正，作出专用的校正曲线。

转子流量计读取数据方便，能量损失较小，测量范围宽，能用于腐蚀性流体的测量，在流量计前后不需要维持一定长度的直管段。但转子流量计安装时必须保持垂直。由于转子流量计的管壁大多为玻璃制成，故不适用于高温、高压的操作，安装时容易破碎。

1.3 流体流动的阻力

流体流动时会遇到阻力，简称流体阻力。流体阻力的大小与流体的动力学性质（黏度）、流体流动状况和管子粗糙程度等因素有关。

1.3.1 产生流体阻力的原因及影响因素

(1) 流体的黏度

流体阻力产生的根本原因就是流体黏性所产生的内摩擦力，流体流动时要克服这种内摩擦力，消耗了一部分机械能并转化为热能而损失。黏度是衡量流体黏性大小的物理量。黏度越大的流体，流动性越差，流体阻力就越大。流体的黏度只有在它流动时才会显示出来。

黏度是流体重要物理性质之一，用符号 μ 表示。流体的黏度可由实验测定或从有关手册中查到。黏度的 SI 制单位为 Pa·s。Pa·s 的单位较大，所以也常用 mPa·s 单位。实际应用中还会遇到厘泊 cP 的单位。其换算关系如下：

$$1\text{Pa}\cdot\text{s}=1000\text{mPa}\cdot\text{s}=1000\text{cP}$$

流体的黏度受温度影响较大，液体的黏度随温度升高而降低，液体黏度越大受温度变化的影响越明显。气体则相反，其黏度随温度升高而升高。

压力变化时，液体黏度基本不变。气体黏度随压力增加也增加得很小，一般可忽略，只有在高压下才考虑压力对气体黏度的影响。

工业上遇到的大多是混合流体，它们的黏度一般应用实验方法测定，缺乏数据时可采用经验公式计算。

(2) 流体流动形态

当流体流动激烈呈紊乱状态时，流体质点流速的大小和方向激烈变化，质点之间相互激烈地交换位置，结果消耗了能量，使流体阻力增加。因此，流体的流动形态是产生流体阻力的第二位的原因。

① 流体的流动形态　流体的流动形态有两种，即层流（又称滞流）和湍流（又称紊流）。

层流　如图 1-19(a) 所示。流体质点在管中沿轴线作平行而有规则的流动，与周围质点之间互不混杂。这种流动形态称为层流。

湍流　如图 1-19(b) 所示。此时液体的流动状态已发生了显著变化，流体各质点不再保持平行而有规则的流动，彼此互相碰撞混杂，做不规则的流动。流体总的流向虽然不变，但各质点流速的大小和方向都随时发生变化，存在着明显的涡流和扰动。这种流动形态称为湍流。

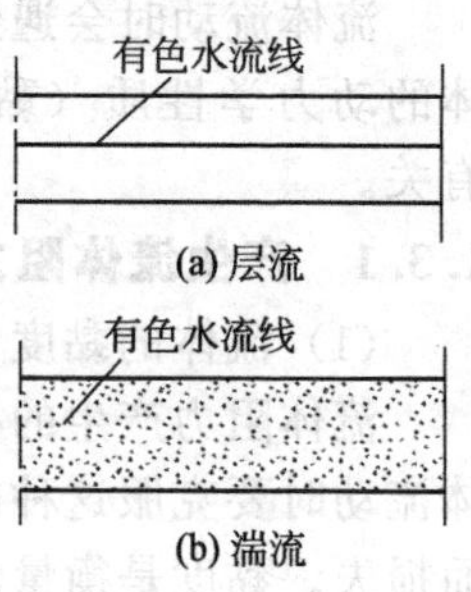

图 1-19　流动形态

② 雷诺数和流动形态的判断　大量的实践证明，影响流动形态的因素，除流速 u 外，还有管径 d、流体密度 ρ 和黏度 μ 等。雷诺把影响流动形态的主要因素组成一个数群的形式，称为雷诺准数。

$$Re=\frac{du\rho}{\mu} \tag{1-26}$$

式中 d——圆管内径，m；

u——流体流速，m/s；

ρ——流体密度，kg/m^3；

μ——流体黏度，Pa·s。

Re准数是一个无单位的纯数，其中各项单位必须采用统一单位制。

流体流动形态可用雷诺准数判断，流体在直管内流动时：

$Re \leqslant 2000$　　　层流

$Re \geqslant 4000$　　　湍流

$2000 < Re < 4000$　　　过渡状态

过渡状态时，流体流动形态可能是层流，也可能是湍流，需要视外界情况而定，如流体流动方向改变、管径突然扩大或缩小、外界轻微的振动等都易促使湍流的发生。需要特别注意的是过渡状态不是一种流动形态。

【例 1-13】 20℃的水在ϕ57mm×3.5mm 的钢管内流动，流速为 2m/s。判断流动形态。

解 从本书附录中查得水在 20℃时，$\rho = 998.2\text{kg/m}^3$，$\mu = 1.005\text{mPa·s}$，则：

$$Re = \frac{du\rho}{\mu} = \frac{0.05 \times 2 \times 998.2}{1.005 \times 10^{-3}} = 99323.4 > 4000$$

所以，管中水的流动形态为湍流。

在实际生产中，流体流动的管路截面不是圆形，如流体在列管式换热器的管间流动的情况。此时，Re计算式中d应用当量直径$d_当$代替。

$$d_当 = 4 \times \frac{流通截面积}{润湿周边长度} \tag{1-27}$$

圆环的当量直径$d_当$如图 1-20 所示，当外管内径为d_1，内管外径为d_2时

$$d_当 = 4 \times \frac{\frac{\pi}{4}(d_1^2 - d_2^2)}{\pi(d_1 + d_2)} = d_1 - d_2$$

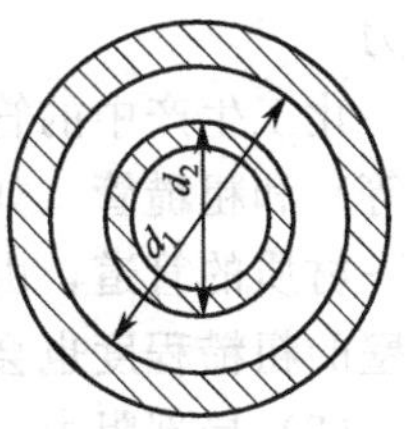

图 1-20　环形截面

【例 1-14】 确定下列条件下套管冷却器环隙间冷冻盐水的流动形态。内管ϕ25mm×1.5mm，外管ϕ51mm×2.5mm，盐水质量流量 3.73t/h，密度 1150kg/m³，黏度 1.2mPa·s。

解 $d_{当}=d_1-d_2=(51-2.5\times2)\times10^{-3}-25\times10^{-3}=0.021\ (m)$

$$u=\frac{Q_s}{S}=\frac{3.73\times1000}{1150\times3600\times0.785\ (0.046^2-0.025^2)}=0.77\ (m/s)$$

$$Re=\frac{du\rho}{\mu}=\frac{0.021\times0.77\times1150}{1.2\times10^{-3}}=1.55\times10^4>4000\quad 湍流$$

特别需要注意的是不能用当量直径计算流体通过的截面积、流速和流量。即 Re 准数中的流速是指流体的真实流速，不能用当量直径来计算。

③ 层流边界层　流体在管内流动时，在壁面附近有一层作层流流动的流体薄层，称为层流边界层。无论流体的主体处于何种流动类型，层流边界层总是存在的，层流边界层厚度与流体的流动类型有关，流体湍动程度越剧烈，层流边界层的厚度就越薄，反之，就越厚。

层流边界层的厚度虽然很薄，但层流边界层的厚度对传热或传质速率的影响很大。在流体中进行热量和质量传递时，如果传递方向与流向相垂直，通过层流边界层的阻力比在湍流流体主体部分的阻力大得多。

(3) 其他影响因素

管壁粗糙程度、管子的长度、直径及管路上的管件等因素均对阻力的大小有影响。

1.3.2 流体流动阻力

流体在管中流动时的阻力可分成直管阻力和局部阻力。一般以损失压头 $h_{损}$ 的大小表示流体阻力的大小，也可用相当的压强降表示。

(1) 直管阻力

流体在管径不变的直管中流动时造成的损失压头，又称沿程阻力。

化工生产中的管道分为光滑管（如玻璃管、有色金属管、塑料管等）和粗糙管（如铸铁管、钢管、水泥管等）。实际上，即使是同一材质的管道，由于使用时间的长短与腐蚀、结垢的程度不同，管壁的粗糙程度也会有很大的变化。

(2) 局部阻力

流体通过管路中的管件、阀件、管子出入口及流量计等局部障碍而发生的阻力。在局部障碍处，流体的流速的大小和方向发生突然的变化，产生大量旋涡，加剧了流体质点间的内摩擦，因此局部障碍造成的流体阻力比等长的直管阻力大得多。

(3) 减少流体流动阻力的途径

克服流体流动的阻力所消耗的能量损失是无法收回的，流体阻力越大，输送中消耗的动力就越多，从节约能源和降低生产成本两方面来说都是应该避免的。由阻力计算可知要想减少流体阻力，可从如下方面着手。

① 管路尽可能短些，尽量走直线，少拐弯。

② 没必要安装的管件和阀件尽量不装。

③ 适当放大管径。在流量和管路总长度已定时，管路阻力近似与管径的5次方成反比。管径增加一倍，则损失压头为原来的1/32，适当地增加管径是减少能量损失的有效措施。

④ 在粗糙管路内衬相关材料，制成光滑管路。在可能时设法降低流体的黏度。

1.4 化工管路

1.4.1 管子的种类

管子是管路的主体，根据输送物料的性质（如温度、压力、腐蚀性等）的不同，采用了许多不同的材质，在化工生产中经常使用的有以下几种。

(1) 铸铁管

铸铁对浓硫酸和碱液有很好的抗腐蚀性能，而且价格比较便宜，通常用作埋于地下的给水总管、煤气管和污水管等。但由于笨重，强度低，不宜于在有压强的情况下输送有害的、具有爆炸性的气体和像蒸汽一类的高温流体。管的规格以ϕ内径×壁厚表示，如ϕ100mm×9mm，表示内径为100mm、壁厚9mm。

(2) 钢管

钢管的种类很多，根据材质不同，可分为普通钢管和合金钢管两种；按制造方法不同，可分为水煤气管和无缝钢管两种。

① 水煤气管（即有缝钢管） 水煤气管多数是用低碳钢制作的

焊接管，常用于压强较低的水、暖气、煤气、压缩空气和真空管路中，在压强不高的情况下，也可以用在蒸汽支管和冷凝液的管路中。水煤气管的耐压强度通常为600～1000kPa。

水煤气管还可以分为镀锌的（白铁管）和不镀锌的（黑铁管）；普通的、加厚的和薄壁的等。水煤气管的管径以公称直径（通常单位为英寸）表示，公称直径是为了设计、制造和维修的方便而人为地规定的一种标准直径，它既不表示管子的外径，也不是管子的内径，而是与其相近的整数。例如公称直径为2″或50mm的水煤气管，它的外径为60mm，内径为53mm。水煤气管的常用规格可以从附录中查得。

② 无缝钢管　无缝钢管是生产中使用最多的一种管型。它的特点是质地均匀、强度高、管壁可以较薄。根据材质的不同，分为普通钢管、优质钢管、低合金钢管、不锈钢管等；根据加工方法的不同，可以分为冷拔管、热轧管。无缝钢管广泛用于压强、温度较高的物料输送中，如蒸汽、高压水和高压气体的输送，还经常用来制作换热器、蒸发器等设备。如果介质温度超过450℃，应采用合金钢管。合金钢管主要用来输送腐蚀性介质和高温物料。

无缝钢管的规格以ϕ外径×壁厚表示；如ϕ108mm×4mm，表示外径为108mm、壁厚4mm，则其内径为108－2×4＝100（mm）。

（3）有色金属管

有色金属管的种类很多，化工生产中常用的有钢管、铅管、铝管、铜管等。由于有色金属的价格较高，应尽量少用。

（4）塑料管

品种很多，具有良好的抗腐蚀性、重量轻、价格低、容易加工等优点；缺点是强度较低，耐热性差。但随着高分子材料性能上的不断改进，在很多方面可以取代金属管。

（5）玻璃管

玻璃管具有很好的耐腐蚀性能、透明、易于清洗、阻力小、价格低等优点；缺点是质脆、耐压低等。常用在一些检测或实验性的工作中。

（6）陶瓷管

陶瓷管具有良好的耐腐蚀性，除了氢氟酸、氟硅酸、强碱外，可耐无机酸、有机酸和有机溶剂的腐蚀。具有来源广、价格低的优点。缺点是质脆，强度低。常用于具有腐蚀性的下水管道。

1.4.2 常用管件与阀门

（1）管件

① 改变管路的方向 如图1-21所示的1～4。

② 连接管路支路 如图1-21所示的5～9。

③ 连接两段管路 如图1-21所示的10～12。

④ 改变管路直径 如图1-21所示的13、14。

⑤ 堵塞管路 如图1-21所示的15、16。

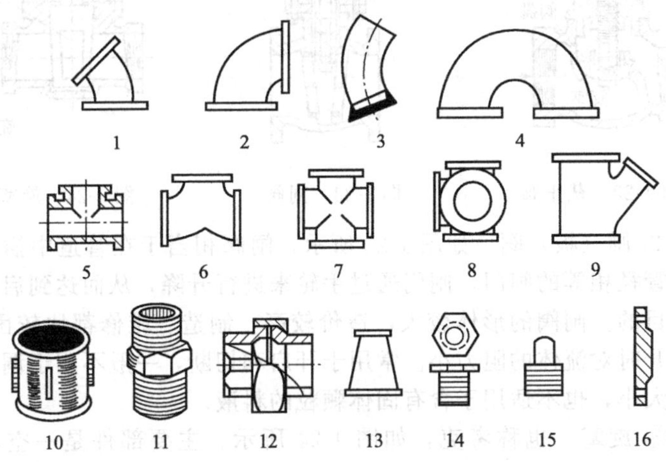

图1-21 管件

1～4—弯头；5,6,9—三通；7,8—四通；10—管箍；11—对丝；12—活接头；13—大小头；14—补芯；15—丝堵；16—盲板

（2）阀门

阀门是用来开启、关闭和调节流量及控制安全的机械装置。

① 截止阀 也称球心阀，如图1-22所示。其关键零件是阀体内的阀座和阀盘，通过手轮使阀杆上下移动以改变阀盘与阀座之间的距离，从而达到开启、切断和调节流量的目的。其特点是严密可靠，可以准确地调节流量，但对流体的阻力比较大，常用于蒸汽、压缩空气、真空管路及一般流体的管路中，不能用于带有

固体颗粒和黏度较大的介质。安装截止阀时，应保证流体从阀盘的下部向上流动，即下进上出。否则，在流体压强较大的情况下难以打开。

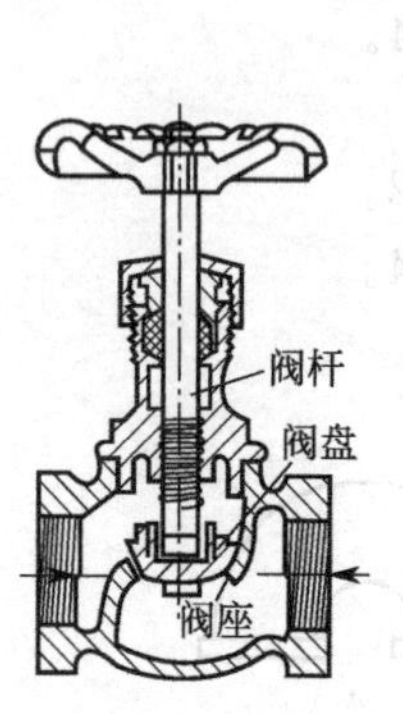

图 1-22 截止阀

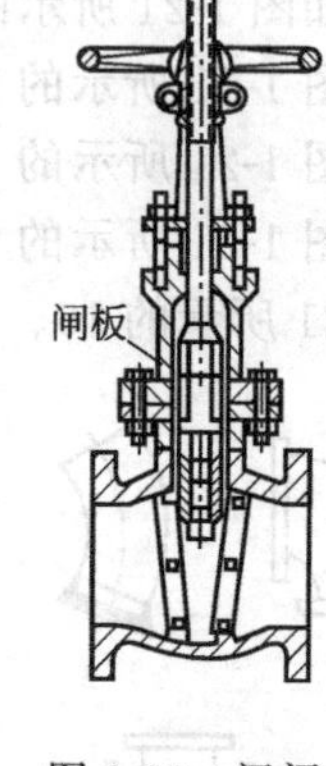

图 1-23 闸阀

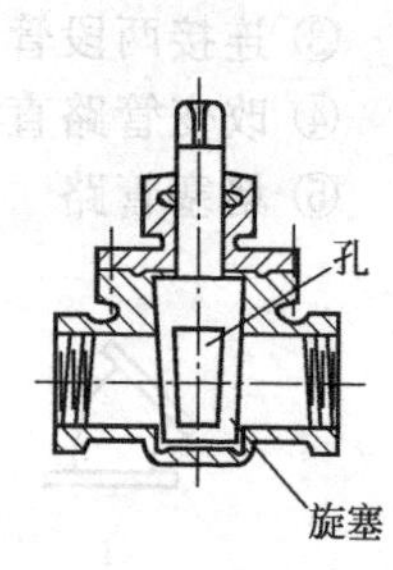

图 1-24 旋塞

② 闸（板）阀 如图 1-23 所示，闸阀相当于在管道中插入一块和管径相等的闸门，闸门通过手轮来进行升降，从而达到启闭管路的目的。闸阀的形体较大，造价较高，制造、维修都比较困难，但全开时对流体的阻力小。常用于开启和切断，一般不用于调节流量的大小，也不适用于含有固体颗粒的料液。

③ 旋塞 也称考克，如图 1-24 所示。主要部件是一空心铸件。中间插入一个锥形旋塞，旋塞的中间有一个通孔，并可以在阀体内自由旋转，当旋塞的孔正朝着阀体的进口时，流体就从旋塞中通过；当它旋转 90°时，其孔完全被阀门挡住，流体则不能通过。其特点是结构简单，启闭迅速，全开时对流体阻力小，可用于带固体颗粒的流体。但不能精密地调节流量，旋转时比较费劲，不适用于口径较大、压力较高或温度较低的场合。

此外，还有用来控制流体只能朝一个方向流动、并能自动启闭的止回阀（单向阀），如图 1-25 所示；用于中、高压设备上，当压力超过规定值时可自动泄压的安全阀，如图 1-26 所示。随着化工生产的发展，新工艺、新设备不断出现，对管件与阀件的要求也越来越高，新型阀件不断出现，应用时可查相关手册。

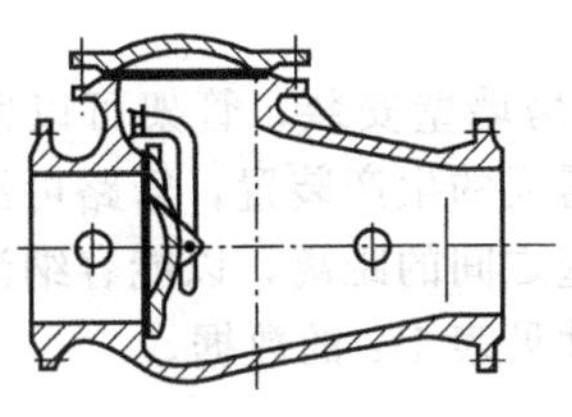
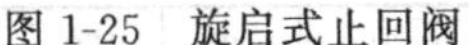

图 1-25　旋启式止回阀

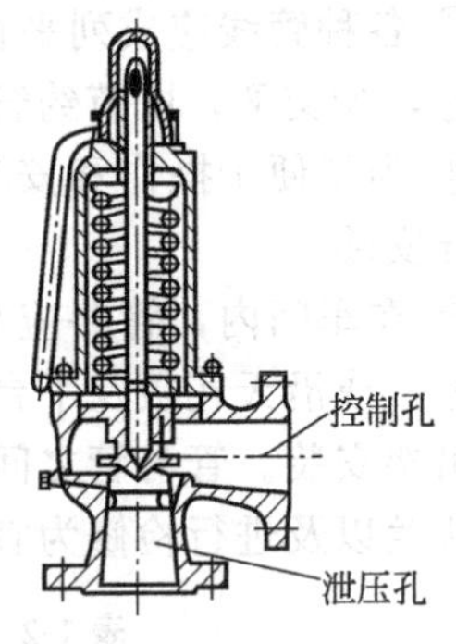

图 1-26　弹簧式安全阀

1.4.3　管路的连接方式

管路的连接包括管子与管子、管子与管件、阀门以及与设备接口处的连接。常用的连接方式有法兰连接、螺纹连接、承插连接、焊接等。

管子与管件的连接采用螺纹连接，适用于水煤气管。无缝钢管常采用法兰连接，或管与管之间进行焊接。铸铁管、陶瓷管、水泥管等常采用承插式连接。如图 1-27 所示。

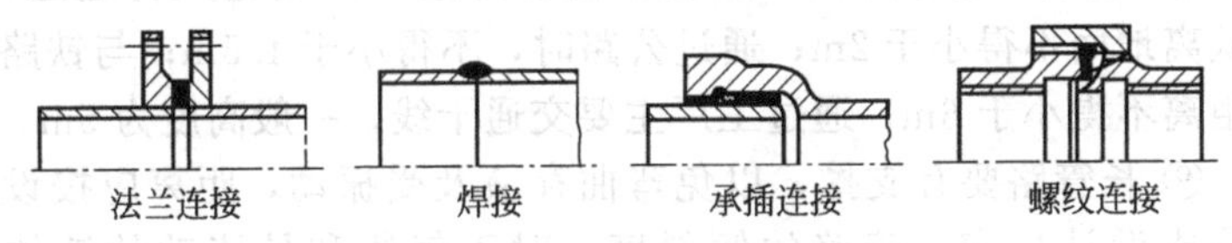

图 1-27　管路的连接方式

1.4.4　管路布置和安装原则

在管路布置和安装时，主要考虑安装、检修、操作的方便和操作安全，同时必须尽可能减少基建费和操作费，并从生产的特点、设备布置、物料特性及建筑结构等方面进行综合考虑。管路布置和安装一般原则如下。

① 布置管路时，应对车间所有管路（生产系统管路、辅助系统管路、电缆、照明、仪表管路）全面规划，各就其位。

② 为了节约基建费用，便于安装和检修以及保证操作上的安全，管路铺设应尽可能采用明线（除上、下水和煤气总管外）。

③ 各种管线应成列平行铺设，便于共用管架；要尽量走直线，少拐弯，少交叉，以节约管材，减少阻力，同时力求整齐美观。

④ 为了便于操作和安装检修，并列管路上的管件和阀件位置应错开安装。

⑤ 在车间内，管路应尽可能沿厂房墙壁安装，管架可以固定在墙上，或沿天花板及平台安装。在露天的生产装置，管路可沿柱架或吊架安装。管与管之间及管与墙壁之间的距离，以能容纳活接管或法兰以及进行检修为宜，具体尺寸见表 1-2 的数据。

表 1-2　管与墙间的安装距离

管径/mm	25	37.5	50	75	100	125	150	200
管中心离墙距离/mm	120	150	150	170	190	210	230	270

⑥ 为了防止滴漏，对于不需要拆修的管路连接，通常都采用焊接；在需要拆修的管路中，适当配制一些法兰和活接管。

⑦ 管路应集中铺设，当穿过墙壁时，墙壁上应开预留孔，过墙时，管外最好加套管，套管与管子间的环隙应充满填料；管路穿过楼板时也是这样。

⑧ 管路离地的高度，以便于检修为准，但通过人行通道时，最低离地面不得小于 2m；通过公路时，不得小于 4.5m；与铁路面净距离不得小于 6m；通过工厂主要交通干线，一般高度为 5m。

⑨ 长管路要有支撑，以免弯曲存液及受振动，距离应按设计规范或设计决定。管路的倾斜度，对于气体和易流动的液体为 3/1000～5/1000，对含固体结晶或颗粒较大的物料为 1%或大于 1%。

⑩ 一般上、下水管及废水管适宜埋地铺设，埋地管路的安装深度，在冬季结冰地区，应在冰冻线以下。

⑪ 输送腐蚀性流体管路的法兰，不得位于通道的上空，以免发生滴漏时发生危险。

⑫ 输送易燃、易爆物料（如醇类、醚类、液态烃类）时，为了防止静电积聚，必须将管路可靠接地。

⑬ 蒸汽管路上，每隔一定距离，应装置冷凝水排出装置。

⑭ 平行管路的排列应考虑管路互相影响。垂直排列时，热介质管路在上，冷介质管路在下，以减少热管对冷管的影响；高压管

路在上，低压管路在下；无腐蚀流体在上，有腐蚀流体在下，以免腐蚀性介质滴漏时影响其他管路。水平排列时，低压管路在外，高压管路靠近墙柱；检修频繁的在外，不常检修的靠墙柱；重量大的要靠管架支柱或墙。

⑮ 管路安装完毕后，应按规定进行强度和严密度试验，未经检验合格，焊缝及连接处不能涂漆及保温。管路在开工前须用压缩空气或惰性气体置换。

⑯ 对于各种非金属管路及特殊介质的管路的布置和安装，还应考虑一些特殊问题，如聚氯乙烯管应避开热的管路，氧气管路在安装前应脱油等。

1.4.5 管路常见故障及处理（见表1-3）

表1-3 管路常见故障及处理

序号	常见故障	原　因	处理方法
1	管泄漏	裂纹、孔洞（管内外腐蚀、磨损）、焊接不良	装旋塞；缠带；打补丁；箱式堵漏；更换
2	管堵塞	不能关闭；杂质堵塞	阀或管段；热接旁通，设法清除杂质
3	管振动	流体脉动；机械振动	用管支撑固定或撤掉管支撑件，但必须保证强度
4	管弯曲	管支撑不良	用管支撑固定或撤掉管支撑件，但必须保证强度
5	法兰泄漏	螺栓松动；密封垫片损坏	箱式堵漏，紧固螺栓；更换螺栓；更换密封垫、法兰
6	阀泄漏	压盖填料不良，杂质附着在其表面	紧固填料函；更换压盖填料；更换阀部件或阀；阀部件磨合

一、判断题

（　　）1. 流体的密度与温度、压强有关。

（　　）2. 在确定液体密度时，首先要确定的是液体的温度。

(　　) 3. 在确定气体密度时，首先要确定的是气体的温度和压强。

(　　) 4. 压力表的读数就是设备内的真实压强。

(　　) 5. 真空表上的读数就是设备内的真实压强。

(　　) 6. 真空度越高，设备内的压强越高。

(　　) 7. 表压力越高，设备内的压强越高。

(　　) 8. 用表压和真空度表示压强时，必须说明当时、当地的大气压强。

(　　) 9. U形管压力计可以测量某一测压点的表压力。

(　　) 10. U形管压力计可以测量某一测压点的真空度。

(　　) 11. 表示气体的体积流量时，应注明压力和温度。

(　　) 12. 表示液体或气体的质量流量时，应注明压力和温度。

(　　) 13. 以压头表示能量大小时，应说明是哪一种流体，即m液柱。

(　　) 14. 流动流体各种机械能的形式可以互相转化。

(　　) 15. 位能的大小是个相对值，若不设基准面，只讲位能的绝对值是毫无意义的。

(　　) 16. 液体的黏度随温度升高而减小。

(　　) 17. 气体的黏度随温度升高而减小。

(　　) 18. 液体的黏度基本不随压强变化。

(　　) 19. 气体的黏度随压强增大而减小。

(　　) 20. 所谓当量直径，就是截面积相等的圆的直径。

(　　) 21. 压强差的大小可以用一定高度的液柱来表示。

(　　) 22. 实践表明，湍流时流体阻力与管子粗糙程度有关。

(　　) 23. 孔板流量计调换方便，但不耐高压，压头损失较大。

(　　) 24. 文丘里流量计能耗小，加工方便，可以耐高温、高压。

(　　) 25. 转子流量计读取流量方便，测量精度高，但不耐高温、高压。

(　　) 26. 孔板流量计制造简单，调换方便，但压头损失大。

(　　) 27. 为了便于操作和安装检修，并列管路上的管件和阀门位置应错开安装。

(　　) 28. 输送腐蚀性流体管路的法兰，不得位于通道的上空。

(　　) 29. 单位体积流体的重量，称为流体的密度。

(　　) 30. 单位时间内流体在流动方向上流过的距离，称为体积流量。

(　　) 31. 直管阻力是指流体在管径有变化的直管中流动时由于流体黏性所产生的摩擦阻力。

(　　) 32. 管路的总阻力为各段直管阻力与各个局部阻力的总和。

(　　) 33. 同一容器中液体上部、下部的压强都相等。

(　　) 34. 气体具有显著的压缩性和热膨胀性。

(　　) 35. 雷诺数 *Re* 是判断流体流动形态的依据。

二、选择题

1. 影响液体密度的主要因素是（　　）。

A. 压强　B. 温度　C. 压强和温度

2. 影响气体密度的主要因素是（　　）。

A. 压强　B. 温度　C. 压强和温度

3. 压强的SI制单位是（　　）。

A. Pa　B. mmHg　C. atm　D. kgf/m^2

4. 密度的SI制单位是（　　）。

A. kg/m^3　B. kg/L　C. g/cm^3

5. 表示设备内压强真实值的是（　　）。

A. 绝压　B. 表压　C. 真空度

6. 当流体压强一定时，流体密度越大，液柱高度（　　）。

A. 不变　B. 越小　C. 越大

7. 当流体压强一定时，液柱高度和密度成（　　）。

A. 反比　B. 正比　C. 无关

8. 标准状态是指（　　）。

A. 0℃，1atm　B. 20℃，1atm　C. 25℃，1atm

9. 气体是一种（　　）的流体。

A. 可压缩 B. 不可压缩 C. 压缩性很小

10. 静止流体内部，同一水平面上各点的压力是（ ）的。

A. 相等 B. 不相等 C. 变化

11. 水及一般液体在管路中常用的流速为（ ）。

A. 1～3m/s B. 0.5～1m/s

C. 15～25m/s D. 30～50m/s

12. 压强较高的气体在管路中常用的流速为（ ）。

A. 1～3m/s B. 0.5～1m/s

C. 15～25m/s D. 30～50m/s

13. 黏度较大的液体在管路中常用的流速为（ ）。

A. 1～3m/s B. 0.5～1m/s

C. 15～25m/s D. 30～50m/s

14. 生产中的适宜流速是（ ）时的流速。

A. 设备费用最少 B. 操作费用最少

C. 设备费用、操作费用的和最少

15. ϕ108mm×4mm 的钢管的内径为（ ）mm。

A. 108 B. 100 C. 104

16. ϕ100mm×9mm 的铸铁管的内径为（ ）mm。

A. 100 B. 82 C. 91

17. 在伯努利方程式中，Zg 被称为单位质量流体的（ ）。

A. 位能 B. 静压能 C. 动能

18. 在伯努利方程式中，p/ρ 被称为单位质量流体的（ ）。

A. 位能 B. 静压能 C. 动能

19. 在伯努利方程式中，$u^2/2$ 被称为单位质量流体的（ ）。

A. 位能 B. 静压能 C. 动能

20. 在伯努利方程式中，Z 被称为单位重量流体的（ ）。

A. 位能（位压头） B. 静压能（静压头）

C. 动能（动压头）

21. 在伯努利方程式中，$p/\rho g$ 被称为单位重量流体的（ ）。

A. 位能（位压头） B. 静压能（静压头）

C. 动能（动压头）

22. 在伯努利方程式中，$u^2/2g$ 被称为单位重量流体的（ ）。

A. 位能（位压头）　B. 静压能（静压头）

C. 动能（动压头）

23. 在伯努利方程式中，Zg、p/ρ、$u^2/2$ 的SI制单位是（　）。

A. J/N (m)　B. J/kg　C. J

24. 在伯努利方程式中，Z、$p/\rho g$、$u^2/2g$ 的SI制单位是（　）。

A. J/N (m)　B. J/kg　C. J

25. 在流量一定时，管路越粗糙，流体阻力（　）。

A. 越大　B. 越小　C. 不变

26. 用离心泵在两个敞开容器间输液。若维持两容器的液位高度不变，当关小输送管道的阀门后，管道总阻力将（　）。

A. 增大　B. 减小　C. 不变

27. 黏度的SI制单位是（　）。

A. cP　B. Pa·s　C. m^2/s

28. 在圆形管中，流速与管径的平方成（　）。

A. 正比　B. 反比　C. 恒定

29. 转子流量计在安装时必须（　）安装。

A. 水平　B. 垂直　C. 倾斜

30. 在流量一定和管路总长一定时，管径增大一倍，损失压头是原来的（　）。

A. 1/4　B. 1/16　C. 1/32

三、填空题

1. 293K、98%硫酸10t的体积是________m^3。0.1m^3、293K的水银的质量为________kg。

2. 已知甲醇-水溶液中，甲醇（质量分数）为90%，293K时密度的近似值为________kg/m^3。

3. 甲烷在320K和0.5MPa时的密度为________kg/m^3。

4. 空气的组成（体积分数）为21% O_2 和79% N_2，在100kPa和300K时空气的平均摩尔质量________，密度为________kg/m^3。

5. 1atm＝________kgf/cm^2；5atm＝________Pa；1.5kgf/cm^2＝________kgf/m^2＝________Pa。

6. 流体压力为750mmHg，相当于________mH_2O，________kPa。

7. 设备进出口测压仪表读数分别为3kPa（真空）和67kPa（表压），两处的绝压差为________。

8. 设备进出口的压强表的读数分别为400kPa和200kPa，大气压强为100kPa，则此设备进出口之间的压强差为________kPa。

9. 用U形管测量管道中两点压强差，已知管内流体是水，指示液为四氯化碳（密度1595kg/m^3），压差计读数为40cm，则两点压强差为________。

10. 体积流量是________________；质量流量是________________。

11. 流速是________________；质量流速是________________。

12. 稳定流动时，流体的流速和截面积成________比。

13. 150cm/s＝________m/s＝________km/h；4L/s＝________m^3/s=________m^3/h。

14. 水连续由粗管流入细管作稳定流动，粗管的内径为80mm，细管的内径为40mm，水在细管内的流速为3m/s，水在粗管内的流速为________。

15. 管路中安装弯头的目的是用来________。

16. 管路的连接方式主要有________________。

四、简答题

1. 在化工生产中的流体流动和输送中，主要解决哪几个方面的问题？

2. 什么叫绝对压强、表压和真空度？它们之间有什么关系？

3. 写出流体静力学的基本方程式。说明静止流体内部的压力变化规律。

4. 为什么可以用液柱高度来表示压强的大小？

5. 流体静力学基本方程式在化工生产中有哪几个方面的用途？

6. 何谓稳定流动与不稳定流动？

7. 写出圆形直管中流体稳定流动的连续方程式。

8. 流体流动中具有哪几种能量？它们之间有什么规律？写出表示其规律的方程式。

9. 在化工生产中，应用伯努利方程式通常可解决哪些问题？

使用伯努利方程中应注意些什么？

10. 产生流体阻力的原因有哪些？

11. 流体有哪几种形态？怎样判断？

12. 什么叫当量直径？写出常用非圆形截面导管的当量直径计算式。

13. 何谓层流内层？层流内层的厚度由什么决定？

14. 要想降低流体的阻力，应从哪些方面着手？

15. 铸铁管、水煤气管、无缝钢管在化工生产中主要应用在哪些场合？

五、计算题

1. 储槽内存有密度为800kg/m^3 的油，U形管压强计中的指示液为水银，读数200mm。求油面高度（水银密度为13600kg/m^3）。

2. 计算U形管压差计所测的管道两点的压力差。管中气体的密度为2kg/m^3，压差计中指示液为水，读数为500mm。

3. 为了控制乙炔发生炉内压强不超过12kPa（表压），在炉外装有安全水封装置，试求水封槽的水面高出水封管口的高度。

4. 水以3.6m^3/h的流量在ϕ95mm×3mm和ϕ57mm×2.5mm钢管所构成的环隙间流动，求流速。

5. 用泵将293K，60%的硫酸从常压储槽送入表压2×10^{5}Pa的设备中，硫酸质量流量3kg/s，管子内径50mm，硫酸流入设备处与储槽液面的垂直距离15m，损失压头22.6m酸柱，求泵的有效功率（硫酸密度1500kg/m^3）。

6. 流体从高位槽流下，液面保持稳定，管出口和液面均为大气压强。当流体在管中流速为1m/s，能量损失为20J/kg时，求高位槽液面离管出口的距离。

7. 水洗塔内绝压为2100kPa，储槽水面绝对压强为300kPa。塔内水管与喷头连接处高于储槽水面20m，管路为ϕ57mm×2.5mm钢管，送水量为15m^3/h。塔内水管与喷头连接处的绝对压强为2250kPa。损失能量为49J/kg。求水泵的有效功率。

8. 流体从高位槽流下，液面保持稳定，管出口和液面均为大气压强。当流体在管中流速为1m/s，能量损失为20J/kg时，求高位槽液面离管出口的距离。

9. 20℃水在ϕ38mm×2.5mm的钢管中流动时，如果水的流量为5m^3/h，试确定管中水的流动形态。

10. 确定套管冷却器环隙间冷冻盐水的流动形态。内管ϕ25mm×1.5mm，外管为ϕ51mm×2.5mm，盐水的质量流量为3.73t/h，密度1150kg/m^3，黏度为1.2×10^{-3}Pa·s。

第 2 章

液体输送机械

本章培训目标

1. 熟知描述液体输送机械结构和性能的名词及基本术语；掌握常用液体输送机械的工作原理。

2. 知道常用液体输送机械结构及特点；熟知液体输送机械的适用情况。

3. 会查常用液体输送机械性能，熟知影响因素；了解常用液体输送机械型号。

4. 会进行液体输送机械操作、调节、维护及常见故障及处理。

2.1 离心泵

在化工生产中，经常需要将液体沿着管路从一个设备输送到另一个设备，从一个位置输送到另一个位置。液体在没有输送机械功的条件下，只能从高势能处流向低势能处；要使流体从低势能处流向高势能处，就必须对流体输送机械功。用于输送流体的机械叫流体输送机械。液体输送机械就是将外加能量加给液体的机械，通常称为泵。在国民经济各部门中，也广泛使用不同类型的泵。泵是一种通用机械。

液体输送机械依结构及运行方式不同分四种类型，即离心式、往复式、旋转式和流体作用式。本节主要介绍离心泵。

要正确地选用、维护和运转泵，除了明确输送任务，掌握被输送液体的性质之外，还必须了解泵的结构、工作原理和性能。

2.1.1 离心泵的工作原理及主要构件

(1) 离心泵的工作原理

离心泵的装置如图 2-1 所示。离心泵壳内装有叶轮，叶轮内有6～12 片叶片，叶片的弯曲方向与叶轮的旋转方向相反，叶轮紧固在泵轴上，泵轴中心的吸入口与吸入管路相连接。离心泵的排出口在泵壳的切线方向，与排出管路连接。吸入管路的末端装有底阀，用以防止停车时泵内液体倒流回储槽。底阀中滤网的作用是防止杂物进入管道和泵壳。排出管上装有调节阀，用以调节泵的流量；为了防止停车时液体倒流回泵壳内而造成事故，还应在排出管上安装止逆阀。

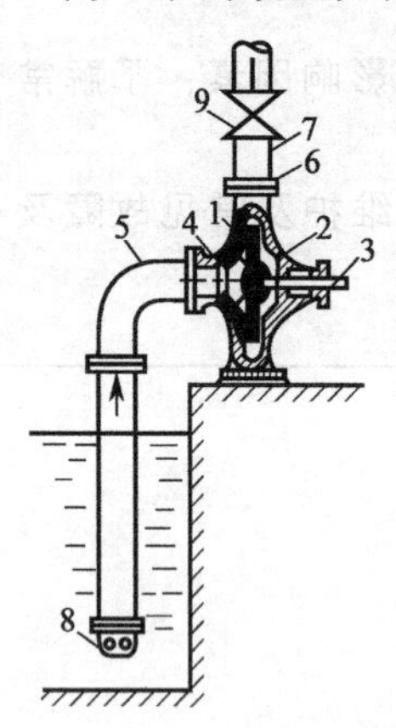

图 2-1 离心泵装置简图
1—叶轮；2—泵壳；3—泵轴；4—吸入口；5—吸入管；6—排出口；7—排出管；8—底阀；9—调节阀

离心泵的工作原理分为送液过程和吸液过程两部分。

① 送液过程的工作原理　离心泵多由电机带动，在启动前泵内要先注满被输送液体，电机转动时通过泵轴带动叶轮转动，

液体经吸入管从泵壳中心处被吸入泵内，然后经排出管从泵壳切线方向排出。在泵启动前向泵壳内灌满被输送的液体。泵启动后，泵带动叶轮高速旋转，充满叶片之间的液体也随着旋转，其转速为1000～3000r/min。在离心力的作用下，液体从叶轮中心被抛向叶轮外缘的过程中获得了能量，使叶轮外缘液体的静压能和动能都得到提高，流速可达15～25m/s，液体离开叶轮进入泵壳后，由于泵壳中流道逐渐加宽，液体流速逐渐降低，部分动能转变为静压能，使泵出口处液体的压强进一步提高，液体以较高的压力从泵的排出口进入排出管路，输送至所需场所。由于离心泵送液是离心力的作用，故称为离心泵。

② 吸液过程的工作原理　当泵内液体从叶轮中心被抛向叶轮外缘时，在叶轮中心处形成低压区，造成了吸入管储槽液面与叶轮中心处的压强差。在静压强差的作用下，液体便沿着吸入管连续地进入叶轮中心，以补充被排出的液体。这就是离心泵吸液过程的工作原理。

离心泵启动前必须向泵内注满被输送液体以排净泵内存在的空气。由于空气的密度比液体小得多，叶轮旋转时泵内产生的离心力很小，在吸入口处不能产生必要的真空度，使储槽液面与泵入口处的静压强差很小，不能推动液体流入泵内。此外，操作中离心泵如有空气漏入，也会使泵中心存在空气，不能产生必要的真空度。启动离心泵而不能输送液体的现象，称为“气缚”。在吸入管末端安装底阀的目的，也是为了开泵时能使泵内容易充满液体。

(2) 离心泵的主要构件

离心泵的主要工作部件为叶轮、泵壳、密封环、轴封装置和轴向力平衡装置。

① 泵壳　离心泵泵壳的结构如图2-2所示。因泵壳内有一个截面逐渐扩大的蜗牛壳形的通道，又称为蜗壳。离心泵叶轮的旋转方向与蜗壳流道逐渐扩大的方向相同。越接近液体出口，通道面积越大。液体从叶轮外缘高速抛出后，在泵壳内向出口流动时，流速逐渐降低，相当大的一部分动能转变为静压能。因此，泵壳既有汇集和导出液体的作用，又是一种能量转换装置。蜗壳用于单级泵和多级泵的最后一级。有的泵壳内还有如图2-3所示结构的导轮。导

轮也是一种能量转换装置，导轮的叶片间形成许多逐渐转向、截面逐渐扩大的通道，离开叶轮的高速液体通过导轮时，减少了液体与泵壳的碰撞，使液体均匀而缓和地将部分动能转变为静压能，减少了能量损失。

图 2-2 泵壳的结构

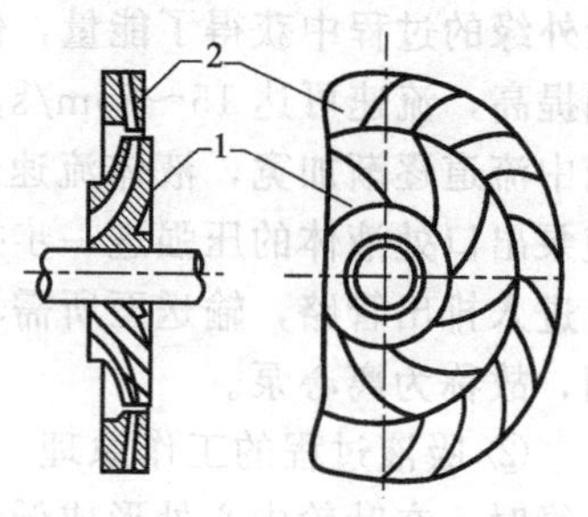

图 2-3 导轮

1—叶轮；2—导轮

② 叶轮 叶轮是离心泵中传递能量的部件，通过它将从原动机来的机械能转变为液体的静压能和动能。离心泵叶轮的结构如图 2-4 所示，可以分为开式、半开式、闭式三种。闭式叶轮有前后盖板，两盖板间有数个向后弯曲的叶片，由于吸入口和排出口之间有口环密封，从出口返回入口的液体泄漏量小，故效率高，但制造复杂。目前大多数离心泵叶轮均采用闭式叶轮。这种叶轮适用于输送不含固体颗粒的清洁液体，当液体中含有固体（如含有砂、石等），不仅有磨损问题，还会堵塞叶轮，因此不能采用闭式叶轮，依据含固体量的多少采用半开式或开式叶轮。开式叶轮无前后盖板，这种叶轮结构简单、制造容易、清洗方便，但效率低，适用于

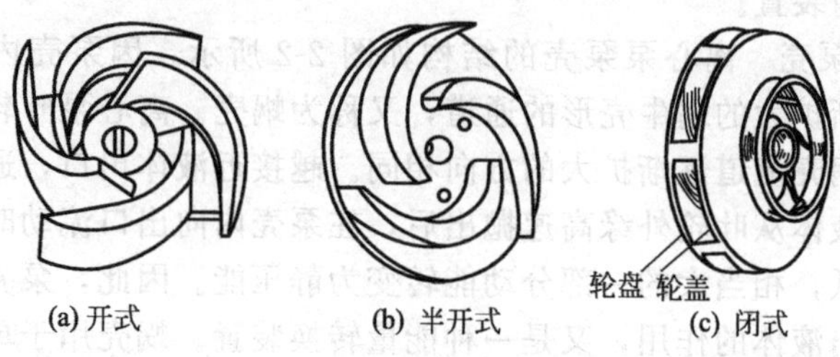

图 2-4 叶轮的结构

输送含较多固体悬浮物或带有纤维的液体。半开式叶轮只有后盖板，其效率比开式叶轮高，常用于输送黏稠及含固体颗粒的液体。

按吸液方式的不同，叶轮可分为单吸式和双吸式两种，如图2-5所示。单吸式叶轮指液体只能从前盖板中心进入叶轮，为了减少轴向推力，在后盖板上开有平衡孔。双吸式叶轮的两个盖板均有入口，液体可以从两侧进入叶轮，不但能增大吸液量，还可避免轴向推力，但叶轮本身和泵壳的结构较复杂。单级泵只有一个叶轮，多级泵有几个叶轮安装在同一根轴上，使泵内液体顺序通过叶轮，最后获得较高的压头。

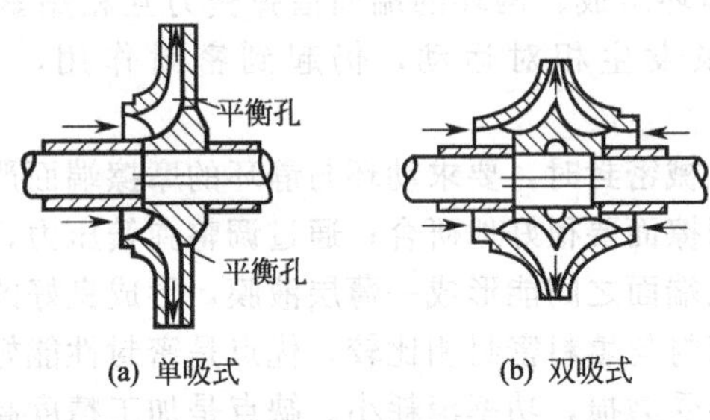

图2-5　吸液方式

③ 轴封装置　泵轴与泵壳之间的密封称为轴封。其作用是防止高压液体从泵壳内沿轴向外泄漏以及外界空气反向漏入泵的低压区。常用的轴封装置有两种形式，即填料密封和机械密封。

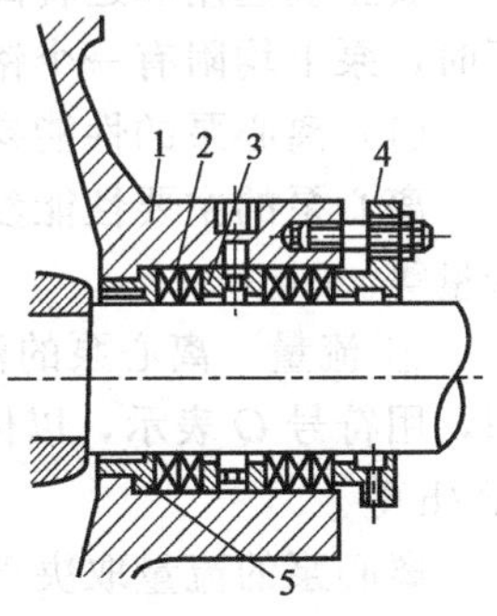

图2-6　填料函

1—填料函壳；2—软填料；3—液封圈；4—填料压盖；5—内衬套

一般离心泵所采用的轴封装置是填料函，习惯称为盘根箱，如图2-6所示。它主要是由填料函壳、软填料和填料压盖组成。软填料可采用将浸油或涂石墨的石棉绳缠绕在泵轴上，然后将压盖均匀压紧，使填料压紧在填料函壳与泵轴之间，以达到密封的目的。内衬套的作用是防止填料被挤入泵内。为了更好地防止空气漏入泵内，在填料函内装有液封圈，它是一个金属环，环上开了一些径向的小孔，通过填料函壳上的细管和泵的排出口相通，使泵内高压液体顺小管进入液封圈内，达到防止空气漏入的目的。在泵运转时需要液体保持软填料处于湿润状态，这是填料函密封正常操作的必要条件。如果是干填料，可能由于与转轴摩擦产生高温而被烧毁。所以，不要把填料压得太紧。正常运转时，应允许液体有滴漏。

对于输送酸、碱以及易燃、易爆、有毒的液体，密封的要求比较高，既不允许漏入空气，又不能让液体渗出，一般采用机械密封。机械密封装置是由装在泵轴上随之转动的动环和一个固定在泵壳上的静环组成，两环的端面借弹簧力互相贴紧，在泵轴转动时，两环虽发生相对运动，仍起到密封作用，又称为端面密封。

在安装机械密封时，要求动环与静环的摩擦端面严格地与轴中心线垂直；摩擦面要很好地研合；通过调整弹簧压力，使正常工作时，在两摩擦端面之间能形成一薄层液膜，形成良好的密封和润滑状态。机械密封与填料密封相比较，优点是密封性能好，使用寿命长，使泵轴不受磨损，功率消耗小。缺点是加工精度高，机械加工复杂，安装的技术条件严格，价格比填料函高得多。

2.1.2 离心泵性能参数和离心泵的特性曲线

要正确选用和运转离心泵，必须了解它的工作性能。离心泵出厂时，泵上均附有一个铭牌，注明泵在效率最高时的主要性能。

（1）离心泵的性能参数

离心泵的主要性能参数为流量、扬程、功率、效率和允许汽蚀余量等。

① 流量　离心泵的流量是指单位时间内从泵内排出的液体体积，用符号 Q 表示，以体积流量表示的送液能力的单位为 m^3/s 或 m^3/h 等。

离心泵的流量取决于泵的结构、尺寸（主要是叶轮的直径和叶片的宽度）和转速等。泵的流量不是一个固定值，而是在一定范围内变动。

② 扬程　单位重量的液体在泵出口截面具有的总机械能与在泵进口截面具有的总机械能的差值，称为扬程或称为压头。用符号

H 表示，单位为 m（即 J/N）。

扬程与升扬高度不是一个概念。用泵将液体从低处送到高处的垂直距离，称为升扬高度。升扬高度与泵的扬程和管路特性有关，泵运转时，其升扬高度一定小于扬程。离心泵的扬程取决于泵的结构（如叶轮的直径）、转速和流量等。对于一定的泵，在指定的转速下，扬程和流量之间具有确定的关系，但这种关系目前还不能用理论公式算出，只能用实验方法测定。

③ 功率　单位时间泵对输出液体所做的功，称为有效功率，以 P_e 表示，单位为 W。泵的有效功率为

$$P_e = QH\rho g \quad (W) \tag{2-1}$$

式中　Q——泵体积流量，m^3/s；

H——泵扬程，m；

ρ——泵送液体的密度，kg/m^3；

g——重力加速度，$9.81m/s^2$。

泵轴从电机获得的功率称为泵的轴功率，以 P_a 表示。由于离心泵运转时，泵内高压液体部分回流到泵入口，甚至漏到泵外；液体在泵内流动时，要克服摩擦阻力和局部阻力而消耗一部分能量；泵轴转动时，存在机械摩擦而消耗能量等原因，使 P_a 一定大于 P_e。一般 P_a 随流量的增大而增大。

④ 效率　泵的效率是指有效功率与轴功率之比，称为泵的总效率，以 η 表示，即

$$\eta = \frac{P_e}{P_a} = \frac{QH\rho g}{P_a} \tag{2-2}$$

泵总效率主要与制造质量和流量有关。η 值也是由实验测得。在测定流量、扬程时，同时测出 P_a，即可用式(2-2) 求得总效率。离心泵的总效率一般为50％～70％。

出厂的新泵一般都配有电机。若需要自配电机，为防止电机超负荷，常按实际工作的最大流量计算轴功率 P_a，取 $(1.1 \sim 1.2)P_a$ 作为选电机的依据。

铭牌上注明的轴功率是以常温清水为试验液体，其密度取 $1000kg/m^3$ 而计算的。如输送液体的密度较大，应按式(2-2) 核算，看原配电机是否适用。

(2) 离心泵的特性曲线

① 离心泵的特性曲线介绍　实验表明，离心泵的扬程、功率及效率等主要性能均与流量有关，把它们与流量之间的关系用图表示出来，就构成了离心泵特性曲线，图 2-7 所示是 IS 100-8-125 型离心水泵的特性曲线。不同型号的离心泵的特性曲线虽然各不相同，但总体规律是相似的。

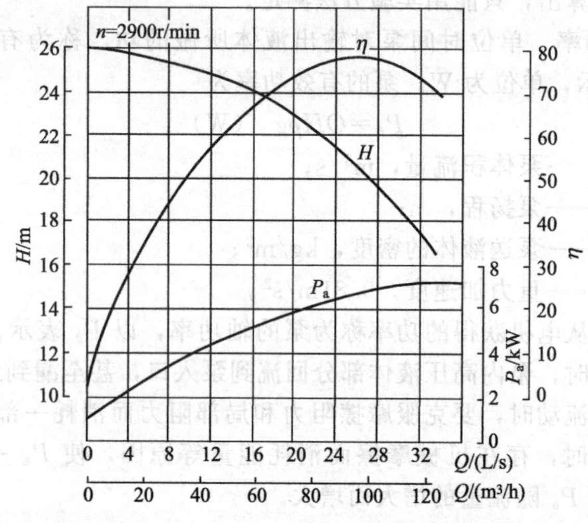

图 2-7　IS 100-8-125 型离心水泵的特性曲线

a. 扬程-流量（H-Q）曲线　扬程随流量的增大而下降，即 Q 增大则 H 减小。

b. 轴功率-流量（P_a-Q）曲线　轴功率随其流量的增大而增大，流量为零时轴功率最小，因此，Q 越大，则 P_a 越大。$Q=0$ 时，P_a 最小。所以，离心泵开车时，为了减小启动功率，应使 Q 为零，即将出口阀关闭。

c. 效率-流量（η-Q）曲线　泵的效率开始随流量的增加而上升，达到最大值后，又随流量的增加而下降。曲线上最高效率点即设计点，对应于该点的各性能的数值一般都标在铭牌上。根据生产任务选用离心泵时，应尽可能使泵在最高效率点附近工作，一般以泵效率不低于最高效率的 92%为合理，以降低能量消耗。

② 测定离心泵特性曲线的实验测定　测定流量和扬程的实验装置如图 2-8 所示。若实验的液体的密度为ρ，测得泵入口处的真空度为 $p_{真}$，出口处的表压为 $p_{表}$，大气压强为 p。泵出口与入口的高度差为 Z。由测得的流量和管径算出入口和出口处的流速为 u_1 和 u_2，以泵过入口中心的水平面为基准水平面，在泵出口与入口之间列能量衡算式得

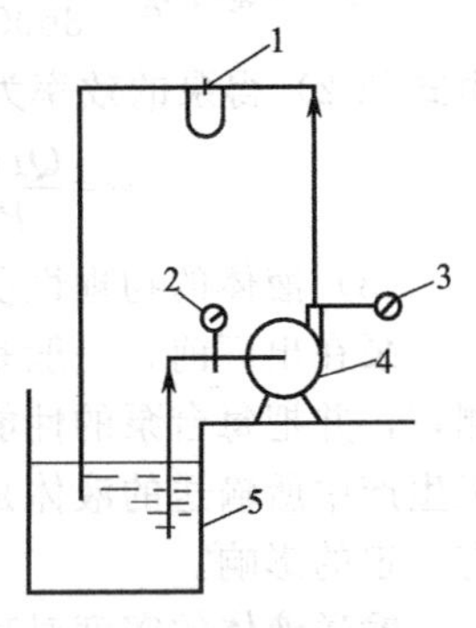

图 2-8　测定流量和扬程的实验装置
1—流量计；2—真空表；3—压力表；4—离心泵；5—储槽

$$H=Z+\frac{p_{表}+p_{真}}{\rho g}+\frac{u_2^2-u_1^2}{2g} \qquad (2\text{-}3)$$

实验中要测定的数据通常为：泵进口处压强 $p_{真}$，出口处压强 $p_{真}$，流量 Q 和轴功率 P_a。测定开始时，先将出口阀关闭，测量流量 $Q=0$ 时的扬程，同时测得轴功率 P_a。然后逐渐开启阀门，改变其流量，就可得出一系列的流量 Q 及其相应的压头 H 和轴功率 P_a，从而作出 H-Q 及 P_a-Q 曲线。根据 P_a、Q 及 H 值，即可计算 η，从而作出 η-Q 曲线。将上述 H-Q、P_a-Q 及 η-Q 曲线绘制在同一张坐标纸上，即为一定型号离心泵在一定转数下的特性曲线。它们分别反映了泵的扬程、轴功率以及效率与流量的关系。

【例 2-1】 采用图 2-8 所示装置，泵的转速为 2900r/min 时，用 20℃清水测定某离心泵的特性时的一组实验数据。测得流量为 $10\text{m}^3/\text{h}$ 时，泵的吸入口处真空表上读数为 21.3kPa，泵出口压力表读数为 210kPa，已知出口和入口管截面间垂直距离为 0.3m。测得泵的轴功率为 1.05kW，入口和出口的直径相同。

解　已知 $Z=0.3\text{m}$；$u_1=u_2$（因直径、流量相等）；$p_{表}=210\text{kPa}$；$p_{表}=21.3\text{kPa}$；$\rho=998.2\text{kg/m}^3$；$P_a=1.05\text{kW}$

由式(2-3)

$$H=Z+\frac{p_{表}+p_{真}}{\rho g}+\frac{u_2^2-u_1^2}{2g}=0.3+\frac{(210+21.3)\times 10^3}{998.2\times 9.81}=23.9\ (\text{m})$$

由式(2-1) 得泵的有效功率为

$$P_e = QH\rho g = \frac{10}{3600} \times 998.2 \times 9.81 \times 23.9 = 650.1 \text{ (W)}$$

由式(2-2) 得泵的效率为

$$\eta = \frac{QH\rho g}{P_a} = \frac{650.1}{1050} = 0.62 = 62\%$$

(3) 液体的物理性质对离心泵性能的影响

泵在出厂前，一般是以 20℃ 的清水为试验液体对每台泵进行测定，并把每台泵的性能数据写在该台泵的产品说明书中。但在化工生产中所输送的液体是多种多样的，流体的物性对离心泵的特性有一定的影响。

输送液体的密度对离心泵的扬程无影响，而且泵的效率也不随液体的密度而改变。但液体的密度越大，则轴功率越大，液体在出口处的压强越大。所以，当输送液体的密度比水大时，应重新核算其轴功率，可按下式校正

$$\frac{P_a}{P_a'} = \frac{\rho}{\rho'} \tag{2-4}$$

输送液体的黏度越大，则液体在泵内的能量损失越大，使泵的扬程、流量减小，效率下降，而功率增大。所以，当输送液体的黏度与水有较大的差异时，泵的特性曲线要进行校正。特性曲线的校正方法，可参阅有关泵的专门书刊。

(4) 叶轮的转速和直径对泵性能的影响

① 叶轮转速的影响　叶轮的转速对泵性能的影响，可以近似地用比例定律进行计算，即

$$\frac{Q}{Q'} = \frac{n}{n'};\quad \frac{H}{H'} = \left(\frac{n}{n'}\right)^2;\quad \frac{P_a}{P_a'} = \left(\frac{n}{n'}\right)^3 \tag{2-5}$$

式中　n，n'——原有转速和改变后转速，Hz；

Q，Q'——转速改变前、后的流量；

H，H'——转速改变前、后的扬程；

P_a，P_a'——转速改变前、后的轴功率。

式(2-5) 表明，流量与转速成正比，扬程与转速的平方成正比，轴功率与转速的立方成正比。自配电机时，要使电机的转速与泵铭牌上注明的泵轴转速一致，否则泵的特性就会发生显著的变化。可见通过改变叶轮的转速可以调节离心泵的性能。

② 叶轮直径的影响　为了扩大泵的适宜使用范围，一个泵体配备有几个直径不同的叶轮，以供选用。叶轮直径对泵的性能的影响，可用切割定律作近似计算，即

$$\frac{Q}{Q'}=\frac{D}{D'};\quad \frac{H}{H'}=\left(\frac{D}{D'}\right)^2;\quad \frac{P_a}{P'_a}=\left(\frac{D}{D'}\right)^3 \tag{2-6}$$

式中　D，D'——叶轮切割前、后的直径；

Q，Q'——叶轮切割前、后的流量；

H，H'——叶轮切割前、后的扬程；

P_a，P'_a——叶轮切割前、后的轴功率。

式(2-6) 表明，流量与叶轮直径成正比，扬程与叶轮直径的平方成正比，轴功率与叶轮直径的立方成正比。可见通过改变叶轮的直径也可以调节离心泵的性能。

2.1.3　离心泵的调节

离心泵的调节就是调节泵的流量，使之增加或减少。由于选泵时，往往很难找到一个非常合适的泵，使其工作流量正好与管路需要流量相等，因此，需要试车调节流量。有时生产任务的变化也需要减少或增加流量。离心泵流量调节在生产中经常遇到。离心泵常用流量调节方法如下。

(1) 调节离心泵出口阀的开度

调节出口阀的开度以改变管路流体阻力，从而达到调节流量的目的。用减小出口阀门开度来调节流量的方法，使一部分能量额外消耗于克服阀门局部阻力，所以不经济，但此法简单，连续可调，应用广泛。特别适用于流量调节幅度不大而需要经常调节流量的场合。应当注意，不能用减小离心泵的入口阀开度的方法来减小流量。

(2) 改变叶轮转速

由离心泵的特性可知，流量与叶轮的转速成正比，改变叶轮的转速可以很方便地实现流量的调节。采用改变叶轮转速的方法调节流量，不额外增加管路的阻力，能量的利用非常经济，特别适用于大功率泵的流量调节。但一般的感应电机转速是恒定的，只有装有变速装置时才能采用。

(3) 改变叶轮的直径

由离心泵的切割定律可知，流量与叶轮的直径成正比。叶轮切

割后，泵的特性曲线改变，流量得到调节。一个基本型号的泵配有几个直径大小不同的叶轮，当流量定期变动时，采用这种方法是可行的，也是经济的。

2.1.4 离心泵安装高度

从对离心泵的工作原理的分析可知，由离心泵的吸入管路到离心泵的入口处，液体并没有获得外加功，液体是在液面与离心泵入口间的压强差的作用下进入泵内的，因此离心泵存在一个安装高度的问题。

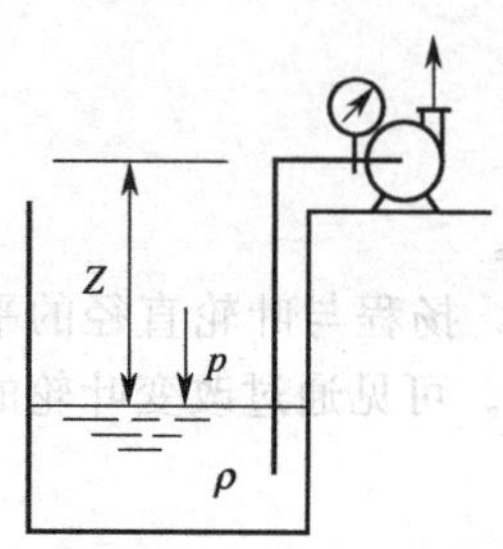

图 2-9 吸上高度示意

(1) 离心泵的吸上高度

吸上高度对泵的工作有很大的影响。吸上高度是指泵入口中心在储槽液面上的高度。如泵在液面之下，吸上高度为负值。如图 2-9 所示，一台离心泵安装于储槽液面上 Z 处，Z 即吸上高度。设液面的压强为 p，液体密度为 ρ，泵入口处的压强为 p_1，吸入管路中液体的流速为 u_1，损失压头为 H_f，列出储槽液面与泵入口之间的伯努利方程式

$$\frac{p}{\rho g}=\frac{p_1}{\rho g}+Z+\frac{u_1^2}{2g}+H_f$$

即

$$Z=\frac{p-p_1}{\rho g}-\frac{u_1^2}{2g}-H_f \tag{2-7}$$

由式(2-7) 可知，当泵入口处为绝对真空，即 $p_1=0$，而流速 u_1 极小，则 $u_1^2/2g$ 和 H_f 可略去不计，这样，理论上吸上高度 Z 的最大值为 p/ρ_g。实际的吸上高度比最大值小。

(2) 汽蚀现象

由式(2-7) 可知，当储槽液面上的压强一定时，吸上高度越高，则 p_1 越小。若吸上高度高至某一限度，使 p_1 降至等于输送温度下液体的饱和蒸汽压时，在泵进口处液体就会沸腾，大量汽化并产生气泡，大量气泡随液体进入高压区。在高压的作用下气泡迅速凝结破裂。在气泡消失处产生局部真空，周围的液体质点以极大的速度冲向气泡中心，在冲击点产生极大的冲击力，冲击力使泵体振动并产生噪声。叶轮或泵壳的局部在巨大冲击力的反复作用下，表

面的金属粒子脱落，逐渐形成斑点、小裂缝，日久使叶轮变成海绵状或整块脱落，这种现象称为汽蚀。在压强降低时，溶解在液体中的气体从液体中逸出，加速了汽蚀过程。汽蚀发生时，泵体因受冲击而发生振动，并发出噪声；因产生大量气泡，使流量、扬程下降，严重时不能正常工作。因此，泵在工作时，必须要防止汽蚀现象发生。

(3) 允许汽蚀余量

在实验中发现，当泵入口处的压强 p_1 还没有低到与液体的饱和蒸汽压相等时，汽蚀现象也会发生。这是因为泵入口处并不是泵内压强最低的地方。当液体从泵入口进入叶轮中心时，由于流速大小和方向的改变，压强会进一步降低。同时加速了溶解在液体中的气体的逸出。

为了防止汽蚀现象发生，离心泵在运转时，必须使泵入口处的压强 p_1 大于饱和蒸汽压 $p_{饱}$。考虑到流速的影响，为了防止汽蚀现象发生，离心泵入口处液体的动压头 $u_1^2/2g$ 与静压头 $p_1/\rho g$ 之和必须大于饱和液体的静压头 $p_{饱}/\rho g$，其差值以 Δh 表示，即

$$\Delta h=\frac{p_1}{\rho g}+\frac{u_1^2}{2g}-\frac{p_{饱}}{\rho g} \tag{2-8}$$

能保证不发生汽蚀的 Δh 最小值，称为允许汽蚀余量。允许汽蚀余量亦为泵的性能，其值由实验测得。允许汽蚀余量随流量（流速）的增大而增大。

由式(2-8) 可得

$$\frac{p_1}{\rho g}=\Delta h+\frac{\rho_{饱}}{\rho g}-\frac{u_1^2}{2g}$$

将 $\rho_1/\rho g$ 值代入式(2-7) 得能防止汽蚀现象发生最大的吸上高度计算式

$$Z_{\max}=\frac{p}{\rho g}-\frac{p_{饱}}{\rho g}-\Delta h-H_{\mathrm{f}} \tag{2-9}$$

为了保证泵的安全运转，不发生汽蚀，泵实际安装的吸上高度，往往还要比计算得的 $Z_{\max}$ 低 0.5～1m。

【例 2-2】 用 IS 80-65-125 型离心泵从常压储槽中将温度为50℃的清水输送到用水点，槽内水面恒定，输送量为 50m³/h。已

知泵吸入管路的压头损失为 2m，动压头可忽略。试求离心泵的安装高度。当地大气压为 9.81×10^4Pa。

解 由附录查得：对 IS 80-65-125 型离心泵，转速为 2900 r/min、流量为 $50m^3/h$ 时的允许汽蚀余量 $\Delta h=3.0$m。

由附录查得 50℃水的物性为：$\rho=988.1kg/m^3$，$p_{饱}=1.233\times10^4$ Pa。

离心泵最大的吸上高度可用式(2-9) 计算：

$$Z_{max}=\frac{p}{\rho g}-\frac{p_{饱}}{\rho g}-\Delta h-H_f$$

$$Z_{max}=\frac{9.81\times10^4}{988.1\times9.81}-\frac{1.233\times10^4}{988.1\times9.81}-3-2=3.85\ (m)$$

离心泵的实际安装高度应较最大的吸上高度低 0.5m～1m。实际安装高度为 2.85m 以下。

【例 2-3】 用离心油泵从储槽抽送液态异丁烷，储槽液面恒定，液面上方压强（绝压）为 650kPa，泵安装于槽液面以下 1.5m 处。吸入管路的压头损失为 1.5m。在输送条件下异丁烷的密度为 $530kg/m^3$，饱和蒸汽压为 635kPa。输送流量下泵允许汽蚀余量为 3.5m，试问该泵能否正常操作？

解 本题为核算离心油泵的安装高度是否合适，即能否避免汽蚀现象的发生。先用式(2-9) 计算安装高度，再与已知的安装高度进行比较。

$$Z_{max}=\frac{p}{\rho g}-\frac{p_{饱}}{\rho g}-\Delta h-H_f=\frac{650\times10^3-635\times10^3}{9.81\times530}-3.5-1.5$$
$$=-2.11\ (m)$$

今泵的实际安装高度为－1.5m，大于最大的吸上高度－2.11m，故不能正常操作。

离心泵的吸上高度和安装高度的确定是设计和使用离心泵的主要一环，有以下几点应注意。

① 离心泵的允许汽蚀余量值与其流量有关，大流量下，Δh 较大，因此必须注意使用最大额定流量值进行计算。

② 离心泵安装时，应注意选用较大的吸入管径、减少吸入管路的管件和阀门、缩短管长等，以减少吸入管路的阻力损失。

③当液体输送温度较高或液体沸点较低时，可能出现允许吸上

高度为负值的情况，此时应将离心泵安装于储罐液面以下，使液体利用位差自流入泵内。

2.1.5 离心泵的型号

离心泵的种类很多，按所输送介质的性质不同，可分为清水泵、耐腐蚀泵、油泵、污水泵、杂质泵等。按叶轮的吸液方式不同，可分为单吸泵和双吸泵。按叶轮的数目不同，可分为单级泵和多级泵。下面介绍几种常用的类型。

(1) 清水泵（IS型、S型、D型）

清水泵是化工生产中最常用的泵型，适用于输送清水或黏度与水相近、无腐蚀以及无固体颗粒的液体。

IS为单级单吸悬臂式离心水泵的代号，它的应用范围广泛，其结构如图2-10所示。全系列扬程范围为8～98m，流量范围为4.5～360m^3/h。

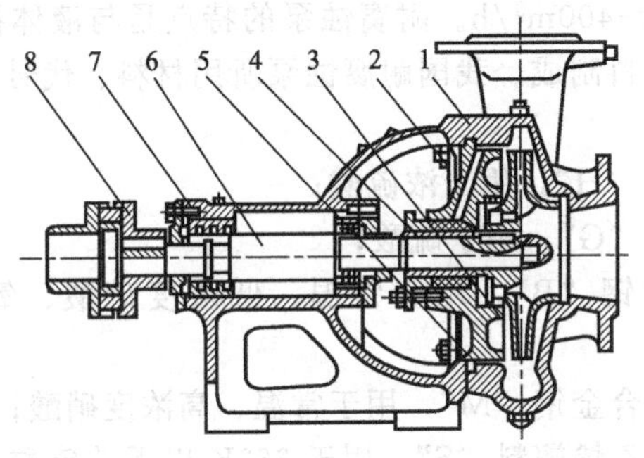

图2-10 IS型水泵结构

1—泵体；2—叶轮；3—密封环；4—护轴套；5—后盖；6—泵轴；7—托架；8—联轴器部件

S型泵为双吸式泵，常用于流量大而扬程不太大的场合。它最大的特点是从叶轮的两侧同时吸液，相当于在同一根轴上并联两个叶轮一起工作，故其流量较大。S型泵的全系列扬程范围9～140m，流量范围为120～12500m^3/h。

D型泵为多级泵，常用于要求扬程较高而流量不太大的场合。这种泵是将几个叶轮装在一个轴上，液体依次通过各个叶轮，受离心力的作用，能量依次增大，所以扬程较高。D型泵全系列扬程范围14～351m，流量范围为10.8～850m³/h。

例如　IS50-32-125型泵，IS——单级单吸悬臂式离心水泵；50——泵入口直径，mm；32——泵出口直径，mm；125——泵叶轮直径，mm。

例如　100S90A型泵，100——吸入口直径，mm；S——单级双吸式离心泵；90——设计点的扬程，m；A——叶轮外径经第一次切削。

例如　D12-25×3型泵，D——多级泵；12——公称流量，指最高效率时流量的整数值，m³/h；25——每一级的扬程，m；3——级数，即该泵在最高效率时总扬程为75m。

(2) 耐腐蚀泵

化工生产中有许多料液是有腐蚀性的，如酸、碱等，这就要求采用耐腐蚀泵。耐腐蚀泵的代号为F，全系列扬程为15～105m，流量范围为2～400m³/h。耐腐蚀泵的特点是与液体接触的部件用各种耐腐蚀材料制成。我国耐腐蚀泵所用材料、代号及适用液体种类简述如下：

灰口铸铁“H”，用于浓硫酸；

高硅铸铁“G”，用于硫酸；

铬镍合金钢“B”，用于常温、低浓度硝酸、氧化性酸、碱液等；

铬镍钼钛合金钢“M”，用于常温、高浓度硝酸；

聚三氟氯乙烯塑料“S”，用于363K以下的硫酸、硝酸、盐酸及碱液。

例如　40FMI-26型泵，40——吸入口的直径，mm；F——悬臂式耐腐蚀离心泵；M——耐腐蚀材料的代号（铬镍钼钛合金钢）；I——轴封形式代号（I表示单端面密封）；26——表示泵在最高效率时的扬程，m。

(3) 油泵

输送石油产品及其他易燃易爆液体时可选用油泵。油泵要求有良好的密封性能，以防易燃、易爆物的泄漏。离心式油泵的系列代号为Y，有单级、多级和双吸等不同类型，全系列扬程范围为60～600m，流量范围为6.25～500 m³/h。

例如　100Y120×2，100——泵的入口直径，mm；Y——单吸式油泵；120——泵的单级扬程，m；2——叶轮数。

除上述几种类型的泵，还有杂质泵、液下泵以及用于提取地下水的深井泵等。

2.1.6　离心泵的运行与维护

(1) 离心泵的运行

① 运行前的准备工作

a. 要详细了解被输送物料的物理化学性质，有无腐蚀性，有无悬浮物，黏度大小，凝固点，汽化温度及饱和蒸汽压等。

b. 详细了解被输送物料的工况：输送温度、压力、流量、输送高度、吸入高度、负荷变动范围等。

c. 综合上述两方面的因素，参阅离心泵的特性曲线，从而选出最适合生产实际使用的离心泵。

d. 对一些要求较高的离心泵，应在设计时考虑在吸入口前安装过滤器，在出口阀后安装止逆阀，同时应在操作室及现场设置两套监控装置，以应付突发事故的发生。

e. 安装完毕后要进行试运转，在试运转中各项性能指标均符合要求的泵，才能投入生产。

② 开工程序

a. 开泵前应先打开泵的入口阀及密封液阀，检查泵体内是否已充满液体。

b. 在确认泵体内已充满液体且密封液流动正常时，通知接料岗位并启动离心泵。

c. 慢慢打开泵的出口阀，通过流量及压力指示，将出口阀调节至需要流量。

③ 停工程序

a. 与接料岗位取得联系后，慢慢关闭离心泵出口阀。

b. 按电动机按钮，停止电机运转。

c. 关闭离心泵进口阀及密封液阀。

④ 运行过程中的检查

a. 检查被抽出液罐的液面，防止物料抽空。

b. 检查泵的出口压力或流量指示是否稳定。

c. 检查端面密封液的流量是否正常。

d. 检查泵体有无泄漏。

e. 检查泵体及轴承系统有无异常声响及振动。

f. 检查泵轴的润滑油是否充满完好。

（2）离心泵的维护

① 检查泵进口阀前的过滤器的滤网是否破损，如有破损应及时更换，以免焊渣等颗粒进入泵体，定时清洗滤网。

② 泵壳及叶轮进行解体、清洗重新组装。调整好叶轮与泵壳间隙。叶轮有损坏及腐蚀情况的应分析原因并及时做出处理。

③ 清洗轴封、轴套系统。更换润滑油，以保持良好的润滑状态。

④ 及时更换填料密封的填料，并调节至合适的松紧度。采用机械密封的应及时更换动环和密封液。

⑤ 检查电机。长期停车后，再开工前应将电机进行干燥处理。

⑥ 检查现场及遥控的一、二次仪表的指示是否正确及灵活好用，对失灵的仪表及部件进行维修或更换。

⑦ 检查泵的进、出口阀的阀体是否有因磨损而发生内漏等情况，如有内漏应及时更换阀门。

2.1.7 离心泵常见设备故障及处理措施（见表 2-1）

表 2-1 离心泵常见设备故障及处理措施

设备故障	原因分析	处理措施
1. 打坏叶轮	①离心泵在运转中产生汽蚀现象，液体剧烈地冲击叶片和转轴，造成整个泵体颤动，毁坏叶轮 ②检修后没有很好地清理现场，致使杂物进入泵体，启动后打坏叶轮片	①修改吸入管路的尺寸，使安装高度等合理，泵入口处有足够的有效汽蚀余量 ②严格管理制度，保证检修后清理工作的质量，必要时在入口阀前加装过滤器
2. 烧坏电机	①泵壳与叶轮之间间隙过小并有异物 ②填料压得太紧，开泵前未进行盘车	①调整间隙；清除异物 ②调整填料松紧度，盘车检查 ③电机线路安装熔断器保护电机

续表

设备故障	原因分析	处理措施
3. 进出口阀门芯子脱落	①阀门的制造质量问题 ②操作不当,用力过猛	①更换新阀门 ②更换新阀门
4. 烧坏填料函或机械密封动环	①填料函压得过紧,致使摩擦生热而烧坏填料,造成泄漏 ②机械密封的动、静环接触面过紧,不平行	①更换新填料,并调节至合适的松紧度 ②更换动环,调节接触面找正找平 ③调节好密封液
5. 转轴颤动	①安装时不对中,找平未达标 ②润滑状况不好,造成转轴磨损	①重新安装,严格检查对中及找平 ②补充油脂或更换新油脂

2.1.8 离心泵常见操作事故与防范措施(见表2-2)

表2-2 离心泵常见操作事故及防范措施

操作事故	原因分析	防止措施
1. 启动后不上料	①开泵前泵内未充满液体 ②开泵时出口阀全开,致使压头下降而低于输送高度 ③压力表失灵,指示为零,误以为打不上料 ④电机相线接反 ⑤叶轮与泵壳之间的间隙过大	①停泵,排气充液后重新启动 ②关闭出口阀,重新启动泵 ③更换压力表 ④重接电机相线,使电机正转 ⑤调整电机间隙至符合要求
2. 储液罐抽空	开泵运转后未及时检查液面使储液罐抽空,泵体内进空气,使泵打不上料	停泵,充液并排尽空气,待泵体充满液体时重新启动离心泵
3. 泄漏(泵壳与轴间的间隙处)	①填料未压紧或填料发硬失去弹性 ②机械密封动、静环接触面安装时找平未达标	①调节填料松紧度或更换新填料 ②更换动环,重新安装,严格找平
4. 烧坏填料及动环	①填料压得太紧,开泵前未行盘车 ②密封未开或量太小	①更换填料,进行盘车,调节松紧度 ②调节好密封液
5. 高位槽满料	①上下道岗位之间联系不够,开车前未及时通知后续岗位 ②高位槽溢流管太细或泵的出口流量开得太大	①开停泵时要加强岗位间的联系 ②更换溢流管至合适管径 ③泵的出口阀应慢慢开启,勿过快过大

2.2 往复泵

2.2.1 往复泵的工作原理

往复泵是一种容积式泵，图 2-11 为往复泵装置简图。往复泵是由泵缸、活塞（或活柱）、活塞杆、吸入阀和排出阀等主要部件构成的一种正位移泵。活塞杆与传动机构相连接，带动活塞作往复运动。活塞在泵体内移动的端点称为死点，活塞在两死点间经过的距离称为行程或冲程。由于吸入阀和排出阀都是单向阀，吸入阀只允许液体从泵外进入泵内，排出阀只允许液体从泵内排出泵外。当活塞自左向右运动时，工作室容积增大形成低压，排出活门在排出管中液体压强作用下被关闭，吸入活门被打开，液体进入泵内，这就是吸液过程。活塞至右死点，吸液过程结束。当活塞自右向左运动时，工作室容积减小，缸内液体压强增大，吸入活门受压关闭，排出活门打开，将缸内液体排出。这就是排液过程。活塞移至左死点，排液过程结束。活塞往复运动一次，吸液和排液一次，完成一个工作循环。活塞不断地往复运动，工作室就交替地吸液和排液。可见，往复泵是通过活塞将机械能以静压能的形式给予液体。

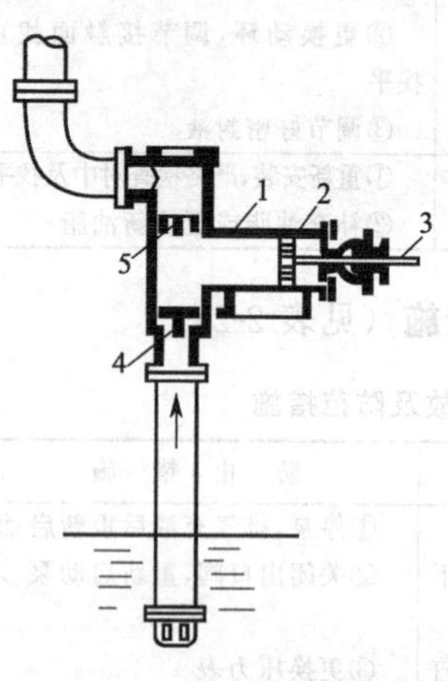

图 2-11 往复泵装置简图
1—泵缸；2—活塞；3—活塞杆；4—吸入阀；5—排出阀

2.2.2 往复泵的分类和结构特点

按照活塞往复运动一次泵缸排液的次数，可将往复泵分为单动泵和双动泵。如图 2-11 所示的泵，当活塞往复一次时，只吸入和排出液体各一次，称为单动泵。单动泵的排液是间歇的、不均匀的，单动泵的流量曲线如图 2-12 所示。图 2-13 所示为一双动泵示意，活塞往复运动一次，泵吸液两次，同时排液两次，称为双动泵。双动泵的流量曲线如图 2-14 所示。如果把三个单动泵缸组成一个三动泵，即在一根曲轴上有三个曲拐，三者互成120°，分别推动三个缸的活塞。曲轴每转一圈，三个泵缸分别进行一次吸液和排液，联合起来，就有三次排液，其流量曲线如图2-15所示。

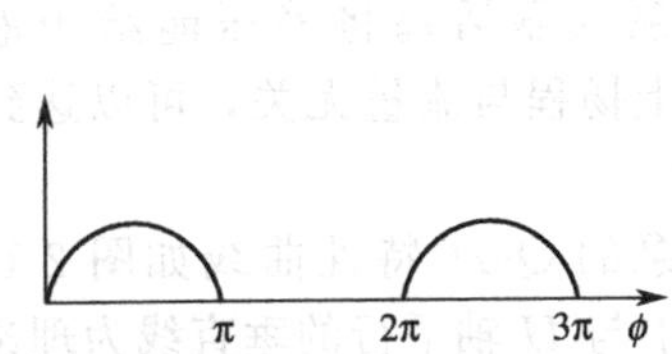

图 2-12　单动泵的流量曲线

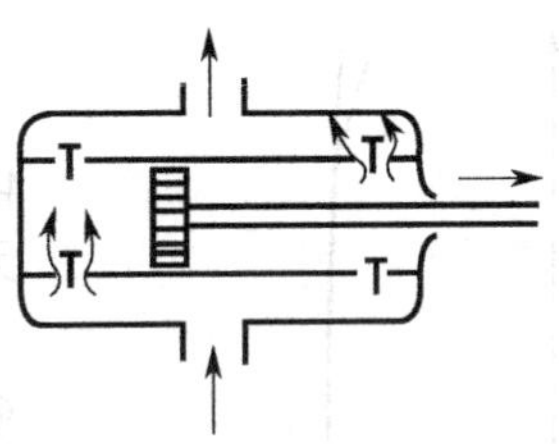

图 2-13　双动泵示意

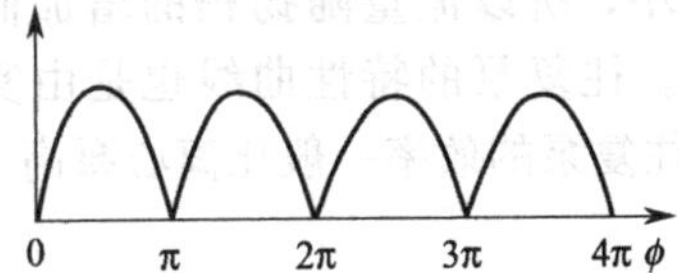

图 2-14　双动泵的流量曲线

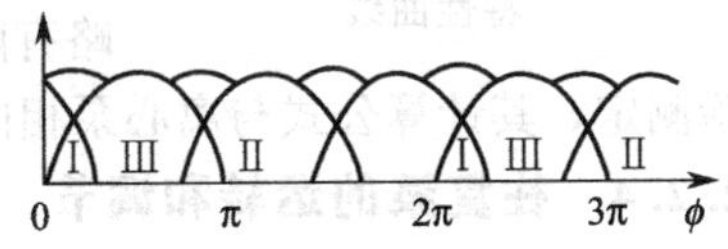

图 2-15　三动泵的流量曲线

2.2.3　往复泵的主要性能

（1）流量

往复泵的理论流量等于单位时间内活塞所扫过的体积，单位为m^3/s。

对单动泵
$$Q_{理}=ASf=\frac{\pi}{4}D^2Sf \tag{2-10}$$

对单动泵
$$Q_{理}=\frac{\pi}{4}(2D^2-d^2)Sf \tag{2-11}$$

式中　$Q_{理}$——往复泵的理论流量，m^3/s 或 m^3/h；

A——活塞的截面积，m^2；

S——活塞的冲程，m；

f——活塞往复频率，1/s；

D——活塞的直径，m；

d——活塞杆的直径，m。

实际上，由于活门不能自闭，有滞后，填料函、阀门、活塞等处密封存在泄漏等原因，往复泵的实际流量Q要比理论流量小，即

$$Q=\eta_{容} Q_{理} \tag{2-12}$$

式中 $\eta_{容}$——容积效率，其值由实验测得。

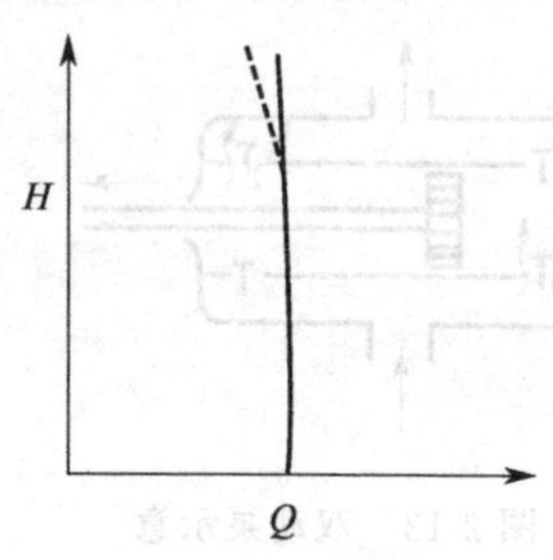

图 2-16 往复泵的 Q-H 特性曲线

(2) 扬程

往复泵依靠活塞将静压能给予液体，理论上扬程与流量无关，可以达到无限大。

往复泵的 Q-H 特性曲线如图 2-16 所示。图中与 H 轴平行的垂直线为理论扬程曲线，与流量无关。虚线为实际扬程与流量的关系。由于往复泵的扬程增加时，$\eta_{容}$减小，所以流量随扬程的增加而略有降低。往复泵的特性曲线也是由实验测定，其计算公式与离心泵相同。往复泵的效率一般比离心泵高。

2.2.4 往复泵的运转和调节

(1) 往复泵的运转特点

① 往复泵的排出压力取决于管路特性，最大排出压力取决于泵的强度、密封和配备的原动机功率。

② 流量与排出压力无关，而取决于泵缸的结构尺寸、活塞行程及往复运动的频率。

③ 往复泵适用于输送高压、小流量和高黏度液体。

④ 往复泵活塞的瞬时速度是变化的、不均匀的，因此，往复泵的瞬时流量也是不均匀的、脉动的。为了改善泵的排液不均匀性，可用双动泵或三动泵。为了进一步使往复泵的流量均匀和操作平稳，在泵入口和排出口处设有空气室，其构造如图 2-17 所示。吸入空气室的出口与泵入口连

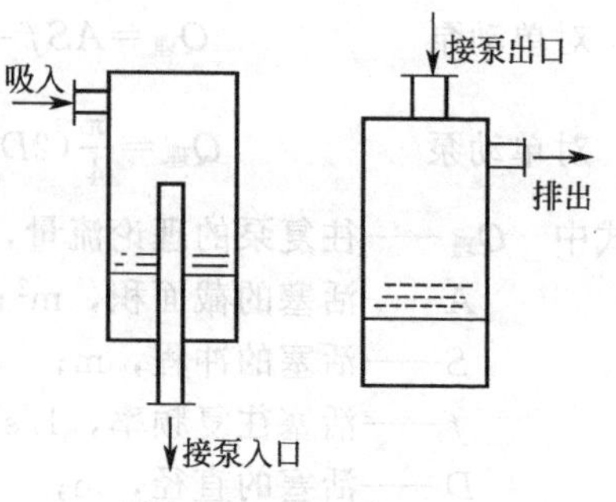

图 2-17 空气室构造

接，室内上方的空气有一定的压强。在操作中，若泵缸吸液量逐渐减小，小于吸入管平均流量时，则多余液体便储存于空气室中，使室内气体压强增大；当吸液量逐渐增大，大于吸入管的平均流量时，空气室内所储存的多余液体，在室内气体的压力下，进入泵入口，室内气体膨胀恢复原来的压强。这样，依靠空气室内空气的压缩与膨胀作用进行调节，使吸入管中的流量几乎保持稳定不变。排出空气室的作用是使排出管中的流量保持稳定，其作用原理与吸入空气室相同。

⑤ 往复泵具有自吸能力，启动前可以不用灌液。实际操作中为避免干摩擦，一般在初次启动前在泵内注满液体。

⑥ 在活塞移动时，往复泵吸入的液体不能倒流，必须排出，故属于正位移泵。

(2) 往复泵的运转

往复泵和离心泵一样，吸上高度也有一定的限度，应按照泵性能和实际操作条件确定实际安装高度。启动前先用液体灌满泵体，以排除泵内存留的空气，缩短启动过程，避免干摩擦。由于往复泵属于正位移泵，在开动前，必须先将出口阀门打开，否则，泵内的压强将因液体排不出而急剧升高，造成事故。往复泵在运行中应注意以下问题。

① 开车前要严格检查往复泵进、出口管线及阀门、盲板等，如有异物堵塞管路的情况一定要予以清除。

② 机体内加入清洁润滑油至油窗上指示刻度。油杯内加入清洁润滑油，并微微开启针形阀，使往复泵保持润滑。

③ 运转前先打开泵缸冷却水阀门，确保泵缸在运转时冷却状态良好。

④ 运转中应无冲击声，否则应立即停车，找出原因，进行修理或调整。

⑤ 在严寒冬季停车时，水套内的冷却水必须放尽，以免水在静止时结冰冻裂泵缸。

⑥ 经常清洁泵体。

(3) 往复泵的流量调节

由于往复泵的流量与管路特性曲线无关，使往复泵不能采用出口阀门来调节流量。往复泵的流量调节方法如下。

① 旁路调节　若流量的调节范围不大，可采用安装回流旁路的方法进行调节，如图 2-18 所示。液体经吸入管路阀进入往复泵内，经排出管路排出，一部分液体经旁路阀返回吸入管路。往复泵的出口增加旁路，并没有改变往复泵的总流量，只是使部分液体经旁路分流，从而改变了主管路中液体的流量。这种调节方法虽简单，但造成额外的能量损失，效率降低。安全阀的作用是当排出管的压力超过一定限度时，阀自动开启，使部分液体回流，以减小泵及管路所承受的压力。安装回流支路来调节流量的方法适用于所有正位移泵。

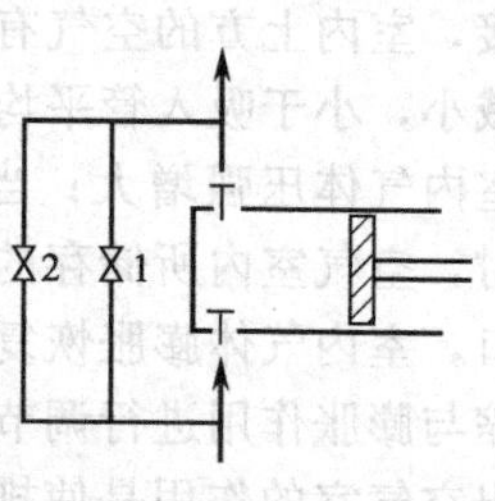

图 2-18　旁路调节系统示意
1—旁路阀；2—安全阀

② 改变转速和活塞行程　改变曲柄转速（即改变往复频率）或改变活塞的行程，均可改变往复泵的流量。

(4) 往复泵的维护与保养

① 每日检查机体内及油杯内润滑油液面，如需加油即应补足。

② 经常检查进出口阀及冷却水阀，如有泄漏及时修理或更换。

③ 轴承、十字头等部位应经常检查，如有过热现象应及时检修。

④ 检查活塞杆填料，如遇太松或损坏应及时更换新填料。

⑤ 定期更换润滑油，对泵的各个摩擦部位进行全面检查，遇有磨损不平应予修整。

⑥ 定期进行大修，对所有零部件进行拆洗、维护和重新组装。

2.3　其他类型泵

2.3.1　旋涡泵

(1) 旋涡泵的构造与工作原理

旋涡泵是一种特殊类型的离心泵，其结构如图 2-19 所示。旋涡泵主要由叶轮和泵体构成。叶轮是一个圆盘，四周铣有凹槽而构成叶片呈辐射状排列。在圆形的泵壳内壁与叶轮之间有一引水道。相互靠近的吸入口与压出口之间有一“隔板”，隔板与叶轮间的缝隙很小，以阻止出口的高压液体漏回吸入口的低压部分。出口管不是沿泵壳切向引出。叶轮端面与泵壳内壁之间的轴向间隙及吸入口与压出口之间有隔板、与叶轮外缘之间的径向间隙都对旋涡泵的性能有很大的影响，间隙过大会造成性能下降。

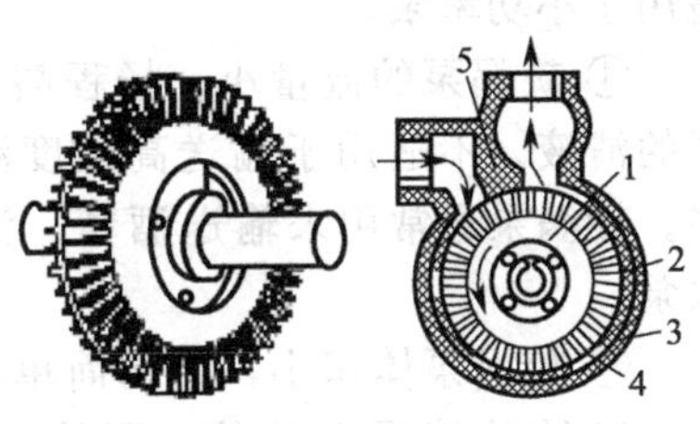

图 2-19 旋涡泵

1—叶轮；2—叶片；3—泵体；4—引水道；5—隔板

旋涡泵的工作原理和离心泵相似。当叶轮高速转动时，在叶片间凹槽内的液体从叶片顶部被抛向流道，动能增加。在流道内液体的流速变慢，使部分动能转变为静压能。同时，由于凹槽内侧液体被甩出而形成低压，在流道中部分高压液体经过叶片根部又重新流入叶片间的凹槽内，再次接受叶片给予的动能，又从叶片顶部进入流道中，使液体在叶片间形成旋涡运动，并在惯性力作用下沿流道前进。这样液体从入口进入，连续多次做旋涡运动，多次提高静压能，达到出口时就获得较高的压头。旋涡泵叶轮的每一个叶片相当于一台微型单级离心泵，整个泵就像由许多叶轮所组成的多级离心泵。

(2) 旋涡泵的特点

① 旋涡泵是结构最简单的高扬程泵，与叶轮和转速相同的离心泵相比，它的扬程要比离心泵高 2～4 倍。与相同扬程的容积式泵相比，它的尺寸要小得多，结构也简单得多。

② 大多数旋涡泵具有自吸能力，有些旋涡泵还能输送气液混合物。在石油化工厂中，旋涡泵可以用来输送汽油等易挥发产品。但旋涡泵的吸入性能不如离心泵，如将它与离心泵配合使用，既可使扬程提高，又可改善吸入能力。

③ 由于旋涡泵中的液体在剧烈旋涡运动中进行能量转换，能量损耗很大，效率较低，因此，旋涡泵很难做成大功率泵，一般只

适用于小功率泵。

④ 旋涡泵的流量小、扬程高，适宜于输送流量小、外加压头高的清液。不适用于输送高黏度液体，否则扬程及效率将降低很多。旋涡泵通常用来输送酒精、汽油、碱液，或用作小型锅炉给水泵。

⑤ 旋涡泵体积小，结构简单，主要零部件加工制造容易，作为耐磨蚀的旋涡泵叶轮、泵体可以用不锈钢及塑料、尼龙等来制造。

(3) 旋涡泵的日常运行及维护

旋涡泵在启动前也要充满液体。开车时，应打开出口阀，以减小电机的启动功率。由于它的流量减小时消耗的功率增加很快，所以不能像离心泵那样在出口管路上直接安装阀门来调节流量，必须在泵出口管路上安装一个旁路阀，利用旁路阀的开度来控制流量。

旋涡泵的日常运行及维护与离心泵相类似。

2.3.2 螺杆泵

螺杆泵是旋转泵的一种。螺杆泵由泵壳和一根或多根螺杆所构成。螺杆泵按螺杆的数量，可分为单螺杆泵、双螺杆泵、三螺杆泵和五螺杆泵。图 2-20 所示为一双螺杆泵，它用两根互相啮合的螺杆推动液体做轴向移动。液体从螺杆两端进入，由中央排出。螺杆越长，则扬程越高。

螺杆泵的优点是结构紧凑、流量和压力稳定、扬程高、效率高、无噪声，运转平稳，适用的液体种类和黏度范围广，特别适用于高压下输送高黏度液体。缺点是制造加工要求高，黏度变化对泵的特性影响较大。螺杆泵为正位移泵的一种，其流量调节方法与往复泵相同。

2.3.3 齿轮泵

(1) 齿轮泵的构造与原理　齿轮泵是一种旋转泵，其工作原理与往复泵相似，属于正位移泵。齿轮泵的构造如图 2-21 所示。泵的主要构件为泵体和一对互相啮合的齿轮，其中一个为主动轮，另一个为从动轮。两齿轮把泵体内分成吸入和排出两个空间。当齿轮按箭头方向转动时，吸入空间由于两轮的齿互相分开，空间增大，而形成低压将液体吸入。被吸入的液体，在齿缝间被轮齿推着，沿泵体内壁分两路前进，最后进入排出空间。在排出空间，两齿轮的齿互相合拢，空间缩小，形成高压而将液体排出。

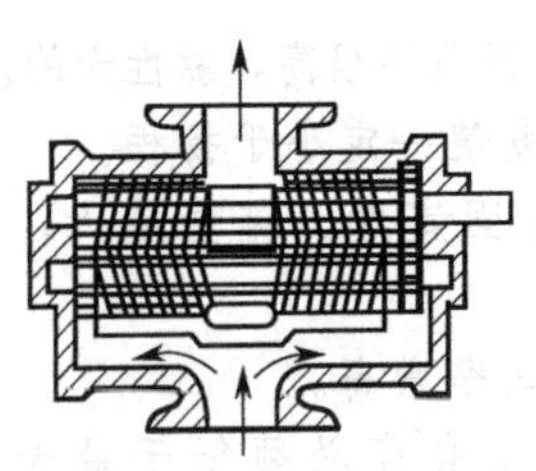

图 2-20　双螺杆泵

图 2-21　齿轮泵

齿轮泵的压头高而流量小，可用于输送黏稠液体以至膏状物料，但不能用于输送含有固体颗粒的悬浮液。它常用于输送轴承用的润滑油。齿轮泵的调节方法与往复泵相同。

(2) 齿轮泵的运行特点　齿轮泵也属于容积式泵，它具有容积式泵的一些特点。

① 流量基本上与排出压力无关。

② 由于齿轮啮合期间容积变化不均匀，流量也是不均匀的，产生的流量与压力是脉冲式的。

③ 流量较往复泵均匀，结构简单，运转可靠。

④ 适用于不含固体杂质的高黏度液体。

一、判断题

(　　) 1. 离心泵出现气缚现象时，将出现振动、噪声、流量和扬程下降的现象。

(　　) 2. 离心泵扬程是指泵将液体从低处送到高处的垂直距离。

(　　) 3. 离心泵的流量采用出口阀门调节。

(　)4. 扬程和外加压头是同一概念。

(　)5. 离心泵的轴功率一般随流量增大而增大，当流量为零时，轴功率亦为零。

(　)6. 离心泵适用于流量可变，压头不很高，黏性大的流体。

(　)7. 离心泵运转时，升扬高度值一定小于扬程。

(　)8. 离心泵叶轮直径和转速固定时，流量越大，扬程越大。

(　)9. 离心泵随流量的增大，效率增高。

(　)10. 离心泵实际安装的吸上高度必须低于最大吸上高度。

(　)11. 往复泵流量不均匀，压头根据系统需要而定，用旁路调节流量。

(　)12. 往复泵流量较小，压头可以很高，适宜输送油类及黏稠性的液体。

(　)13. 往复泵的进出口处的空气室的作用是使吸入和排出的液体流量保持稳定。

(　)14. 往复泵特别适用于外加压头很大而流量不大的管路。

(　)15. 旋涡泵流量需要采用回流支路调节。

(　)16. 旋涡泵的工作原理同离心泵相似，所以旋涡泵流量可以采用出口阀调节。

(　)17. 旋涡泵在启动前要充满液体。

(　)18. 旋涡泵的工作原理同离心泵相似，所以旋涡泵启动时要将出口阀关闭。

(　)19. 齿轮泵适用于压头高而流量小的黏稠液体和含有固体颗粒的悬浮液。

(　)20. 螺杆泵适用于输送高黏度的液体。

(　)21. 齿轮泵和螺杆泵同属正位移泵，流量采用回流支路调节。

(　)22. 旋转泵适用于流量小、压头高的黏稠液体。

二、选择题

1. 离心泵流量调节最简便的方法是改变（　）。

A. 出口阀的开度　B. 叶轮的转速　C. 叶轮的直径

2. 造成气缚现象的原因是（　）。

A. 安装高度不当　B. 功率不够　C. 漏入空气

3. 离心泵安装的吸上高度必须（　）最大吸上高度，以保证不产生“汽蚀”现象。

A. 小于　B. 大于　C. 等于

4. 离心泵启动前要注满液体的目的是为了防止（　）。

A. 汽蚀现象　B. 气缚现象　C. 减少启动功率

5. 离心泵吸入管路底阀的作用是（　）。

A. 阻拦液体中的固体颗粒

B. 防止启动前充入的液体从泵内漏出

C. 避免出现汽蚀现象

6. 离心泵铭牌上标明的是泵在（　）时的主要性能参数。

A. 流量最大　B. 压头最高　C. 效率最高

7. 当料液的密度比实验介质（水）的密度大很多时，离心泵的扬程将（　）。

A. 增大　B. 减小　C. 不变

8. 往复泵流量采用（　）方法调节。

A. 出口阀的开度　B. 入口阀的开度　C. 支路调节

9. 往复泵启动前要将出口阀（　）。

A. 打开　B. 关闭　C. 维持原状

10. 往复泵启动前最好先用液体灌满泵体，目的是（　）。

A. 防止气缚现象　B. 防止汽蚀现象

C. 缩短启动过程

11. 下列泵不属于正位移泵的是（　）。

A. 离心泵　B. 螺杆泵　C. 齿轮泵　D. 往复泵

12. 离心泵所以能输送液体，主要靠（　）的作用。

A. 向心力　B. 离心力　C. 平衡力

13. 泵的功率曲线表明，泵的流量越大，则泵的扬程（　）。

A. 越大　B. 越小　C. 不变

14. 为防止汽蚀现象的发生，必须使泵入口处压强（　）流体的饱和蒸汽压。

A. 小于　B. 等于　C. 大于

15. 将泵的转速增加一倍，则泵的扬程将增加（　）。

A. 2　B. 4　C. 8

三、填空题

1. 当输送扬程不高、流量较大的清液时，宜选用________式的离心泵。

2. 离心泵泵壳的作用__________________________。

3. 离心泵的扬程随流量增大而________。流量越大，功率__________。

4. 离心泵在运转中既不吸液也不排液，其原因可能是出现了______________________________。

5. 当输送硫酸时，宜选用_________泵。

6. IS50-32-125 离心泵各代号的含义分别是_____________。

四、简答题

1. 在流量测量中，常用的节流装置有哪几种？

2. 泵填料函发热原因有哪些？如何排除？

3. 什么是泵的扬程？

4. 要从密闭容器中抽送挥发性液体，下列哪些情况下发生“汽蚀”的危险性大？对允许安装高度有什么影响？

①夏季或冬季；②真空容器或加压容器；③容器内液面的高、低；④泵安装的海拔的高、低；⑤液体密度的大、小；⑥吸入管路的长、短；⑦吸入管路上管件的多、少；⑧抽送流体的大、小。

5. 本章述及的各种液体输送机械，哪些属于离心式？哪些属于正位移式？它们各属于哪些场合？将各种类型泵作简要比较说明。

6. 试述旋涡泵的工作过程。

7. 试述螺杆泵的工作原理。

五、计算题

1. 常压储槽内盛有石油产品，密度为 $760kg/m^3$，在储存条件下的饱和蒸汽压为 80kPa。现用 65Y-60B 型油泵将此石油制品以 $15m^3/h$ 的流量送往表压为 177kPa 的设备内。输送管路管径为 $\phi 57mm \times 2mm$。储槽液面维持稳定，设备的油品入口比储槽液面高

5m，吸入管路和压出管路的损失压头分别为1m和4m。问：①该泵是否合用；②若油泵位于储槽液面以下1.2m处，此泵能否正常操作？（泵的安装地区大气压为101.3kPa）

型　号	流量/(m^3/h)	扬程 H/m	轴功率/kW	效率/%	$\Delta h_{允}$/m
65Y-60B	19.8	38	3.75	55	2.6

第 3 章

气体压缩和输送机械

本章培训目标

1. 熟知描述气体输送机械结构和性能的名词及基本术语；掌握常用气体输送机械的工作原理。

2. 了解常用气体输送机械结构及特点，知道气体输送机械的适用情况及影响因素。

3. 会进行气体输送机械基本操作、调节、常见故障及处理。

4. 了解多级压缩、流程及设备。

5. 懂得气体输送机械操作过程的安全生产常识。

气体压缩和输送机械是化学工业与其他国民经济部门广泛应用的通用机械。主要有以下几个用途。

① 气体输送。

② 提高气体压力。有些化学反应或单元操作需要在高压下进行，如氨的合成、冷冻等，需要将气体压力提高至几十、几百甚至上千个大气压。

③ 产生真空。有些化工单元操作，如过滤、蒸发、蒸馏等，往往要在低于大气压的压力下进行，需要产生一定的真空度。

气体输送机械与液体输送机械的工作原理基本相同，由于气体具有可压缩性，气体的密度比液体小得多，使气体输送机械具有以下几个与液体输送机械不同的特点。

① 对于一定的质量流量，由于气体的密度小，体积流量大，因此，气体输送机械的体积大。

② 由于流量大，其管路中的流速比液体大得多，在相同直径的管道内经过同样的管长输送同样的质量流量，气体的阻力损失比液体阻力损失大得多，需要提高的压头也大。

③ 由于气体的可压缩性，气体压力变化时，其体积和温度也同时发生变化，这对气体输送机械的结构形状有很大影响。

气体输送机械除按工作原理及设备结构分类外，一般以气体输送机械产生终压（出口压强）或压缩比（气体出口压强与进口压强之比）来分类。

通风机：压缩比为1～1.15，终压（表压）不大于15kPa。

鼓风机：压缩比小于4，终压（表压）为15～300kPa。

压缩机：压缩比在4以上，终压（表压）在300kPa以上。

真空泵：用于减压，终压为当时当地大气压强，压缩比根据所造成的真空度而定。

气体输送机械的构造和操作原理，与液体输送机械类似，亦可分为离心式、旋转式、往复式和流体作用式。

3.1 离心通风机

3.1.1 通风机的类型

工业用的通风机主要有离心通风机和轴流通风机两类。轴流通风机的压强不大而风量大，主要用于车间、空冷器和凉水塔等的通风，而不用于输送气体。本节只讨论离心通风机。

离心通风机按所产生的风压不同分为三种。

① 低压离心通风机　出口风压（表压）不大于 1kPa。

② 中压离心通风机　出口风压（表压）为 1～3kPa。

③ 高压离心通风机　出口风压（表压）为 3～15kPa。

中、低压离心通风机主要作为车间通风换气用，高压离心通风机主要用于气体输送。

3.1.2　离心通风机的构造和工作原理

离心通风机的基本结构和单级离心泵相似，如图 3-1 所示。它主要是由蜗形机壳和多叶片的叶轮组成。机壳通道的断面多为方形，高压通风机则一般为圆形截面。叶轮上的叶片数目较多，叶片较短。低压通风机的叶片通常是径向的，中、高压通风机的叶片多是向后弯的，高压通风机的叶片也有向前弯的。工作原理与离心泵相同，依靠机壳内高速转动的叶轮带动气体作旋转运动，所产生的离心力可提高气体的压强。

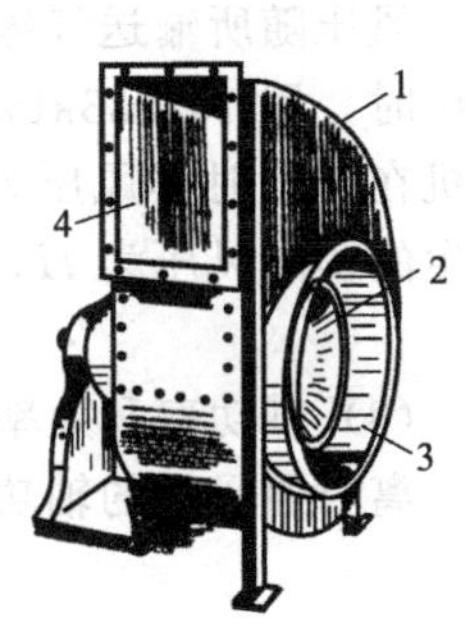

图 3-1　低压离心通风机
1—机壳；2—叶轮；3—吸入口 4—排出口

3.1.3　离心通风机的性能、型号

离心通风机的主要性能有风量、全风压、轴功率和效率。

(1) 风量

单位时间内气体流过进风口的体积称为风量，以符号 Q 表示，单位通常为 m^3/s 或 m^3/h。风量大小与风机的结构、尺寸及转速等有关。

(2) 全风压或风压

全风压是指单位体积的气体流过风机时所获得的能量，以符号 H 表示，单位为 J/m^3 或 N/m^2。

以 $1m^3$ 气体为基准，对通风机进、出口截面（分别以下标 1、2 表示）作能量衡算，可得通风机的全风压：

$$H=(p_2-p_1)+\frac{\rho u_2^2}{2}+h_{损}\ \rho g \tag{3-1}$$

从式(3-1) 可以看出，通风机的全风压是由两部分组成：压差(p_2-p_1) 称为静风压，以符号 H_p 表示，其单位与全风压相同；$\rho u_2^2/2$ 称为动风压，$h_{损}\ \rho g$ 称为风压损失。

如果不加说明，通常所说的风压是指全风压。

风压随所输送气体的密度而变，密度越大，风压越高。在测定风压时，用 101.33kPa 和 293K 的空气，其密度为 1.2kg/m^3。设风机在测定时其风压为 H_0，如用此风机输送密度为 ρ 的气体，则产生的实际风压为 H，H 与 H_0 的关系为

$$H_0=H\times 1.2/\rho \tag{3-2}$$

(3) 轴功率和效率

离心通风机的轴功率

$$P_a=\frac{QH}{\eta} \tag{3-3}$$

式中 P_a——轴功率，W；

Q——风量，m^3/s；

H——全风压，Pa；

η——效率，按全风压测定，又称全压效率。

通风机的轴功率与被输送的气体密度有关。通风机性能表上所列出的轴功率均为实验条件下，即空气密度为 1.2kg/m^3 时的数值，若所输送的气体密度与此不同，可按式(3-4) 进行换算，即

$$P_a=P_{a0}\frac{\rho}{1.2} \tag{3-4}$$

式中 P_a——气体密度为 ρ 时的轴功率，W；

P_{a0}——气体密度为 1.2kg/m^3 时的轴功率，W。

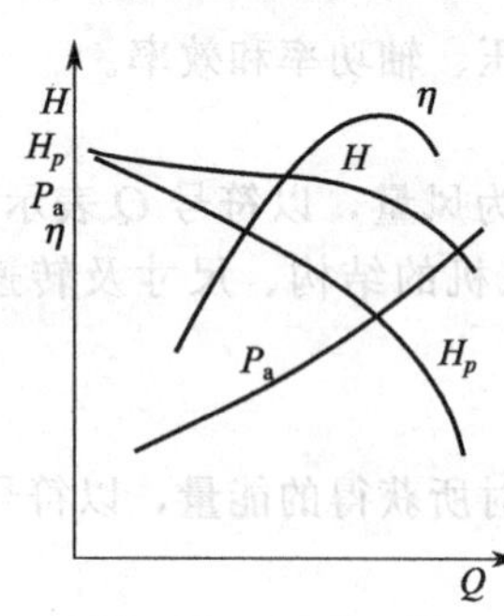

图 3-2 离心通风机特性曲线

离心通风机的风量与风压、效率和功率之间的关系曲线与离心泵特性曲线相似，由实验测得。图 3-2 为离心通风机特性曲线，它比离心泵的特性曲线多了一根 Q-H_p 曲线。一般离心通风机铭

牌上标出的是最高效率时的性能数据，完整的性能用特性曲线 Q-H、Q-P_a 和 Q-η 等表示。

3.2 鼓风机

3.2.1 离心鼓风机的工作原理、主要构造和型号

离心鼓风机又称透平鼓风机，其结构与离心泵相似，都是依靠叶轮带动气体做旋转运动，由于离心力的作用使气体压强提高。但鼓风机的外壳直径和宽度都比较大，叶轮叶片数目较多，转速较高。由于鼓风机不能产生较高的风压（一般不超过 30kPa），所以风压较高的离心鼓风机是多级的，图3-3 是一台五级离心鼓风机示意。

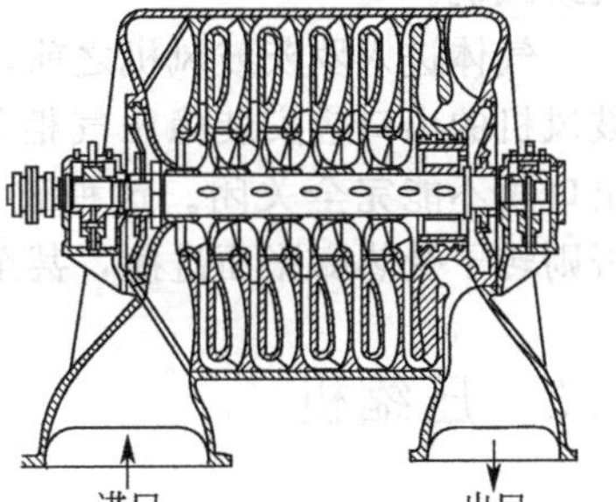

图 3-3 五级离心鼓风机示意

离心鼓风机的压缩比不高，压缩过程中气体获得的能量不多，所以温度升高也不显著，一般没有冷却装置，各级叶轮大小相等。

我国生产的离心鼓风机的型号代号大多数是以拼音字母和数字组成，字母为结构代号，数字表示生产能力和设计的次数。例如 D80-82 空气鼓风，D 表示单吸式，流量为 $80m^3/min$，共有 8 个叶轮，第 2 次设计的产品。又如 S1000-13 煤气鼓风机，S 表示双吸式，流量为 $1000m^3/min$，1 个叶轮，第 3 次设计的产品。

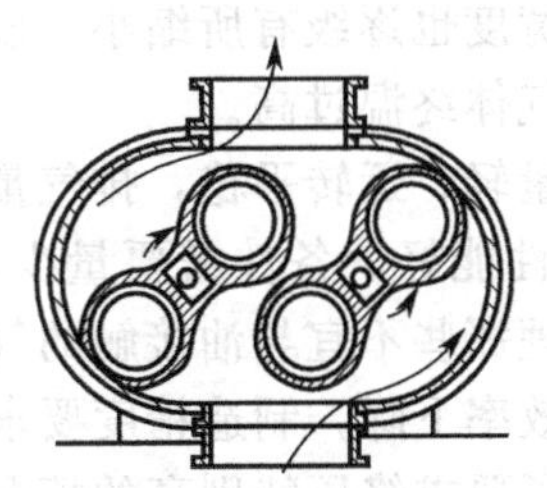
图 3-4 罗茨鼓风机

3.2.2 罗茨鼓风机

罗茨鼓风机的构造与齿轮泵相似，如图 3-4 所示，它主要由机壳和两个腰形的转子所组成。它的工作原理也与齿轮泵相似，依靠两个转子不断旋转，使机壳内形成两个空间，即低压区和高压区。气体由低压区进入，从高压区排出。在转子与转子之间，以及转子与机壳之间

均留有很小的间隙（转子之间约0.4～0.5mm，转子与机壳之间约为0.2～0.3mm），使转子能自由旋转而无过多的泄漏。改变转子的旋转方向，吸入口与压出口互换。在开车前必须检查是否倒转，然后才能正式开车。这一类风机的输送量为2～500m^3/min，出口表压不超过80kPa，以40kPa附近效率较高。

罗茨鼓风机属于正位移型，其风量与转速成正比，而与出口压强无关，转速一定时，其风量不变。因此，罗茨鼓风机也称为定容式鼓风机。

气体进入罗茨鼓风机之前，应尽可能将尘屑油污等除去。罗茨鼓风机的出口应安装稳压气柜与安全阀。流量用支路回流法调节，出口阀不能完全关闭。这种鼓风机操作时的温度不能超过358K，否则转子受热膨胀而碰撞，甚至咬死。

3.3 压缩机

3.3.1 离心压缩机

（1）离心压缩机的工作原理、主要构造和型号

离心压缩机又称透平压缩机，其结构、工作原理与离心鼓风机相似，只是叶轮的级数更多，通常为10级以上。叶轮转速高，一般在5000r/min以上，因此可以产生很高的出口压强。由于气体的体积变化较大，温度升高也较显著，故离心压缩机常分成几段，每段包括若干级，叶轮直径逐段缩小，叶轮宽度也逐级有所缩小。段与段间设有中间冷却器将气体冷却，避免气体终温过高。

离心压缩机的主要优点：体积小，重量轻，运转平稳，排气量大而均匀，占地面积小，操作可靠，调节性能好，备件需要量少，维修方便，压缩绝对无油，非常适宜于处理那些不宜与油接触的气体。主要缺点：当实际流量偏离设计点时效率下降，制造精度要求高，不易加工。近年来在化工生产中，除了要求终压特别高的情况外，离心压缩机的应用已日趋广泛。

国产离心压缩机的型号代号的编制方法有许多种。有一种与离心鼓风机型号的编制方法相似。例如DA350-61型离心压缩机，单侧吸入，流量为350m^3/min，有6级叶轮，第一次设计的产品。另

一种型号代号编制法，以所压缩的气体的名称的头一个拼音字母来命名。例如 LT185-13-1 石油裂解气离心压缩机，流量为 185m^3/min，有 13 级叶轮，第一次设计的产品。离心压缩机作为冷冻机使用时，型号代号表示出其冷冻能力。还有别的型号代号编制法，可参看其使用说明书。

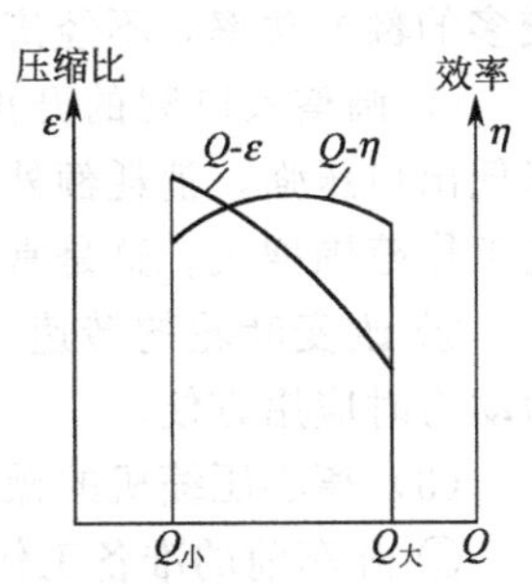

图 3-5 离心压缩机典型的性能曲线

(2) 离心压缩机的性能曲线与调节

离心压缩机的性能曲线与离心泵的特性曲线相似，是由实验测得。图 3-5 所示为离心压缩机典型的性能曲线，它与离心泵的特性曲线很相像，但其最小流量不等于零，而等于某一定值。离心压缩机也有一个设计点，实际流量等于设计流量时效率最高；流量与设计流量偏离越大，则效率越低；一般流量越大，压缩比越小，即进气压强一定时出口压强越小。

当实际流量小于性能曲线所表明的最小流量时，离心压缩机就会出现一种不稳定工作状态，称为喘振。喘振现象开始时，由于压缩机的出口压强突然下降，不能送气，出口管内压强较高的气体就会倒流入压缩机。发生气体倒流后，使压缩机内的气量增大，至气量超过最小流量时，压缩机又按性能曲线所示的规律正常工作，重新把倒流进来的气体压送出去。压缩机恢复送气后，机内气量减少，至气量小于最小流量时，压强又突然下降，压缩机出口外压强较高的气体又重新倒流入压缩机内，重复出现上述的现象。这样，周而复始地进行气体的倒流与排出。在这个过程中，压缩机和排气管系统产生一种低频率高振幅的压强脉动，使叶轮的应力增加，噪声严重，整个机器强烈振动，无法工作。由于离心压缩机有可能发生喘振现象，它的流量操作范围受到相当严格的限制，不能小于稳定工作范围的最小流量。一般最小流量约为设计流量的 70%～85%。压缩机的最小流量随叶轮转速的减小而降低，也随气体进口压强的降低而降低。离心压缩机的调节方法有以下几种。

① 调整出口阀的开度　方法很简便，但使压缩比增大，消耗

较多的额外功率，不经济。

② 调整入口阀的开度　方法很简便，实质上是保持压缩比，降低出口压强，消耗额外功率较上述方法少，使最小流量降低，稳定工作范围增大。这是常用的调节方法。

③ 改变叶轮的转速　最经济的方法。有调速装置或用蒸汽机为动力时应用方便。

（3）离心压缩机的操作

① 开车前的准备工作

a. 检查电气开关、声光信号、联锁装置、轴位计、防喘装置、安全阀以及报警装置等是否灵敏、准确、可靠。

b. 检查油箱内有无积水和杂质，油位不低于油箱高度的 2/3；油泵和过滤器是否正常；油路系统阀门开关是否灵活好用。

c. 检查冷却水系统是否畅通，有无渗漏现象。

d. 检查进气系统有无堵塞现象和积水存液，排气系统阀门、安全阀、止回阀是否动作灵敏、可靠。

② 运行

a. 启动主机前，先开油泵使各润滑部位充分有油，检查油压、油量是否正常；检查轴位计是否处于零位和进出阀门是否打开。

b. 启动后空车运行 15min 以上未发现异常，逐渐关闭放空阀进行升压，同时打开送气阀门向外送气。

c. 经常注意气体压强、轴承温度、蒸汽压强或电流大小、气体流量、主机转速等，发现问题及时调整。

d. 经常检查压缩机运行声音和振动情况，有异常及时处理。

e. 经常查看和调节各段的排气温度和压强，防止过高或过低。

f. 严防压缩机抽空和倒转现象发生，以免损坏设备。

③ 停车。停车时要同时关闭进、排气阀门。先停主机，待主机停稳后再停油泵和冷却水，如果气缸和转子温度高时，应每隔 15min 将转子转 180°，直到温度降至 30℃为止，以防转子弯曲。

④ 遇到下列情况时，应作紧急停车处理。

a. 断电、断油、断蒸汽时。

b. 油压迅速下降，超过规定极限而联锁装置不工作时。

c. 轴承温度超过报警值仍继续上升时。

d. 电机冒烟有火花时。

e. 轴位计指示超过指标，保安装置不工作时。

f. 压缩机发生剧烈振动或异常声响时。

3.3.2 往复压缩机

(1) 往复压缩机的主要构造和工作原理

① 往复压缩机的主要构造　往复压缩机的主要构造与往复泵类似，其主要工作部件为气缸、活塞、吸入阀和排出阀。图 3-6 为单级往复压缩机气缸装置示意。吸入阀和排出阀均为单向阀，低压气体经吸入阀进入气缸，高压气体经排出阀离开气缸。依靠传动机构带动，活塞在气缸中作往复运动，使气缸的工作容积发生变化而吸气、压缩气体或排出气体。

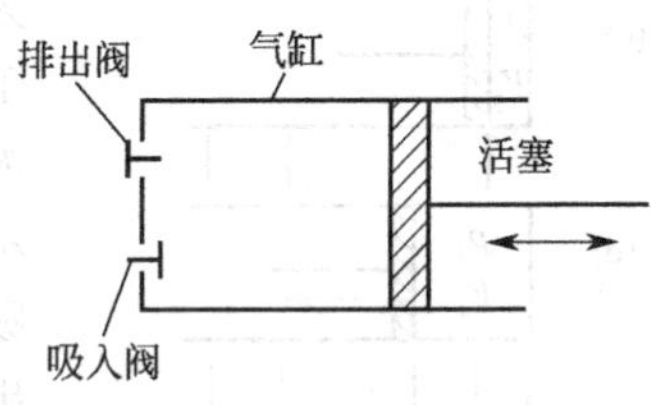

图 3-6　单级往复压缩机示意

② 往复压缩机的工作原理　往复压缩机的工作原理和往复泵相似，靠往复运动的活塞，使气缸的工作容积增大或减小，进行吸气或排气。气缸工作容积增大时，气缸中压强降低，低压气体从缸外经吸入阀进入气缸。气缸工作容积减小时，气缸中压强逐渐升高，气缸内的气体变为高压气体，从排出阀排到缸外。活塞不断地作往复运动，气缸交替地吸进低压气体和排出高压气体。

③ 往复压缩机的特点

a. 由于气体具有可压缩性和气体受压缩后温度升高，往复压缩机必须有冷却装置，以降低气体的温度。一般在气缸外壁装有冷却水套或散热翅片，甚至排出的气体还要经过换热器冷却。

b. 往复压缩机的余隙容积必须严格控制。当活塞在排气过程中到达端点时，活塞与气缸端盖和阀门之前的容积称为余隙容积。在气缸吸气前余隙中残留的高压气体会膨胀而占去部分工作容积，使吸气量减少，甚至不能吸气。因此在能防止活塞与气缸端盖碰撞的前提下，要尽可能减小往复压缩机的余隙容积。

c. 往复压缩机的气缸必须有润滑装置。

d. 往复压缩机对排出阀和吸入阀的要求比往复泵更高。

④ 往复压缩机实际工作循环　图 3-7 为单动往复压缩机的实

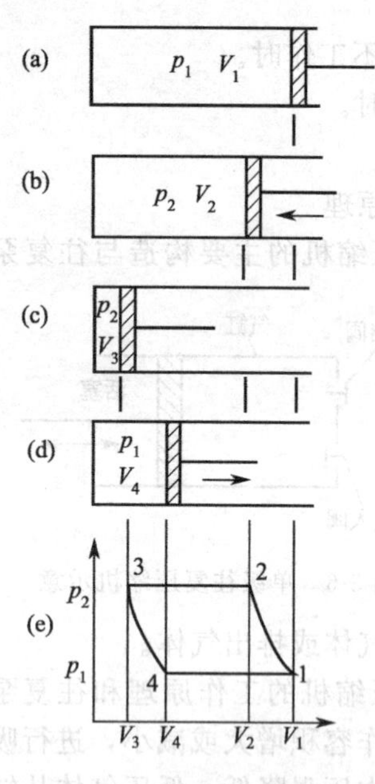

图 3-7　单动往复压缩机的实际工作情况示意

际工作情况示意，图中（a）、（b）、（c）、（d）表示活塞在运动中的位置变化；（e）表示气缸中气体的压强 p 与容积 V 的关系，习惯称为压容图（或 p-V 图）。

a. 压缩阶段　当气缸中充满压强为 p_1，体积为 V_1 的气体（即气缸的工作容积），如图 3-7（a）所示，气缸内气体的状态点以点 1（p_1,V_1）表示。当活塞从右死点开始向左移动时，吸入阀有止逆作用而自动关闭。又因出口管中的压强大于缸内压强，排出阀被顶住不能开启。当活塞继续向左移动时，缸内气体受到压缩，体积缩小，压强和温度升高，直至缸内气体体积减为 V_2，压强增至等于排出阀外的压强 p_2 为止，如图 3-7(b) 所示，气缸内气体的状态点以点 2（p_2,V_2）表示。气体由状态 1 变为状态 2 的过程，称为压缩阶段，其变化过程在 p-V 图上以曲线段 1—2 表示。压缩阶段有等温压缩、绝热压缩和多变过程三种压缩方式。

b. 排气阶段　当活塞从压缩阶段终点继续向左移动，缸内气体压强稍大于出口管内的压强 p_2 时，排出阀被顶开，缸内气体开始排入出口管。活塞继续移动时，缸内气体继续排出，体积减小，压强保持不变，直至活塞到达左死点为止，气体的体积减为 V_3，即气缸的余隙容积，压强为 p_2，如图 3-7(c) 所示，气缸内气体的状态点以点 3（p_2,V_3）表示。气体由状态 2 变为状态 3 的过程，称为排气阶段，其变化过程在 p-V 图上以水平直线 $p=p_2$ 的线段 2—3 表示。

c. 膨胀阶段　当活塞由左死点开始向右移动时，排出阀自动关闭。余隙容积中的压强大于吸入管内的压强，吸入阀不能开启。余隙容积中的气体随活塞向右移动逐渐膨胀，压强降低，直至气体体积增大至V_4，相应的压强减为p_1为止，如图 3-7(d) 所示，气缸内气体的状态点以点 4（p_1,V_4）表示。气体由状态 3 变为状态 4 的过程，称为膨胀阶段，其变化过程在 p-V 图上以曲线段 3—4 表示。

d. 吸气阶段　当活塞从膨胀阶段的终点继续向右移动时，缸内气体的压强略小于吸入管内的压强p_1，吸入阀自动开启，吸入管中的气体开始进入气缸。活塞继续移动，则气体继续进入气缸，气缸中气体的体积逐渐增大，压强保持不变，压强等于p_1。活塞到达右死点时，缸内气体的体积为V_1，如图 3-7(a) 所示，气缸内气体的状态点为 1（p_1,V_1）。至此，活塞作了一次往复运动，压缩实现了一次工作循环。缸内气体由状态 4 变为状态 1 的过程，称为吸气阶段，其变化过程在 p-V 图上以水平直线 $p=p_1$ 的线段 4—1 表示。

综上所述，往复压缩机每一个实际工作循环是由吸气阶段、压缩阶段、排气阶段和膨胀阶段所组成。工作过程在 p-V 图上可以封闭曲线 1—2—3—4—1 表示。

（2） 多级压缩

气体在压缩过程中，排出气体的温度总是高于吸入气体的温度，上升幅度取决于过程性质及压缩比（出口压力与进口压力之比），如果压缩比过大，则造成出口温度过高，有可能使润滑油变稀或着火，且造成增加功耗等。因此，当压缩比大于 8 时，常采用多级压缩。多级压缩就是把两个或两个以上的气缸串联起来，气体在一个气缸被压缩后，又送入另一个气缸再被压缩，经过几次压缩才达到要求的最终压力。压缩一次称为一级，连续压缩的次数就是级数。图 3-8 为一个两级压缩的流程图。每级气缸之后，用冷却器将压缩后的气体温度降低；用油水分离器将气体夹带的润滑油和水分离出来，以免带入下一级气缸中。多级压缩时，每级的压缩比约等于总压缩比的级数次方根。例如，三级压缩的总压缩比为 64 时，则每级的压缩比约为$\sqrt[3]{64}=4$。多级压缩使每个气缸都在较低的压缩比下进行工作，这对化工生产有很多好处。

多级压缩的目的如下。

① 避免压缩后气体温度过高。压缩终了排出气体温度随压缩

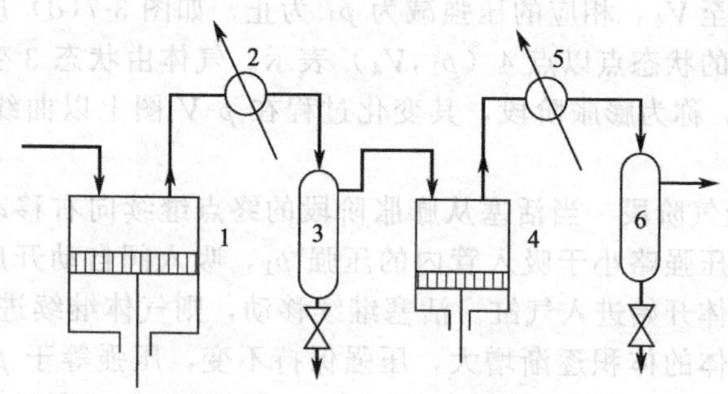

图 3-8 两级压缩的流程图
1,4—气缸；2—中间冷却器；
3,6—油水分离器；5—出口气体冷却器

比的增加而升高。多级压缩中，每级的压缩比较低，级数选择得当，可使气体的终温不超过工艺的要求。

② 提高气缸容积系数。所谓容积系数是吸气量与活塞扫过的容积之比，用符号 $\lambda_{容}$ 表示。从图 3-7 可以看出：

$$\lambda_{容}=\frac{V_1-V_4}{V_1-V_3} \tag{3-5}$$

实验证明，由于活门阻力、缸壁温度以及气缸内各部件泄漏等原因，送气系数 λ 一般为容积系数 $\lambda_{容}$ 的 0.8～0.95 倍。

压缩比越小，容积系数越大。多级压缩中每级的压缩比较小，使多级压缩的容积系数比单级压缩的容积系数大，提高了气缸容积利用率。

③ 减小压缩所需的功率。在多级压缩中，各级的压缩比相等，级间的冷却器作用良好，使各级进气的温度都等于第一级进气的温度。

多级压缩的主要缺点：级数越多，则零部件和附属装置越多，使造价越高，级数超过一定限度后，节省的动力费不足以抵消设备费。所以，级数不宜过多，一般往复压缩机为 2～6 级，而每级的压缩比为 4～5。

(3) 往复压缩机的分类

① 按压缩机的活塞一侧还是两侧吸、排气体分为单动式和双

动式压缩机。

② 按压缩级数分为单级（压缩比 2～8）、双级（压缩比 8～50）和多级（压缩比 100～1000）往复压缩机。

③ 按压缩机产生的终压的大小分为低压（1MPa 以下）、中压（1～10MPa）、高压（10～100MPa）和超高压（100MPa 以上）往复压缩机。

④ 按压缩机生产能力的大小分为小型（$10m^3/min$ 以下）、中型（$10\sim30m^3/min$）和大型（$30m^3/min$ 以上）往复压缩机。

⑤ 按所压缩的气体种类分为空气压缩机、氧压缩机、氢压缩机、氮氢压缩机、氨压缩机和石油气压缩机等。

⑥ 按气缸放置方式分为立式、卧式、角式（L 型、V 型、W 型）往复压缩机。

（4）往复压缩机的安装与调节

往复压缩机的排气口必须连接装有过滤器的储气罐，以缓冲排气的脉动，使气体输出均匀稳定。气罐上必须有准确可靠的压力表和安全阀。运转过程中应及时维护，注意部件的润滑和气缸的冷却，不允许关闭出口阀门，以防压力过高而造成事故。要防止液体进入气缸，因为气缸余隙很小而液体是不可压缩的，极少的带液有时也会造成很高的压强而发生设备事故。

往复压缩机排气量调节有下述几种方法。

① 补充余隙调节法　调节原理是在气缸余隙的附近装置一个补充余隙容积，打开余隙调节阀时，补充余隙便与气缸余隙相通，实质上等于增大气缸余隙，使气缸容积系数降低，减小吸气量，从而减小排气量。这是大型压缩机常用的经济的调节方法，但结构较复杂。

② 顶开吸入阀调节法　在吸入阀处安装一顶开阀门装置，在排气过程中，强行顶开吸入阀，使部分或全部气体返回吸入管道，以减小送气量。具有结构简单、经济的特点，空载启动时常应用此法。

③ 旁路回流调节法　在排气管与吸气管之间安装旁路阀。调节旁路阀，使排出气体的一部分或全部回到吸入管道，减小送到排出管的气量。可以连续调节，但功率消耗不会因排气量减少而降

低，所以不经济。一般在启动时短时间内应用，或在操作中为调节及稳定各中间压强时应用。

④ 降低吸入压强调节法　部分关闭吸入管路的阀门，使吸入气体压强降低，密度下降，使质量流量降低，达到调节的目的。可以连续调节，但不经济。在压缩可燃性气体时，如果吸入管路压强降至低于大气压强，空气可能漏入造成事故。一般适用于空气压缩机站。

⑤ 改变转速调节法　最直接而经济的方法，适用于以蒸汽机或内燃机带动的压缩机。当用电动机为动力时，需设置变速电机或变速箱。

⑥ 改变操作台数调节法　当选用的压缩机台数较多时，可根据工作需要，决定工作台数，以增加或减小全系统的排气量。可与计划检修配合，便于维修，经济实用。

(5) 往复压缩机的正常操作

① 开车前的准备工作

a. 开车前应确保电气开关、联锁装置、指示仪表、阀门、控制和保安系统齐全、灵敏、准确、可靠。

b. 开主机前应先启动润滑油泵和冷却水泵，并达到规定的压力和流量。

c. 检查转动机构是否正常，观察电流大小和测听缸内有无杂声，如未发现问题，准备投产。

d. 对于压缩气体属于易燃易爆气体时，应用氮气将缸内、管路和附属容器内的空气或非工作介质置换干净，达到合格标准，防止开车时发生爆炸事故。

② 运行

a. 开车时，按照开车步骤的先后和开关阀门顺序开关有关阀。

b. 调节排气压力时，应同时逐渐开大各级气缸的排气阀和进气阀，避免出现抽空和憋压现象。

c. 经常检查各连接管口和压盖有无渗漏现象，轴承、滑道和填料函的温度，各级气缸的排气压力、温度以及缸内有无异常声音等。发现隐患，应及时处理。

③ 应紧急停车的情况

a. 断电、断水和断润滑油时；b. 填料函和轴承温度超过规定，并发生冒烟时；c. 电动机声音异常，有烧焦气味或冒火星时；d. 机身发生强烈振动，采取减振措施无效时；e. 发现缸体、阀门和管路严重漏气时；f. 有关岗位或设备发生重大事故时。

一、判断题

(　　) 1. 当压缩比过大时，应采用多级压缩，而且级数越多越经济。

(　　) 2. 往复压缩机在运行时必须将出口阀门打开。

(　　) 3. 离心压缩机可以实现无油压缩。

(　　) 4. 罗茨鼓风机流量可以采用出口阀调节。

(　　) 5. 离心通风机的风压不随进入风机气体的密度而变。

(　　) 6. 压缩气体可分为吸气、压缩和排气三个过程。

(　　) 7. 有一次吸气和一次排气的过程，此压缩机称为双作用式。

(　　) 8. 往复压缩机的实际排气量等于活塞所扫过的气缸容积。

二、选择题

1. 往复压缩机每一工作循环包括（　　）。

   A. 吸气阶段、排气阶段、压缩阶段、膨胀阶段

   B. 吸气阶段、压缩阶段、排气阶段、膨胀阶段

   C. 吸气阶段、膨胀阶段、排气阶段、压缩阶段

2. 离心式压缩机流量调节最常用的调节方法是（　　）。

   A. 调整入口阀的开度　　B. 调整出口阀的开度

   C. 改变叶轮的转速

3. 罗茨鼓风机流量可以采用（　　）调节。

   A. 入口阀　　B. 出口阀　　C. 支路调节

4. 降低压缩机排气温度的主要方法是（　　）。

A. 进口温度　B. 压缩比　C. 多变指数

5. 透平压缩机属于（　）压缩机。

A. 往复式　B. 离心式　C. 流动作用式

6. 离心通风机的特性曲线表明，风量越大，则通风机的风压（　）。

A. 越大　B. 越小　C. 不变

三、填空题

1. 活塞往复一次，只吸入和排出液体各一次，这种往复泵被称作________。

2. 正位移泵在启动前必须将出口阀________。

3. 往复压缩机每一工作循环包括________过程，它们是________。

4. 石油化工厂常用的压缩机主要有________和________两类。

5. 压缩机的送气量都是折合成________的体积流量来表示。

6. 工业用通风机主要有________和________两类。

7. 罗茨鼓风机被称为________式鼓风机。

四、简答题

1. 离心通风机主要由哪些主要部件构成？

2. 试述罗茨鼓风机的工作过程。

3. 何为多级压缩？为什么要采用多级压缩？

4. 什么叫压缩比？

5. 离心压缩机流量调节通常采用哪几种方法？

6. 离心压缩机如何防止喘振？

7. 往复压缩机活塞的形式有几种？

8. 叙述压缩机正常停车步骤。

9. 叙述压缩机正常开车要注意的事项。

10. 如何判断气阀是否漏气？

11. 如何调节压缩机输气量？

12. 为什么压缩机要及时地排放油、水等液体？

13. 电动机为什么要采取过载保护措施？

14. 压缩机气缸为什么要衬缸套?
15. 压缩比过大有何害处?
16. 压缩机修理后，为什么要进行空载试车?
17. 压缩机余隙过大有何害处?
18. 压缩机中，气缸的余隙容积由几部分组成?

第4章 流体与粒子间相对运动的过程

本章培训目标

1. 熟知常用非均相混合物分离操作过程的名词及基本术语；掌握常用非均相混合物分离操作的基本原理。

2. 知道重力沉降和离心沉降的适用情况及影响因素；了解沉降设备结构、工作原理及基本操作。

3. 根据公式计算重力沉降速度、沉降时间、生产能力、沉降面积。

4. 知道过滤的适用情况及影响因素；了解常用过滤设备的结构、工作原理、基本操作、常见故障及处理。

5. 知道常用气体净制设备的结构、工作原理及适用情况，会基本操作。

在化工生产过程中，经常遇到非均相混合的分离与流动问题。其中最常见的有以下几种。

① 从含有粉尘或液滴的气体中分离出粉尘或液滴。

② 从含有固体颗粒的悬浮液中分离出固体颗粒。

③ 流体通过固体颗粒堆集而成的颗粒床层的流动，如过滤、离子交换器、催化反应器、流化床的操作等。

本章主要讨论涉及流体相对于固体颗粒及颗粒床层流动时的基本规律以及与之有关的非均相混合物的机械分离问题。

将非均相混合物进行分离的操作称为非均相系的分离操作。非均相系分离操作的目的如下。

① 将原料或产品进行分离与提纯。

② 回收混合物中的有用物质。

③ 劳动保护和环境保护。

非均相系中各相的性质有显著差异，可以用机械方法把各相分开，例如沉降、过滤和离心分离等。

4.1 沉降

工业生产中常用沉降的方法从含有固体颗粒的流体中将固体和流体分离，其基本原理是利用流体和固体颗粒之间的密度差，在力的作用下使颗粒与流体之间产生相对运动，从而实现两者的分离。由于沉降操作所用的力可以为重力或离心力，故沉降可分为重力沉降和离心沉降。以下将分别讨论重力沉降与离心沉降时沉降速度的计算及有关设备的介绍。

4.1.1 重力沉降

微粒在流体中受重力作用慢慢降落而从流体中分离出来的过程称为重力沉降。重力沉降适用于分离较大的固体颗粒。

(1) 重力沉降速度的计算

固体微粒在静止的流体中降落时受到重力的作用，同时还受到流体的浮力和阻力的作用，如图 4-1 所示。重力和浮力的大小对一定的粒子是固定的；流体对微粒的摩擦阻力随粒子和流体的相对运动速度的增大而增加。在降落的最初阶段，微粒作加速运动。由于阻力随相对运动速度 u 的增大而迅速增加，当介质对运动粒子的阻力增加到与重力和浮力之差相等时，作用在粒子上的合力为零，粒子沉降就变成恒速运动，这个恒定的速度称为沉降速度，用符号 u_0 表示。

下面以光滑球形颗粒在静止流体中沉降为例说明单个颗粒的自由沉降（颗粒的沉降速度不受器壁及其他颗粒的影响）。

阻力

重力

浮力

图 4-1 微粒在静止介质中降落时所受的作用力

设 $\rho_{固}$ 为球形粒子的密度，所受重力 F_g 为

$$F_g=\frac{\pi}{6}d^3\rho_{固}\ g \tag{4-1}$$

式中 F_g——重力，N；

g——重力加速度，$g=9.81\text{m/s}^2$；

d——粒子的直径，m。

球形粒子在介质中所受浮力 F_b 为

$$F_b=\frac{\pi}{6}d^3\rho g \tag{4-2}$$

受到的流体阻力为

$$F_D=\zeta A\frac{\rho u^2}{2} \tag{4-3}$$

式中 F_D——流体阻力，N；

ζ——阻力系数；

A——球形粒子在与沉降方向垂直的平面上的投影面积，等于$\frac{\pi}{4}d^2$，m^2；

ρ——流体介质的密度，kg/m^3；

u——沉降过程中粒子与介质的相对运动速度，m/s。

根据牛顿第二定律得

$$F_g-F_b-F_D=ma \tag{4-4}$$

式中 m——粒子的质量，等于$\frac{\pi}{6}d^3\rho_{固}$，kg；

a——粒子降落时的加速度，m/s^2。

由于粒子一般很小，单位体积的表面积较大，阻力也较大，阻力很快达到与重力和浮力之差相等。由于加速阶段很短，在整个沉

降过程中可以忽略。所以，当微粒恒速沉降时

$$F_g - F_b - F_D = 0 \quad 或 \quad F_g - F_b = F_D$$

即

$$\frac{\pi}{6}d^3(\rho_{固} - \rho)g = \zeta\frac{\pi}{4}d^2\frac{\rho u_0^2}{2}$$

或

$$u_0 = \sqrt{\frac{4d(\rho_{固} - \rho)g}{3\rho\zeta}} \tag{4-5}$$

式中 u_0——重力沉降速度，m/s。

式(4-5) 就是球形粒子在重力作用下沉降速度的计算式。式中的 ζ 称为粒子与流体相对运动的阻力系数。实验研究表明，阻力系数 ζ 是雷诺数 Re 的函数：

$$\zeta = f(Re)$$

$$Re = \frac{du_0\rho}{\mu} \tag{4-6}$$

式中 μ——流体介质的黏度，Pa·s；

d——固体粒子的直径，m；

ρ——流体介质的密度，kg/m^3。

根据实验结果，球形粒子的阻力系数 ζ 和 Re 的关系如图 4-2 所示。由图 4-2 可知，固体粒子在流体介质中沉降时所遇到的流体

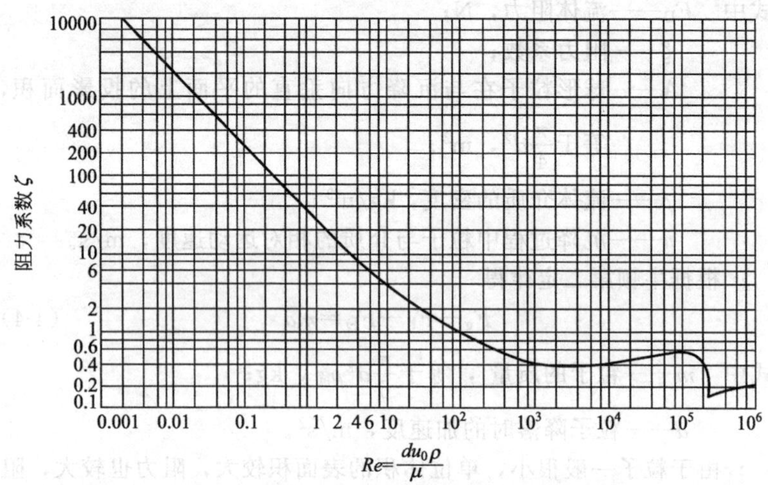

图 4-2 球形粒子的阻力系数 ζ 和 Re 的关系

阻力，与流体流动中的摩擦阻力相似，也可以分为层流、过渡区和湍流等几个区域。为了计算方便，各区域中 ζ 和 Re 的关系可分别用公式表示如下。

① 层流区域 $Re \leqslant 2$ $\qquad \zeta=\frac{24}{Re}$ (4-7)

② 过渡区域 $Re=2\sim500$ $\qquad \zeta=\frac{18.5}{Re^{0.6}}$ (4-8)

③ 湍流区域 $Re=500\sim2\times10^5$ $\qquad \zeta=0.44$ (4-9)

当 Re 值超过 2×10^5 时，边界层本身也变为湍流，实验结果显示不规则现象。

当处于层流区域沉降时，将式(4-7) 和式(4-6) 代入式(4-5) 中，得层流时沉降速度计算公式

$$u_0=\frac{d^2(\rho_{固}-\rho)g}{18\mu} \tag{4-10}$$

式(4-10) 称为斯托克斯定律。

由式(4-10) 可以看出，固体粒子的沉降速度与粒子直径的平方以及粒子和流体的密度差成正比，与流体的黏度成反比。

当处于过渡流区域沉降时，将式(4-8) 代入式(4-5) 中，得过渡流时沉降速度的计算公式

$$u_0=0.269\sqrt{\frac{gd(\rho_{固}-\rho)Re^{0.6}}{\rho}} \tag{4-11}$$

式(4-11) 称为阿伦定律。

当处于湍流区域沉降时，将式(4-9) 代入式(4-5) 中，得湍流时沉降速度的计算公式

$$u_0=1.74\sqrt{\frac{d(\rho_{固}-\rho)g}{\rho}} \tag{4-12}$$

式(4-12) 称为牛顿定律。

计算 u_0 时，首先判断流动类型，然后确定计算式。因为 ζ 与 Re 值有关，而 Re 值又由 u_0 确定，所以需要用试差法。考虑到所处理的微粒一般都很小，可先假设沉降属于层流区域，直接采用式(4-10) 算出 u_0，然后把算出的 u_0 代入式(4-6) 中检验 Re 是否小于1。如果验算不符，再假设其他区域进行计算，然后再用 Re 值验算。

【例 4-1】 求颗粒直径为 30μm，密度 $\rho_{固}=2000\text{kg/m}^3$ 尘粒在

20℃，1atm的空气中沉降时速度。

解 由附录查得20℃，1atm时空气的密度$\rho=1.205\text{kg/m}^3$，黏度$\mu=1.81\times10^{-5}\text{Pa}\cdot\text{s}$。

设在层流区域，可用斯托克斯定律计算

$$u_0=\frac{d^2(\rho_{固}-\rho)g}{18\mu}=\frac{(30\times10^{-6})^2\times(2000-1.205)\times9.81}{18\times1.81\times10^{-5}}=0.054\ (\text{m/s})$$

验算

$$Re=\frac{du_0\rho}{\mu}=\frac{30\times10^{-6}\times0.054\times1.2}{1.85\times10^{-5}}=0.105<1$$

计算正确。

(2) 实际沉降及其影响因素

实际沉降即为干扰沉降，如前所述，颗粒在沉降过程中将受到周围颗粒、流体、器壁等因素的影响，一般来说，实际沉降速度小于自由沉降速度。

① 颗粒含量的影响。实际沉降过程中，颗粒含量较大，周围颗粒的存在和运动将改变原来单个颗粒的沉降，使颗粒的沉降速度较自由沉降时小。例如，由于大量颗粒下降，将转换下方流体并使之上升，从而使沉降速度减小。颗粒含量越大，这种影响越大，达到一定沉降要求所需的沉降时间越长。

② 颗粒形状的影响。对于同种颗粒，球形颗粒的沉降速度要大于非球形颗粒的沉降速度。

③ 颗粒大小的影响。从斯托克斯定律可以看出：其他条件相同时，粒径越大，沉降速度越大，越容易分离。如果颗粒大小不一，大颗粒将对小颗粒产生撞击，其结果是大颗粒的沉降速度减小，而对沉降起控制作用的小颗粒的沉降速度加快，甚至因撞击导致颗粒聚集而进一步加快沉降。

④ 流体性质的影响。流体与颗粒的密度差越大，沉降速度越大；流体黏度越大，沉降速度越小。因此，对于高温含尘气体的沉降，通常需先散热降温，以便获得更好的沉降效果。

⑤ 流体流动的影响。流体的流动会对颗粒的沉降产生干扰，

为了减少干扰，进行沉降时要尽可能控制流体流动处于稳定的低速。因此，工业上的重力沉降设备通常尺寸很大，其目的之一就是降低流速，消除流动干扰。

⑥ 器壁的影响。器壁对沉降的干扰主要有两个方面：一是摩擦干扰，使颗粒的沉降速度下降；二是吸附干扰，使颗粒的沉降距离缩短。因此，器壁的影响是双重的。

需要指出的是，为简化计算，实际沉降可近似按自由沉降处理，由此引起的误差在工程上是可以接受的。只有当颗粒含量很大时，才需要考虑颗粒之间的相互干扰。

(3) 重力沉降设备的构造和计算

① 降尘室　降尘室是利用重力沉降分离含尘气体中颗粒的设备。图4-3是典型的降尘室，气体从降尘室入口流向出口的过程中，气体中的颗粒随气体向出口流动，同时向下沉降。如颗粒在到达降尘室出口前已沉到室底而落入集尘斗内，则颗粒从气体中分离出来，否则将被气体带出。为了减小灰尘粒子沉降高度，缩短沉降所需的时间，可在降尘室中放置多层水平隔板。

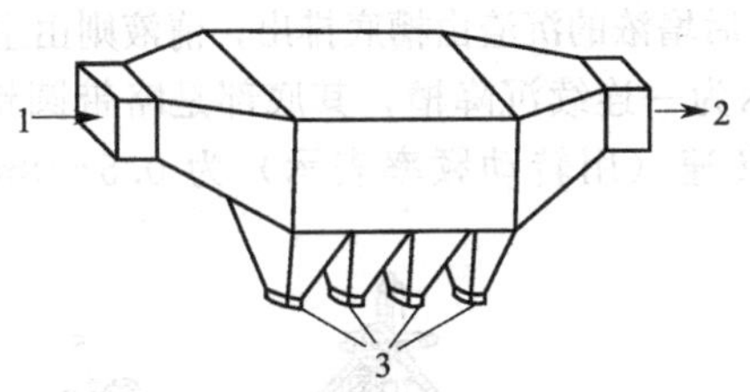

图4-3　降尘室

1—气体入口；2—气体出口；3—集尘斗

图4-4是一台多层隔板降尘室，含尘气体以很慢的速度沿水平方向流动，灰尘便落在隔板上。经过一定操作时间后，从除尘口将降落在隔板上的灰尘取出。为了保证连续操作，可以设置两个并联的降尘室，交替地进行除尘。多层降尘室能够增大沉降面积和生产能力。它的结构简单，流体阻力小，但设备庞大，分离效率低，除尘效率不超过40%～70%。一般适用于分离含尘粒直径大于75μm的气体的初步净制。

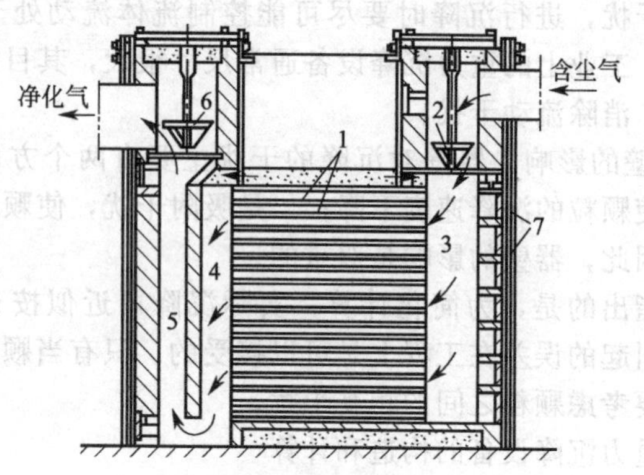

图 4-4　多层隔板降尘室

1—隔板；2，6—调节阀；3—气体分配道；4—气体集聚道；5—气道；7—除尘口

② 沉降槽　利用重力沉降分离悬浮液或乳浊液的设备称为沉降槽，也称增浓器或澄清器。沉降槽可间歇操作或连续操作。

间歇沉降槽通常为带有锥形的圆槽，需要处理的悬浮料浆在槽内静置足够时间以后增浓的沉渣由槽底排出，清液则由上部排出管排出。

图 4-5 所示为一连续沉降槽，其底部是略带圆锥形的不深的圆槽。槽内装有转速（用转动频率表示）为 0.5～8mHz 的耙集桨，

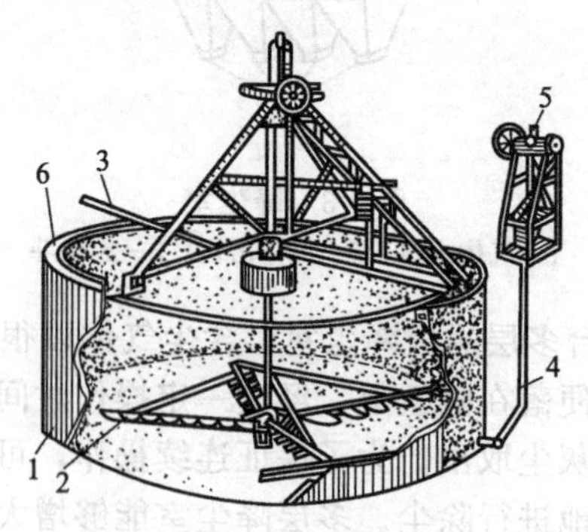

图 4-5　连续沉降槽

1—槽；2—耙；3—悬浮液送液槽；4—沉淀排出管；5—泵；6—澄清液流出槽

桨上固定有钢耙。悬浮液连续地沿送液槽从上方中央进入。浓稠的沉淀沉降到器底，被耙慢慢地集聚到器底中心，经排出管用泵连续地排出。澄清液经上口沿的溢流槽连续地排出。

连续沉降槽的优点是：操作连续化和机械化，构造简单，处理量大，沉淀物的浓度均匀。沉降槽的直径可达100m，生产能力可达每昼夜沉降出3000t的沉淀物。缺点是：设备庞大，占地面积大，分离效率低。

连续沉降槽一般用在分离固体浓度低而液体量大的悬浮液。浓度在1%以下的都可以在增浓器中初步处理，然后将沉淀送去过滤或离心分离等。这种设备常用作无机盐的洗涤精制设备。

③ 沉降器的计算　在连续沉降器稳定操作时，器内形成浓稠的固体湿沉淀层和高度为 h 的澄清液层（图4-6）。设 A 为沉降器的底面积，则 Ah 为澄清液的体积。设 V 为单位时间内所得澄清液的体积，即沉降器的生产能力，则澄清液在沉降器的停留时间为

$$\tau=\frac{hA}{V} \tag{4-13}$$

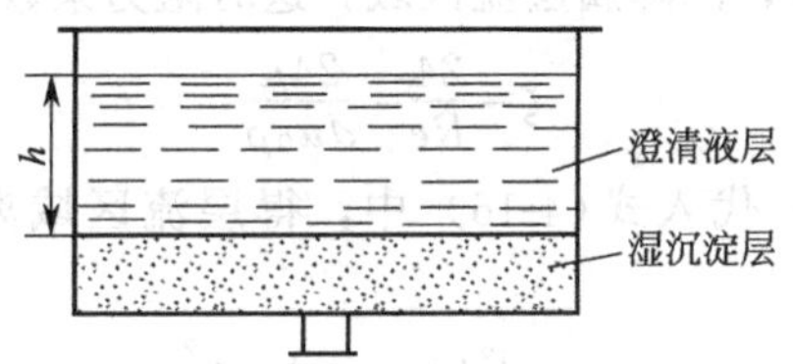

图4-6　沉降器生产能力的计算

沉降速度为 u_0 的固体微粒从澄清液面沉降到沉淀层所需的沉降时间为

$$\tau'=\frac{h}{u_0} \tag{4-14}$$

要保证此种微粒从澄清液中分离出来，必须 $\tau'\leqslant\tau$，即 $\frac{h}{u_0}\leqslant\frac{hA}{V}$。整理后，得

$$V\leqslant u_0 A \tag{4-15}$$

式(4-15)表明，沉降器的最大生产能力是 $V_{\max}=u_0 A$。沉降

器的生产能力与沉降速度 u_0 和沉降面积成正比，与沉降器的高度无关。

从式(4-15) 可以求得所需的最小沉降面积为 $A_{min}=V/u_0$。

4.1.2 离心沉降

由于微粒在重力作用下，沉降速度较小，使重力沉降的分离效率不高。如果用惯性离心力代替重力，就可提高颗粒的沉降速度和分离效率，提高生产能力，并缩小设备的尺寸。

(1) 离心力作用下的沉降速度

设 ρ 为分散介质的密度，kg/m^3；$\rho_{固}$ 为悬浮在介质中球形微粒的密度，kg/m^3；d 为球形微粒的直径，m；r 为旋转半径，m；$u_{切}$ 为粒子的旋转圆周切线速度，m/s。则悬浮液中固体微粒的离心沉降速度公式

$$u_0=\sqrt{\frac{4d(\rho_{固}-\rho)}{3\rho\zeta}\times\frac{u_{切}^2}{r}} \tag{4-16}$$

离心沉降速度同样可以按 Re 的大小区分为不同的沉降区域。

当 $Re<1$ 时，沉降属层流区域，这时阻力系数

$$\zeta=\frac{24}{Re}=\frac{24\mu}{du_0\rho} \tag{4-17}$$

将式(4-17) 代入式(4-16) 中，得层流区域离心沉降速度公式为

$$u_0=\frac{d^2(\rho_{固}-\rho)}{18\mu}\times\frac{u_{切}^2}{r} \tag{4-18}$$

将离心沉降速度与重力沉降速度比较，可以看出，在离心力作用下的沉降速度增大的倍数等于向心加速度与重力加速度之比，即分离因数所表示的数值。

(2) 离心机的分离因数

固体粒子所受的惯性离心力与重力之比，或向心加速度与重力加速度之比，称为分离因数，用符号 α 表示

$$\alpha=\frac{F_C}{mg}=\frac{u_{切}^2}{gr} \tag{4-19}$$

式中 F_C——粒子所受的惯性离心力，$F_C=m\dfrac{u_{切}^2}{r}$，N；

m——固体粒子的质量，kg；

r——旋转半径，m；

$u_{切}$——粒子的旋转圆周切线速度，m/s；

$\frac{u_{切}^2}{r}$——向心加速度，m/s^2。

离心机的分离因数 α 表明离心设备的操作特性通常在 200～50000 之间。分离因数 α 也可用下式计算

$$\alpha=\frac{u_{切}^2}{gr}=\frac{\omega^2 r}{g} \tag{4-20}$$

式中 ω——转鼓的旋转角速度，rad/s。

若 n 为转鼓的转速，Hz；D 为转鼓的直径，m；则圆周切线速度 $u_{切}$ 为

$$u_{切}=\pi Dn=2\pi rn$$

$$\alpha=\frac{u_{切}^2}{gr}=\frac{(2\pi rn)^2}{gr}=\frac{4\pi^2 r^2 n^2}{gr}\approx 2Dn^2 \tag{4-21}$$

从式(4-21) 可以看出，增大 D 或 r、增大 n 都能增大惯性离心力，对分离操作有利。增大 n 比增大 D 或 r 更为有效。从机械强度考虑，转鼓直径 D 越大，则所受应力越大，越难保证其坚固程度。所以，为了提高离心机的分离效率，通常是增加转速，而将转鼓直径减小。

(3) 离心沉降设备

① 旋风分离器　旋风分离器又称旋风除尘器，是利用惯性离心力作用净制气体的设备。它的结构简单，制造方便，分离效率高，可用于高温含尘气体的除尘，在工业上得到广泛的应用。图 4-7 是旋风分离器简图。主体上部是圆筒，下部是圆锥形。含尘气体由圆筒上侧的矩形进气管，以很大的流速沿切线方向进入。气体先自上而下、后自下而上在旋风分离器壳体内形成双层螺旋形

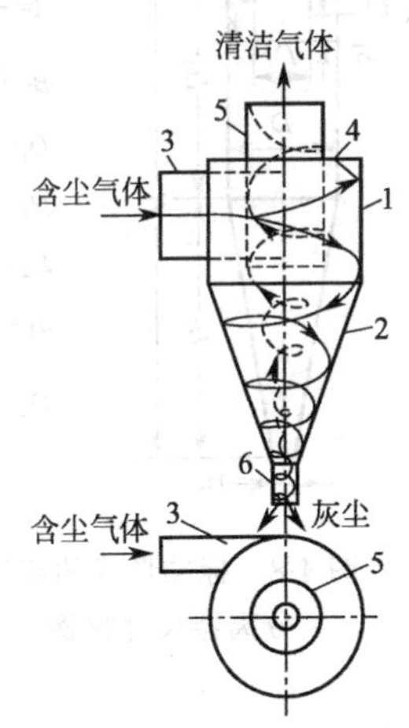

图 4-7　旋风分离器简图

1—外壳；2—锥形底；3—气体入口；4—盖；5—气体出口；6—除尘管

运动。灰尘受惯性离心力作用被抛向外围，与器壁碰撞后失去动能而沉降下来，由除尘管排出。净制后气体从中心的出口管排出。

旋风分离器的优点：构造简单，分离效率较高，约为70%～90%，可以分离出小到5μm的粒子；可以分离高温含尘气体。

缺点：对于小于5μm的粒子的分离效率较低，细粒子的灰尘不能充分除净；气体在器内流动阻力大，消耗能量较多；对气体流量的变化敏感，为了避免降低分离效率，气体的流量要比较大；微粒对器壁有磨损。为了减少粒子对器壁的磨损，通常大于200μm的粒子使用重力沉降器来预先除去。小于5μm的粒子可以用袋滤器或湿法除尘器。

各种旋风分离器各部分的尺寸都有一定比例。图4-8所示为标准形式的旋风分离器尺寸比例。只要规定出其中直径D或进气口宽度B，则其他各部分的尺寸亦确定。我国已对各种类型的旋风分离器编制了标准系列，详细尺寸及主要性能可查阅有关资料和手册。

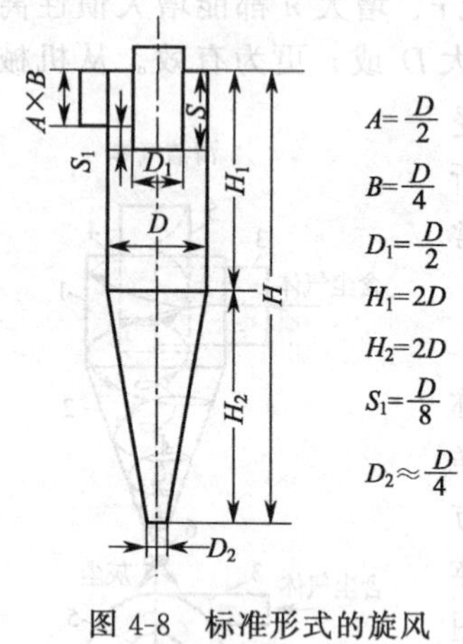

图4-8 标准形式的旋风分离器尺寸比例

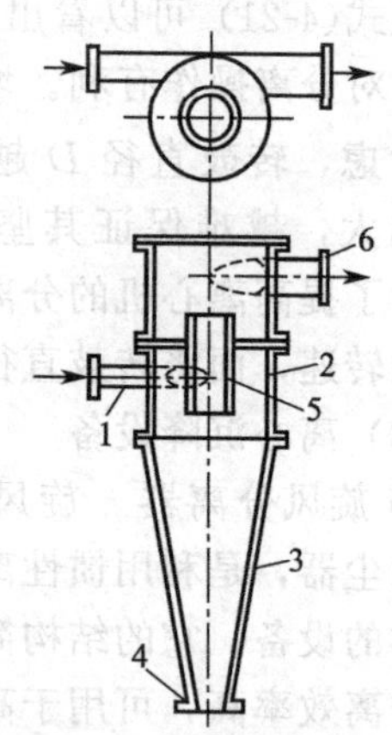

图4-9 旋液分离器

1—悬浮液入口管；2—圆筒；3—锥形筒；4—底流出口；5—中心溢流管；6—溢流出口管

② 其他离心沉降设备 旋风分离器是分离气态非均相物系的典型离心沉降设备，除此之外，还有分离液态非均相物系的旋液分

离器（图 4-9）、离心沉降机等，其中旋液分离器的结构和作用原理与旋风分离器相类似。

4.2 过滤

沉降操作所需的时间很长，只能对悬浮液进行初步分离。过滤操作可以使固体微粒和液体分离较为完全，沉淀中含液体量较少，是分离悬浮液的最普遍和有效的单元操作之一。

4.2.1 过滤操作的基本概念

过滤是用多孔物质作介质从悬浮液中分离固体颗粒的操作。在外力的作用下，悬浮液中的液体通过多孔介质的孔道而固体颗粒被截留下来，实现液-固分离。图 4-10 为过滤操作的示意。在过滤操作中，通常称原有的悬浮液为滤浆或料浆；所用的多孔物质称为过滤介质；被截留在过滤介质上的固体颗粒层称为滤渣或滤饼；通过滤渣和过滤介质的澄清液称为滤液。

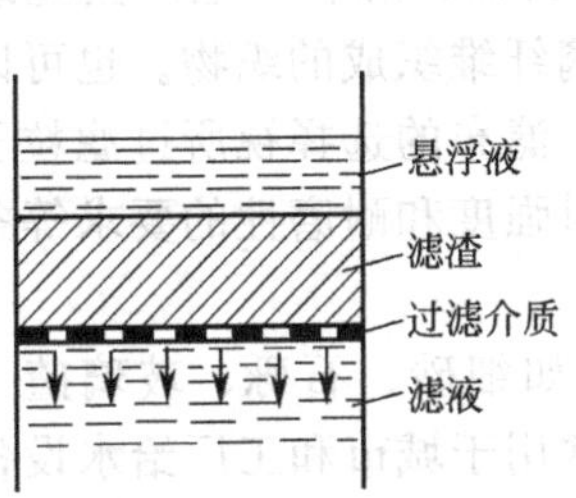

图 4-10 过滤操作的示意

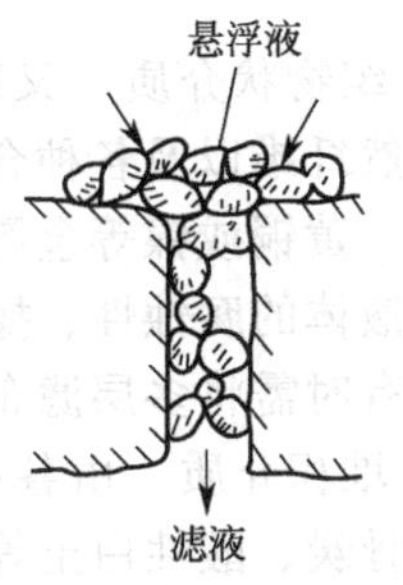

图 4-11 架桥现象

(1) 过滤方式

工业上的过滤方式有两种：滤饼过滤和深层过滤。

滤饼过滤 过滤时悬浮液置于过滤介质的一侧。在过滤操作开始阶段，会有部分颗粒进入过滤介质网孔中发生架桥现象（图 4-11），也有少量颗粒穿过介质而混于滤液中。随着滤渣的逐步堆积，在介质上形成滤渣层，由于滤渣中的毛细孔道往往比过滤介质中的毛细孔道还要小，不断增厚的滤饼才是真正有效的过滤介质，而穿过滤饼的液体则变为清净的滤液。在过滤开始阶段，所得的滤液往往显浑浊，滤液可送回悬浮液槽循环使用。滤饼过滤适用于处理颗粒含量较高的悬浮液，是化工生产中的主要过滤方式，也是本节讨论的主要内容。

深层过滤 在深层过滤中，固体颗粒并不形成滤饼而是沉积于较厚的过滤介质内部。由于颗粒尺寸小于介质孔隙，当流体在过滤介质曲折孔道内穿过时，颗粒随流体一起进入长而曲折的孔道内，在惯性和扩散作用下，颗粒在流动过程中黏附于孔道壁面上。深层过滤常用于净化含固量很少的悬浮液，如自来水厂用很厚的石英砂作为过滤介质来进行水的净化。

(2) 过滤介质

过滤操作中要根据不同情况选用不同的过滤介质，对过滤介质的一般要求是具有适当孔道，过滤的阻力小，又能截住要分离的颗粒；具有足够的机械强度，物理化学性质稳定，耐热和耐化学腐蚀，使用寿命长；价格便宜。工业上常用的过滤介质主要有以下三种。

① 织物状介质 又称滤布，包括由棉、麻、羊毛、蚕丝或石棉等天然纤维以及各种合成纤维或玻璃纤维织成的织物。也可以用不锈钢、黄铜或镍等金属丝织成滤网。滤布的选择视所过滤粒子的大小、液体的腐蚀性、操作温度以及对强度和耐磨性的要求等条件而定。有时需将多层滤布叠合使用。

② 堆积介质 由各种固体颗粒，如细砂、石砾、玻璃碴、木炭屑、骨炭、酸性白土等堆积而成，常用于城市和工厂给水设备中的滤池，用于过滤含滤渣较少的悬浮液。

③ 多孔性固体介质 如多孔性陶瓷板或管、多孔塑料板等。优点是耐蚀性较好而孔隙较小，常用于过滤含少量微粒的悬浮液的间歇式过滤设备中。

(3) 助滤剂

滤渣可以分成不可压缩的和可压缩两种。不可压缩滤渣由不变形的颗粒组成，颗粒的大小和形状、滤渣中孔道的大小，在滤渣上压力增大时，都保持不变。可压缩滤渣由无定形的颗粒组成，颗粒的大小和形状、滤渣中孔道的大小，常因压力的增加而变化。对于可压缩滤渣，其形状易被压力所改变，容易堵塞滤孔。为了防止这种情况发生，可以在滤布面上预涂一层颗粒均匀、坚硬、不因压力而变形的物料，如硅藻土、活性炭等。这种预涂物料称为助滤剂。助滤剂表面有吸附胶体的能力，颗粒细小坚硬，不可压缩，能起防止滤孔堵塞的作用。过滤完毕后，助滤剂和滤渣一同除去。也可以将一定比例的助滤剂均匀地混合在悬浮液中，然后一起加入过滤机中进行过滤操作。

(4) 过滤速率

过滤速率是单位时间内通过单位过滤面积上的滤液体积。设滤液体积为 dV，过滤时间为 $d\tau$，过滤面积为 A，则

$$U=\frac{dV}{A d\tau} \tag{4-22}$$

式中 U——过滤速率，$m^3/(m^2 \cdot s)$。

实验证明，过滤速率的大小与推动力成正比，与阻力成反比。推动力一定时，过滤速率将随操作的进行，逐渐降低。

影响过滤速率的因素，除过滤推动力和阻力外，悬浮液的性质和操作温度对过滤速率也有影响。升高温度，可降低液体的黏度，提高过滤速率。在真空过滤时，升高温度会使真空度下降，降低了过滤速率。

(5) 过滤推动力和阻力

过滤推动力 以作用在悬浮液上的压力表示。实际起推动力作用的是滤渣和过滤介质两侧的压力差。增加滤渣面上的压力和降低滤液流出空间的压力，都可以使推动力增大。增大推动力的方法如下。

① 增加悬浮液本身的液柱压力，称为重力过滤。

② 增加悬浮液面上的压力，称为加压过滤。

③ 在过滤介质下面抽真空，称为真空过滤。

④ 用惯性离心力来增大推动力，称为离心过滤。

不可压缩滤渣，加压可以提高过滤速率。可压缩滤渣，加压不能有效地提高过滤速率。

过滤阻力 在过滤操作刚刚开始时，滤液流动所遇到的阻力只有过滤介质。过滤操作进行一段时间，形成滤渣以后，滤液所遇到

的阻力是滤渣阻力和过滤介质阻力之和。在大多数情况下，滤渣的厚度随过滤操作的进行逐渐增加，过滤阻力主要决定于滤渣阻力。滤渣越厚，颗粒越细，阻力越大。

(6) 滤渣的洗涤

在除去滤渣操作以前，滤渣的空隙中还存在滤液。为了从滤渣中充分回收这部分滤液，或者由于滤渣是有价值的产品不允许被滤液污染，需要用水或其他溶剂洗涤滤渣。洗涤后所得的溶液称为洗涤液。

洗涤时，水均匀平稳地流过滤渣的毛细孔道。由于毛细孔道很小，开始时清水不与滤液混合，只是将滤液置换出来。毛细管中的滤液大部分被置换后，滤液再逐渐被冲稀排出。可见，大致洗干净只需消耗少量的水，要求完全洗净则需消耗大量的水。

(7) 过滤机的生产能力

过滤机的生产能力通常用单位时间内所得到的滤液量来表示，也可用单位时间内单位过滤面积上积聚的滤渣量表示。

过滤操作包括过滤、洗涤、去湿和卸料等几个阶段，周而复始地循环进行。所有的过滤设备必须很好地实现这几个阶段的操作。

连续式过滤机的生产能力主要取决于过滤速率。间歇式过滤机的生产能力，除与过滤速率有关外，还取决于操作的循环周期。间歇式过滤机的操作周期包括过滤、洗涤、卸渣和清洗滤布、重装等各个操作阶段。理论和实践证明，过滤所得的滤液总量近似地与过滤时间的平方根成正比。过滤时间过长，会降低过滤机的生产能力。当过滤和洗涤滤渣的时间之和等于其他辅助操作时间时，间歇式过滤机的生产能力为最大。

4.2.2 过滤机的构造和操作

工业上使用的过滤设备称为过滤机。按操作方法不同，可分间歇式和连续式两类。按过滤推动力的来源，可分重力、加压、真空过滤和离心过滤。

4.2.2.1 板框压滤机

(1) 板框压滤机结构

板框压滤机是由许多顺序排列的滤板和滤框交替排列组合而成的。图 4-12(a) 所示为板框压滤机，滤板与滤框共同支撑在两侧的架上并可以在架上滑动，用一端的压紧装置将它们压紧。图 4-12(b) 所示为滤板和滤框的构造。滤板与滤框的角上均开有小孔，组合后构成供滤浆和洗涤水流通的孔道。滤框的两侧覆以滤布围成容纳滤浆和滤饼的空间，滤布的角上也开有与滤板、滤框相对应的孔。为了在装合时易于识别，在铸造时常在板和框的外缘铸有小钮。在滤板的外缘铸有一个钮的称为过滤板；在滤板的外缘铸有三个钮的称为洗涤板；在滤框的外缘铸有两个钮。从图 4-12 可以看出，1 是过滤板，2 是滤框，3 是洗涤板。板和框是按照钮的记号 1—2—3—2—1—…的顺序排列的。

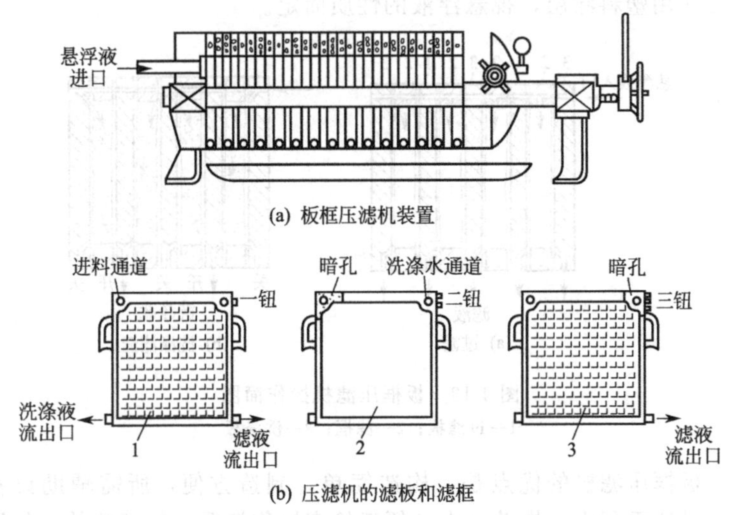

图 4-12　板框压滤机及滤板和滤框的构造

1—过滤板；2—滤框；3—洗涤板

板框压滤机的操作是间歇的。每个操作循环由组装、过滤、洗涤、卸饼、清理五个阶段组成，所需的总时间称为一个操作周期。板框组装完毕，开始过滤，悬浮液在指定压力下沿滤浆通路由滤框角上的孔道并行进入各个滤框，如图 4-13(a) 所示，滤液分别穿过滤框两侧的滤布，沿滤板板面的沟道至滤液出口排出。颗粒被滤布截留而沉积在滤布上，待滤饼充满全框后，停止过滤。如不再洗涤滤渣，就放松机头螺旋，松动板框，取出滤渣。然后将滤框和滤布洗净，重新装合，准备下一次的过滤操作。当工艺要求对滤饼进行洗涤时，应先将悬浮液进口阀和洗涤板下角的滤液出口阀关闭，再送入洗涤水。洗涤水经洗涤水通道从洗涤板角上孔道并行进入各个洗涤板两侧，如图 4-13(b) 所示。洗涤水在压差的推动下先穿过一层滤布及整个框厚的滤饼，然后再穿过一层滤布，自过滤板下角的洗涤液出口阀流出。可见，板框压滤机的洗涤速率约为过滤速率的 1/4。操作表压一般为 300～500kPa。板和框一般是方形，边长通常在 1m 以下。框的厚度约为 20～75mm，滤板较滤框薄，随所受压力大小而定。滤板和滤框可用铸铁、木材或耐腐蚀材料制成，并可使用塑料涂层，视悬浮液的性质而定。

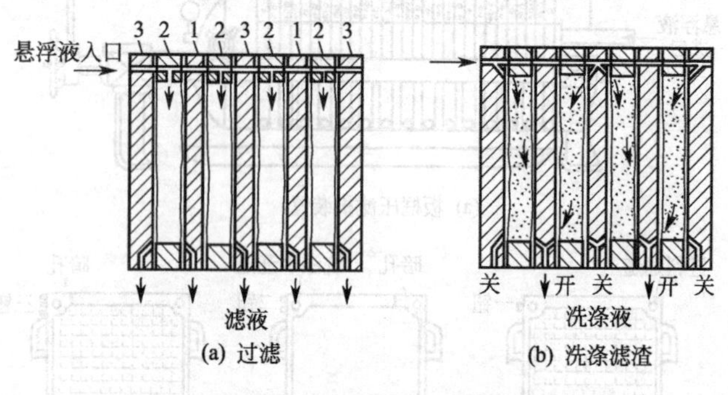

图 4-13　板框压滤机操作简图
1—过滤板；2—滤框；3—洗涤板

板框压滤机的优点是：构造简单，制造方便，所需辅助设备少，过滤面积大，推动力大，便于检查操作情况，管理简单，使用可靠。缺点是：装卸板框的劳动强度大，生产效率低，滤渣洗涤慢，不均匀，经常拆卸和在压力下操作，滤布磨损严重。

板框压滤机适用于过滤黏度较大的悬浮液、腐蚀性物料和可压缩物料。

(2) 板框压滤机的操作与维护

① 开车前的准备工作

a. 在滤框两侧先铺好滤布，将滤布上的孔对准滤框角上的进料孔，滤布如有折叠，操作时容易产生泄漏。

b. 板框装好后，压紧活动机头上的螺旋。

c. 将待分离的滤浆放入储浆罐内，开动搅拌器以免滤浆产生沉淀。在滤液排出口准备好滤液接收器。

d. 检查滤浆进口阀及洗涤水进口阀是否关闭。

e. 开启空气压缩机，将压缩空气送入储浆罐，注意压缩空气压力表的读数，待压力达到规定值，准备开始过滤。

② 过滤操作

a. 开启过滤压力调节阀，注意观察过滤压力表读数，过滤压力达到规定数值后，调节维持过滤压力的稳定。

b. 开启滤液储槽出口阀，接着开启过滤机滤浆进口阀，将滤浆送入压滤机，过滤开始。

c. 观察滤液，若滤液为清液时，表明过滤正常。发现滤液有浑浊或带有滤渣，说明过滤过程中出现问题。应停止过滤，检查滤布及安装情况，滤板、滤框是否变形，有无裂纹，管路有无泄漏等。

d. 定时记录过滤压力，检查板与框的接触面是否有滤液泄漏。

e. 当出口处滤液量变得很小时，说明板框中已充满滤渣，过滤阻力增大使过滤速度减慢，这时可以关闭滤浆进口阀，停止过滤。

f. 洗涤。开启洗水出口阀，再开启过滤机洗涤水进口阀向过滤机内送入洗涤水，在相同压力下洗涤滤渣，直至洗涤符合要求。

③ 停车

关闭过滤压力表前的调节阀及洗水进口阀，松开活动机头上的螺旋，将滤板、滤框拉开，卸出滤饼，并将滤板和滤框清洗干净，以备下一轮循环使用。

④ 板框压滤机常见异常现象与处理方法（表 4-1）

表 4-1　板框压滤机常见异常现象与处理方法

常见故障	原　因	处理方法
局部泄漏	①滤框有裂纹或穿孔缺陷，滤框和滤板边缘磨损 ②滤布未铺好或破损 ③物料内有障碍物	①更换新滤布和滤板 ②重新铺平或更换新滤布 ③清除干净
压紧程度不够	①滤框不合格 ②滤框、滤板和传动件之间有障碍物	①更换合格滤布 ②清除障碍物
滤液浑浊	滤布破损	检查滤布，如有破损，及时更换

⑤ 板框过滤机的维护

a. 压滤机停止使用时，应冲洗干净，传动机构应保持整洁，无油污、油垢。

b. 滤布每次清洗时应清洗干净，避免滤渣堵塞滤孔。

c. 电气开关应防潮保护。

4.2.2.2 转筒真空过滤机

(1) 转筒真空过滤机的结构

转筒真空过滤机是连续操作过滤机中应用最广泛的一种。转筒真空过滤机的转筒每回转一周就完成一个包括过滤、洗涤、吸干、卸渣和清洗滤布等阶段的操作。

图 4-14 是一台外滤式转筒真空过滤机的操作简图。过滤机的主要部分是一水平放置的回转圆筒（转鼓）。筒的表面上有孔眼，并包有金属网和滤布。它在装有悬浮液的槽内作低速回转（1.7～50mHz)，转筒的下半部浸在悬浮液内，浸入面积为表面积的30%～40%。转筒内部用隔板分成互不相通的扇形格，扇形格经过空心主轴内的通道与分配头的固定盘上的小室相通。分配头的作用是使转筒内各个扇形格同真空管路或压缩空气管路顺次接通。在转筒的回转过程中，借分配头的作用，控制过滤操作步骤的连续进行。

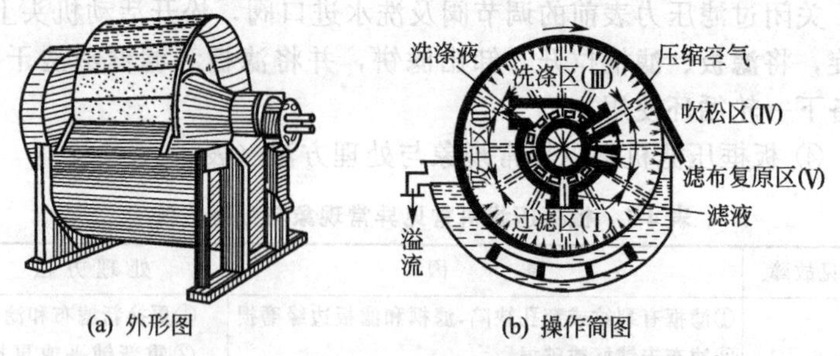

(a) 外形图　　(b) 操作简图

图 4-14 外滤式转筒真空过滤机的操作简图

转筒在操作时可分成以下几个区域，如图 4-14 所示。

① 过滤区(Ⅰ) 当浸在悬浮液内的各扇形格同真空管路相接通时，格内为真空。由于转筒内外压力差的作用，滤液透过滤布，被吸入扇形格内，经分配头被吸出。在滤布上形成一层逐渐增厚的

滤渣。

② 吸干区(Ⅱ) 当扇形格离开悬浮液时，格内仍与真空管路相接通，滤渣在真空下被吸干。

③ 洗涤区(Ⅲ) 洗涤水喷洒在滤渣上，洗涤液经分配头被吸出。滤渣被洗涤后，在同一区域内被吸干。

④ 吹松区(Ⅳ) 扇形格同压缩空气管相接通，压缩空气经分配头，从扇形格内部吹向滤渣，使其松动，以便卸料。

⑤ 滤布复原区(Ⅴ) 扇形格移近到刮刀时，滤渣被刮落下来。扇形格内部通入空气或蒸汽，将滤布吹洗干净，重新开始下一循环的操作。

在各操作区域之间，都有不大的休止区域。当扇形格从一操作区域转向另一操作区域时，各操作区域不致互相连通。过滤机过滤面上各个部分都顺次经历过滤、洗涤、吸干、卸渣、清洗滤布等阶段的全部操作。

分配头是转筒真空过滤机的关键部分，它可使扇形格在不同部位时，能自动进行各个阶段的操作。如图 4-15 所示，分配头由一随转鼓转动的圆盘和一固定盘所组成。转动盘上的小孔与扇形格相接通，固定盘上的孔隙与真空管路或压缩空气管路相接通。当转动盘上小孔与固定盘上孔隙 3 相通时，扇形格与真空管路相通，滤液被吸走，流入滤液槽中。当转动盘继续回转到使小孔与固定盘上孔隙 4 相通时，扇形格内仍是真空，洗涤液被吸走，流入洗涤液槽中。当转动盘上小孔与固定盘上孔隙 5 和 6 相通时，扇形格与压缩空气管路相通，格内压力增大，压缩空气将滤渣吹松并将滤布吹

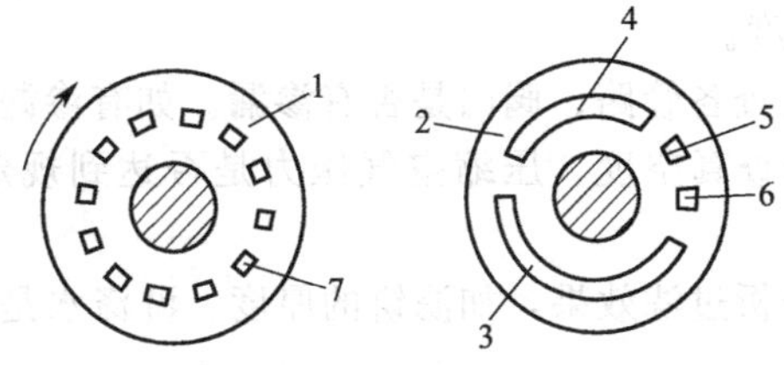

图 4-15 分配头

1—转动盘；2—固定盘；3—与真空管路相通的孔隙；4—与洗涤液相通的孔隙；5，6—与压缩机相通的孔隙；7—转动盘上的小孔

净。按照以上顺序操作，就可使各个阶段连续进行。

转筒真空过滤机适用于过滤各种物料，也适用于温度较高的悬浮液，但温度不能过高，以免滤液的蒸汽压过大使真空失效。转筒真空过滤机所得的滤渣含水量为30%左右，滤渣的厚度在40mm左右。对于过滤困难的胶质滤渣，厚度可小到5～10mm以下。滤渣很薄时，刮刀卸料容易损坏滤布，可在过滤时预先将绳索绕在转筒上，在卸渣处滤渣随绳索离开过滤表面而脱落。

(2) 转筒真空过滤机的操作与维护

① 开车前的准备工作

a. 检查滤布。滤布应清洁无缺损，不能有干浆。

b. 检查滤浆。滤浆槽内不能有沉淀物或杂物。

c. 检查转鼓与刮刀之间的距离，一般为1～2 mm。

d. 检查真空系统真空度和压缩空气系统压力是否符合要求。

e. 给分配头、主轴瓦、压辊系统、搅拌器和齿轮等传动机构加润滑脂和润滑油，检查和补充减速机的润滑油。

② 开车

a. 开车启动。观察各传动机构运转情况，如平稳、无振动、无碰撞声，可试空车和洗车15min。

b. 开启滤浆入口阀门向滤槽注入滤浆，当液面上升到滤槽高度的1/2时，再打开真空、洗涤、压缩空气等阀门，开始正常生产。

③ 正常操作

a. 经常检查滤槽内的液面高低，保持液面高度，高度不够会影响滤饼的厚度。

b. 经常检查各管路、阀门是否有渗漏。如有渗漏应停车修理。

c. 定期检查真空度、压缩空气压力是否达到规定值，洗涤水分布是否均匀。

d. 定时分析过滤效果，如滤饼的厚度、洗涤水是否符合要求。

④ 停车

a. 关闭滤浆入口阀门，再依次关闭洗涤水阀门、真空和压缩空气阀门。

b. 洗车。除去转鼓和滤槽内的物料。

⑤ 转鼓真空过滤机常见异常现象与处理方法（表 4-2）

表 4-2 转鼓真空过滤机常见异常现象与处理方法

异常现象	原因	处理方法
滤饼厚度达不到要求，滤饼不干	①真空度达不到要求 ②滤槽内滤浆液面低 ③滤布长时间未清洗或清洗不干净	①检查真空管路无漏气 ②增加进料量
真空度过低	①分配头磨损漏气 ②真空泵效率低或管路漏气 ③滤布有破损 ④错气窜风	①检修分配头 ②检查真空泵和管路 ③更换滤布 ④调整操作区域

⑥ 转鼓真空过滤机的维护

a. 要保持各转动部位有良好的润滑状态，不可缺油。

b. 随时检查紧固件的工作情况，发现松动，及时拧紧，发现振动，及时查明原因。

c. 滤槽内不允许有物料沉淀和杂物。

d. 备用过滤机应定期转动一次。

4.2.2.3 圆形滤叶加压叶滤机

图 4-16 所示的圆形滤叶加压叶滤机是由许多圆形滤叶装合而成。每个滤叶由金属多孔板或金属网状板制成，外罩过滤介质，形成内部空间。圆形滤叶安装在一个能承受压力的水平圆筒机壳内，机壳分成上下两半，上半部固定在机架上，下半部可以开合，用铰

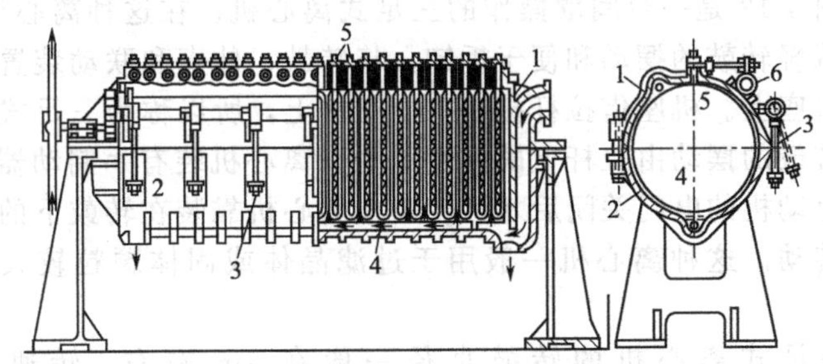

图 4-16 圆形滤叶加压过滤机

1—外壳上半部；2—外壳下半部；3—活节螺钉；4—滤叶；5—滤液排除管；6—滤液收集管

链连接在上半部上。过滤时将机壳密闭，用泵将悬浮液压送到机壳中。滤液穿过滤叶上的过滤介质，经排出管流至总汇集管导出机外。滤渣沉积在介质上，厚度通常为5～35mm，视悬浮液的性质和操作情况而定。

若滤渣需要洗涤，在过滤结束时通入洗涤水。洗完后打开机壳的下半部，清除滤渣。此机洗涤液所走的途径与悬浮液相同，洗涤速率约等于最终过滤速率，与板框压滤机不同。

加压叶滤机的优点是：密闭过滤，改善了操作条件，装卸简单，单位过滤面积的生产能力大，具有较高而均匀的过滤推动力，过滤和洗涤效率较高。缺点是造价较高，更换过滤介质较复杂，过滤大小很不一致的物料时可能产生滤渣中大小颗粒分别聚积的现象，使洗涤不易均匀。

4.2.3 离心过滤

利用惯性离心力，使送入离心机转鼓内的滤浆与转鼓一起旋转时产生径向压力差，来分离液相非均相混合物的方法，称为离心过滤。离心机的转鼓上钻有许多小孔，内壁衬有滤布，操作时，滤液穿过滤布排出，颗粒沉积于转鼓内壁，形成滤饼。

离心机可按分离因数α的大小分为常速离心机（$\alpha<3000$）、高速离心机（$\alpha=3000\sim5000$）和超速离心机（$\alpha>5000$）。

4.2.3.1 三足式离心机

(1) 三足式离心机结构

图4-17是一台间歇操作的三足式离心机。在这种离心机中，为了减轻转鼓的摆动和便于拆卸，将转鼓、外壳和联动装置都固定在机座上。机座借拉杆挂在三个支柱上，所以称为三足式离心机。转鼓的摆动由拉杆上的弹簧承受。离心机装有手制动器，只能在电动机的电门关闭后才可使用。离心机靠装在转鼓下的三角皮带传动。这种离心机一般用于过滤晶体或固体颗粒较大的悬浮液。

三足式离心机的转鼓直径一般在1m左右，转速不高（<2000r/min），过滤面积约0.6～2.7m^2。与其他形式的离心机相比，具有构造简单、运转周期灵活等优点。一般可用于间歇生产中的小批量物料处理，尤其适用于各种盐类结晶体的过滤和脱水，晶

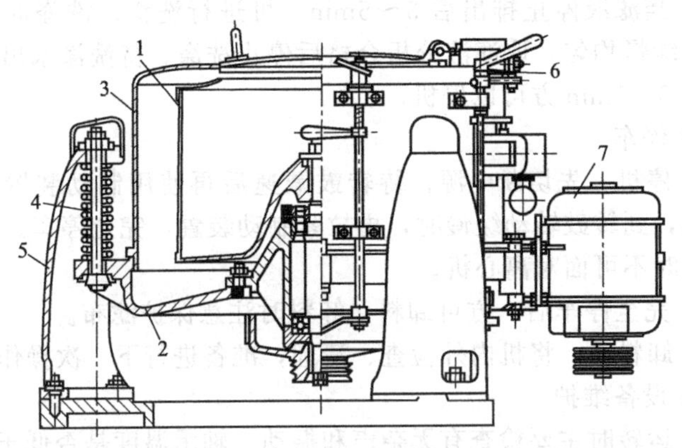

图 4-17 三足式离心机

1—转鼓；2—机座；3—外壳；4—拉杆；5—支柱；6—制动器；7—电动机

体破损较少。缺点是卸料时的劳动条件较差，转动部件位于机座下部，检修不方便。

(2) 离心机操作与维护

① 开车前检查准备

a. 检查机内外有无异物，主轴螺母有无松动，制动装置是否灵敏可靠，滤液出口是否通畅。

b. 试空车 3～5min，检查转动是否均匀正常，转鼓转动方向是否正确，转动的声音有无异常，不能有冲击声和摩擦声。

c. 检查确无问题，将洗净备用的滤布均匀铺在转鼓内壁上。

② 开车

a. 将物料要放置均匀，不能超过额定体积和质量。

b. 启动前，检查制动装置是否拉开。

c. 接通电源启动，要站在侧面，不要面对离心机。

d. 密切注意电流变化，待电流稳定在正常参数范围内，转鼓转动正常时，进入正常运行。

③ 正常运行操作要点

a. 注意转动是否正常，有无杂声和振动，注意电流是否正常。

b. 保持滤液出口通畅。

c. 严禁用手接触外壳或脚踏外壳，机壳上不得放置任何杂物。

d. 当滤液停止排出后 3～5min，可进行洗涤。洗涤时，加洗涤水要缓慢均匀，取滤液分析合格后停止洗涤。待洗涤水出口停止排液后 3～5min 方可以停机。

④ 停车

a. 停机，先切断电源，待转鼓减速后再使用制动装置，经多次制动，到转鼓转动缓慢时，再拉紧制动装置，完全停车。使用制动装置时不可面对离心机。

b. 完全停车后，方可卸料，卸料时注意保护滤布。

c. 卸料后，将机内外检查、清理，准备进行下一次操作。

⑤ 设备维护

a. 运转时主要检查有无杂声和振动，轴承温度是否低于 65℃，电机温度是否低于 90℃，密封状况是否良好，地脚螺丝有无松动。

b. 严格执行润滑规定，经常检查油箱、油位、油质，润滑是否正常，是否按"三过滤"的要求注油。

c. 定期洗鼓。转鼓要按时清洗，清洗时先停止进料，将自动改为手动；打开冲洗水阀门，至将整个转鼓洗净；不要停机冲洗，以免水漏进轴承室。

d. 卧式自动离心机停车时，让其自然停止，不得轻易使用紧急制动装置。不要频繁启动离心机。

⑥ 离心机的常见异常现象及处理方法（表 4-3）

表 4-3 离心机的常见异常现象及处理方法

异常现象	原因	处理方法
滤液中常有滤渣或外观浑浊	滤布损坏	及时更换滤布
离心机电流过高	滤液出口管堵塞	检查处理
	加料过多，负荷过大	减少加料
轴承温度过高	回流小，前后轴回流量不均	调节回流量
	机械故障，轴承磨损或安装不正确	维修检查
电机温度过高	加料负荷过大	减少加料
	轴承故障	维修检查
	电机故障	电工检查
	外界气温过高	采取降温措施
振动大	供料不均匀	调整使之均匀
	螺栓松动或机械故障	停机检查、维修

4.2.3.2 刮刀卸料离心机

在转鼓连续全速运转的情况下，刮刀卸料离心机能自动循环，间歇地进行进料、分离、洗涤滤渣、甩干、卸料、洗网等工序的操作，整个周期采用自动控制和液压操作。

图4-18是卧式刮刀卸料离心机，全部工序是在全速运转下自动间歇地进行。进料阀自动定时开启，悬浮液由进料管进入鼓内，受惯性离心力作用而分离。液相经滤网和转鼓壁上小孔被甩到鼓外，由机壳的排液口流出。固相留在鼓内，借耙齿将其均匀地分布在滤网上。当滤渣达到规定厚度时，进料阀自动关闭。冲洗阀门自动开启，洗涤水经冲洗管喷淋在滤渣上，洗涤一定时间，阀门自动关闭。在转鼓连续旋转下，洗涤液不断被甩出。持续甩干一定时间后，装有长刮刀的刮刀架自动上升，滤渣被刮下，沿倾斜的卸料斗排出机外。刮刀架升到极限位置后，随即退下，同时冲洗阀开启，对滤网进行冲洗。洗网持续一定时间后，就完成一个操作周期，重新开始进料。

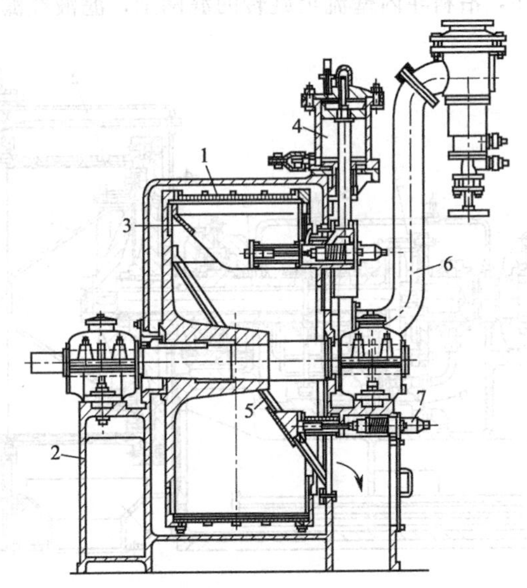

图4-18 卧式刮刀卸料离心机

1—转鼓；2—机座；3—刮刀；4—油压缸；
5—溜槽；6—加料管；7—气锤

刮刀卸料离心机的优点是：在全速下自动控制各工序的操作；适应性好，使用可靠，操作周期可长可短；能过滤和沉降某些不易分离的悬浮液；生产能力大；结构比较简单，制造维修都不太复杂。

缺点是：刮刀卸料使部分物料破损，不适于要求产品晶形颗粒完整的情况；刮刀寿命短，须经常修理更换。

这种离心机是目前化工、石油及其他工业部门中使用最为广泛的一种离心机。

4.2.3.3 往复卸料离心机

往复卸料离心机是一种在全速运转下，同时连续地进行加料、分离、洗涤、卸料等所有工序的连续式离心机。卸料是一股一股地推送出去，接近于连续。整个操作过程都是自动的。

图 4-19 是往复卸料离心机。活塞卸料器是这种离心机特有的装置。卸料器装在转鼓内部固定的活塞杆的末端，并和转鼓以同样速度旋转。同时借液压传动机构作轴向往复运动。悬浮液由进料管引入旋转的锥形料斗，沿料斗内壁流至旋转的滤网上，滤液经滤网缝隙和鼓

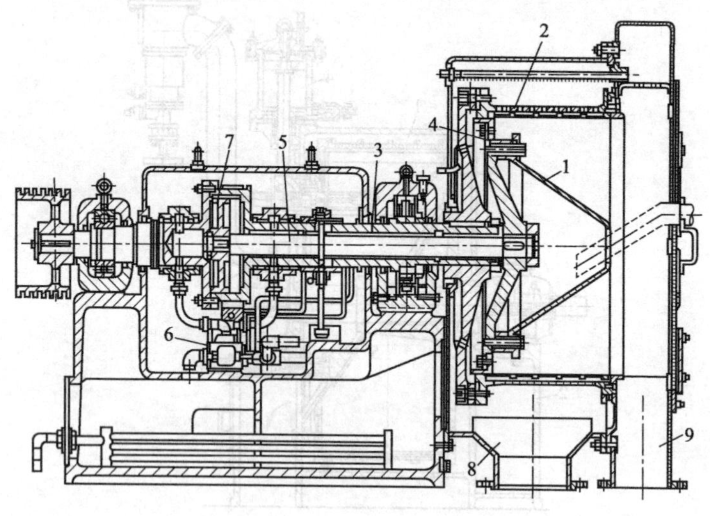

图 4-19 往复卸料离心机

1—进料斗；2—转鼓；3—水平空心轴；4—卸料器；
5—轴；6—齿轮泵；7—圆盘；8—外壳；9—滤渣卸出管

壁上小孔被甩至转鼓外，由滤液出口管连续地排出。积存在滤网上的滤渣被往复运动的卸料器推出。当滤渣需要洗涤时，可在滤渣被向前推行的过程中，用洗涤水喷洗。滤液和洗涤液可分别排出。

往复卸料离心机主要适用于粗分散的、能很快脱水和失去流动状的悬浮液。

优点：滤渣颗粒的破损情况要比刮刀卸料离心机好得多；自动控制系统较简单；功率消耗也较均匀。

缺点：对悬浮液的浓度变化很敏感。当悬浮液太稀时，滤渣来不及形成，悬浮液便直接流出转鼓，冲走部分已形成的滤渣，造成转鼓中物料分布不均匀，引起转鼓的振动。

4.3 气体的其他净制设备

从气体或蒸汽中除去所含固体颗粒或液滴而使之净化，是化工生产中经常遇到的问题。除可利用前面所述的沉降方法外，还可利用过滤、静电等作用，或者用湿法净制等。下面对这几种方法加以简要介绍。

4.3.1 袋滤器

使含尘气体穿过袋状滤布，以除去其中的尘粒的设备称为袋滤器。袋滤器往往能除去1μm以下的微尘，除尘效率可高达99.9%以上，常用在旋风分离器后作为末级除尘设备。袋滤器主要由滤袋及其骨架、壳体、清灰装置和排灰阀等部件构成。图4-20所示为一脉冲式袋滤器。气体由外向内穿过支撑在骨架上的滤袋，洁净气体汇集于上部出口管排出，颗粒被截留于袋外表面上。清灰操作时，开动压缩

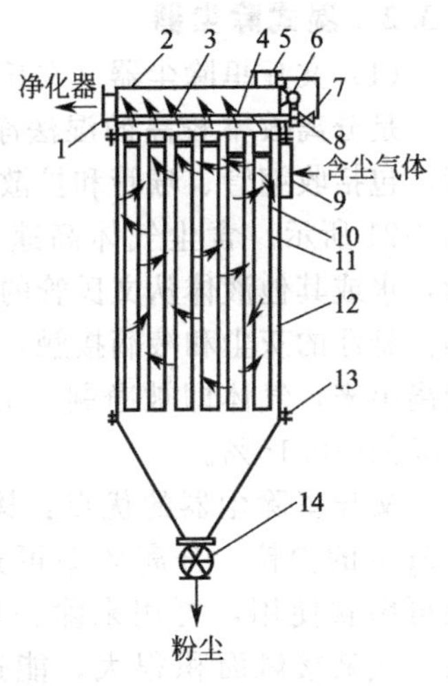

图4-20　脉冲式袋滤器

1—排气口；2—上部箱体；3—喷射管；4—文氏管；5—控制器；6—气包；7—控制阀；8—脉冲阀；9—进气口；10—滤袋；11—框架；12—中部箱体；13—灰斗；14—排灰阀

空气反吹系统，脉冲气流从布袋内向外吹出，使尘粒落入灰斗。喷吹清灰由电磁阀控制，按各排滤袋顺序轮流进行。每次清灰时间很短，每分钟内有多排滤袋受到喷吹。

袋滤器按气体进气方式可分为内滤式和外滤式。内滤式是含尘气体由袋内向袋外流动，粉尘滤在袋内。外滤式则粉尘分离在外，其袋内须设有骨架，以防滤袋被吹瘪。袋滤器又可按清灰方法分为人工拍打式、机械振打式、气环反吹式和脉冲式。袋滤器中每个滤袋的长度约为 2～3.5m，直径为 120～300mm，多数情况下气体的过滤速度为 0.6～0.8m/min。滤布材料的选择十分重要，由物料性质、操作条件及净化要求而定。一般天然纤维只能在 80℃以下使用，毛织品略高于此温度，化纤织物可用于 135℃以下，玻璃纤维可用于 150～300℃。袋滤器投资费用高，清灰麻烦，用于处理湿度较高的气体时，应注意气温须高于露点。

4.3.2 湿式除尘器

(1) 文丘里除尘器（文丘里洗涤器）

是分离效率较高的湿法净制设备，由文丘里洗涤管（即文氏管，包括收缩管、喉管和扩散管三部分）和旋风分离器所构成，如图 4-21 所示。含尘气体高速（流速可达 50～100m/s）进入文氏管，水或其他液体从文氏管的喉管处喷入，被喷散和雾化成细小液滴。悬浮的灰尘和液滴接触，被液体湿润捕集，进入旋风分离器被分离出来，气体即被净制。文氏管中液体用量一般为气体流量的 0.05%～0.15%。

文丘里除尘器的优点：构造简单；分离效率高（对于 0.5～1.5μm 的尘粒，分离效率可达 99%）；操作方便；可单独使用，也可串联使用，可用来除去雾沫。文丘里除尘器中液相高度分散，气液接触面积很大，能达到很高的分离效率，但消耗能量较大。

(2) 泡沫除尘器

图 4-22 是一台泡沫除尘器的简图。外壳是圆形或方形，分成上下两室，中间隔有筛板，下室有锥形底。水或其他液体由上室的一侧靠近筛板处的进液室进入，受到经筛板上升的气体的冲击，产

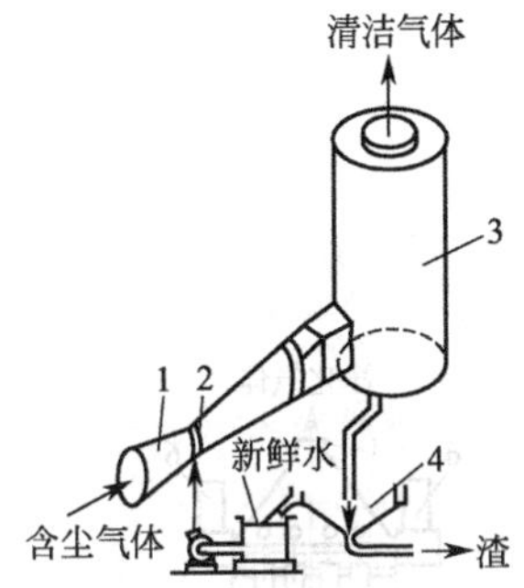

图 4-21　文丘里除尘器
1—洗涤管；2—有孔喉管；
3—旋风分离器；4—沉降槽

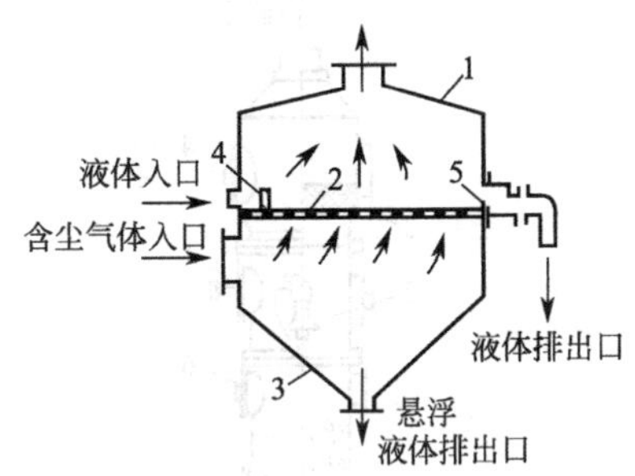

图 4-22　泡沫除尘器简图
1—外壳；2—筛板；3—锥形底；
4—进液室；5—液流挡板

生很多泡沫，在筛板上形成一层流动的泡沫层。含尘气体由下室进入，当它上升时，较大的灰尘被少部分下降的液体冲洗带走，由除尘器底排出。气体中微小的灰尘在通过筛板后，被泡沫层截留，并随泡沫层经除尘器另一侧的溢流挡板排出。净制后的气体由除尘器顶排出。泡沫除尘器中，由于气液两相的接触面积很大，分离效率很高。若气体中所含的尘粒直径大于 5μm，分离效率可达 99%。

(3) 湍球塔

湍球塔（图 4-23）是一种高效除尘设备，主要构造是在塔内栅板间放置一定量的轻质空心塑料球。由于受到经栅板上升的气流冲击和液体喷淋以及自身重力等多种力的作用，轻质空心塑料球悬浮起来，剧烈翻腾旋转，并互相碰撞，使气液得到充分接触，除尘效率很高。空心塑料球常用聚乙烯或聚丙烯等材料制成。

4.3.3　静电除尘

当气体中含有某些极细微的尘粒或露滴时，可用静电除尘予以分离。含有悬浮尘粒或露滴的气体通过金属板间的高压直流静电场，发生电离，生成带有正电荷与负电荷的离子。离子与尘粒或雾滴相遇而附于其上，使后者带有电荷而被电极所吸引，尘粒便从气体中除去。

图 4-24 所示为具有管状收尘电极的静电除尘器。静电除尘器能有效地捕集 0.1μm 甚至更小的烟尘或雾滴，分离效率可高达

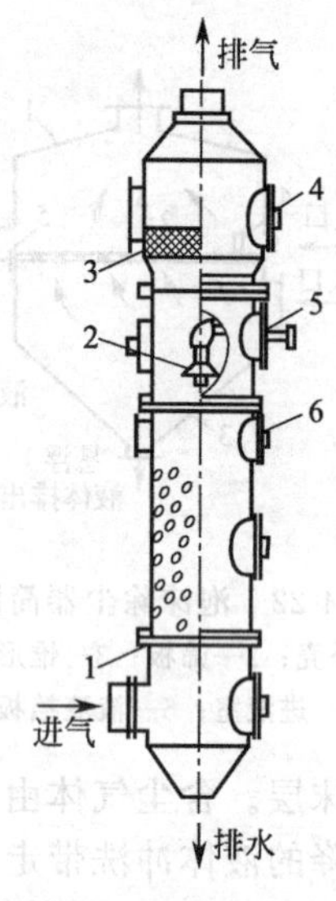

图 4-23 湍球塔

1—栅板；2—喷嘴；3—除雾器；4—人孔；5—供水管；6—视镜

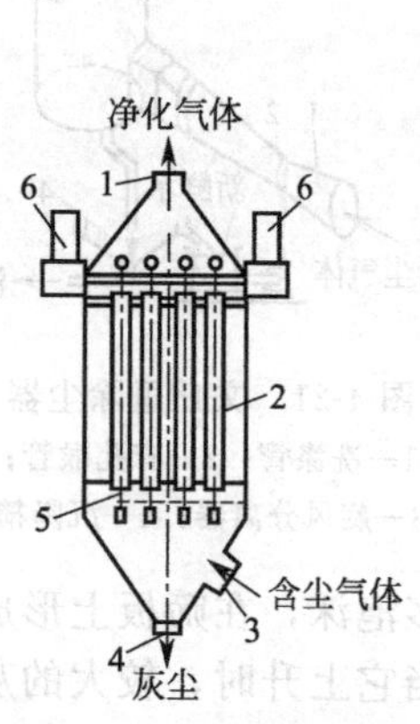

图 4-24 静电除尘器

1—净气出口；2—收沉电极；3—含尘气体入口；4—灰尘出口；5—放电电极；6—绝缘箱

99.99%，阻力较小。气体处理量可以很大。低温操作时性能良好，也可用于500℃左右的高温气体除尘。缺点是设备费和运转费都较高，安装、维护、管理要求严格。

一、判断题

（ ）1. 降尘室通常作为预除尘使用。

（ ）2. 板框压滤机为连续式过滤机，转筒真空过滤机为间歇式过滤机。

（ ）3. 对滤饼进行洗涤的目的是回收滤饼中的残留滤液，除去滤饼中的可溶性杂质。

(　　) 4. 旋风分离器是用惯性离心力净制气体的设备。

(　　) 5. 离心沉降和重力沉降都能分离较小的固体粒子。

(　　) 6. 均相混合物可用机械分离的方法予以分离。

(　　) 7. 沉降器的生产能力主要与沉降器的横截面有关，高度是不重要的。

(　　) 8. 静电除尘是使被净化气体与设备发生摩擦产生静电的除尘方法。

二、选择题

1. 沉降器是处理（　　）的重力沉降设备。

A. 悬浮液　　B. 含尘气体　　C. 乳浊液

2. 在一个过滤周期中，为了达到最大生产能力（　　）。

A. 过滤时间小于辅助时间　　B. 过滤时间小于辅助时间

C. 过滤加洗涤时间等于辅助时间

3. 助滤剂的作用是（　　）。

A. 帮助介质拦截固体颗粒　　B. 形成疏松饼层

C. 降低滤液的黏度，减少阻力

4. 下列不属于气体净制设备的是（　　）。

A. 袋滤器　　B. 静电除尘器　　C. 离心机

5. 下列哪种说法是错误的（　　）。

A. 降尘室是分离气固混合物的设备

B. 离心沉降机是分离气固混合物的设备

C. 沉降槽是分离固液混合物的设备

6. 旋风分离器是利用离心力分离（　　）。

A. 液液混合物　　B. 液固混合物　　C. 气固混合物

7. 气体经过哪种净化设备时阻力最小（　　）。

A. 袋式过滤器　　B. 旋风除尘器　　C. 静电除尘器

8. 旋风除尘器（　　）使全部粉尘得到分离。

A. 能够　　B. 不能

9. 离心机的分离因数越大，则分离能力（　　）。

A. 越大　　B. 越小　　C. 一样

10. 降尘室是用来分离（　　）的重力沉降设备。

A. 液体中含有的固体颗粒　　B. 固-液非均相物料

C. 气体中含有的固体颗粒

11. 工业上通常将待分离的悬浮液称为（　　）。

A. 滤液　B. 滤浆　C. 过滤介质

12. 利用沉淀分离废水中悬浮物的必备条件是（　　）。

A. 悬浮物颗粒大　　B. 悬浮物不易溶于水

C. 悬浮物与水的相对密度不同

三、填空题

1. 若降尘室的高度增加，则沉降时间________，气流速度________，生产能力________。

2. 沉降操作是指在某种力场中利用分散相和连续相之间的________差异，使之发生相对运动而实现分离的操作过程。

3. 沉降过程有________沉降和________沉降两种方式。

4. 降尘室通常只适用于分离粒度________的粗颗粒，一般作为预除尘使用。

5. 非均相分离的目的主要是________。

6. 过滤操作是分离的________单元操作。

7. 非均相混合物的分离有________等常用方法。

8. 工业上常用的过滤介质主要有________、________、________。

9. 在过滤中，真正发挥拦截颗粒作用的主要是________，而不是________。

10. 转筒真空过滤机，转速越大，生产能力就越________，每转一周所获得的滤液量就越________，形成的滤饼厚度________，过滤阻力越________。

11. 通常，________非均相物系的离心沉降在旋风分离器中进行，________悬浮物系一般可在旋液分离器或沉降离心机中进行。

12. 沉降槽是分离________混合物的设备。

四、简答题

1. 化学工业中气体净化有哪几种方法？它们之间有哪些共同之处？又各有什么特点？

2. 对于如何提高板框压滤机生产能力，有人提出以下建议：

(1) 过滤面积增大一倍；

(2) 在均一的不可压缩的滤渣上过滤压强增大一倍；

(3) 悬浮液中的固相含量增大一倍；

(4) 提高温度一倍。

你认为哪些建议是合理的？哪些建议不合理（设介质阻力可以忽略）？为什么？

3. 除尘器进口含尘量为800mg/m^3，出口含量为5mg/m^3，求除尘效率。

4. 气体净化的常用方法和工作原理是什么？

5. 画出旋风除尘器示意图。

第 5 章

传热原理及传热设备

本章培训目标

1. 理解传热过程的基本概念，熟知传热的基本方式。

2. 掌握热传导的规律，理解热导率的意义，能根据公式进行单层及多层平壁的导热过程计算。

3. 掌握对流传热的规律，了解对流传热膜系数的主要影响因素，会使用经验公式进行简单的对流传热膜系数计算，熟知强化对流传热的措施。

4. 掌握传热基本方程；会根据公式和图表进行传热速率、传热系数、传热面积的计算。

5. 掌握传热操作的基本原理，知道工业上常用的换热方式。

6. 会根据要求选择流体的流动方向，熟知强化传热效果的途径及措施。

7. 掌握间壁式换热器的结构和特点，了解其他常用换热器的结构特点，会选用换热剂。

8. 了解常用换热器的操作要点和常见事故的处理措施。

5.1 概述

5.1.1 传热在化工生产中的应用

传热即热量的传递，是自然界中普遍存在的物理现象。热量传递与动量传递、质量传递类似，是自然界与工程技术领域中最常见的传递现象。在化工生产中，无论是化学过程（化学反应操作）还是物理过程（化工单元操作）几乎都涉及传热或传热设备，蒸发、精馏、吸收、萃取、干燥等单元操作都与传热过程有关，例如在化工生产中有近40%设备是换热器，同时热能的合理利用对降低产品成本和环境保护有重要意义。因此，传热是重要的单元操作过程之一。在化工生产中传热的目的主要有以下几方面。

① 加热、冷却或冷凝，使物料达到指定的温度。

② 换热，以回收利用热量或冷量。

③ 保温，以减少热量或冷量的损失。

化工生产中遇到的传热问题通常有以下两类：一类是要求强化传热，提高某一换热设备的传热速率，减小设备的尺寸，降低设备费用；另一类是削弱传热，以减少热损失，如高温设备、低温设备及管道的保温隔热等，要求传热速率越低越好。

5.1.2 传热的基本方式

传热是由于物体内部或物体之间的温度不同而引起的。根据热力学第二定律，当无外功输入时，热总是自动地从温度较高的部分传给温度较低的部分，或是从温度较高的物体传给温度较低的物体。根据传热机理不同，传热的基本方式有三种：热传导、对流和辐射。

(1) 热传导（简称导热）

是指热量从物体的高温部分向同一物体的低温部分，或从一个高温物体向与其直接接触的低温物体传递的过程。在热传导过程中，没有物质的宏观位移。固体、静止的流体或气体的传热属于导热，在层流流体中，传热方向与流向垂直时也是热传导。

(2) 对流传热（简称对流）

是指在流体中各部分质点发生相对位移而引起的热量传递。对流传热过程中往往伴有热传导。化工生产中通常将流体和固体壁面之间的传热称为对流传热；若流体的运动是由于受到外力的作用所引起的，则称为强制对流；若流体的运动是由于流体内部冷、热部分的密度不同而引起的，则称为自然对流。强制对流的传热效果比自然对流好得多。

(3) 辐射传热（热辐射）

是指因热的原因而产生电磁波进行传递能量的过程。物体将热能以电磁波的形式向外界辐射，当被另一物体部分或全部接受后，又重新转变为热能。辐射传热不需要介质，物体温度越高，热辐射传递的热量越多。

事实上传热过程往往不是以某种传热方式单独存在，而是上述两种或三种传热方式的组合。在温度很高时，热辐射成为主要的传热方式，如在石油裂解炉内超过1000K时的传热过程是以热辐射为主。而化工生产中广泛应用的间壁式换热器，冷、热流体经间壁传热的过程是以导热和对流两种方式为主，辐射传热量很小。

5.1.3 稳定传热和非稳定传热

在传热过程中，各点的温度只随位置变化而不随时间变化的过程称为稳定传热。稳定传热时，单位时间所传递的热量是不变的。连续生产过程中的传热一般属于稳定传热。

若在传热过程中，各点的温度除随位置变化外还随时间变化的过程称为非稳定传热。在非稳定传热时，单位时间所传递的热量随时间而变。间歇生产和连续生产的开、停车阶段的传热一般属于非稳定传热。

化工生产中多为连续操作过程，属于稳定传热。本章讨论的过程均为稳定传热。

5.1.4 载热体及其选择

在传热过程中，为将冷流体加热或热流体冷却，必须用另一种流体供给或取走热量，参与传热的流体称为载热体。温度较高而放出热能的载热体称为热载热体；温度较低而吸收热能的载热体称为冷载热体。起加热作用的载热体称为加热剂，起冷却或冷凝作用的载热体称为冷却剂或冷凝剂。

工业上常用的加热剂有热水、饱和蒸汽、矿物油、联苯混合物、熔盐和烟道气等。如果需要加热的温度很高，可以采用电加热。

工业上常用的冷却剂是水、空气和各种冷冻剂。水和空气可将物料冷却至环境的温度，一般为 20～30℃，随地区和季节而异。如果工艺要求将物料冷却到低于环境的温度时，需要使用冷冻过程制取的载冷剂，最常用是某些无机盐（如 NaCl、$CaCl_2$ 等）的水溶液，可将物料冷却至零下十几摄氏度甚至零下几十摄氏度的低温。更低的冷却温度可依靠某些低沸点液体的蒸发来达到目的。例如，在常压下液态氨蒸发可达到－33.4℃，液态乙烷蒸发可达到－88.6℃，而液态乙烯蒸发可达到－103.7℃。但是，低沸点液体的制冷须经深度冷冻过程，要消耗大量的能量。

对一定的传热过程，被加热或冷却物料的初温与终温由工艺条件决定，因而传热量一定。为了提高传热过程的经济性，必须根据具体情况选择适当载热体。在选择载热体时应参考以下几个方面。

① 载热体的温度易于调节。

② 载热体的饱和蒸汽压较小，加热时不会分解。

③ 载热体毒性要小，使用安全，对设备无腐蚀或腐蚀性很小。

④ 载热体的价格低廉而且容易得到。

通常，在温度不超过180℃的条件下，饱和蒸汽是最适宜的加热剂；而当温度不很低时，水和空气是最适宜的冷却剂。

5.2 热传导

热传导是物体内部粒子进行微观运动的一种传热方式，是物体内部相邻粒子碰撞传递能量的结果。在流体特别是气体中，连续而不规则的分子运动是导致热传导的重要原因。此外物质内部自由电子的扩散运动也会引起热传导，这也是金属的导热能力强的原因。因此，热传导可以看作一种以温差为推动力的粒子传递现象，物质没有宏观的位移。

5.2.1 热传导基本规律

图 5-1 所示为一个由均匀固体物质组成的平壁，面积为 A，壁厚是 δ，壁的两面温度保持为 t_1 和 t_2。如果 $t_1>t_2$，则热量以热传导的方式从温度为 t_1 的平面传递到温度为 t_2 的平面。则

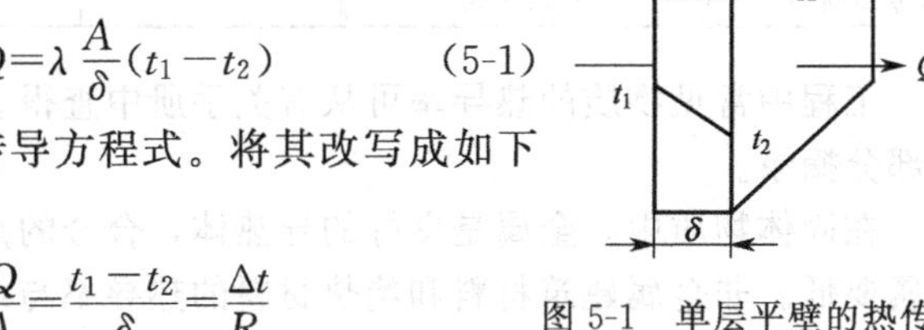

图 5-1 单层平壁的热传导

$$Q=\lambda \frac{A}{\delta}(t_1-t_2) \tag{5-1}$$

式(5-1) 是热传导方程式。将其改写成如下形式

$$\frac{Q}{A}=\frac{t_1-t_2}{\dfrac{\delta}{\lambda}}=\frac{\Delta t}{R}$$

则表明单层平壁热传导时，其导热热阻

$$R=\frac{\delta}{\lambda} \tag{5-2}$$

式中 Q——导热速率，即单位时间内传导的热量，W；
A——导热面积，即垂直于热流方向上的截面积，m^2；
λ——比例系数，称为热导率，W/(m·K) 或 W/(m·℃)；
δ——平壁厚度，m；
Δt——温度差，导热的推动力，K；
R——导热热阻。

式(5-2) 表明，平壁材料的热导率越小、平壁越厚，则热传导阻力就越大。热导率值越大，则物质的导热能力越强。

5.2.2 热导率

热导率 λ 是表示物质导热性能的一个物性参数，λ 越大，导热越快。λ 在数值上等于单位温度梯度、单位导热面积、在单位时间内所传导的热量，其单位 W/(m·℃)。热导率的大小和物质的组成、结构、密度、温度、湿度等因素有关，对于气体，又与压强变化有关。

各种物质的热导率通常经实验测定，其数值差别很大。一般说来，金属的热导率最大，固体非金属次之，液体较小，而气体最小。各类物质热导率的大致范围见表 5-1。

表 5-1 热导率的大致范围

物质种类	热导率λ/[W/(m·K)]	物质种类	热导率λ/[W/(m·K)]
纯金属	100～1400	非金属液体	0.5～5
金属合金	50～500	绝热材料	0.5～1
液态金属	30～300	气体	0.005～0.5
非金属固体	0.05～50		

工程中常见物质的热导率可从有关手册中查得。本书附录中也有部分摘录。

在固体物质中，金属是良好的导热体，合金的热导率一般比纯金属要低。非金属建筑材料和绝热材料的热导率与结构、组成、密度及温度等有关，通常随密度的增大而增大，也随温度升高而增大。

大多数固体的热导率与温度成线性关系。在工程计算中，所遇到的固体壁两侧的温度常常是不同的，在选用其热导率时常以算术平均温度为准。

常用固体材料在0～100℃时的平均热导率见表5-2。

表 5-2 常用固体材料在 0～100℃ 时的平均热导率

金属材料		建筑和绝热材料	
材料	热导率λ /[W/(m·K)]	材料	热导率λ /[W/(m·K)]
铝	204	石棉	0.15
青铜	64	混凝土	1.28
黄铜	93	绒毛毡	0.046
铜	384	松木	0.14～0.38
铅	35	建筑砖砌	0.7～0.8
钢	46.5	耐火砖砌(800～1100℃)	1.05
不锈钢	17.4	绝热砖砌	0.12～0.21
铸铁	46.5～93	85%氧化镁粉	0.07
		锯木屑	0.07
		软木	0.043
		玻璃丝	0.78

液体可以分为金属液体和非金属液体。金属液体的热导率比较高，非金属液体的热导率较小，但比固体绝热材料大。在非金属液

体中，水的热导率最大。

气体的热导率很小，约为液体的1/10。气体热导率小，对导热不利，但有利于绝热、保温。固体绝热材料的热导率之所以很小，就是因为空隙率很大，含有大量空气的缘故。

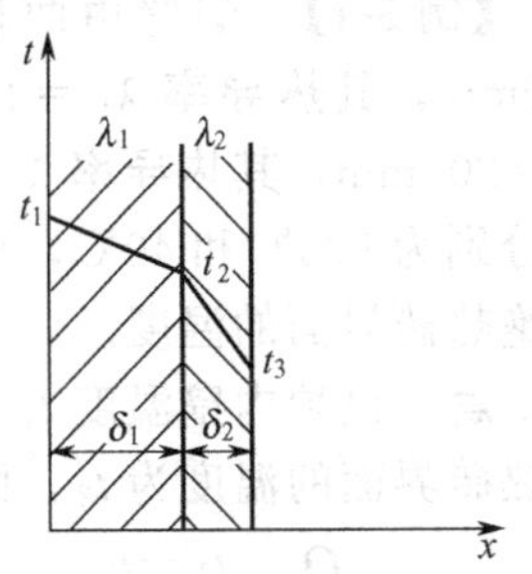

图 5-2 双层平壁的热传导

5.2.3 多层平壁的热传导

化工生产中的传热操作常见由不同材料构成的多层平壁，其导热过程的计算可用双层平壁为例说明，如图 5-2 所示。

对于稳定传热，热量在平壁内没有积累，因而数量相等的热量依次通过各层平壁，则

$$Q_1 = Q_2 = Q$$

根据式(5-1)，可得

第一层 $$Q_1 = \frac{\lambda_1}{\delta_1} A (t_1 - t_2)$$

或 $$Q_1 \times \frac{\delta_1}{\lambda_1 A} = \Delta t_1$$

第二层 $$Q_2 \times \frac{\delta_2}{\lambda_2 A} = \Delta t_2$$

因此 $$Q\left(\frac{\delta_1}{\lambda_1 A} + \frac{\delta_2}{\lambda_2 A}\right) = \Delta t_1 + \Delta t_2 = t_1 - t_3$$

$$\frac{Q}{A} = \frac{t_1 - t_3}{\frac{\delta_1}{\lambda_1} + \frac{\delta_2}{\lambda_2}} = \frac{\Delta t}{R_1 + R_2} = \frac{\text{推动力}}{\text{热阻}} \tag{5-3}$$

式(5-3) 表明，多层平壁热传导的总热阻等于各层热传导热阻之和。

由式(5-3) 可计算出相邻两层平壁交界处的温度 t_2。对照图 5-2，t_1 是炉内壁温度，t_3 是规定的外壁温度，计算 t_2：

$$t_2 = t_1 - \frac{Q}{A} \times \frac{\delta_1}{\lambda_1} \tag{5-4}$$

或 $$t_2 = \frac{Q}{A} \times \frac{\delta_2}{\lambda_2} + t_3 \tag{5-5}$$

【例 5-1】 炉壁由两种材料构成，内层为耐火砖，厚度 $\delta_1=200\text{mm}$，其热导率 $\lambda_1=1.64\text{W/(m·℃)}$，外层为普通砖，厚度 $\delta_2=200\text{mm}$，其热导率 $\lambda_2=0.87\text{W/(m·K)}$。已知炉内、外壁温度分别为 900℃和 40℃，求炉壁每平方米表面积的热损失及耐火砖和绝热砖界面的温度。

解 设炉内壁温度 $t_1=900℃$，外壁温度 $t_3=40℃$，耐火砖和绝热砖界面的温度为 t_2，则

$$\frac{Q}{A}=\frac{t_1-t_3}{\frac{\delta_1}{\lambda_1}+\frac{\delta_2}{\lambda_2}}=\frac{900-40}{\frac{0.20}{1.64}+\frac{0.20}{0.87}}=2443.3\ (\text{W/m}^2)$$

$$t_2=t_1-\frac{Q}{A}\times\frac{\delta_1}{\lambda_1}=900-2444.3\times\frac{0.20}{1.64}=601.9\ (℃)$$

5.3 对流传热

对流传热是指流体中质点发生相对位移而引起的热交换。化工生产中的对流传热包括固体壁面与流体质点间、流体层流内层的热传导和流体内湍流主体的对流传热过程，所以对流传热除受热传导的规律影响，还要受流体流动规律的支配，其实质是流体的对流与热传导两者共同作用的结果。

根据流体在传热过程中的状态和流动状况，对流传热可分为以下四类：

流体无相变时的对流传热 { 强制对流传热；自然对流传热 }

流体有相变时的对流传热 { 蒸汽冷凝；液体沸腾 }

5.3.1 对流传热过程分析

不同类型的对流传热过程其机理也不相同。下面以工业生产中较为常见的流体无相变时强制对流的情况进行简单分析。

对流传热是在流体质点的移动和混合中完成的，因此对流传热与流体流动状况密切相关。当流体沿壁呈湍流流动时，邻近壁面处总有一层流内层存在，在层流内层中流体呈层流流动。在层流内层

和湍流主体之间有缓冲层。图 5-3 所示为流体在壁面两侧的流动情况以及与流动方向垂直的某一截面上流体的温度分布情况。

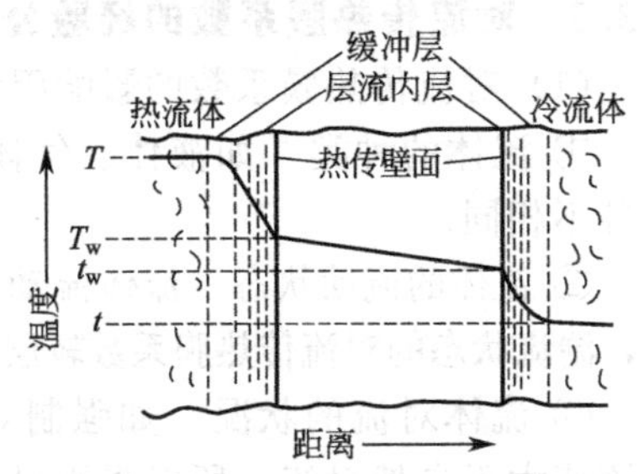

图 5-3　对流传热的温度分布

由图 5-3 可知，在湍流主体中，由于流体质点的剧烈运动，热量传递主要以对流的方式进行，热传导所起的作用很小，因此湍流主体中各处的温度基本上相同。在缓冲层中，热传导和对流同时起作用，在该层内流体温度发生缓慢的变化。在层流内层中热量传递主要以热传导的方式进行。由于流体的热导率较小，使层流内层中导热热阻很大，因此在该层内流体温度差较大。

由以上分析可知，在湍流传热时，热阻主要集中在层流内层，因此，降低层流内层的厚度是强化对流传热的重要途径。

5.3.2　对流传热速率方程

由于对流传热是一个复杂的过程，因而影响对流传热速率的因素很多。把复杂的影响因素归纳到比例系数 α 内，可列出对流传热速率方程如下：

$$Q=\alpha_1 A(t_w-t)=\alpha_2 A(T-T_w) \tag{5-6}$$

式中　Q——单位时间内以对流方式传递的热量，W；

A——固体壁面面积，m^2；

t_w, T_w——冷、热流体侧壁面温度，K；

t, T——冷、热流体主体的平均温度，K；

α_1, α_2——冷、热流体侧的对流传热膜系数（或给热系数），$W/(m^2 \cdot K)$。

对流传热膜系数 α 的物理意义：当壁面和流体主体温度差为 1K 时单位面积的固体壁面上单位时间内以对流传热方式传递的热量。

对流传热方程式以简单的形式表达了复杂的对流传热过程的传热速率，其中的对流传热膜系数包括了所有影响对流传热过程的复杂因素。由于对流传热膜系数 α 受很多因素的影响，不可能提出一

个确定 α 的普遍公式，通常以经验公式估算。

5.3.3 对流传热膜系数的经验公式

（1）对流传热膜系数的影响因素

① 流体的种类　如液体、气体或蒸汽，它们的对流传热膜系数各不相同。

② 流体的流动状态　流体流动的状态可分为层流流动和湍流流动，湍流状态的对流传热膜系数较层流时大，但流体阻力也将增大。

③ 流体对流的状况　如强制对流或自然对流，一般强制对流的流速大于自然对流，所以强制对流的对流传热膜系数较自然对流要大。

④ 流体的性质　流体的某些性质，如温度、压力、密度、比热容、热导率及黏度等对对流传热膜系数都会有影响，因此应综合考虑各物性的影响。

⑤ 传热面的形状、位置、大小　如传热管、板可组成不同的传热面形状，传热管可水平或垂直放置，传热管的管长、管径或传热板的高度，管子不同的排列方式，流体在管内或管外等，都会对对流传热膜系数产生影响。

⑥ 相变化的影响　对流传热过程中如果流体有相变，会影响对流传热膜系数的大小，通常有相变时的对流传热膜系数较无相变时大。

由以上内容可以看出，在应用式(5-6）进行对流传热计算时，最关键的问题就是如何求得适用的 α 值。

（2）对流传热膜系数关联式

对流传热膜系数计算式，大多是采用量纲分析的方法将各种影响因素组合成若干无量纲数群，再通过实验确定各数群之间的关系，从而得出的经验公式，称为对流传热膜系数关联式。相关特征数见表 5-3。

需要注意的是特征数是一个无量纲数群，涉及的各物理量应统一为国际单位制。

应用特征数关联式求解对流传热膜系数 α 时不能超出实验条件的范围，并遵照由实验数据整理关联式时确定各物理量数值的方法。因此使用这些关联式时，应注意以下三点。

表 5-3 特征数的符号和意义

特征数符号	特征数名称	意 义	备 注
$Nu=\alpha l/\lambda$	努塞尔特征数	被决定特征数，包含待定的对流传热膜系数 α	λ——流体热导率，W/(m·K) l——传热面特征尺寸，m
$Re=lu\rho/\mu$	雷诺特征数	反映流体的流动形态	u——流体流速，m/s ρ——流体密度，kg/m^3
$Pr=\mu C_p/\lambda$	普朗特征数	反映影响传热的流体物性	μ——流体黏度，Pa·s C_p——流体的定压比热容，J/(kg·K)
$Gr=gl^3\rho^2\beta\Delta t/\mu^2$	格拉斯霍夫特征数	反映自然对流对传热膜系数的影响	β——流体的体积膨胀系数，1/K Δt——流体温度与壁温的差，K

① 应用范围：即关联式中各特征数数值的适用范围。

② 特征尺寸：即如何确定 Nu、Re 和 Gr 中的特征尺寸 l 值。

③ 定性温度：即特征数中确定流体物性数据的温度，通常取流体主体的平均温度。

(3) 流体无相变时强制对流传热膜系数

对流传热膜系数的关联式有很多，在此仅以流体无相变时强制对流传热膜系数的关联式为例说明关联式的使用方法，其他情况的关联式可参考有关书籍。

强制对流情况下的对流传热特征数关联式较多，表 5-4 列出几种常用的计算式。

【例 5-2】 水在内径为 25mm，长为 3m 的管内由 20℃被加热到 80℃，在操作条件下的流速为 2m/s，试求管壁对水的对流传热膜系数。

解 定性温度 $t_m=\dfrac{20+80}{2}=50$ (℃)

查附录得水在 50℃ 的物理性质：$\rho=988.1\text{kg/m}^3$，$\lambda=0.6473\text{W/(m·K)}$

$$\mu=54.92\times10^{-5}\text{Pa·s},\ C_p=4.174\text{kJ/(kg·K)}$$

$$Re=\frac{d_{内}u\rho}{\mu}=\frac{0.025\times2\times988.1}{54.92\times10^{-5}}=9\times10^4>10^4 \quad 湍流$$

$$Pr=\frac{\mu C_p}{\lambda}=\frac{54.92\times10^{-5}\times4.174\times10^3}{0.6473}=3.54$$

表 5-4 无相变流体强制对流的几种常用 α 计算式

对流传热情况		对流传热膜系数 α 计算式	适用范围	备注
在圆形直管内流动	低黏度流体强制湍流 $\mu<2\mu_{水}$	$\alpha=0.023\frac{\lambda}{d_{内}}Re^{0.8}Pr^{n}$ (5-7)	$Re>10^4$ $0.6<Pr<160$ $l/d>60$	流体被 $\begin{cases}加热 & n=0.4\\ 冷却 & n=0.3\end{cases}$ $d_{内}$——管子内径
		式(5-7)乘以修正系数 ϕ	$l/d<60$ 时	$\phi=1+(d_{内}/l)^{0.7}$
	高黏度液体强制湍流 $\mu>2\mu_{水}$	$\alpha=0.027\frac{\lambda}{d_{内}}Re^{0.8}Pr^{0.33}\left(\frac{\mu}{\mu_w}\right)^{0.14}$① (5-8)	$Re>10^4$ $0.7<Pr<16700$ $l/d>60$	液体被 $\begin{cases}加热 & \left(\frac{\mu}{\mu_w}\right)^{0.14}=1.05\\ 冷却 & \left(\frac{\mu}{\mu_w}\right)^{0.14}=0.95\end{cases}$
	强制过渡流	式(5-7)或式(5-8)乘以修正系数 ε	$Re=2300\sim10^4$	$\varepsilon=1-\frac{6\times10^5}{Re^{1.8}}$
	强制层流	$\alpha=1.86\frac{\lambda}{d_{内}}Re^{\frac{1}{3}}Pr^{\frac{1}{3}}\left(\frac{d}{l}\right)^{\frac{1}{3}}\left(\frac{\mu}{\mu_w}\right)^{0.14}$ (5-9)	$Gr<25000$ $Re<2300$ $0.6<Pr<6700$ $Re\times Pr\times\frac{d}{l}>10$	除 μ_w 按壁温取值外，其他物性均按流体进出口平均温度取值
		式(5-9)乘以校正系数 f	$Gr>25000$ 其余同上	$f=0.8(1+0.015Gr^{\frac{1}{3}})$

续表

对流传热情况		对流传热膜系数 α 计算式	适用范围	备注
在弯管内强制对流		$\alpha'=\alpha\times\left[1+1.77\left(\frac{d}{R}\right)\right]$ (5-10)		α 为直管的对流传热膜系数 R 为弯管的曲率半径
在套管环隙的强制湍流		$\alpha=0.02\frac{\lambda}{d_e}\left(\frac{D_n}{d_外}\right)^{0.53}\left(\frac{d_e u\rho}{\mu}\right)^{0.8}Pr^{0.33}$ (5-11)	$Re=1.2\times10^4\sim2.2\times10^5$ $D_n/d_外=1.65\sim17$	$d_e=\frac{D_n^2-d_外^2}{d_外}$ d_e——当量直径 D_n——外管内径 $d_外$——内管外径
列管式换热器壳程	装有圆缺形折流挡板	$\alpha=0.23\frac{\lambda}{d_外}\left(\frac{d_外 u\rho}{\mu}\right)^{0.6}Pr^{\frac{1}{3}}\left(\frac{\mu}{\mu_w}\right)^{0.14}$ (5-12) $\alpha=0.36\frac{\lambda}{d_e}\left(\frac{d_e u\rho}{\mu}\right)^{0.55}Pr^{\frac{1}{3}}\left(\frac{\mu}{\mu_w}\right)^{0.14}$ (5-13)	$Re=3\sim2\times10^3$ $Re>2\times10^3$	一般为正三角形排列并与管板焊接，此时，$d_e\approx0.723d_外$②
	无折流板	按式(5-7)～式(5-9)计算，但应以 d_e 代替 d	流体沿管束平行流动	$d_e=\frac{D_n^2-nd_外^2}{D_n+nd_外}$

① 式中 μ 为流体在定性温度下的黏度，μ_w 为壁温下的黏度。

② 如为正方形排列，$d_e=\frac{4l^2-\pi d_外^2}{\pi d_外}$；式中，$l$ 为管间距。

由以上计算可知，水在管内流动的 $Re>10000$，$0.7<Pr<160$，故属于流体在圆直管内强制湍流的情况，可用式(5-7) 计算 α 值。水被加热，Pr 的指数 n 可取 0.4。

$$\alpha=0.023\frac{\lambda}{d_{内}}Re^{0.8}Pr^{0.4}$$

$$=0.023\times\frac{0.6473}{0.025}(9\times10^4)^{0.8}\times3.54^{0.4}$$

$$=9076\text{W}/(\text{m}^2\cdot\text{K})$$

流体在对流传热过程中有相变时，除流体与壁面间的传热外又发生相变化，因此比无相变的传热过程更为复杂，相关内容可参考有关书籍。

(4) 强化对流传热的措施

在流体无相变的对流传热过程中，根据公式

$$\alpha=0.023\frac{\lambda}{d_{内}}Re^{0.8}Pr^{n}$$

可看出，在流体一定，温度一定的情况下，流体的物性 ρ、C_p、μ、λ 均为定值，此时，可改写为

$$\alpha=B\frac{u^{0.8}}{d^{0.2}} \tag{5-14}$$

式中，B 为一常数。这说明对流传热膜系数与流体流速 $u^{0.8}$ 成正比，与管道直径 $d^{0.2}$ 成反比，即增加流速和减小管径都能增大对流传热膜系数，以增大流速更为有效。这一规律对流体无相变时的情况大致适用。因此，换热器采用多管程结构，可提高流体流速，是强化传热的有效措施。但管程数不宜过多，否则会使流体的能量损失加大，而且还可能占去部分布管位置，使传热面积减小。

为了提高壳程内的对流传热膜系数，可在壳程内装挡板，这样不仅可以局部提高流体在壳程的流速，而且迫使流体多次改变方向，提高流体的湍流程度。

5.4 传热基本方程式和传热过程的计算

冷、热流体通过间壁的传热过程分三步进行：①热流体通过对流传热将热量传给固体壁面；②固体壁内以传导方式将热量从高温

侧传向低温侧；③热量通过对流传热从固体壁面传给冷流体。

5.4.1 传热基本方程式（总传热速率方程式）

$$Q=KA\Delta t \tag{5-15}$$

式中 Q——传热速率，冷热两流体在单位时间内所交换的热量，W；

A——传热面积，m^2；

Δt——传热温度差，即传热的推动力，K；

K——传热系数，$W/(m^2 \cdot K)$。

式(5-15) 称为传热基本方程式或总传热速率方程式。由传热基本方程式可知，对于工艺上已确定的 Q 及 Δt 来讲，如果传热系数 K 越大，则所需换热器的传热面积 A 越小。反之，如 K 值越小，在同样的传热速率和推动力时所要求的传热面积 A 越大。

传热基本方程式可改写为

$$\frac{Q}{A}=\frac{\Delta t}{1/K} \tag{5-16}$$

式中 Δt——传热的推动力，K；

$1/K$——表示传热过程的总阻力，简称热阻，常用 R 表示。即

$$R=1/K \tag{5-17}$$

由式(5-16) 可知，单位传热面积的传热速率与推动力成正比，与热阻成反比。因此，提高换热器传热速率的途径为提高传热推动力和降低传热热阻。另一方面，如果工艺上所要求的传热速率 Q 已知，则可在确定 K 及 Δt 的基础上计算传热面积 A，进而确定换热器的各部分尺寸，完成换热器的结构设计。

5.4.2 传热过程的热量衡算

生产上的每一台换热器，在单位时间内冷、热两股流体间所交换的热量是根据换热任务的需要提出的，称为该换热器的热负荷。热负荷是要求换热器具有的换热能力。能满足工艺要求的换热器，其传热速率必须大于或等于热负荷。所以，通过热负荷的计算，便可确定换热器所应具有的传热速率。

传热速率和热负荷虽然在数值上一般看作相等，但其含义却不同。热负荷是工艺对换热器提出的换热要求；传热速率是换热器本身所具有的换热能力，是设备的特性。

根据能量守恒，$Q_T=Q_t+Q_{损}$，称为热量衡算式。若忽略操作过程中的热量损失，则热流体放出的热量 Q_T 等于冷流体吸收的热量 Q_t，即 $Q_T=Q_t$，通过计算得到的 Q_T 或 Q_t 即可计算换热器的传热速率 Q。

热负荷的计算有三种方法。

(1) 温差法

$$Q_T=W_TC_{pT}(T_1-T_2) \tag{5-18}$$

$$Q_t=W_tC_{pt}(t_2-t_1) \tag{5-19}$$

式中 Q_T，Q_t——热流体和冷流体的热负荷，W；

W_T，W_t——热流体和冷流体的质量流量，kg/s；

C_{pT}，C_{pt}——热流体和冷流体的定压比热容，J/(kg·K)；

T_1，T_2——热流体最初和最终的温度，K；

t_1，t_2——冷流体最初和最终的温度，K。

温差法适用于载热体在换热过程中无相变化的情况。

(2) 潜热法

$$Q_T=W_TR_T \tag{5-20}$$

$$Q_t=W_tr_t \tag{5-21}$$

式中 R_T，r_t——热流体和冷流体的汽化潜热，J/kg。

潜热法适用于载热体在换热过程中仅发生相变化的情况。

(3) 焓差法

$$Q_T=W_T(H_1-H_2) \tag{5-22}$$

$$Q_t=W_t(h_2-h_1) \tag{5-23}$$

式中 H_1，H_2——热流体最初和最终的焓，J/kg；

h_1，h_2——冷流体最初和最终的焓，J/kg。

焓差法是计算热负荷的最重要、最方便的方法，因为焓是状态函数，只与其始、终态有关而与过程无关。

【例 5-3】 在列管式换热器中用 120kPa 的饱和蒸汽来加热水，水的流量为 $5m^3/h$，使其从 293K 加热到 343K，水走管内，蒸汽走管外，不计热损失，试求该换热器的热负荷及每小时加热蒸汽用量。

解 查附录得 120kPa 的饱和蒸汽 $H_1=2684.3$kJ/kg，$H_2=437.51$kJ/kg

293K 水 $h_1=83.74$kJ/kg，343K 水 $h_2=293.08$kJ/kg

水的定性温度$\frac{293+343}{2}=318$ (K)，$\rho=990.15\text{kg/m}^3$

热负荷　　$Q=W_t(h_2-h_1)=\frac{5}{3600}\times990.15(293.08-83.74)$

$=287.89$ (kW)

$$Q=W_T(H_1-H_2)=W_t(h_2-h_1)$$

每小时加热蒸汽用量

$$W_T=\frac{W_t(h_2-h_1)}{H_1-H_2}=\frac{5\times990.15(293.08-83.74)}{2684.3-437.51}=461.3\ (\text{kg/h})$$

5.4.3 平均温度差的计算

用传热基本方程式计算换热器的传热速率时，因传热面各部位的传热温度差不同，必须算出平均传热温度差 Δt_m 代替 Δt，即

$$Q=KA\Delta t_m$$

Δt_m 的数值与流体流动情况有关。

(1) 恒温传热

如果换热器内冷、热两股流体的温度都是恒定的，称为恒温传热。通常，当间壁两侧流体在换热过程中均发生相变化时，就是恒温传热。例如某些连续操作的精馏塔的再沸器，用恒定温度 T 的蒸汽加热沸点恒定为 t 的塔釜液。恒温传热时，由于热流体的温度 T 及冷流体的温度 t 都维持不变，Δt 不随位置而变化，故平均温度差：

T ———— T

t ———— t

$$\Delta t_m=\Delta t=T-t \tag{5-24}$$

(2) 变温传热

参与传热的冷、热两流体或其中之一在传热过程中有温度变化，称为变温传热。可分为以下情况。

① 间壁两侧一侧流体恒温相变化，另一侧沿传热壁面变温，如下所示：

T ———— T　　　　T_1 ———— T_2

t_1 ———— t_2　　　　t ———— t

$\Delta t'=T-t_1$　$\Delta t''=T-t_2$　　$\Delta t'=T_1-t$　$\Delta t''=T_2-t$

变温传热时的平均温度差 Δt_m 可用换热器两端温度差的对数平均值表示。

$$\Delta t_m = \frac{\Delta t' - \Delta t''}{\ln \frac{\Delta t'}{\Delta t''}} \tag{5-25}$$

式中 $\Delta t'$——换热器进口端的温度差；

$\Delta t''$——换热器出口端的温度差。

如果换热器进、出口的温度差比值 $\Delta t'/\Delta t''<2$，工程上常用算术平均温度差作为换热器的有效平均温度差，即

$$\Delta t_m = (\Delta t' + \Delta t'')/2 \tag{5-26}$$

【例 5-4】 在换热器内用 120kPa 的饱和蒸汽加热水，水由进口的 293K 升温到 353K。求该换热过程的平均温度差。

解 恒压下用饱和蒸汽作热源加热水时，蒸汽侧的温度是恒定的。120kPa 的饱和蒸汽的温度为 377.5K。已知：$T=377.5\text{K}$；$t_1=293\text{K}$，$t_2=353\text{K}$，则

377.5 ——— 377.5

293 ——— 353

$$\Delta t' = T - t_1 = 377.5 - 293 = 84.5\ (\text{K})$$

$$\Delta t'' = T - t_2 = 377.5 - 353 = 24.5\ (\text{K})$$

$$\frac{\Delta t'}{\Delta t''} = \frac{84.5}{24.5} = 3.45 > 2$$

依式(5-25) 用对数平均法计算平均温度差

$$\Delta t_m = \frac{\Delta t' - \Delta t''}{\ln \frac{\Delta t'}{\Delta t''}} = \frac{84.5 - 24.5}{\ln \frac{84.5}{24.5}} = 48.5\ (\text{K})$$

② 间壁两侧流体均发生变温。生产中的换热过程，通常为热流体沿间壁的一侧流动，温度逐渐下降，而冷流体沿间壁的另一侧流动，温度逐渐升高。这种情况下，换热器各点的 Δt 也是不同的。在这种变温传热中，参与热交换的两种流体的流向大致有四种类型，如图 5-4 所示。

a. 并流　如图 5-4(a) 所示。参与热交换的两种流体在传热面的两侧分别以相同的方向流动。

b. 逆流　如图 5-4(b) 所示。参与热交换的两种流体在传热面

的两侧分别以相反的方向流动。

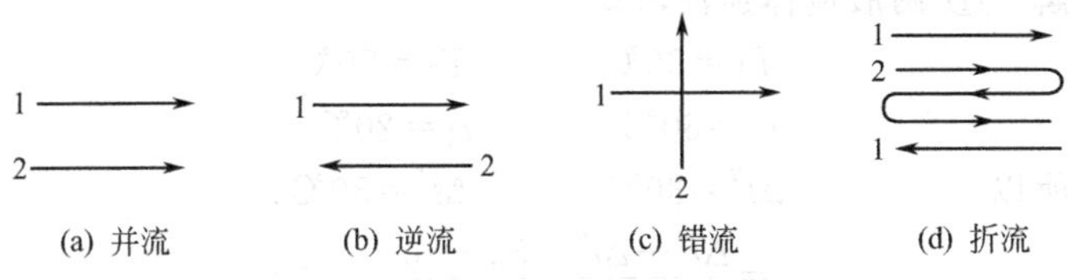

图 5-4 热交换器中流体流向示意

并流、逆流传热时，换热器中各点的温度差是不同的，温度差 Δt_m 可用换热器两端温度差的对数平均值表示。Δt_m 的计算公式仍为式(5-25)。如果换热器进、出口的温度差比值 $\Delta t'/\Delta t''<2$，Δt_m 可用式(5-26) 计算。

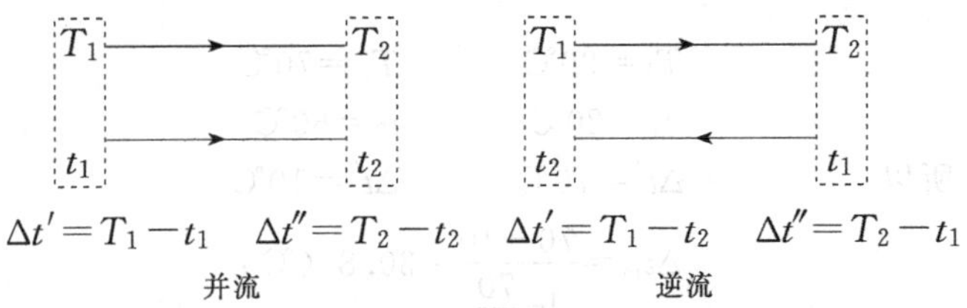

c. 错流　如图 5-4(c) 所示。参与热交换的两种流体在传热面的两侧的流动方向互相垂直。

d. 折流　如图 5-4(d) 所示。参与热交换的两种流体在传热面的两侧，一侧流体只沿一个方向流动，而另一侧的流体作折流流动，此称为简单折流。若两种流体均作折流流动，则称为复杂折流。作折流流动时，两流体间并流与逆流交替存在。

错流或折流时的平均温度差先按逆流平均温度差计算式来计算出 $\Delta t_{m逆}$（若两流体的 $\Delta t'/\Delta t''<2$ 时可用算术平均值），然后乘以校正系数 $\varphi_{\Delta t}$，即：

$$\Delta t_m=\varphi_{\Delta t}\Delta t_{m逆} \tag{5-27}$$

$\varphi_{\Delta t}$ 恒小于 1，所以错流和折流时的平均温度差总是小于逆流的平均温度差。各种流动情况下的校正系数 $\varphi_{\Delta t}$ 可从有关资料中查得。

【例 5-5】 在套管换热器中，热流体温度由 90℃冷却到 70℃，冷流体温度由 20℃加热到 60℃，试分别计算采用并流和逆流时的

平均温度差 Δt_m。

解 ① 两股流体逆流流动

$$T_1=90℃ \qquad T_2=70℃$$

$$t_2=60℃ \qquad t_1=20℃$$

所以 $\Delta t''=30℃ \qquad \Delta t'=50℃$

$$\Delta t_m=\frac{\Delta t'-\Delta t''}{\ln\frac{\Delta t'}{\Delta t''}}=\frac{50-30}{\ln\frac{50}{30}}=39.2℃$$

由于 $\Delta t'/\Delta t''=50/30<2$

所以用算术平均值也能满足工程要求

$$\Delta t_m=(50+30)/2=40\ (℃)$$

② 两股流体并流流动

$$T_1=90℃ \qquad T_2=70℃$$

$$t_1=20℃ \qquad t_2=60℃$$

所以 $\Delta t'=70℃ \qquad \Delta t''=10℃$

$$\Delta t_m=\frac{70-10}{\ln\frac{70}{10}}=30.8\ (℃)$$

由此可知，参与热交换的两种流体若进、出口温度一定时，逆流时的平均温度差比并流时大。

(3) 流体流向的选择

在换热器内参与传热的两股流体的温度都发生变化时，流体流向对 Δt_m 有很大影响。以并流和逆流两种极限情况加以说明。

当冷、热两个流体的进、出口温度一定时，逆流的平均温度差大于并流。从传热方程式 $Q=KA\Delta t_m$ 可知，在同样的传热量和 K 时，逆流时需要的传热面积比并流时为小。

另一方面，当对流体进行加热时，给定冷流体的流量 W_t、其最初温度 t_1 和最终温度 t_2 以及热流体的最初温度 T_1 时，则热流体的消耗量 W_T 只由其最终温度 T_2 决定。并流时 T_2 永远大于 t_2，而逆流时，T_2 可能小于 t_2，而以 t_1 为其最小极限值。在忽略热损失的情况下，由 $W_T=\frac{W_tC_{pt}(t_2-t_1)}{C_{pT}(T_1-T_2)}$ 可以看出，逆流时热流体的用量可以比并流时少。与此相似，当对流体进行冷却时，冷流体的用量在逆流时可以比并流时少。由于逆流时的载热体用量可能比并流时少，则无论是加热或冷却，逆流时的平均温度差 Δt_m 可能比并流时小，因而所需传热面积 A 可能比并流时为大（假定传热系数 K 值不受影响）。因增加传热面积而增大的设备费用，远比由减少载热体用量而节省的长期操作费用少，从经济观点出发，逆流优于并流。因此在换热器中，若传热面两侧流体温度均有变化，一般选择逆流操作。

但是，并流也有它的特点，当工艺上要求某被加热流体的最终温度不得高于某一温度或被冷却的流体最终温度不能低于某一温度时，利用并流较易控制。另一方面，逆流时沿着换热器壁面的各处温度差别不大，所以在传热面各段的传热速率也大致相等。在并流时，沿着换热器壁面向流体出口的一端温度差越来越小，所以在靠近进口处温度差最大，传热速率也较大。故对黏稠的冷流体被加热时采用并流，使其进入换热器后能够迅速提高温度，降低黏度，有利于提高传热效果。

在实际生产中，流体的流动往往不是单纯的并流或逆流，而是比较复杂的折流或错流。折流或错流的平均温度差介于逆流和并流之间，采用这些流动方式可以使设备布置合理，结构紧凑。

5.4.4 总传热系数 *K*

(1) 总传热系数的计算

在间壁两侧流体的传热如图 5-5 所示，热量的传递是由对流传热—热传导—对流传热这三个串联着的过程所组成。在稳定传热时，串联的三个传热过程中的每一步，单位时间传递的热量都是相同的。所以

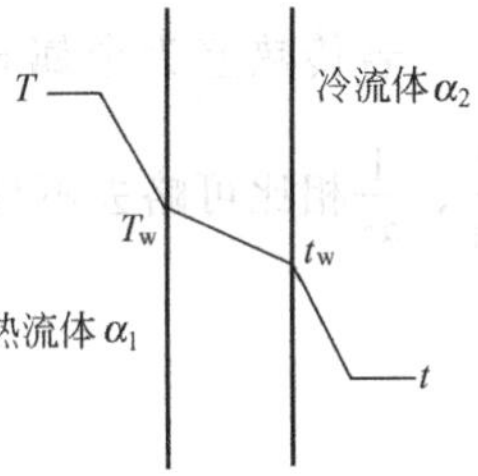

图 5-5 间壁两侧流体传热示意图

$$\frac{Q}{A}=\frac{T-T_w}{\frac{1}{\alpha_1}}=\frac{T_w-t_w}{\frac{\delta}{\lambda}}=\frac{t_w-t}{\frac{1}{\alpha_2}} \tag{5-28}$$

式中 t_w，T_w——分别为冷、热流体侧的壁面温度，K；

α_1，α_2——分别为冷、热流体侧的对流传热膜系数，W/(m^2·K)；

λ——壁面材料的热导率，W/(m·K)；

δ——壁面厚度，m。

由式(5-28) 可得

$$\frac{Q}{A}=\frac{T-t}{\dfrac{1}{\alpha_1}+\dfrac{\delta}{\lambda}+\dfrac{1}{\alpha_2}} \tag{5-29}$$

式中，$\frac{1}{\alpha_1}$、$\frac{\delta}{\lambda}$、$\frac{1}{\alpha_2}$分别为各传热过程中单位传热面的热阻。

由式(5-29) 可以看出，串联过程的推动力和热阻具有加和性。将式(5-29) 与传热基本方程式 $Q=KA(T-t)$ 相对比可得

$$\frac{1}{K}=\frac{1}{\alpha_1}+\frac{\delta}{\lambda}+\frac{1}{\alpha_2} \tag{5-30}$$

传热过程的总热阻 $R=1/K$ 是两个对流传热热阻与一个导热热阻之总和。

考虑到生产中换热设备的管壁较薄或管径较大，在式(5-29) 的推导中，忽略了管壁内、外表面积的差异。

若传热壁为金属材料，则 λ 很大，而当壁厚 δ 很薄时，$\frac{\delta}{\lambda}$与$\frac{1}{\alpha_1}$、$\frac{1}{\alpha_2}$相比可略去不计，则式(5-29) 又可改写成

$$K=\frac{1}{\dfrac{1}{\alpha_1}+\dfrac{1}{\alpha_2}}=\frac{\alpha_1\alpha_2}{\alpha_1+\alpha_2} \tag{5-31}$$

如果 $\alpha_1\gg\alpha_2$，则 $K\approx\alpha_2$；如果 $\alpha_1\ll\alpha_2$，则 $K\approx\alpha_1$。

【例 5-6】 换热器间壁的一侧为蒸汽冷凝，对流传热膜系数为 10000W/(m^2·K)；另一侧为被加热的冷空气，对流传热膜系数为 10W/(m^2·K)，壁厚 2mm，其热导率为 384W/(m·K)。求传热系数 K。为了提高 K 值，在其他条件不变的情况下，设法提高对流传热膜系数，即①将空气侧对流传热膜系数提高一倍；②将蒸汽侧对流传热膜系数提高一倍。试分别计算 K 值。

解 $K=\dfrac{1}{\dfrac{1}{10000}+\dfrac{0.002}{384}+\dfrac{1}{10}}=\dfrac{1}{0.100105}\approx 10[\mathrm{W/(m^2\cdot K)}]$

可见，当 $\alpha_1 \ll \alpha_2$ 时，$K\approx\alpha_1$，即 K 近似等于壁对冷空气的对流传热膜系数。

其他条件不变，将空气侧对流传热膜系数提高一倍，$\alpha_1=2\times 10\mathrm{W/(m^2\cdot K)}$，代入计算式

$$K=\frac{1}{\dfrac{1}{20}+\dfrac{0.002}{384}+\dfrac{1}{10000}}=19.96[\mathrm{W/(m^2\cdot K)}]$$

其他条件不变，将蒸汽侧对流传热膜系数提高一倍，$\alpha_2=2\times 10^4\mathrm{W/(m^2\cdot K)}$，代入计算式

$$K=\frac{1}{\dfrac{1}{10}+\dfrac{0.002}{381}+\dfrac{1}{20000}}=9.995[\mathrm{W/(m^2\cdot K)}]$$

由此可见，要求提高传热系数以加快传热速率时，必须设法提高最小的对流传热膜系数才能见效。当然，如两个对流传热膜系数相差不大时，则应考虑两者的同时提高。

根据各层传热量方程，同时可得

$$\frac{T-T_w}{\dfrac{1}{\alpha_1}}=\frac{t_w-t}{\dfrac{1}{\alpha_2}} \tag{5-32}$$

由式（5-32）可以看出：对流传热膜系数大的那一侧，其壁温与流体温度之差就小。换句话说，壁温总是接近对流传热膜系数大的那一侧流体的温度。这一结论对设计热交换器是很重要的。

（2）垢层热阻

换热器经过一段时间运行后，传热壁面往往积存一层污垢，对传热形成了附加热阻，称污垢热阻。当单层圆筒壁面上结上污垢层并已知污垢热阻时，式（5-30）可改写成

$$K=\frac{1}{\dfrac{1}{\alpha_1}+R_{垢内}+\dfrac{\delta}{\lambda}+R_{垢外}+\dfrac{1}{\alpha_2}} \tag{5-33}$$

垢层的热导率一般都比较小，即使是很薄的一层也会形成较大的热阻。在生产上应尽量防止和减少污垢的形成，如：提高流体的

流速，使所带悬浮物不致沉积下来；控制冷却水的加热程度，以防止有水垢析出等；对有垢层形成的设备必须定期检查除垢，以维持较高的传热速率。由于污垢的形成不能完全避免，所以在设计或选用换热器时，应将垢层热阻的影响考虑进去，保证设备有较长的运转周期。工程计算时，常取垢层热阻的经验数据，见表 5-5 和表 5-6。$1/\alpha_{垢}=R_{垢}$，即为垢层热阻。

表 5-5　液体垢层系数 $\alpha_{垢}$

介　　质	$\alpha_{垢}$/[W/(m²·K)]	介　　质	$\alpha_{垢}$/[W/(m²·K)]
变压器油、机器油、灯油、液压机用油、石脑油、煤油	5820	一般的水	1860～2910
		海水(<323K)	1400
		优质的水	2910～5820
轻有机化合物	5820	有聚合物沉积(较重)的有机物	5820
加热剂油及制冷剂	5820		
原油	873～2910	冷冻盐液	5820
乙醇	5820	苛性碱液	2910
氯化碳氢化合物	2910～5820	20%NaCl 液	1630
乙烯	2910	25%$CaCl_2$ 液	1400
污水	1400～1860	一般稀无机物溶液	1160

表 5-6　气体及蒸汽的垢层系数 $\alpha_{垢}$

介　　质	$\alpha_{垢}$/[W/(m²·K)]	介　　质	$\alpha_{垢}$/[W/(m²·K)]
轻有机物蒸气	1160	石油精馏塔蒸气	5820
水蒸气(不含油)	5820～11600	烟道气	1920～5820
常压空气	5820～11600	压缩空气	2910
工业用溶剂及有机载热体蒸气	5820	制冷剂蒸气(含油)	2910
		带催化剂的气体	2040
氯化碳氢化合物蒸气	5820	焦炉气、柴油机废气等	582
天然气	5820	HCl	1920
酸性气体	5.8	潮湿空气	3780

5.4.5　强化传热的措施

强化传热就是要提高换热器的传热速率。从传热方程式 $Q=KA\Delta t_m$ 不难看出，提高 K、A、Δt_m 中任何一个均可强化传热。

(1) 增大传热温度差

传热温度差 Δt_{m} 是传热过程的推动力，温差越大对传热越有利。传热温度差的大小通常是由工艺条件决定。例如，在物料和加热（或冷却）剂进、出口温度都一定的情况下，采用逆流操作可使传热温度差增加。在生产中也常用增大温度差的办法来强化传热，例如，用蒸汽加热时可用提高蒸汽压力、在水冷器中降低水温或增加冷却水流量等措施提高传热温度差。

(2) 增大传热面积

增加传热面积可以提高传热速率，但增大传热面积 A 就意味着增加金属材料用量，使设备投资费用提高。因此，强化传热的重要措施是增加单位体积内的传热面积，使设备紧凑、结构合理。

(3) 提高传热系数

从传热系数关系式

$$K=\frac{1}{\dfrac{1}{\alpha_1}+\dfrac{\delta}{\lambda}+\dfrac{1}{\alpha_2}+R_{垢内}+R_{垢外}}$$

可以看出，要提高 K 值，必须设法提高 α_1、α_2 及 λ，降低 δ 值和垢层热阻。在提高 K 值时重点是增加数值较小一方的 α 值。但当两个 α 值相近时，应同时予以提高。根据对流传热的分析，其热阻主要集中在靠近管壁的层流边界层，因此，强化传热的办法有如下几种。

① 增加湍流程度，减小层流边界层厚度。

a. 增加流体流速　适当增加列管式换热器的管程数或增加壳程挡板，可提高管内外流体的流速。但是随着流速的提高，阻力很快增大，所以提高流速有其局限性。

b. 改善流动条件　可通过改善传热壁面的形状，使流体不断改变流动方向，提高湍流程度，有利于提高对流传热系数。

② 采用热导率较大的载热体，可降低层流内层的热阻，增大传热速率。

③ 采用有相变的载热体，其对流传热膜系数较高。

④ 在流体中加入固体颗粒，利用固体颗粒的扰动作用，使对流传热膜系数增大；同时可减少污垢的形成，降低污垢热阻。

⑤ 防止和减少结垢和及时除垢。

5.5 换热器

5.5.1 工业换热方式

工业生产中的换热过程大多为两股流体间的换热。由于换热的目的和生产条件不同，工业生产的换热方法也很多，按其工作原理和设备类型可分为三类。

(1) 间壁式换热

在间壁式换热器中，冷、热流体被固体壁面隔开，使它们不互相混合，传热时热量由热流体通过设备壁面传给冷流体。应用最广的间壁式换热器中是列管式换热器，如图 5-6 所示。

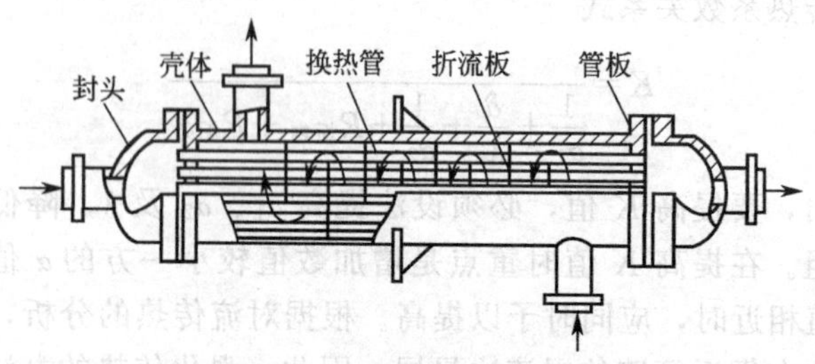

图 5-6 列管式换热器示意

(2) 混合式换热

冷、热流体直接接触，在混合过程中进行传热。主要用于气体的冷却和蒸汽的冷凝，如化工厂中常用的凉水塔、喷洒式冷却塔，混合冷凝器等。图 5-7 所示为一湿式混合冷凝器。

(3) 蓄热式换热

蓄热式换热器是在装有固体填充物的蓄热器内，冷、热两股流体交替流过，利用固体填充物来蓄积和释放热量而达到冷、热两股流体换热的目的。小型石油化工厂中所用的蓄热式裂解炉，从传热角度看就是一个蓄热式换热器，如图 5-8 所示。

在三类换热器中，间壁式换热器使用最广泛，以下讨论间壁式换热器。

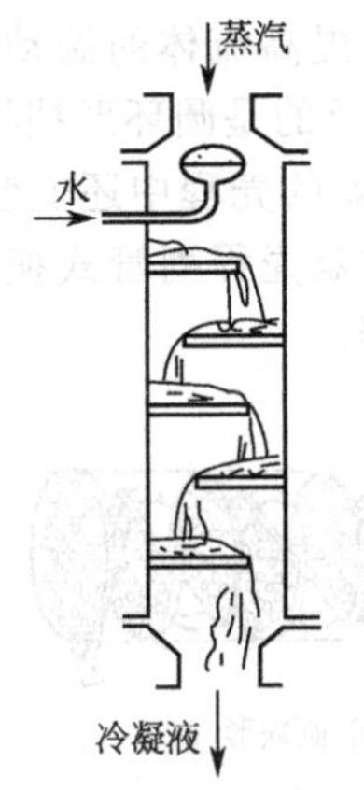

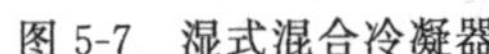
图 5-7 湿式混合冷凝器

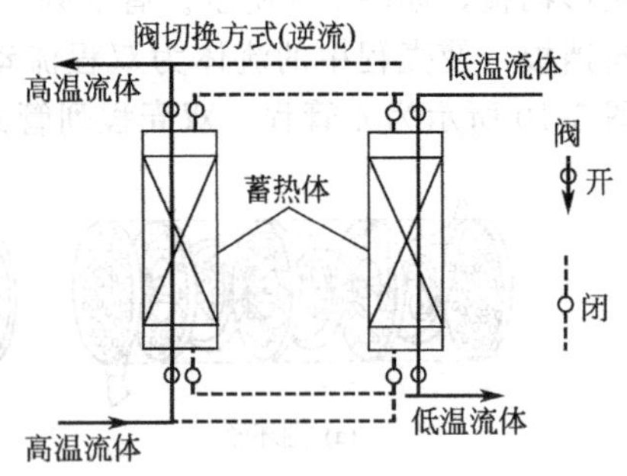

图 5-8 蓄热式裂解炉

5.5.2 间壁式换热器

(1) 列管式换热器

是化工生产中应用最广的一种换热器，它的结构简单，坚固，制造容易，材料范围广泛，处理能力大，适应性强，在高温高压下较其他形式换热器具有更好的适用性。

如图 5-6 所示。列管式换热器主要由壳体、管板（又称花板）、换热管、顶盖（又称封头）等部件构成。在圆形外壳内装入平行管束，管束两端固定在管板上。装有进口或出口管的顶盖用螺钉与外壳两端法兰相连，顶盖与花板之间的空间构成流体的分配室。

进行热交换时，一种流体由顶盖的连接管处进入，在管内流动，称为管程；另一种流体在管束和壳体之间的空隙内流动，称为壳程；管束的表面积为传热面积。如果两种流体都是一次流过，则换热器称为单程列管式换热器。当工艺要求载热体的流量较小而所需要的传热面积比较大时，为了提高传热效果，可以在顶盖和管板所构成的分配室内安装与管子平行的隔板，将全部管子分为若干组，流体每次只流过一组管子，然后回流进入另一组管子，最后由顶盖的出口管流出。这种热交换器称为多程列管式换热器，流体每流过一组管子称为一程。

为了使壳程的流体有一定的流速来提高对流传热膜系数，通常在壳程安装一定数量与管束相垂直的折流挡板，以提高壳程流体的流速，并引导壳程流体按规定的路线流动，提高流体的湍动程度，强化传热。折流挡板的形式很多，使用最广泛的是圆环形挡板和圆缺形挡板，如图 5-9 所示。有的列管式换热器的壳程中还安装了纵向挡板，使壳程中的流体为双程流动，称为双壳程列管式换热器。图 5-10 所示为 4 管程、双壳程列管式换热器。

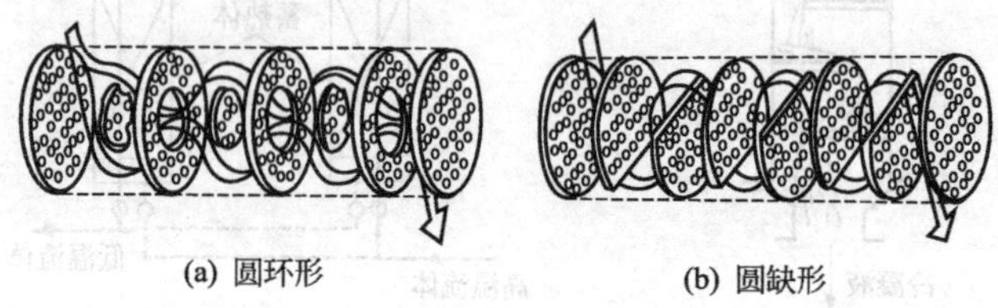

图 5-9　折流挡板的形式

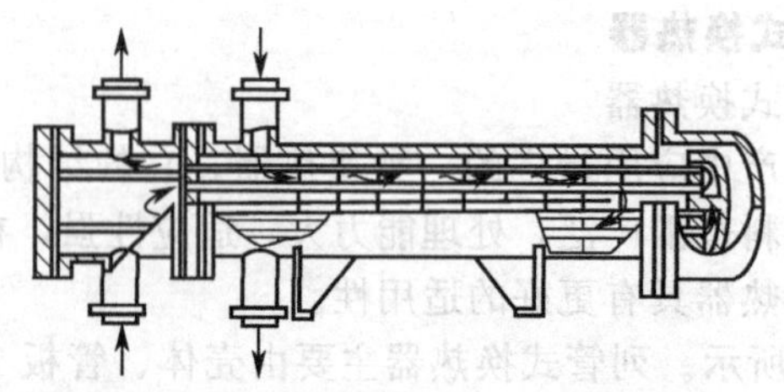

图 5-10　4 管程、双壳程列管式换热器

列管式换热器在操作时，由于冷、热两流体的温度不同，使外壳和管束的温度不同，导致外壳和管束的热膨胀不同，严重时可使管子变弯，甚至使管子从管板上松脱，损坏换热器。所以当外壳和管子间的温差超过 50℃以上时，需要考虑热膨胀的补偿。热膨胀的补偿法有浮头补偿、补偿圈补偿和 U 形管补偿等。

① 浮头补偿　在换热器中两端的管板，有一块不与壳体相连，可以沿管长方向自由浮动的，称为浮头，所以这种换热器又称为浮头式换热器，如图 5-11 所示。当壳体和管束因温差较大而热膨胀不同时，管束连同浮头就可以在壳体内自由伸缩。另外一端的管板是以法兰与壳体相连接的，整个管束可以由壳体中拆卸出来，便于清洗和检修。但其结构比较复杂，金属耗量多，造价较高。

② 补偿圈补偿　图 5-12 是具有补偿圈（或称膨胀节）的固定

管板换热器（即两端管板和壳体制成一体）。依靠补偿圈的弹性变形来适应外壳与管子间的不同热膨胀。这种装置只能用在壳壁与管壁温差低于60～70K和壳程流体压强不高的情况。当壳程压强超过600kPa时，由于补偿圈过厚，难以伸缩，使补偿圈失去了作用，此时应采用其他补偿方式。

③ U形管补偿　图5-13是用U形管补偿的换热器（U形管换热器），管子弯成U形，两端均固定在同一块管板上，每根管子都可以自由伸缩，其结构也比较简单，重量轻，但弯管工作量较大，管板的利用率较低，管内很难进行机械清洗。因此管内流体必须清、净。这种换热器适用于高温、高压的场合。

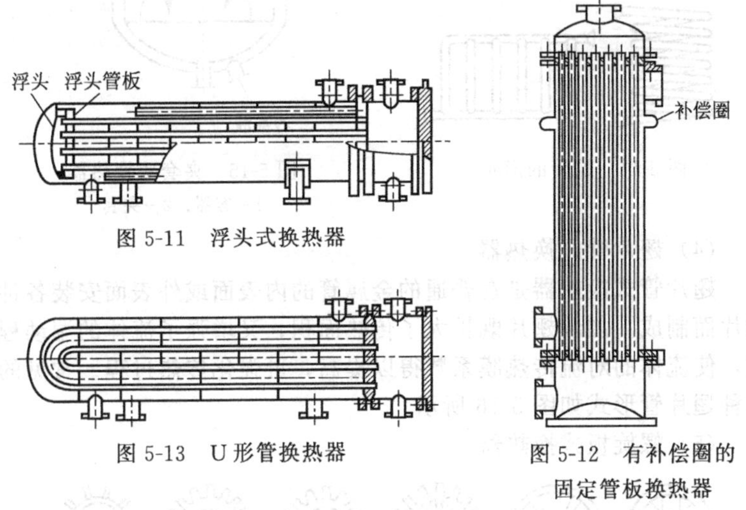

图5-11　浮头式换热器

图5-13　U形管换热器

图5-12　有补偿圈的固定管板换热器

（2）蛇管式换热器

蛇管式换热器多由金属管弯制而成。蛇管的形状主要决定于容器的形状，如图5-14所示。应用最多的是沉浸式，将蛇管浸没在盛有液体的容器内，蛇管内通入载热体。其优点是结构简单、价格便宜，可用任何材料制造，能够承受高压，操作方便，常用在传热量不大的反应锅中作为换热装置。

（3）夹套式换热器

如图5-15所示，夹套装在容器（或反应器）外部，在夹套及器壁间形成密闭的空间，成为一种流体的流道，器内则为另一种流体。由于其传热系数小，传热面又受容器大小的限制，所以只能用于换热量不大的场合。但由于它构造简单、价格低廉，不占器内有效容积，常用于反应器和储液槽。为了提高传热效果，可在器内设置搅拌器，使容器内流体作强制对流。

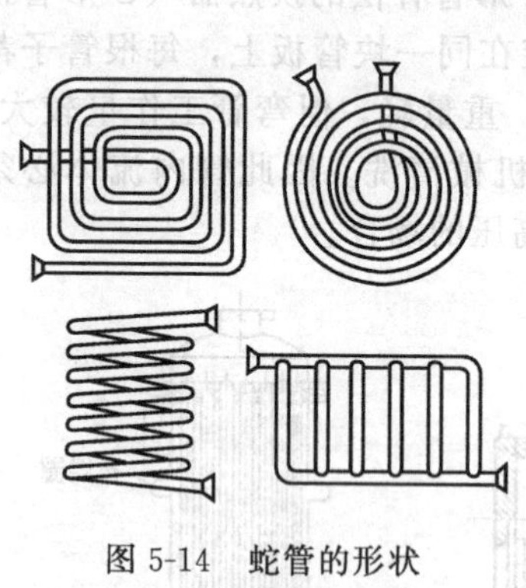

图 5-14　蛇管的形状

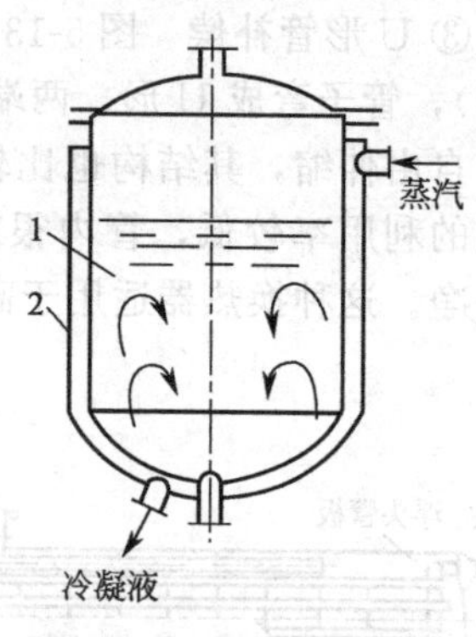

图 5-15　夹套式换热器
1—容器；2—夹套

（4）翅片管式换热器

翅片管式换热器是在普通的金属管的内表面或外表面安装各种翅片而制成。加装翅片既扩大了传热面积，又增强了流体的湍动程度，使流体的对流传热膜系数得以提高，可强化传热过程。常见的几种翅片管形式如图 5-16 所示。

（5）螺旋板式换热器

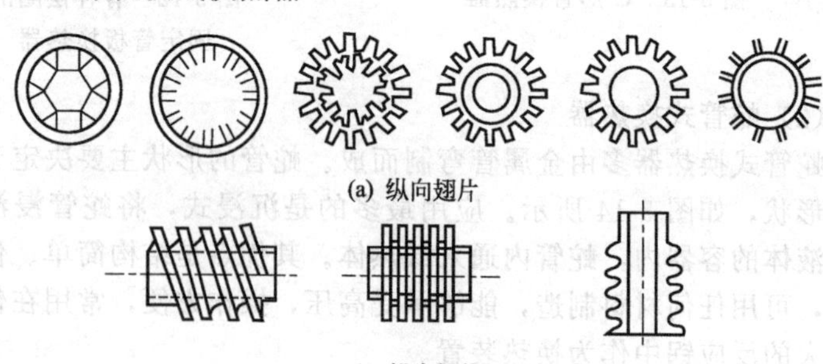

图 5-16　常见的几种翅片管形式

这种换热器是由两块间距一定的平行薄金属板卷制而成，因而在器内构成两条螺旋形通道，冷、热两股流体逆向流动分别进入两条通道，如图 5-17 所示。两板之间焊有定距柱以保持通道间距，在换热器顶、底部分别焊有盖板或封头。

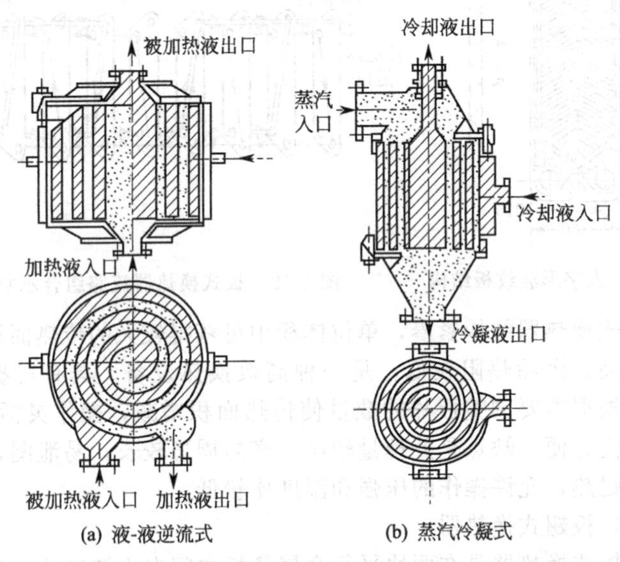

图 5-17　螺旋板式换热器

螺旋板式换热器的主要优点是结构紧凑，单位体积提供的传热面积很大。流体流速较高，不易结垢和堵塞，传热系数较大，传热效率高；缺点是对焊接质量要求很高，不易检修，主要用于低压的场合。

(6) 板式换热器

板式换热器是由一组金属薄板平行排列，并用框架夹紧组装而成。每个薄金属板都冲成凹凸不平的规则波纹，如图 5-18 所示。相邻两金属薄板的周边衬以不同厚度的垫片以调节流体流道的大小。每片板的四角上各开一孔道，其中两个孔道可以和板面上的流道相通，另外两个孔靠垫片与板面流道隔开，不同用途的孔在相邻的两板上是错开的。冷、热流体分别在同一板片的两侧流过，除两端的板外，每一个板面都是传热面，如图 5-19 所示。由于板表面的特殊结构，使流体均匀地流过，增大了流体的湍动程度，增加了传热面积，对传热更为有利。

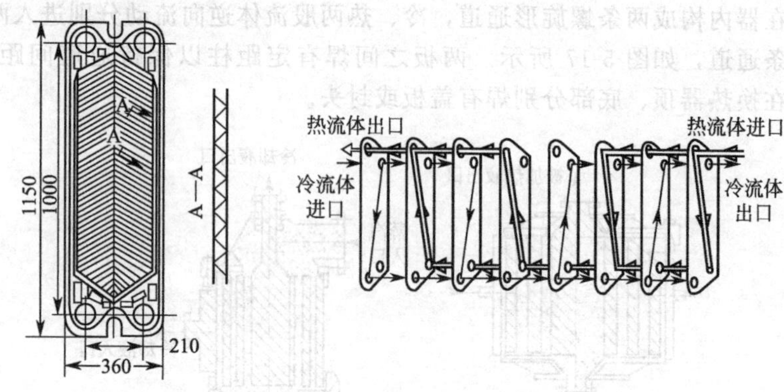

图 5-18 人字形波纹板结构　　图 5-19 板式换热器流路组合示意

板式换热器结构紧凑，单位体积中可获得较大的传热面积，传热系数高，污垢热阻较低，是一种高效换热设备。具有可拆卸结构，可根据需要调整板片的数量使传热面积增减，操作灵活性大，检修清洗方便。缺点是处理量较小，密封周边较长，易泄漏，密封材料不耐热，允许操作的压强和温度比较低。

(7) 板翅式换热器

板翅式换热器是在两块平行金属薄板之间夹入波纹状或其他形状的翅片，将两边以侧条密封，形成一个换热基本组件。将各基本组件进行不同的叠积和适当排列，并用钎焊固定，可制成并流、逆流或错流式板束，如图 5-20 所示。板翅式换热器具有总传热系数高，传热效果好，结构紧凑，轻巧牢固，适应性强，操作范围广等优点。其主要缺点是设备流道小，易堵塞，压力降较大，清洗和维修换热器比较困难，隔板和翅片需要耐腐蚀。

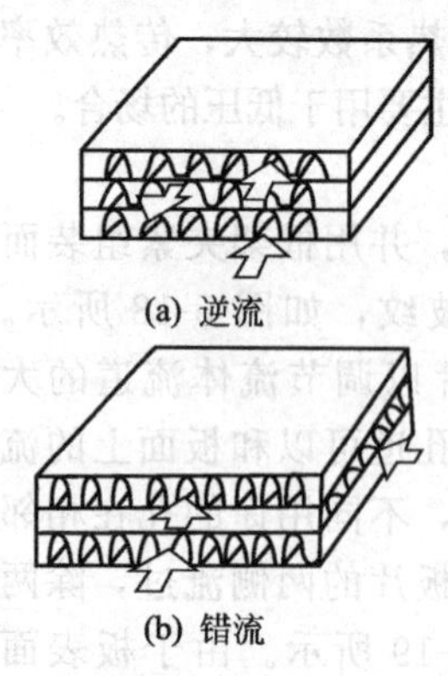

图 5-20 板束的布置

需要指出，以上介绍的间壁式换热器是工厂中常用换热器类型中的一部分，各有其优缺点和适用场合。由于化工生产需要在不同条件下进行换热，同时新型、高效的换热器不断出现，因此在选择换热器时，要针对具体情况进行择优选取。

5.5.3 换热器的基本操作

(1) 加热

化工生产中所需的热能可由各种不同的热源，采用不同的加热方法获得。物料在换热器内被加热，必须由中间载热体通过传热面把热量传给物料，因此在加热的操作过程中，需要注意以下几点。

① 蒸汽加热。蒸汽加热必须不断排除冷凝水，否则冷凝水积于换热器，使传热效果变差，加热不能正常进行。采用蒸汽加热时，还必经常排除不凝性气体，否则会大大降低蒸汽给热效果。

② 水加热。热水加热一般加热温度不高，加热速度慢，操作稳定。只要定期排出不凝性气体，就能保证正常操作。

③ 烟道气加热。是利用燃料在加热炉或其他炉子中燃烧所产生的烟道气，通过传热面加热物料。特点是加热温度高，热源容易获得，但温度不易调节，大部分热量被废气带走，因此在操作过程中随时注意被加热物料的液位高度、流量和蒸汽产量，做到定期排污。

④ 导热油加热。由于蒸汽加热的温度受到一定的限制，当物料加热需要超过180℃时，一般采用导热油加热，其特点是温度高(可达400℃)，黏度较大，热稳定性差，易燃，温度调节困难。操作时必须严格控制进出口温度，定期检查进出口管及介质流道是否结垢，做到定期排污、定期放空、过滤或更换导热油。

(2) 冷却

在化工生产过程中常用的冷却剂是水、空气、冷冻盐水等。

① 水冷却。用水冷却的优点是容易获得。缺点是水温受季节和水源变化的影响，在操作过程中，应定期测量水的温度，根据实测温度调节用水量。

② 空气冷却。空气是容易获得的冷却剂，但其传热系数小，需要传热面积大。由于水源及水质污染等问题，空气作为冷却剂已日益广泛。在操作上要根据季节气候的变化来调节空气用量。

③ 冷冻盐水冷却。当物料需要的温度用冷却水无法达到时，可采用冷冻盐水作为冷却剂。特点是温度低，腐蚀性较大，在操作时应严格控制进出口温度，防止结晶堵塞介质流道，要定期放空和

排污。

(3) 冷凝

被冷却的物质由气态变为液态的过程称为冷凝。如果冷凝操作是在减压下进行，须注意蒸汽中不凝性气体的排除。

(4) 列管式换热器的正确使用

列管式换热器是化工生产中的主要设备之一，安全正确地操作才能使其安全运行，发挥较大的效能。

① 换热器内流体通道的选择　列管式换热器中，哪种流体流经管程，哪种流体流经壳程，是关系到设备使用是否合理的问题。通常流体通道的选择可参考以下原则。

a. 不洁净和易结垢的流体宜走管程，以便于清洗管子。

b. 腐蚀性流体宜走管程，以免管束和壳体同时受腐蚀，而且管内也便于检修和清洗。

c. 高压流体宜走管程，以免壳体受压，并且可节省壳体金属的消耗量。

d. 饱和蒸汽宜走壳程，以便于及时排出冷凝液，且蒸汽较洁净，不易污染壳程。

e. 被冷却的流体宜走壳程，可利用壳体散热，增强冷却效果。

f. 有毒流体宜走管程，以减少流体泄漏。

g. 黏度较大或流量较小的流体宜走壳程，因流体在有折流板的壳程流动时，由于流体流向和流速不断改变，在很低的雷诺数($Re<100$)下即可达到湍流，可提高对流传热系数。但是有时在动力设备允许的条件下，将上述流体通入多管程中也可得到较高的对流传热系数。

在选择流体通道时，以上各点常常不能兼顾，在实际选择时应抓住主要矛盾。如首先要考虑流体的压力、腐蚀性和清洗等要求，然后再校核对流传热系数和阻力系数等。以便作出合理的选择。

② 流体流速的选择　换热器中流体流速的增加，可使对流传热系数增加，有利于减少污垢在管子表面沉积的可能性，即降低污垢热阻，使总传热系数增大。然而流速的增加又使流体流动阻力增大，动力消耗增大，因此，适宜的流体流速需通过技术经济核算来确定。可以充分利用系统动力设备的允许压降来提高流速。此外选

择流体流速还应考虑换热器结构上的要求。

表5-7给出了工业上的常用流速范围。除此之外，还可按照液体的黏度选择流速，按材料选择允许流速以及按照液体的易燃、易爆程度选择安全允许流速。

表5-7 列管式换热器中常用的流速范围

流体种类		一般液体	易结垢液体	气体
流速/(m/s)	管程	0.5～3	>1	5～30
	壳程	0.2～15	>0.5	3～15

③ 流体两端温度的确定 通常情况下换热器中的冷、热流体温度由工艺条件所规定。如用冷水冷却热流体，冷水的进口温度可根据当地的气温条件作出估计，而其出口温度则可根据经济核算来确定：为了节省冷水量，可使出口温度提高一些，但是传热面积就需要增加；为了减小传热面积，则需要增加冷水量。两者是相互矛盾的。一般来说，水源丰富的地区选用较小的温差，缺水地区选用较大的温差。不过，工业冷却用水的出口温度一般不宜高于45℃，因为工业用水中所含的部分盐类（如$CaCO_3$、$CaSO_4$、$MgCO_3$和$MgSO_4$等）析出，将形成污垢，影响传热过程。如果是用加热介质加热冷流体，可按同样的原则选择加热介质的出口温度。

④ 列管式换热器的使用注意事项

a. 投产前应检查压力表、温度计、安全液位计以及有关阀门是否齐全好用。

b. 输进蒸汽之前先打开冷凝水排放阀门，排除积水和污垢；打开放空阀，排除空气和不凝性气体。

c. 换热器投产时，先打开冷态工作液体阀门和放空阀向其注液，当液面达到规定位置时缓慢或分数次开启蒸汽或其他加热剂阀门，做到先预热后加热，防止骤冷骤热损坏换热器，降低其使用寿命。

d. 经常检查冷热两种工作介质的进出口温度、压力变化，发现温度、压力有超限度变化时，要立即查明原因，消除故障。

e. 定时分析介质成分变化，以确定有无内漏，以便及时处理。

f. 定时检查换热器有无渗漏，外壳有无变形及振动现象，若有应及时处理。

g. 定时排放不凝结气体和冷凝液，根据换热效率下降情况及时除掉结疤，提高传热效率。

(5) 换热器的清洗

换热器的清洗主要有机械清洗和化学清洗，对清洗方法的选定应根据换热器的形式、沉积物的类型和拥有的设备情况而定。一般化学法适用于形式较复杂的情况，如U形管的清洗，管壳式换热器管间的清洗，但对金属多少会有一些腐蚀。机械法最常用工具是刮刀、旋转式钢丝刷，常用于坚硬的垢层或其他沉积物。

5.5.4 常用换热器常见故障与其处理方法

列管式换热器常见故障与其处理方法见表5-8。

表5-8 列管式换热器常见故障与其处理方法

故障名称	产生原因	处理方法
传热效率下降	①列管结疤和堵塞 ②壳体内不凝气或冷凝液增多 ③管路或阀门有堵塞	①清洗管子 ②排放不凝气或冷凝液 ③检查清理
发生振动	①壳程介质流速太快 ②管路振动所引起 ③管束与折流板结构不合理 ④机座刚度较小	①调节进汽量 ②加固管路 ③改进设计 ④适当加固
管板与壳体连接处发生裂纹	①焊接质量不好 ②外壳歪斜，连接管线拉力或推力甚大 ③腐蚀严重，外壳壁厚减薄	①清除补焊 ②重新调整找正 ③鉴定后修补
管束、和张口渗漏	①管子被折流板磨破 ②壳体和管束温差过大 ③管口腐蚀或胀接质量差	①用管堵堵死或换管 ②补胀或焊接 ③换新管或补胀

一、判断题

(　　) 1. 在传热过程中只有温度变化的流体叫载热体。

（　　）2. 传热过程的推动力为流体进出口温度差。

（　　）3. 在冷热流体进出口温度一定时，逆流传热温度差最大。

（　　）4. 要求传热面积较小时，宜采用逆流。

（　　）5. 由于逆流下的传热推动力较大，因而生产中都采用逆流。

（　　）6. 在相同厚度情况下，温度下降越大，该层材料热导率越小。

（　　）7. 稳定传热是指换热器各位置温度都相等。

（　　）8. 只有恒温传热才属于稳定传热，变温传热属于不稳定传热。

（　　）9. 传热速率和热负荷在计算中数值相等，因此是同一个概念。

（　　）10. 对流传热过程是对流传热→导热→对流传热的串联过程。

（　　）11. 有相变化的对流传热膜系数大于气体的对流传热膜系数。

（　　）12. 生产中保温材料应选用热导率较高的材料。

（　　）13. 两流体对流传热膜系数相差不大时，要提高传热系数，必须提高较小的对流传热膜系数最有效。

（　　）14. 列管式换热器管内空间流体的出入口一端在封头，另一端在外壳。

（　　）15. 换热器的壁温总是接近对流传热膜系数大的那一侧流体的温度。

（　　）16. 当间壁两侧对流传热膜系数相差很大时，传热系数 K 接近于较大的对流传热膜系数。

（　　）17. 固体壁的热导率越小，则导热阻力越大。

（　　）18. 换热器传热的平均温差通常用进、出口的温度差的算术平均值代替。

二、选择题

1. 列管式换热器属于（　　）换热。

A. 蓄热式　B. 间壁式　C. 混合式

2. 载热体既有物态变化又有温度变化时计算热负荷用（　　）法最简单。

A. 显热法　B. 潜热法　C. 焓差法

3. 载热体有物态变化时计算热负荷不能用（　）。

A. 显热法　B. 潜热法　C. 焓差法

4. 当工艺要求控制流体的终温时采用（　　）为宜。

A. 逆流　B. 并流　C. 折流

5. 对黏度较大的液体加热时，采用（　　）为宜。

A. 逆流　B. 并流　C. 错、折流

6. 为了节省载热体用量，采用（　）为宜。

A. 逆流　B. 并流　C. 错、折流

7. 在静止流体中热量主要通过（　）传递。

A. 导热　B. 对流　C. 两种形式同时存在

8. 不能强化传热的方法是（　）。

A. 增加传热面积

B. 使流体在流动过程中改变方向

C. 降低冷却水温度或增大其流量

D. 降低加热蒸汽压强

9. 提高对流传热膜系数最有效的方法是（　）。

A. 增大管径　B. 提高流速　C. 增大黏度

10. 在下列过程中，对流传热膜系数最大的是（　）。

A. 蒸汽冷凝　B. 水的加热　C. 空气冷却

11. 为使换热器的结构紧凑合理，生产中常采用（　　）。

A. 逆流　B. 并流　C. 错、折流

12. 列管式换热器传热面积主要是（　）表面积。

A. 管束　B. 外壳　C. 管板

13. 工业上采用多程列管换热可提高（　）。

A. 传热面积　B. 传热温差　C. 传热系数

14. 由于流体之间的宏观相对位移所产生的对流运动，将热量由空间中一处传到他处的现象称为（　　）。

A. 热传导　B. 对流传热　C. 热辐射

15. 当间壁两侧对流传热膜系数相差很大时，要提高传热速率应提高（ ）对流传热膜系数最有效。

A. 较大一侧　B. 较小一侧　C. 两侧

16. 当间壁两侧对流传热膜系数相差很大时，传热系数 K 接近于（ ）的对流传热膜系数。

A. 较大一侧　B. 较小一侧　C. 两侧平均值

17. 一个满足生产的换热器要求其传热速率（ ）热负荷。

A. 大于　B. 小于　C. 等于或大于　D. 小于或等于

18. 间壁式换热的冷、热两种流体，当进、出口温度一定，在同样传热量时，传热推动力（ ）。

A. 逆流大于并流　B. 并流大于逆流

C. 逆流与并流相等

19. 热量传递的原因是由于物体之间（ ）。

A. 热量不同　B. 温度不同　C. 比热容不同

20. 多层壁传热过程中，总热阻为各层热阻（ ）。

A. 平均值　B. 之差　C. 之和

三、填空题

1. 在传热过程中放出热量的流体叫________，可做________。

2. 在传热过程中吸收热量的流体叫________，可做________或________。

3. 冷却剂可使载热体温度________。冷凝可使热流体由________变为________。

4. 蒸汽冷凝时，蒸汽属于________载热体；液体汽化时，液体属于________载热体。

5. 工业上常用的换热方式有________、________、________。

6. 传热过程的推动力为________。

7. 在蓄热式换热器中冷热两流________通过换热器。

8. 热负荷计算的方法有三种：________、________和________。

9. 满足工业要求的换热器其热负荷________传热速率。

10. 对流传热过程中，热阻主要集中在________中。

11. 当两侧对流传热膜系数相差很大时，K 值接近________的对流传热膜系数。

12. 当两侧对流传热膜系数相差很大时，壁温接近对流传热膜系数________一侧流体的温度。

13. 当两侧对流传热膜系数相差很大时，要提高传热速率应提高________最有效。

14. 对流传热的实质是____________________。

15. 根据流体对流情况不同，对流传热可分为两种方式__________和__________。

16. 为了提高管程流体的对流传热膜系数，换热器可采用________结构以提高流速，是强化传热的有效措施；为了提高壳程内的对流传热膜系数，可装________以提高流体湍流程度。

17. 工业中常用的加热剂是__________。

18. 工业中常用的冷却剂为________和________。

19. 列管式换热器常用的补偿方式有______、______、______。

20. 列管式换热器主要由______________四部分组成。

四、问答题

1. 传热的基本方式有哪几种？各有何特点？

2. 强化传热过程的途径有哪几个方面？

3. 传热系数 K 的物理意义是什么？

4. 影响对流传热膜系数的因素有哪些？

5. 由不同材料组成的两层等厚平壁联合导热，温度变化如图5-21所示。试判断材料 1 和材料 2 的热导率的大小，并说明理由。

6. 为了提高换热器的传热系数，可以采取哪些措施？

7. 常用的加热剂和冷却剂有哪些？各有何特点和使用场合？

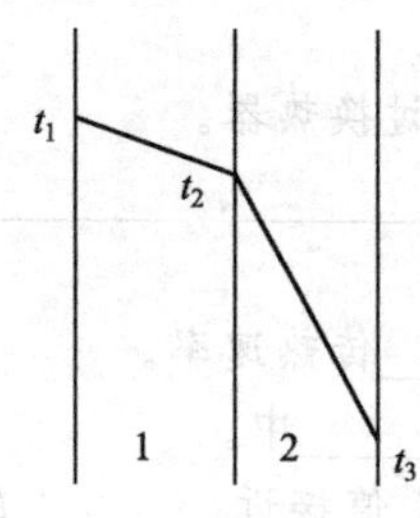

图 5-21　问答题 5 附图

8. 传热过程中如何选择流体的流动方向？

9. 工业上常用的换热器主要有哪些类型？各有何特点？

10. 如何选择流体在换热器内的通入空间？

五、计算题

1. 把 100kg 水从 20℃ 加热到 80℃，需

要多少热量？

2. 在列管式换热器中，用373K饱和水蒸气冷凝来加热一种冷流体，已知蒸汽用量200kg/h，求所需换热器的传热速率。

3. 用热水将比热容为3.35kJ/（kg·℃）的溶液从293K加热到333K，所用热水初温为363K，终温为343K，试求：①逆流时的平均传热温差；②并流时平均传热温差。

4. 某厂要用一台冷却器冷却流量为410kg/h的气体，进口温度为363K，出口温度为318K，并已知该气体的比热容为2.5kJ/(kg·K)。试求该冷却器的传热速率。

5. 在逆流传热中，用初温20℃的水，将1.25kg/s的液体[比热容1.9kJ/(kg·K)]，由80℃冷却到30℃，换热器列管为ϕ25mm×2mm，水走管内。水与液体的对流传热膜系数分别为850W/(m^2·K)和1700W/(m^2·K)，水出口温度50℃，求冷却水用量和传热面积。[已知：钢λ=46.5W/(m·K)，水的比热容4.187kJ/(kg·K)。]

6. 换热器中用1.2×10^5Pa的饱和蒸汽加热水，水的流量5m^3/h，从20℃加热70℃，水走管内，若换热器的热损失为$Q_{冷}$的8%，传热系数1200W/(m^2·K)，求：①热负荷；②蒸汽用量；③平均温度差；④传热面积。[已知：水密度990.2kg/m^3，比热容4.18kJ/(kg·K)；蒸汽的温度378K，汽化潜热2244.92kJ/kg。]

7. 用水将2000kg/h的正丁醇由100℃冷却到20℃，冷却水初温为15℃，终温为30℃，求换热器热负荷及冷却水用量，如果将冷却水增加到9m^3/h，求冷却水终温。[已知：水的比热容为4.183kJ/(kg·K)，醇的比热容为2.84kJ/(kg·K)。]

8. 炼油厂在一间壁式换热器内用油渣废热加热原油，油渣初温300℃，终温200℃，原油初温为25℃，终温175℃，求并流及逆流传热平均温度差。

9. 某平壁炉墙由500mm厚耐火砖和250mm建筑用砖构成，炉内烟气温度为1300K，炉外空气温度为298K，耐火砖的热导率为1.05W/(m·K)，建筑用砖的热导率为0.75W/(m·K)，试求：①每平方米炉墙的热损失；②如果建筑用砖使用温度不大于

1100K，此炉墙是否安全。

10. 在间壁式换热器中，用初温 30℃的原油冷却重油，重油从 180℃冷却到 120℃，重油和原油的流量分别为 10000kg/h 和 14000kg/h，比热容分别为 2.174kJ/(kg · K) 和 1.923kJ/(kg · K)，传热系数 $K=116.3W/(m^2 \cdot K)$，求原油终温及并、逆流传热面积。

第6章

蒸 发

本章培训目标

1. 掌握蒸发操作的基本原理及流程，熟知蒸发操作过程的相关概念，了解蒸发操作的分类及特点。

2. 能对单效蒸发过程的溶剂蒸发量、加热蒸汽消耗量和蒸发器的传热面积进行计算。

3. 熟知影响蒸发器生产强度的因素，知道提高蒸发器生产能力的方法。

4. 掌握蒸发操作的节能措施，了解多效蒸发的流程。

5. 了解常用蒸发器及主要附属设备的结构和特点，会进行蒸发系统的操作、维护以及预防事故的发生。

6.1 概述

6.1.1 蒸发及蒸发流程

蒸发是采用加热的方法，使含有不挥发性溶质（如盐类）的溶液沸腾，除去其中被汽化的部分溶剂，而使溶液得以浓缩的单元操作过程。

蒸发操作广泛用于浓缩各种不挥发性物质的水溶液，是化工、医药、食品等工业中较为常见的单元操作。化工生产中蒸发主要用于以下目的：①获得浓缩的溶液产品；②将溶液蒸发增浓后，冷却结晶，用以获得固体产品，如烧碱、抗生素、糖等产品；③脱除杂质，获得纯净的溶剂产品或半成品，如海水淡化。进行蒸发操作的设备称为蒸发器。

图 6-1 为典型的蒸发装置示意。蒸发器内备有足够的加热面积，使溶液受热沸腾。溶液在蒸发器内因各处密度的差异而形成某种循环流动，被浓缩到规定浓度后排出蒸发器外。蒸发器内备有足够的分离空间，以除去汽化的蒸汽夹带的雾沫和液滴，或装有适当形式的除沫器以除去液沫。排出的蒸汽如不再利用，应将其在冷凝器中加以冷凝。

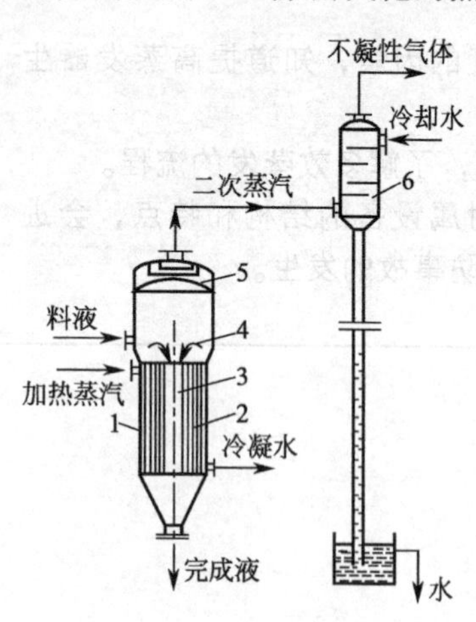

图 6-1 蒸发装置示意
1—加热室；2—加热管；3—中央循环管；4—蒸发室；5—除沫器；6—冷凝器

蒸发过程中经常采用饱和蒸汽间壁加热的方法，通常把作热源用的蒸汽称为一次蒸汽或生蒸汽，从溶液蒸发出的蒸汽称为二次蒸汽。

6.1.2 蒸发操作的分类

按操作方式可以分为间歇式和连续式，工业上大多数蒸发过程为连续稳定操作的过程。

按二次蒸汽的利用情况可以分为单效蒸发和多效蒸发。若产生的二次蒸汽不加利用，直接冷凝后排出，这种操作称为单效蒸发。若把二次蒸汽引至另一操作压力较低的蒸发器作为加热蒸汽，并把若干个蒸发器串联组合使用，这种操作称为多效蒸发。多效蒸发提高了加热蒸汽的利用率。

按操作压力可以分为常压、加压和减压（即真空）蒸发。工业上经常采用减压操作，使溶液沸点降低，其优点如下：①有利于提高蒸发的传热温差，减小蒸发器的传热面积；②有利于对热敏性物质的蒸发；③操作温度低，热损失较小；④可以利用低压蒸汽作为加热剂。在加压蒸发中，所得到的二次蒸汽温度较高，可作为下一蒸发器的加热蒸汽加以利用。因此，单效蒸发多为真空蒸发，多效蒸发的前效为加压或常压操作，而后效则在真空下操作。

6.1.3 蒸发操作的特点

虽然蒸发操作的目的是物质分离，但其过程的实质是热量传递，常见的蒸发器是间壁两侧分别为蒸汽冷凝和液体沸腾的换热器。但和一般的传热过程相比，蒸发操作是含有不挥发溶质的溶液的沸腾传热，又有如下特点。

① 沸点升高　蒸发的溶液中含有不挥发的溶质，使溶液的沸点高于纯溶剂的沸点，这种现象称为溶液的沸点升高。在加热蒸汽温度一定的情况下，蒸发溶液时的传热温差必定小于加热纯溶剂时的传热温差，而且溶液的浓度越高，这种影响也越显著。

② 物料的工艺特性　蒸发的溶液本身具有某些特性，例如有些物料在浓缩时可能析出结晶，或易于结垢；有些热敏性物料由于沸点升高更易于分解或变质；有些则具有较大的黏度或较强的腐蚀性等。如何根据物料的特性和工艺要求，选择适宜的蒸发流程和设备是蒸发操作必须要考虑的问题。

③ 节约能源　蒸发时汽化的溶剂量较大，需要消耗大量的加热蒸汽。如何充分利用热量，提高加热蒸汽的利用率是蒸发操作要考虑的另一个问题。

由于工业生产中被蒸发的溶液大多为水溶液，因此本章仅讨论水溶液的蒸发。

6.2 单效蒸发计算

凡溶液在蒸发器蒸发时，所产生的二次蒸汽不再利用的蒸发操作称为单效蒸发。单效蒸发操作的计算，通常已知条件为原料液的流量 F、温度和浓度，浓缩液的浓度，加热蒸汽的压力和冷凝器内的压力。根据物料衡算、热量衡算和传热方程式可求得蒸发操作的溶剂蒸发量、加热蒸汽消耗量和蒸发器的传热面积。图 6-2 为单效蒸发的物料衡算和热量衡算示意。

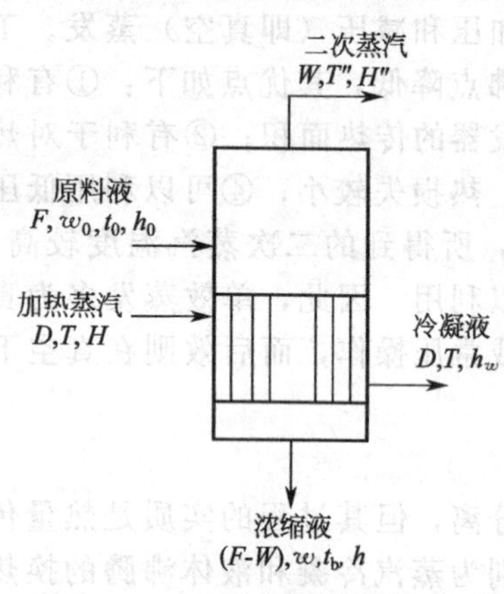

图 6-2 单效蒸发的物料衡算及热量衡算示意

6.2.1 溶剂的蒸发量 W

在蒸发操作中，从溶液蒸发出的溶剂量可由一般物料衡算决定。因溶质不挥发，蒸发前后溶质量不变，即

$$Fw_0=(F-W)w \tag{6-1}$$

式中 F——原料液量，kg/h；

W——溶剂蒸发量，kg/h；

w_0、w——原料液和浓缩液（产物）中溶质的质量分数。

由式（6-1）可得溶剂的蒸发量

$$W=F\left(1-\frac{w_0}{w}\right) \tag{6-2}$$

6.2.2 加热蒸汽消耗量 D

通过热量衡算，可求得蒸汽消耗量 D。由于工业上蒸发的溶液多为水溶液，现以水溶液的蒸发为例进行讨论。设操作中有关物料量及数据如下：

D——加热蒸汽消耗量，kg/h；

H，H'——加热蒸汽和二次蒸汽的焓，kJ/kg；

h_0，h，h_w——原料液、浓缩液、冷凝液的焓，kJ/kg；

T，T'——加热蒸汽和二次蒸汽的温度,℃；

t_0——原料液的初温,℃；

t_b——溶液蒸发时的沸点,℃；

C_p——原料液的比热容，kJ/(kg·℃)；

R，r——加热蒸汽和二次蒸汽的潜热，kJ/kg。

以0℃为基准温度，并规定0℃液体的焓为零，忽略热损失，则输入蒸发器的热量有原料液带进的热量 Fh_0 和加热蒸汽带进的热量 DH，输出蒸发器的热量有二次蒸汽带出的热量 WH'、浓缩液带出的热量 $(F-W)h$、加热蒸汽的冷凝水带出的热量 Dh_w。

对蒸发器列出热量衡算方程式为：

$$DH+Fh_0=WH'+(F-W)h+Dh_w \tag{6-3}$$

若冷凝液在蒸汽饱和温度下排出，因物系沸点升高不大，$T'\approx t_b$，忽略浓缩热，则加热蒸汽释放的冷凝热用于将原料液加热到沸点、溶剂蒸发消耗热量（忽略热损失），则式（6-3）可简化为

$$DR=FC_p(t_b-t_0)+Wr \tag{6-4}$$

由式（6-4）可以计算出加热蒸汽的消耗量

$$D=\frac{Wr+FC_p(t_b-t_0)}{R} \tag{6-5}$$

当溶液预热到沸点再加入蒸发器时，$t_0=t_b$，代入式（6-5）中，得

$$D=\frac{Wr}{R} \quad 或 \quad \frac{D}{W}=\frac{r}{R} \tag{6-6}$$

D/W 称为单位蒸汽消耗量，即每蒸发1kg溶剂（一般为水分）所需加热蒸汽的消耗量。因为加热蒸汽的冷凝热 R 和二次蒸汽的冷凝热 r 相差不大，所以单效蒸发操作中 $D/W\approx1$，即蒸发1kg水分，约需1kg加热蒸汽。由于实际生产中总存在热损失，即 $Q_{损}\neq0$，单位蒸汽消耗量大于1。单位蒸汽消耗量反映了蒸发操作能耗的大小，是衡量蒸发装置经济性的指标。

【例6-1】 在单效蒸发器内，将浓度（质量分数）为11.6%的NaOH溶液浓缩至18.3%。每小时处理10t原料液，进料温度293K。原料液沸点为337.2K，比热容为3.7kJ/(kg·K)。加热蒸

汽的压强为 200kPa（绝压）。如不计热损失，试求加热蒸汽消耗量及单位蒸汽消耗量。

解 水分蒸发量

$$W=F\left(1-\frac{w_0}{w}\right)-10000\left(1-\frac{11.6}{18.3}\right)=3661.2(\text{kg/h})$$

查附录，200kPa（绝压）加热蒸气的汽化热 $R=2204.6\text{kJ/kg}$；337.2K 时二次蒸汽的汽化热 $r=2345.3\text{kJ/kg}$，不计热损失，则蒸汽的消耗量为

$$D=\frac{Wr+FC_p(t_b-t_0)}{R}$$

$$D=\frac{3661.2\times2345.3+10000\times3.7\times(337.2-293)}{2204.6}=4636.7(\text{kg/h})$$

单位蒸汽消耗量为

$$\frac{D}{W}=\frac{4636.7}{3661.2}=1.27$$

若将进料温度改为沸点进料时，蒸汽消耗量为

$$D=\frac{Wr}{R}=\frac{3661.2\times2345.3}{2204.6}=3894.9(\text{kg/h})$$

单位蒸汽消耗量为

$$\frac{D}{W}=\frac{3894.9}{3661.2}=1.07$$

可见，在低于沸点进料时消耗了一部分加热蒸汽用于原料的预热。

6.2.3 蒸发器的传热面积 A

因为蒸发器的加热室就是一个间壁式换热器，可用传热方程式求传热面积

$$A=\frac{Q}{K\Delta t_m} \tag{6-7}$$

式中 A——蒸发器的传热面积，m^2；

Q——蒸发器的传热速率，即蒸发器的热负荷，W；

K——蒸发器的总传热系数，$W/(m^2\cdot K)$；

Δt_m——平均温度差，K。

(1) 蒸发器的热负荷 Q

蒸发器的热负荷 Q 为单位时间内被蒸发溶液所获得的热量，

可用下式表达：

$$Q=DR \tag{6-8}$$

(2) 蒸发器的总传热系数 K

总传热系数 K 可根据“传热”内容中的相关方法计算。但由于蒸汽冷凝和溶液沸腾的给热系数均需用经验公式进行计算，不仅复杂，而且其精确程度也较差。同时蒸发过程中，由于溶液浓度不断变化，传热面上的污垢层厚度和污垢的性质也在不断变化。通常工程实际中蒸发器的总传热系数 K 值是根据经验数据和参考实验数据来选择的。表 6-1 列出了几种常用蒸发器的传热系数大致范围。

表 6-1　常用蒸发器传热系数大致范围

蒸发器形式	传热系数 $K/[\mathrm{W/(m^2 \cdot K)}]$	蒸发器形式	传热系数 $K/[\mathrm{W/(m^2 \cdot K)}]$
标准式	600～3000	外加热式	1200～6000
标准式(强制循环型)	1200～6000	升膜式	600～6000
悬筐式	600～3500	降膜式	1200～3500

(3) 平均温度差 Δt_m

蒸发操作中，管外为蒸汽冷凝，管内为溶液沸腾，均为恒温、相变过程。因此蒸发操作的平均温度差 Δt_m 为加热蒸汽温度 T 与溶液沸点 t_b 之差，或称为有效温度差 Δt，即

$$\Delta t=T-t_b \tag{6-9}$$

溶液的沸点与溶液的种类、浓度和压力有关。蒸发操作的压力通常取冷凝器的压力，由已知条件给定。因此，在该压力下二次蒸汽的饱和温度 T'（即纯水的沸点）可查得。通常，把加热蒸汽的温度 T 和二次蒸汽饱和温度 T' 的差值称为蒸发器的理论传热温差或视温度差，即

$$\Delta t_{视}=T-T' \tag{6-10}$$

① 溶液的温度差损失　视温度差 $\Delta t_{视}$ 与有效温度差 Δt 之间的差值称为温度差损失，以 Δ 表示，即

$$\Delta=\Delta t_{视}-\Delta t=(T-T')-(T-t_b)=t_b-T' \tag{6-11}$$

式 (6-11) 表示，温度差损失等于溶液的沸点与二次蒸汽的饱和温度之差。如果温度差损失 Δ 已知，而二次蒸汽的饱和温度又可自饱和水蒸气性质表中查得，则溶液的沸点

$$t_b = T' + \Delta \tag{6-12}$$

由式（6-12）可看出，溶液的沸点 t_b 比同条件下水的沸点（二次蒸汽的饱和温度）T'要高，高出的部分称为沸点升高。溶液的沸点升高值也就是温度差损失。

② 沸点升高的原因

a. 由溶质存在引起的沸点升高。由于溶液中含有不挥发性溶质，使溶液蒸气压降低，而沸点升高，以 Δ'表示。例如常压下纯水的沸点为100℃，20%的 NaOH 水溶液的沸点为108.5℃，故沸点升高为8.5℃。

溶液沸点升高的程度与溶质的性质、含量和蒸发室的压强有关，可由实验确定。一般电解质溶液的沸点升高很大，不能忽视。在一般手册中，可查到各种溶液在常压下的沸点升高数据。

b. 由液柱静压头引起的溶液沸点升高。除膜式蒸发器外，蒸发器中液体的沸腾在加热管内大部分区域进行。由于沸腾侧液层保持一定高度所产生的静压头影响，使内部溶液的沸点高于液面处溶液的沸点，由此引起的沸点升高值以 Δ''表示。在实际生产中，由于蒸发器的结构不同，Δ''值有所不同。如在外热式和列文式蒸发器中，因液柱较高，Δ''较大。在液膜蒸发器中，由于液体作膜状流动，可以不考虑 Δ''。在真空蒸发时，液柱静压力的影响要比常压蒸发或加压蒸发时为大，能使 Δ''达到8～10K或更高，一般 Δ''为1～2K。

c. 由流体阻力引起的溶液沸点升高。由于二次蒸汽由蒸发器流入冷凝器时存在流动阻力，引起的温度差损失以 Δ'''表示。根据经验，一般取 $\Delta'''=0.5$～1K，或忽略不计。

综上所述，蒸发器中总的温度差损失为

$$\Delta = \Delta' + \Delta'' + \Delta''' \tag{6-13}$$

由此可求得溶液的沸点

$$t_b = T' + \Delta = T' + \Delta' + \Delta'' + \Delta''' \tag{6-14}$$

将式（6-14）代入式（6-9），即可计算出蒸发过程的平均温度差 Δt_m。

需要说明的是，根据上述内容计算出蒸发器的传热面积 A 后，应根据具体情况选用适当的安全系数加以校正。

【例 6-2】 某单效蒸发器每小时将 10t、质量分数为 10.15%

NaOH 水溶液浓缩至 23%。原料液温度为 333K，蒸发器内的绝压为 4×10^4 Pa，加热蒸汽的绝压为 2×10^5 Pa。已知传热系数 $K=1400\text{W}/(\text{m}^2\cdot\text{K})$，由溶质存在引起的沸点升高为 8.5K，由液体静压头引起的溶液沸点升高为 4.5K，由流体阻力引起的沸点升高为 1K，原料液的比热容为 3.77 kJ/(kg·℃)，忽略蒸发器的热损失。求加热蒸汽消耗量和蒸发器的传热面积。

解 查附录

4×10^4 Pa 下，$r=2312.2\text{kJ/kg}$，$T'=348\text{K}$

2×10^5 Pa 下，$R=2204.6\text{kJ/kg}$，$T=393.2\text{K}$

已知 $\Delta'=8.5K$，$\Delta''=4.5K$，$\Delta'''=1K$

总温度差损失 $\Delta=\Delta'+\Delta''+\Delta'''=8.5+4.5+1=14(\text{K})$

溶液沸点 $t_b=T'+\Delta=348+14=362(\text{K})$

有效传热温度差 $\Delta t=393.2-362=31.2(\text{K})$

水分蒸发量 $W=F\left(1-\dfrac{w_1}{w_2}\right)=10000\left(1-\dfrac{10.15}{23}\right)=5587(\text{kg/h})$

蒸发器的热负荷 $Q=10000\times3.77\times(362-333)+5587\times2312.2$

$=14011561.4(\text{kJ/h})=3892.1(\text{kW})$

加热蒸汽消耗量 $D=\dfrac{14011561.4}{2204.6}=6357.3(\text{kg/h})$

蒸发器传热面积 $A=\dfrac{Q}{K\Delta t}=\dfrac{3892.1\times1000}{1400\times31.2}=89.1(\text{m}^2)$

6.3 蒸发设备

蒸发是传热过程，所以蒸发设备和一般传热设备本质相同，但蒸发器除了有进行传热的加热室外，还需有气液分离的蒸发室，以不断除去产生的二次蒸汽。此外，还应有使液沫得到进一步分离的除沫器和使二次蒸汽全部冷凝的冷凝器；减压操作时还需真空装置。

6.3.1 蒸发器结构

工业生产中应用的蒸发器有不同的结构型式。随着生产的发展，蒸发器的结构不断改进。对于目前常用的间壁传热式蒸发器，按溶液在蒸发器中的运动情况，大致可分循环型和单程型两大类。

(1) 循环型蒸发器

循环型蒸发器的特点是溶液在蒸发器中做循环流动。溶液由于受热程度不同而产生了密度差引起循环运动为自然循环；由于外加机械（泵）迫使溶液沿一定方向流动为强制循环。

① 中央循环管式（标准式）蒸发器　这种蒸发器具有悠久的历史，至今工业上仍广泛地采用，属于自然循环型蒸发器。其结构如图 6-3 所示。其加热室由垂直管束组成，中间有一根直径较大的中央循环管。加热蒸汽在管隙进行加热，溶液在管内循环流动。当加热蒸汽在管间加热时，由于中央循环管较大，单位体积溶液占有的传热面相对于其余加热管来说较小，受热形成的气液混合物的相对密度较大，加上产生的蒸汽在加热管内上升时的抽吸作用，使蒸发器中的溶液形成由中央循环管下降而由加热管上升的循环流动。由于这种自然循环，提高了蒸发器的传热系数和蒸发水量。

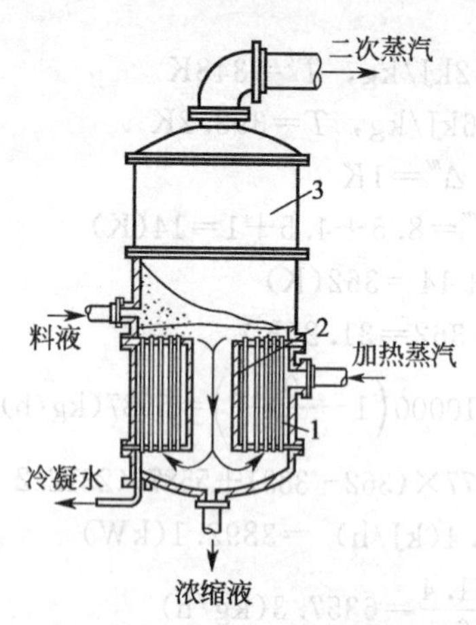

图 6-3　中央循环管式蒸发器
1—加热室；2—中央循环管；3—分离室

这种蒸发器具有结构紧凑、制造方便、传热较好、操作可靠等优点。缺点是检修麻烦，溶液循环速度低，传热系数较小，清洗和维修也不够方便。它适用于蒸发结垢不严重、有少量结晶析出和腐蚀性较小的溶液。

② 外热式蒸发器　其结构如图 6-4 所示。这种蒸发器是将管束较长的加热室装在蒸发器的外面，使加热室与分离室分开，故称为外热式蒸发器。其特点是加热室在蒸发器外，降低了蒸发器的高度，同时便于检修及更换，甚至可设两个加热室轮换使用。由于循环管没有受到蒸汽加热，增大了循环管内与加热管内溶液的密度差，从而加快了溶液的自然循环速度。

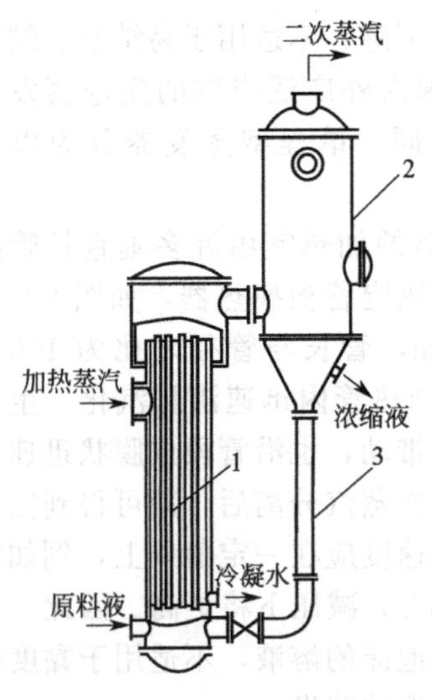

图 6-4 外热式蒸发器
1—加热室；2—分离室；
3—循环管

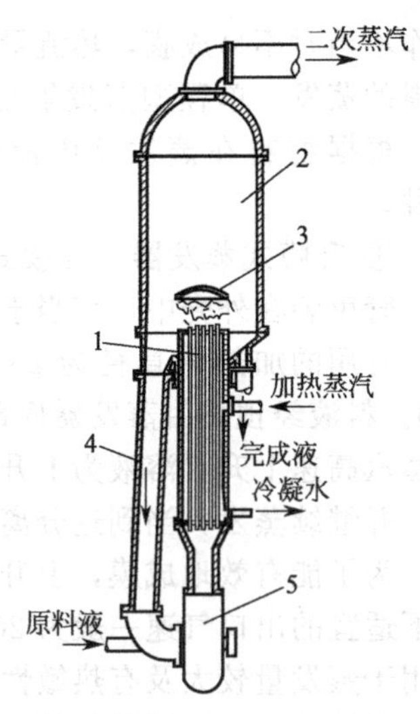

图 6-5 强制循环蒸发器
1—加热室；2—分离室；
3—除沫室；4—循环管；5—循环泵

③ 强制循环蒸发器 上述的各种自然循环蒸发器都是利用溶液自身的密度差而引起循环的，循环速度不太高。图 6-5 所示为强制循环蒸发器。在循环通道中装置一台循环泵，迫使溶液沿一个方向流动而产生循环运动。溶液由泵送入加热室，在室内受热沸腾，沸腾的气液混合物以高速进入分离室进行气液分离，蒸汽经除沫器后排出，溶液沿循环管下降被泵再次送入加热室。这种蒸发器的传热系数比一般自然循环蒸发器大得多，因此，对于相同的生产任务，蒸发器的传热面积比自然循环蒸发器小，适用于处理黏度大、易结垢或易结晶的溶液。它的缺点是动力消耗大，因此使用受到一定的限制。

(2) 单程型蒸发器

在单程型蒸发器中，溶液只通过加热室一次，不进行循环。溶液通过加热室时，在管壁呈膜状流动，所以又称为液膜式蒸发器。单程型蒸发器的特点是，溶液在蒸发器中一次通过就能达到要求的浓度，停留时间短，适用于热敏性物料的蒸发；有效温度差较大，表面传热系数大，因而热流量大大提高。它的主要缺点是，设计或操作不当时不易成膜，热流量将明显下降；不适用于易结晶、结垢物料的蒸发。单程型蒸发器已成为国内外广泛应用的先进蒸发设备。根据物料在蒸发器中流向的不同，单程型蒸发器分为以下几种。

① 升膜式蒸发器　升膜式蒸发器的加热室由许多垂直长管组成，管束装在外壳中，相当于立式的固定管板换热器，如图 6-6 所示。常用的加热管直径为 25～50mm，管长与管径之比为 100～150。料液经预热由蒸发器底部进到加热管内迅速沸腾汽化，生成的蒸汽高速上升，溶液为上升蒸汽所带动，也沿管段成膜状迅速上升，并继续蒸发，当到达分离器和二次蒸汽分离后，即可得到完成液。为了能有效地成膜，上升蒸汽的速度应在一定值以上，例如常压下适宜的出口气速一般为 20～50m/s，减压下将更高。因此，它适用于蒸发量较大及有热敏性和易生泡沫的溶液，不适用于黏度很大、易结晶、易结垢的物料和较浓溶液的蒸发。

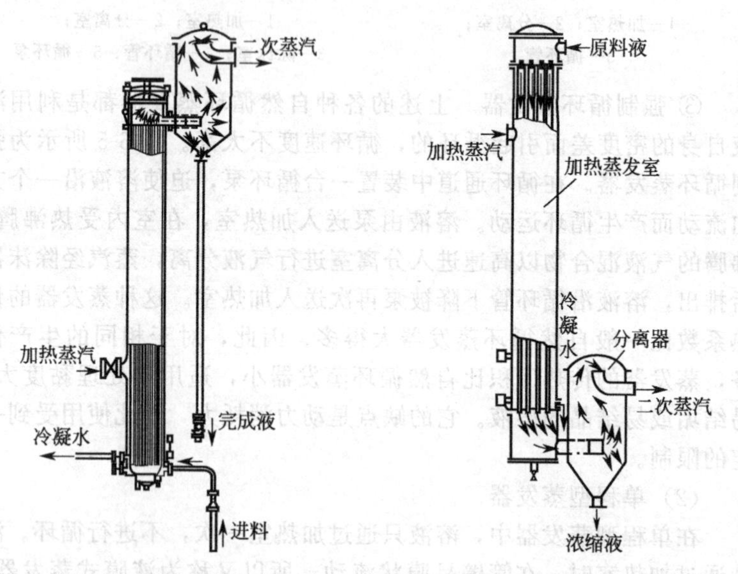

图 6-6　升膜式蒸发器　　图 6-7　降膜式蒸发器

② 降膜式蒸发器　降膜式蒸发器和升膜式蒸发器的区别在于，原料液从蒸发器顶部加入，在重力作用下沿管内壁成膜状下降，并

在此过程蒸发增浓，在底部得到浓缩液，其结构如图 6-7 所示。为使液体进入加热管后能有效地成膜，每根加料管顶部装有液体分布器，以保证液体成薄膜状沿管内壁下降，其形式很多，常见的如图 6-8 所示。降膜式蒸发器的传热系数也很高，同样适用于热敏性物料，和升膜相比，可以蒸发浓度较高的溶液；对于黏度较大物料也能适用；不适用于易结晶的物料，且结构较复杂。

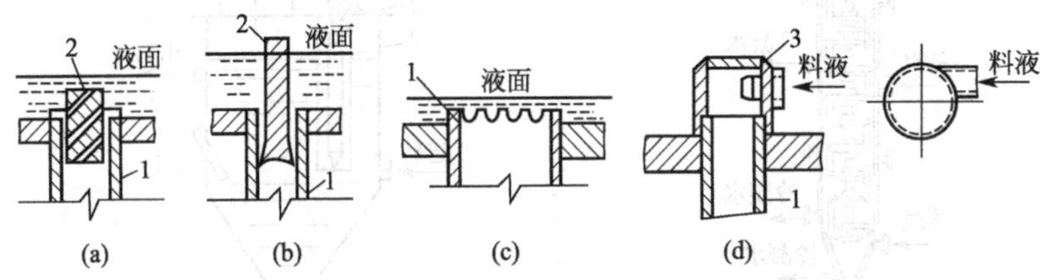

图 6-8　降膜式蒸发器的液体分布器

1—加热管；2—导流管；3—旋液分配头

③ 刮板式蒸发器　这是一种利用外加动力成膜的单程型蒸发器，其结构如图 6-9 所示。蒸发器外壳带有夹套，内通加热蒸汽加热。加热部分装有旋转的刮板，可分固定刮板式和转子式两种。料液由蒸发器上部沿切线方向加入（也有加至与刮板同轴的甩料板盘上），在重力和旋转刮板刮带下，溶液在壳体内壁形成旋转下降的薄膜，并不断被蒸发，在底部得到浓缩液。这种蒸发器的突出优点是对物料的适应性很强，可用于高黏度和易结晶、易结垢的物料，某些场合下，可将溶液蒸干，而由底部直接获得粉末状固体产物。但其结构复杂，制作要求高，加热面不大，动力消耗较大，处理量不高。

（3）直接接触传热蒸发器

实际生产中还有直接接触传热的蒸发器，又称浸没燃烧蒸发器，其结构如图 6-10 所示。它是将燃料（通常为煤气和油）与空气混合后，在浸于溶液中的燃烧室内燃烧，产生的高温火焰和烟气经燃烧室下部的喷嘴直接喷入蒸发的溶液中，从而使水分迅速汽化，蒸发的大量水气和废烟气一起由蒸发器顶部出口排出。其燃烧室的温度一般可达 1200～1800℃。浸没燃烧蒸发器传热效果很好，热利用率高，结构简单，特别适用于易结晶、易结垢和具有腐蚀性物料的蒸发。但它不适用于不可被烟气污染物料的处理。

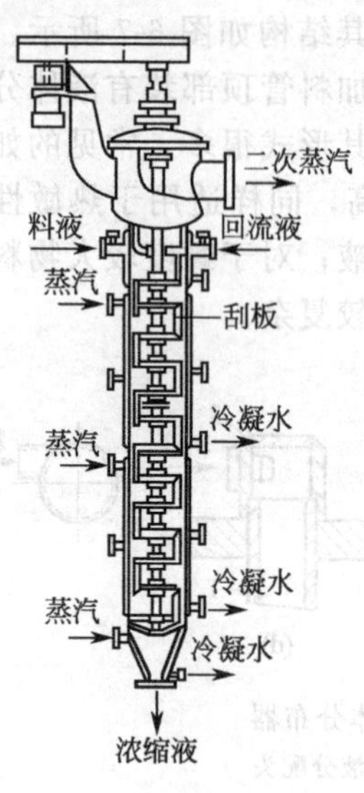

图 6-9　刮板式蒸发器

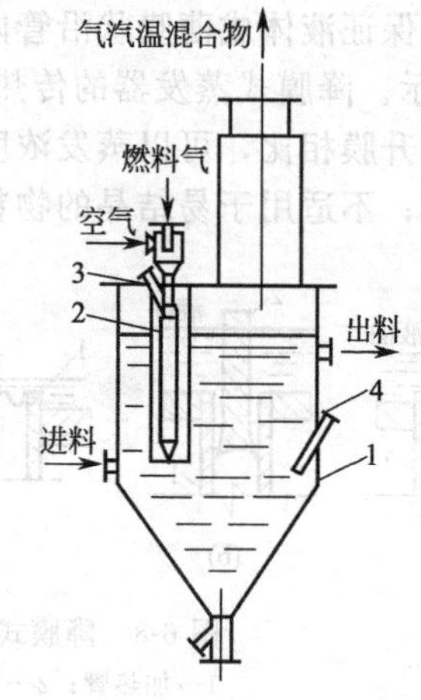

图 6-10　直接接触传热蒸发器

1—外壳；2—燃烧室；3—点火口；4—测温管

6.3.2　蒸发辅助设备

(1) 除沫器（气液分离器）

蒸发操作中，产生的二次蒸汽从沸腾液体中逸出时夹带大量液体。在分离室中需在蒸汽出口附近装设除沫器（或称分离器），以除去液沫，否则，将会造成产品损失、污染冷凝器和堵塞管道。除沫器的形式很多，常见的如图 6-11、图 6-12 所示。它们主要都是利用液体的惯性以达到气液的分离。

(2) 冷凝器和真空装置

蒸发器产生的二次蒸汽如不再利用，必须加以冷凝。蒸发操作中，大多采用气液直接接触的混合式冷凝器来冷凝二次蒸汽。常见的逆流高位冷凝器如图 6-13 所示。冷却水自上部进水口引入，依次经淋水板小孔和溢流堰流下，在和底部进入并逆流上升的二次蒸汽的接触过程中，使二次蒸汽不断冷凝。不凝性气体经分离罐由真空泵抽出。冷凝液沿气压管排出。因蒸汽冷凝时，冷凝器中形成真空，所以气压管须有一定的高度，才能使管中的冷凝水靠重力的作用而排出。

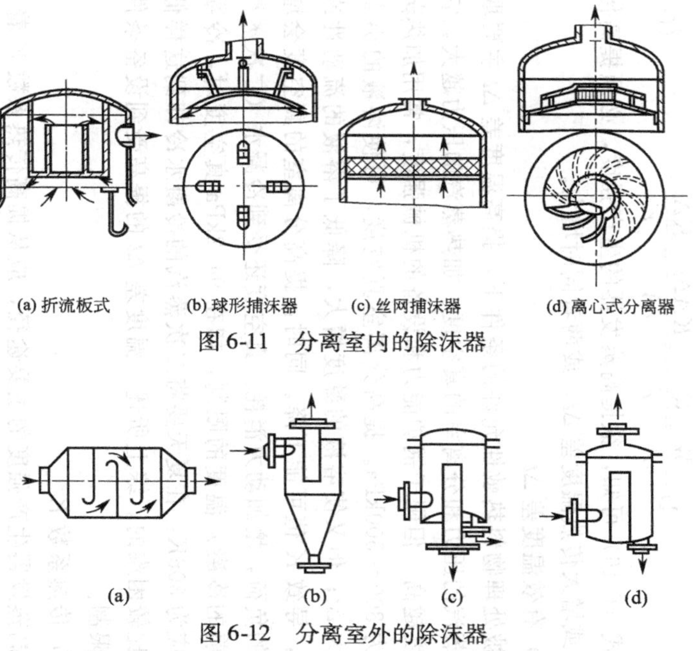

图 6-11 分离室内的除沫器

图 6-12 分离室外的除沫器

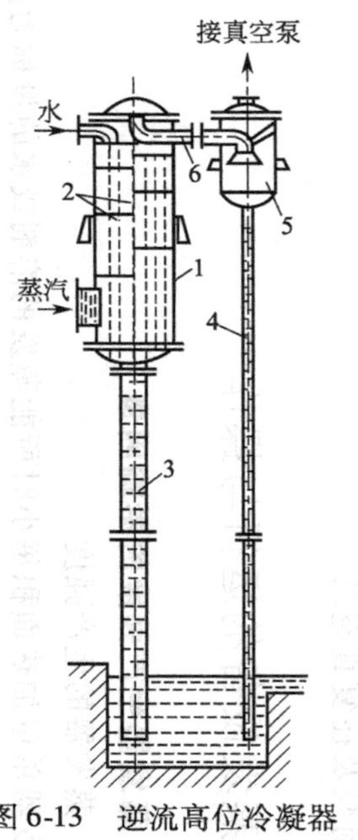

图 6-13 逆流高位冷凝器

1—外壳；2—淋水板；3、4—气压管；5—分离罐；6—不凝性气体管无论采用何种冷凝器，均需于其后设真空装置以排除少量不凝性气体，维持蒸发所要求的真空度。常用的真空装置为水环式真空泵、喷射泵及往复真空泵。

6.4 蒸发设备的运行与操作

6.4.1 蒸发器生产强度的影响因素

(1) 蒸发器的生产强度

蒸发器单位加热面积每小时所能蒸发的溶剂或水的量称为蒸发器的生产强度，用符号 U 表示，单位为 kg/(m^2 · h)。

$$U=\frac{W}{A} \tag{6-15}$$

式 (6-15) 可改写为

$$U=\frac{W}{A}=\frac{Q/r}{A}=\frac{KA\Delta t}{rA}=\frac{K\Delta t}{r} \tag{6-16}$$

由式 (6-16) 可知，欲提高蒸发器的生产强度，必须提高传热系数 K 或增大传热温度差 Δt，或两者同时增大。

(2) 有效温度差 Δt

在被处理物料热敏性允许的条件下，提高温度差 Δt 主要取决于加热蒸汽的压力和分离室的真空度。加热蒸汽的压力越大，它的饱和温度越高。但限于锅炉能力和设备的机械强度，常用加热蒸汽的压力为 300～500kPa。提高分离室真空度，可使溶液的沸点下降，增大 Δt；但又使溶液的黏度增大，降低了溶液的流动性或循环速度，导致 K 值可能下降。同时，提高分离室的真空度会增大真空泵的负荷，增加动力消耗。真空度还受到冷凝水（二次蒸汽在真空泵前的冷凝）温度的限制，如在 94.2kPa 真空度时，冷凝水的温度应为 306K，在夏天要将二次蒸汽的冷凝水冷却到这样低的温度是比较困难的。综上所述，温度差 Δt 的提高受到设备条件和水温的限制。

(3) 传热系数 K

提高蒸发器生产强度的主要途径，应从提高传热系数 K 着手。蒸发器的传热系数的近似值可用式 (6-17) 表示。

$$K=\frac{1}{\frac{1}{\alpha_1}+\frac{1}{\alpha_2}+\left(\frac{\delta}{\lambda}\right)_{壁}+\left(\frac{\delta}{\lambda}\right)_{垢}} \tag{6-17}$$

式中 α_1——管外加热蒸汽冷凝对流传热膜系数，$W/(m^2 \cdot K)$；

α_2——管内液体沸腾对流传热膜系数，$W/(m^2 \cdot K)$；

$(\delta/\lambda)_{壁}$——管壁的热阻，$m^2 \cdot K/W$；

$(\delta/\lambda)_{垢}$——管内垢层的热阻，$m^2 \cdot K/W$。

蒸汽冷凝对流传热膜系数 α_1 一般很大，但若蒸汽中含有少量不凝性气体时，则蒸汽冷凝对流传热膜系数下降。据文献介绍，若蒸汽中含有1%的不凝性气体，传热系数 K 将下降60%。因此，在设计加热室和进行蒸发操作时，应考虑到有利于不凝性气体的排除和随时排放。

管壁的热阻 $(\delta/\lambda)_{壁}$ 是很小的，但垢层热阻的影响较大。在处理析出结晶或有强腐蚀性的物料蒸发操作时，管壁结垢会使传热速率下降。因此，蒸发器须经常清洗。解决结垢问题可从两个方面着手：一方面是改进蒸发器的结构，提高溶液循环速度或使溶液在加热室内不发生沸腾；另一方面，使蒸发器加热管的壁面光滑些，也能减少结垢。此外，在溶液中加入晶体可使析出的固体转移到晶种上，而不在壁面上结成垢层，如海水淡化蒸发时，可加入无水石膏晶种。

液体沸腾对流传热膜系数 α_2 是影响蒸发器传热系数 K 的主要因素。提高 α_2 的方法主要是增加溶液循环的速度和湍动程度。

总之，在进行蒸发器选型或进行蒸发操作时，溶液的性质和结垢程度、结晶难易、热敏性、发泡性以及腐蚀性等都是影响设备的生产强度的主要因素。

6.4.2 蒸发操作的经济性

如前所述，单位蒸汽消耗量 D/W 反应了蒸发操作能耗的大小，是衡量蒸发装置经济性的指标。蒸发装置的操作费主要是汽化大量溶剂（水）所需消耗的能量。为提高加热蒸汽的利用率，可对蒸发操作做如下的一些安排。

(1) 多效蒸发

为了提高加热蒸汽的利用率，可采用多效蒸发。蒸发时要求后效的操作压强和溶液的沸点均较前效的为低，因此可引入前效的二次蒸汽作为后效的加热介质，即后效的加热室成为前效二次蒸汽的冷凝器，仅第一效需要消耗生蒸汽，这就是多效蒸发的操作原理。每一个蒸发器称为一效。通入加热蒸汽的蒸发器称为第一效，用第一效的二次蒸汽作加热剂的蒸发器称为第二效，依次类推。显然，各效的压力和沸点是逐效降低的，一般多效蒸发装置的末效或后几效总是在真空下操作。

根据原料液的加入方法的不同，多效蒸发操作的流程可分为三种，即顺流、逆流和平流。

① 顺流加料　也称并流加料，图 6-14 所示为三效顺流加料蒸发流程。原料液和蒸汽都加入第一效，溶液顺次流过，由第三效取出完成液。加热蒸汽在第一效加热室中冷凝后，经冷凝水排除器排出；由第一效溶液中蒸发出来的二次蒸汽送入第二效加热室供加热用；第二效的二次蒸汽送入第三效加热室；第三效的二次蒸汽送入冷凝器中冷凝后排出。

顺流加料蒸发中，因各效压力依次降低，溶液可以自动地由前一效流入后一效，无需用泵输送；因各效溶液的沸点依次降低，前一效的溶液进入后一效时，将发生自蒸发而蒸发出更多的二次蒸汽。但由于后效溶液的浓度较前效高，且温度逐效降低，溶液的黏度逐效提高，致使传热系数逐效减小。因此，在处理黏度随浓度的增加而迅速加大的溶液时，不宜采用顺流加料。

② 逆流加料　逆流加料操作流程如图 6-15 所示，溶液自末效加入，然后用泵送入前一效，最后从第一效取出浓缩液，蒸汽的流向则和顺流流程相同。

逆流加料的主要优点为最浓的溶液在最高的温度下蒸发，各效溶液的黏度相差不致太大，传热系数就不致太小，有利于整个系统生产能力的提高。此外，在采用逆流加料时，末效的蒸发量比并流加料时少，因此减少了冷凝器的负荷。其主要缺点是在效与效之间必须用泵输送溶液，增加了电能消耗，增加了设备费用。

③ 平流加料　平流加料操作流程如图 6-16 所示。蒸汽仍由第一效至末效，原料液由各效分别加入，放出浓缩液由各效分别排出。这种加料法主要用于在蒸发过程中有晶体析出的场合。

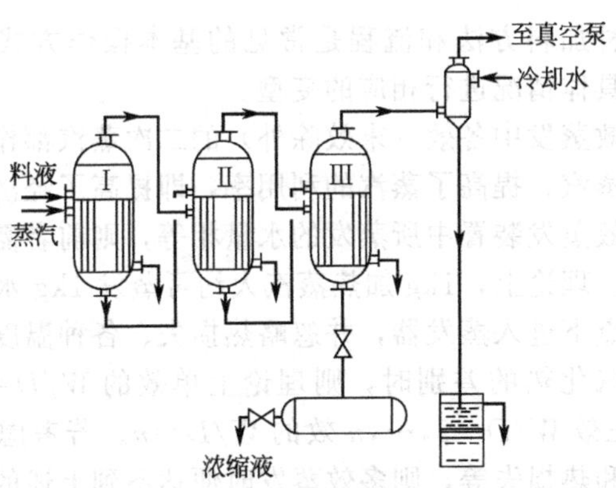

图 6-14 顺流加料操作流程

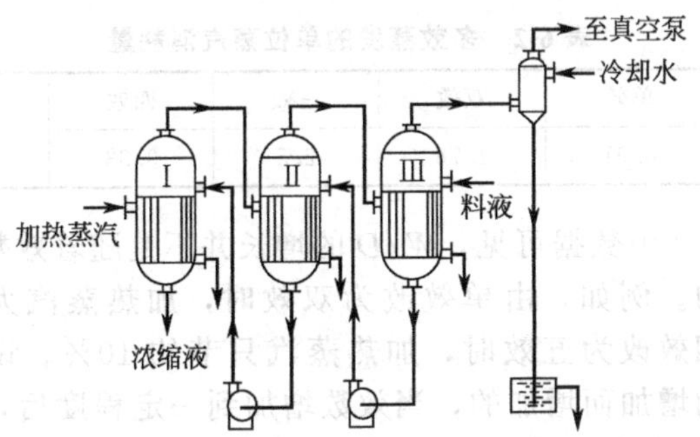

图 6-15 逆流加料操作流程

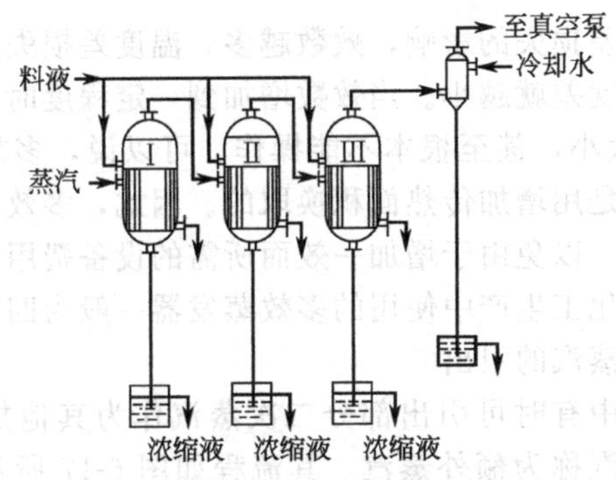

图 6-16 平流加料操作流程

以上几种加料方法和流程是常见的基本操作方式。实际生产中，可根据具体情况进行相应的变型。

由于多效蒸发中各效（末效除外）的二次蒸汽都作为下一效蒸发器的加热蒸汽，提高了蒸汽的利用率，即提高了经济效益。若单效蒸发和多效蒸发装置中所蒸发的水量相等，则前者需要的蒸汽量远大于后者。理论上，1kg 加热蒸汽大约可蒸发 1kg 水。例如，当原料液在沸点下进入蒸发器，并忽略热损失、各种温度差损失以及不同压强下汽化热的差别时，则理论上单效的 $W/D=1$，双效的 $W/D=2$，三效 $W/D=3,\cdots,n$ 效的 $W/D=n$。若考虑实际存在的温度差损失和热损失等，则多效蒸发时便达不到上述的经济性。表 6-2 列出了相应的 W/D 值。

表 6-2　多效蒸发的单位蒸汽消耗量

效数	单效	双效	三效	四效	五效
W/D	0.91	1.76	2.5	3.33	3.71

由表 6-2 中数据可见，W/D 的增长并不是随着效数的增加而成比例增加。例如，由单效改为双效时，加热蒸汽大约可节省 50%；而四效改为五效时，加热蒸汽只节约 10%。设备费用是随着效数的增加而增加的，当效数增加到一定程度后，由于增加效数而节省的蒸汽费用与所增添的设备费相比较，可能得不偿失。

由于温度差损失的影响，效数越多，温度差损失越大，分配到每效的有效温度差就越小。当效数增加到一定程度时，将因 $\sum\Delta$ 的增大而使 Δt 太小，甚至根本不能操作。可以说，多效蒸发中蒸汽消耗量的减少是用增加传热面积换取的。因此，多效蒸发的效数存在一定的限度，以免由于增加一效而所需的设备费用超过节省的加热蒸汽费用。化工生产中使用的多效蒸发器一般为四效以下。

（2）额外蒸汽的引出

多效蒸发中有时可引出部分二次蒸汽作为其他加热设备的热源，这部分蒸汽称为额外蒸汽。其流程如图 6-17 所示。引出额外蒸汽是提高蒸汽总利用率的有效节能措施，目前该方法已在制糖厂中得到广泛应用。

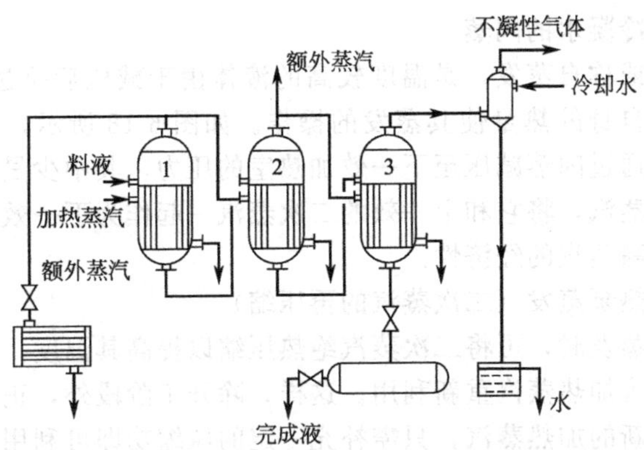

图 6-17 引出额外蒸汽的蒸发流程

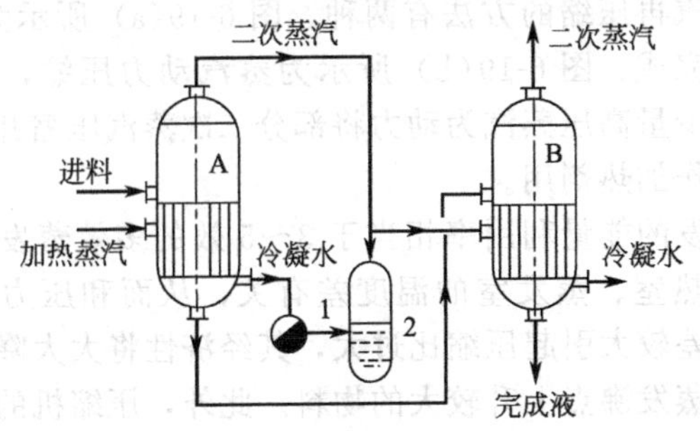

图 6-18 冷凝水的闪蒸

A、B—蒸发器；1—冷凝水排出器；2—冷凝水闪蒸器

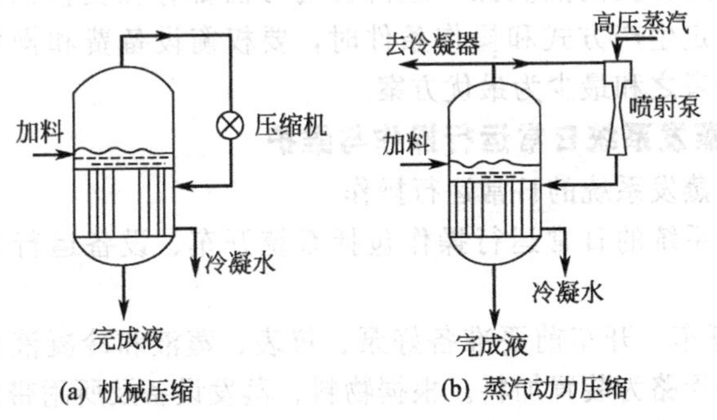

(a) 机械压缩　(b) 蒸汽动力压缩

图 6-19 二次蒸汽再压缩蒸发流程

(3) 冷凝水的闪蒸

闪蒸或称自蒸发，是温度较高的液体由于减压后呈过热状态，从而利用自身的热量使其蒸发的操作。如图 6-18 所示，将上一效的冷凝水通过闪蒸减压至下一效加热室的压力，其中少量的冷凝水将闪蒸成蒸汽，将它和上一效的二次蒸汽一起作为下一效的加热蒸汽，可提高蒸汽的经济性。

(4) 热泵蒸发（二次蒸汽的再压缩）

单效蒸发时，可将二次蒸汽绝热压缩以提高其温度，然后送回加热室作为加热蒸汽重新利用。这样，除开工阶段外，正常操作中不需供给新的加热蒸汽，只需补充一定的压缩功即可利用二次蒸汽的大量潜热进行蒸发。这种方法常称为热泵蒸发。

二次蒸汽再压缩的方法有两种。图 6-19(a) 所示为机械压缩，如用压缩机完成；图 6-19(b) 所示为蒸汽动力压缩，即使用蒸汽喷射泵，以少量高压蒸汽为动力将部分二次蒸汽压缩并混合后一起进入加热室作加热剂用。

热泵蒸发的能量利用率相当于 3～5 效的多效蒸发装置，其节能效果与加热室、蒸发室的温度差有关，从而和压力差有关。因此，如果温差较大引起压缩比过大，其经济性将大大降低，所以该法不适用于蒸发沸点上升较大的物料。此外，压缩机的使用会增加设备费用，且需要维修保养，这也在一定程度上限制了它的应用。

值得注意的是，提高设备生产强度和减少操作费用往往存在矛盾，以上几种提高蒸发操作经济性的方法都存在类似的问题。因此，在确定生产方式和操作条件时，要权衡设备费和操作费两方面，以两者之和最少为最优方案。

6.4.3 蒸发系统日常运行操作与维护

(1) 蒸发系统的日常运行操作

蒸发系统的日常运行操作包括系统开车、设备运行及停车等方面。

① 开车　开车前要准备好泵、仪表、蒸液和冷凝液管路，通常用加料管路为装置加料。根据物料、蒸发设备及所附带的自控装置的不同，按照事先设定好的程序，通过控制室依次按规定的开度、规定的顺序开启加料阀、蒸汽阀，并依次查看各效分离罐的液

位显示，当液位达到规定值时再开启相关输送泵；设置有关仪表设定值；对需要抽真空的装置进行抽真空；监测各效温度，检查其蒸发情况；通过有关仪表观测产品浓度；然后增大有关蒸汽阀门开度以提高蒸汽流量；当蒸汽流量达到期望值时，调节加料流量以控制浓缩液浓度，一般来说，减小加料流量则产品浓度升高，而增大加料流量，浓度降低。

在开车过程中由于非正常操作常会出现许多故障。最常见的是蒸汽供给不稳定。这可能是因为管路冷或冷凝液管路内有空气所致。应注意检查阀、泵的密封及出口，当达到正常操作温度时，就不会出现这种问题。也可能是由于空气漏入二效、三效蒸发器所致。当一效分离罐工艺蒸汽压力升高超过一定值时，这种泄漏就会自行消失。

② 设备运行　不同的蒸发装置都有自身的运行情况。通常情况下，操作人员应按规定的时间间隔检查该装置的调整运行情况，并如实、准时填写运转记录。当装置处于稳定运行状态下，不要轻易变动性能参数以免出现不良影响。

控制蒸发装置的液位是关键，目的是使装置运行平稳，一效到另一效的流量更趋合理、恒定。大多数泵输送的是沸腾液体，有效地控制液位也能避免泵的“汽蚀”现象，保证泵的使用寿命。

为确保故障条件下连续运转，所有的泵都应配有备用泵，并在启动泵之前，检查泵的工作情况，严格按照要求进行操作。

按规定时间检查控制室仪表和现场仪表读数，如超出规定，应迅速查找原因。

如果蒸发料液为腐蚀性溶液，应注意检查视镜玻璃，防止腐蚀。一旦视镜玻璃腐蚀严重，当液面传感器发生故障时，会造成危险。

③ 停车　一般可分为完全停车、短期停车和紧急停车。对于紧急停车，一般应遵循如下几条。

a. 当事故发生时，首先用最快的方式切断蒸汽（或关闭控制室气动阀，或现场关闭手动截止阀），以避免料液温度继续升高。

b. 考虑停止料液供给是否安全，如果安全，应用最快方式停止进料。

c. 考虑破坏真空会发生什么情况，如果判断出不会发生不利情况，应该打开靠近末效真空器的开关以打破真空状态，停止蒸发操作。

d. 要小心处理热料液，避免造成伤亡事故。

(2) 蒸发器的维护

对蒸发器的维护通常采用洗效的方法。蒸发装置内易积存污垢，不同类型的蒸发器在不同的运转条件下结垢情况也不一样，因此要根据生产实际和经验积累定期进行洗效。洗效周期的长短直接和生产强度及蒸汽消耗紧密相关，因此要特别重视操作质量，延长洗效周期。

6.4.4 蒸发系统常见操作事故与防止

蒸发系统操作是在高温、高压蒸汽加热下进行的，所以要求蒸发设备及管路具有良好的外部保温和隔热措施，杜绝“跑、冒、滴、漏”现象。防止高温蒸汽外泄，发生人身烫伤事故。对于腐蚀性物料的蒸发，要避免触及皮肤和眼睛，以免造成身体损害。要预防此类事故，在开车前应严格进行设备检验，试压、试漏，并定期检查设备腐蚀情况。

对于蒸发易晶析的溶液，常会随物料增浓而出现结晶造成管路、阀门、加热器等堵塞，使物料不能流通，影响蒸发操作的正常进行。因此要及时分离盐泥，并定期洗效。一旦发生堵塞现象，则要用加压水冲洗，或采用真空抽吸补救。

要根据蒸发操作的生产特点，严格制定操作规程，并严格执行，以防止各类事故发生，确保的操作人员的安全以及生产的顺利进行。

一、判断题

( ) 1. 利用加热方式使溶液中一部分溶剂汽化并除去，以提高溶液中溶质的浓度或析出固体溶质的操作叫蒸发。

（　　）2. 工业生产中常把从溶液蒸发出的蒸汽称为一次蒸汽。

（　　）3. 蒸发器的生产强度反映了蒸发操作能耗的大小，是衡量蒸发装置经济性的指标。

（　　）4. 溶液的沸点升高值也就是温度差损失。

（　　）5. 根据二次蒸汽的利用情况，蒸发操作可分为单效蒸发和多效蒸发。

（　　）6. 工业上经常采用减压操作，使溶液沸点降低，因此多效蒸发的前效为真空操作，而后效则在加压或常压下操作。

（　　）7. 提高蒸发器的生产强度，必须设法提高蒸发器传热系数和增大蒸发器的传热温度差。

（　　）8. 多效蒸发的热利用率高于单效蒸发。

（　　）9. 蒸发操作的效数越多越经济。

（　　）10. 蒸发操作中若蒸汽中含有少量不凝性气体时对对流传热膜系数没有影响。

二、选择题

1. 在蒸发过程中，（　）在蒸发前后的质量不变。

A. 溶剂　B. 溶液　C. 溶质

2. 采用多效蒸发的目的是（　）。

A. 增加溶液的蒸发水量　B. 提高设备利用率

C. 为了节省加热蒸汽消耗量

3. 原料流向与蒸汽流向相同的蒸发流程是（　　）。

A. 平流流程　B. 并流流程　C. 逆流流程

4. 多效蒸发中，各效的压力和沸点是（　　）的。

A. 逐效升高　B. 逐效降低　C. 不变

5. 下面说法正确的是（　　）。

A. 减压蒸发操作使蒸发器的传热面积增大

B. 减压蒸发使溶液沸点降低，有利于对热敏性物质的蒸发

C. 多效蒸发的前效为减压蒸发操作

6. 多效蒸发操作中，在处理黏度随浓度的增加而迅速加大的溶液时，不宜采用（　）加料。

A. 逆流　B. 顺流　C. 平流

7.（ ）加料法主要用于在蒸发过程中有晶体析出的场合。

A. 逆流　B. 顺流　C. 平流

8. 蒸发操作的平均温度差为加热蒸汽温度 T 与溶液沸点 t_b 之差，或称为（ ）。

A. 视温度差 $\Delta t_{视}$　B. 有效温度差 Δt　C. 沸点升高 Δ

9. 由于实际生产中总存在热损失，单位蒸汽消耗量 D/W（即每蒸发 1kg 溶剂所需加热蒸汽的消耗量）总是（ ）。

A. 小于 1　B. 等于 1　C. 大于 1

10. 中央循环管式（标准式）蒸发器为（ ）。

A. 外热式蒸发器　B. 自然循环型蒸发器

C. 强制循环蒸发器

三、填空题

1. 蒸发操作方式按二次蒸汽的利用情况可以分为________和________；按操作压力可以分为________、________和________。

2. 视温度差 $\Delta t_{视}$ 与有效温度差 Δt 之间的差值称为________，其值等于溶液的沸点与二次蒸汽的饱和温度之差。

3. ________反映了蒸发操作能耗的大小，是衡量蒸发装置经济性的指标。

4. 多效蒸发操作的流程可分为三种，即________、________和________。

5. 蒸发装置辅助设备主要包括________、________和________。

6. 工业生产中应用的蒸发器按溶液在蒸发器中的运动情况，大致可分为________和________两大类。

7. 对蒸发器的维护通常采用________方法清除蒸发装置内积存的污垢。

8. 提高蒸发器生产强度的主要途径，应从提高________着手。

9. 影响蒸发器传热系数 K 的主要因素是________，可通过________和________方法提高。

10. 单效蒸发时，可将二次蒸汽绝热压缩以提高其温度，然后送回加热室作为加热蒸汽重新利用。这种方法常称为________。

四、简答题

1. 生产中蒸发操作的主要目的是什么?

2. 减压蒸发具有哪些优点?

3. 蒸发操作中为什么要排除不凝性气体? 如何排除?

4. 蒸发过程引起沸点升高的原因有哪些?

5. 影响蒸发器生产强度的因素有哪些? 如何强化蒸发器的传热速率?

6. 蒸发操作中，可采取哪些措施提高加热蒸汽的利用率?

7. 多效蒸发的操作原理是什么? 如何确定多效蒸发的效数?

8. 生产中常用的蒸发设备有哪些类型? 各有什么特点?

五、计算题

1. 用单效蒸发器将2t浓度为10%的NaOH溶液经过1h浓缩到20%，求每小时蒸发多少水?

2. 某蒸发车间的大气冷凝器中用20℃水将100℃的废二次蒸汽冷却到50℃，如果每小时需处理10t废二次蒸汽，问需要多少20℃冷却水?（已知冷却水出换热器的温度为40℃，换热器向周围散热为废二次蒸汽降热量的5%)。

3. 用单效蒸发器将1t/h的NaCl水溶液（质量分数）由5%浓缩到30%。加热蒸汽压力为120kPa，蒸发器内操作压力为20kPa，溶液沸点为75℃。已知进料预热到沸点温度，蒸发器的传热系数为1500W/(m^2·K)，忽略热损失。试求完成液量、加热蒸汽消耗量以及所需传热面积。

第7章

蒸　馏

本章培训目标

1. 会用蒸馏过程的名词及基本术语正确表述蒸馏过程 。

2. 掌握蒸馏操作的基本原理；能正确画出精馏流程图。

3. 能进行双组分精馏过程的全塔、精馏段、提馏段物料衡算；熟知进料的五种状态。

4. 熟知回流比、全回流和最小回流比的概念，知道确定最佳回流比的原则；掌握全回流的应用及回流比对蒸馏操作的影响。

5. 会根据公式确定加热蒸汽和冷却水的用量。

6. 知道板式塔的结构、各部分的作用。

7. 熟知精馏操作的主要影响因素变化时，对精馏操作产生的影响；精馏塔的操作控制及提高产品的质量和产量的方法。

8. 熟知精馏系统常见的设备、操作故障，造成故障的原因及处理方法。

化工生产中有许多互溶的液体混合物需要分离，经常采用的方法之一就是蒸馏操作。例如，石油经蒸馏操作可以得到汽油、煤油和柴油等，液态空气经蒸馏操作可以得到纯态的氧和氮等。

蒸馏操作是分离互溶液体混合物或液态气体混合物的常用单元操作。蒸馏操作是以互溶液体混合中各组分在相同操作条件下的沸点或饱和蒸气压的不同为依据，通过加入热量或取出热量的方法，使混合物形成气、液两相系统，气、液两相在相互接触中进行热量、质量传递，使易挥发组分在气相中增浓，难挥发组分在液相中增浓，从而实现互溶液体混合物分离的方法称为蒸馏。所以，蒸馏操作的依据是互溶液体混合物中各组分挥发性的差异，分离的条件是必须形成气、液两相系统。

互溶液体混合物中饱和蒸气压较大的组分的沸点较低，沸点较低的组分容易汽化，称为易挥发组分或轻组分；饱和蒸气压较小的组分的沸点较高，沸点较高的组分不易汽化，称为难挥发组分或重组分。因此，蒸馏所得到的蒸气冷凝后生成的液体（即馏出液）中，低沸点组分的浓度增加；残留的液体（即残液）中，高沸点组分的浓度增加。这样，可将液体混合物分离成组分不同的两部分。例如，在常压下，苯的沸点是353.2K，甲苯的沸点383.4K。如果将苯和甲苯的混合液进行蒸馏时，苯是易挥发组分或轻组分，甲苯是难挥发组分或重组分，可以得到含高浓度苯的馏出液和含高浓度甲苯的残液。显然，液体混合物中各组分的沸点相差越大，分离操作越容易进行。如果在同一压力下各组分的沸点相同或相近，则用一般的蒸馏方法不能进行分离。

蒸馏和蒸发虽然都是将液体混合物加热到沸腾进行组分分离的单元操作，但这两种操作有着本质的不同。

① 进行蒸发的溶液中，溶剂是挥发的，溶质是不挥发的；进行蒸馏的溶液，溶质与溶剂都具有挥发性。

② 经蒸发操作除去的是一部分溶剂而使液相中溶质的浓度增加，其产物是被浓缩了的溶液或固体溶质。在蒸馏过程中溶质与溶剂同时变成蒸气，蒸气冷凝液和残液可能都是蒸馏操作的产品。

根据蒸馏操作的不同特点，蒸馏可以有不同的分类方法。

① 按蒸馏操作方式分类　可分为简单蒸馏、精馏和特殊精馏

等。简单蒸馏适用于易分离物系或对分离要求不高的场合；精馏适用于难分离物系或对分离要求较高的场合；特殊蒸馏包括水蒸气蒸馏、恒沸蒸馏、萃取蒸馏，特殊精馏适用于普通精馏难以分离或无法分离的物系。工业生产中以精馏的应用最为广泛。

② 按操作流程分类 可分为间歇蒸馏和连续蒸馏。间歇蒸馏多应用于小规模生产或某些有特殊要求的场合。工业生产中多处理大批量物料，通常采用连续蒸馏。

③ 按物系中组分的数目分类 可分为双组分蒸馏和多组分蒸馏。工业生产以多组分蒸馏最为常见。但是两者在原理和计算方法等方面没有本质的区别。双组分蒸馏的计算方法较简单，它是讨论多组分蒸馏的基础。

④ 按操作压强分类 可分为常压蒸馏、减压蒸馏和加压蒸馏。工业生产中一般多采用常压蒸馏。对在常压下物系沸点较高或在高温下易发生分解、聚合等易变质的物系（即热敏性物系），常采用减压蒸馏。对常压下物系的沸点在室温以下的混合物或气态混合物，则采用加压蒸馏。

本章重点讨论常压下双组分物系的连续精馏。

7.1 气液相平衡关系

7.1.1 双组分理想溶液的气液相平衡关系

蒸馏过程是物质（组分）在气液两相间，由一相转移到另一相的传质过程。当气液两相互相接触，互相扩散，达到平衡时，气液两相间的浓度关系，称为气液相平衡（汽液平衡）关系。汽液平衡关系表示的是传质过程的极限，是分析蒸馏原理和解决蒸馏计算问题的基础。本节主要讨论理想物系（即液相是理想溶液，气相是理想气体）的汽液平衡关系。

(1) 拉乌尔定律

在一定温度下，溶液上方的蒸气中任一组分的分压等于此纯组分在该温度下的饱和蒸气压乘以该组分在液相中的摩尔分数。

$$p_A = p_A^0 x_A \tag{7-1}$$

$$p_B = p_B^0 x_B = p_B^0 (1 - x_A) \tag{7-2}$$

式中 p_A，p_B——分别为组分 A、B 在气相中的平衡分压，Pa；

p_A^0，p_B^0——分别为纯组分 A、B 在平衡温度下的饱和蒸气压，Pa；

x_A，x_B——分别为组分 A、B 在液相中的摩尔分数。

当溶液上方蒸气总压为 p 时，组分 A 在液相中的摩尔分数为：

$$x_A=\frac{p-p_B^0}{p_A^0-p_B^0} \tag{7-3}$$

式(7-3) 称为泡点方程，表示平衡物系的温度和液相组成的关系。在一定压强下，液体混合物开始沸腾产生第一个气泡的温度，称为泡点温度（简称泡点）。

溶液上方蒸气中组分 A 的摩尔分数为：

$$y_A=\frac{p_A^0x_A}{p_A^0x_A+p_B^0(1-x_A)} \tag{7-4}$$

式(7-4) 称为露点方程，表示平衡物系的温度和气相组成的关系。在一定压强下，混合蒸气冷凝开始出现第一个液滴的温度，称为露点温度（简称露点）。

式(7-3)、式(7-4) 是用饱和蒸气压表示双组分理想溶液的气液相平衡关系，如果已知纯组分的饱和蒸气压，即可依上式求出各温度下相应的 x、y 值。真正的理想溶液是不存在的，但实践证明，由性质非常相似的物质所组成的溶液，如苯和甲苯、甲醇和乙醇以及烃类同系物所组成的溶液，可视为理想溶液。当真实溶液的浓度无限稀时，也能接近于理想溶液。

【例 7-1】 在 107kPa 的压力下，苯和甲苯混合液在 96℃下沸腾，求在该温度下的气液相平衡组成。（已知：在 96℃时，$p_{苯}^0=161\text{kPa}$，$p_{甲}^0=65.5\text{kPa}$）

解 根据式(7-4)，可求得在平衡时苯的液相组成

$$x_{苯}=\frac{p-p_{甲}^0}{p_{苯}^0-p_{甲}^0}=\frac{107-65.5}{161-65.5}=0.435$$

根据式(7-5)，可求得在平衡时甲苯的气相组成

$$y_{苯}=\frac{p_A^0x_A}{p_A^0x_A+p_B^0(1-x_A)}=\frac{161\times0.435}{161\times0.435+65.5\times(1-0.435)}=0.655$$

平衡时甲苯在液相和气相的组成分别为：

$$x_{甲苯}=1-x_{苯}=1-0.435=0.565$$
$$y_{甲苯}=1-y_{苯}=1-0.655=0.345$$

(2) 双组分溶液气液相平衡图

用相图表示的汽液平衡关系清晰直观，在双组分蒸馏中应用相图计算非常方便，影响蒸馏过程的因素可在相图上直接反映出来。常用的相图为恒压下的沸点-组成图和气-液组成图。

① 沸点-组成图（t-x-y 相图） 蒸馏操作通常在一定压力下进行，所以混合液在恒压下的沸点和组成的关系更有实用价值，它们的关系用 t-x-y 相图表示，由实验测定。在一定压力下，混合液是理想溶液时，从拉乌尔定律可得 t-x-y 相图。已知各温度下纯组分的饱和蒸气压，可以根据式(7-3)、式(7-4) 逐点求出相应的 x_A 和 y_A 值，即得 t-x-y 相图。

【例 7-2】 苯和甲苯纯组分的饱和蒸气压如表 7-1 所示，试作出苯-甲苯混合液在常压下的 t-x-y 相图。苯和甲苯溶液可视为理想溶液。

表 7-1 苯-甲苯气液相平衡数据

温度		饱和蒸气压/kPa		苯在 101.3kPa 下的摩尔分数	
K	℃	苯 p_A^0	甲苯 p_B^0	x_A	y_A
353.2	80.2	101.3	40.0	1.000	1.000
357.0	84.0	113.6	44.4	0.83	0.930
361.0	88.0	127.7	50.6	0.639	0.820
365.0	92.0	143.7	57.6	0.508	0.720
369.0	96.0	160.7	65.7	0.376	0.596
373.0	100.0	179.4	74.6	0.255	0.452
377.0	104.0	199.4	83.3	0.155	0.304
381.0	108.0	221.2	93.9	0.058	0.128
383.4	110.4	233.0	101.3	0.000	0.000

解 以温度为 365.0K 时为例，计算如下：

$$x_A=\frac{p-p_B^0}{p_A^0-p_B^0}=\frac{101.3-57.6}{143.7-57.6}=0.508$$

$$y_A=\frac{p_A^0x_A}{p_A^0x_A+p_B^0(1-x_A)}=\frac{143.7\times0.508}{143.7\times0.508+57.6\times(1-0.508)}=0.720$$

在苯和甲苯沸点范围内所求得的数值，列于表 7-1 中。将对应

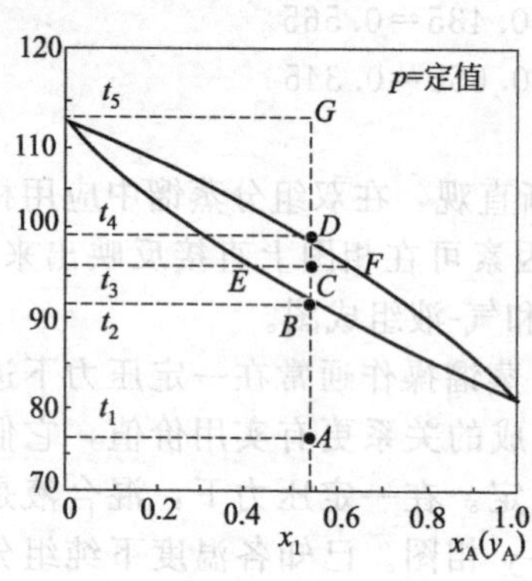

图 7-1 苯-甲苯溶液 t-x-y 相图

的 t-x_A、t-y_A 值一一标绘在以 x_A、y_A 为横坐标，t 为纵坐标的直角坐标上，即得 t-x-y 相图，如图 7-1 所示。图中有两条曲线，下方曲线表示混合液的沸点 t（泡点）和组成 x_A 之间的关系，称为液相线、沸点线或泡点线。上方曲线表示饱和蒸气的冷凝温度 t（露点）和组成 y_A 之间的关系，称为气相线、冷凝曲线或露点线。液相线以下的部分是液相区（过冷液相区），在此区域内的任意一点都表示由苯和甲苯组成的溶液，温度变化时，组成不变，液相线代表饱和液体。气相线以上的部分是气相区（过热蒸气区），在此区域内的任意一点都表示由苯和甲苯组成的气体混合物，温度变化时，组成不变，气相线代表饱和蒸气。液相线和气相线之间的区域为气、液混合区，在此区域内的任一点都表示气、液相互成平衡，平衡组成由等温线与气相线和液相线的交点来决定。

若将组成为 x_1、温度为 t_1 的混合液（图中点 A）加热升温至泡点温度 t_2（点 B），开始出现气相，成为两相物系，继续升温至 t_3（点 C），即两相区，两相温度相同，气、液两相组成分别为点 F 和 E 所示，气相组成（苯的摩尔分数，下同）比平衡的液相组成及原料组成都高；继续升温至露点 t_4（点 D），全部液相完全汽化，气相组成与原料液组成相同；再加热至点 G，气相成为过热蒸气。若将过热蒸气降温，则经历与升温时相反的过程。在上述过程中，只有在两相区的部分汽化和部分冷凝对精馏操作才有实际意义。

当上述溶液加热到 t_2（点 B）开始沸腾产生蒸气时，由于较多的低沸点组分转移到气相中，液相中低沸点组分的浓度开始降低，而高沸点组分的浓度增高，溶液的沸点也随着升高。当溶液的沸点升高到 t_4（点 D）时，即全部变成蒸气。因此溶液有一个初沸点（泡点或初馏点）和一个终沸点（露点或终馏点）。混合液的沸点由一个温度范围（初馏点到终馏点）来表示，这个温度范围称为混合液的馏程。显然，泡点和露点的高低与压力和混合液的组成有关。t-x-y 相图是在总压一定的条件下作出的，因此，总压（操作压力）改变时，气液相平衡关系也随之改变。

② 气液相平衡图（y-x 相图） 将上述 x 和 y 的关系标绘在直角坐标图上，并连接成光滑的曲线，即 y-x 相图。这是蒸馏计算中常用的图。y-x 相图表示在一定的总压下，蒸气的组成 y_A 和与平衡的液相 x_A 之间的关系。图 7-2 是苯和甲苯混合液的 y-x 相图。图中的曲线称为相平衡曲线或 y-x 曲线，与对角线（参考线）$y=x$ 相交于点（0，0）和点（1，1）。

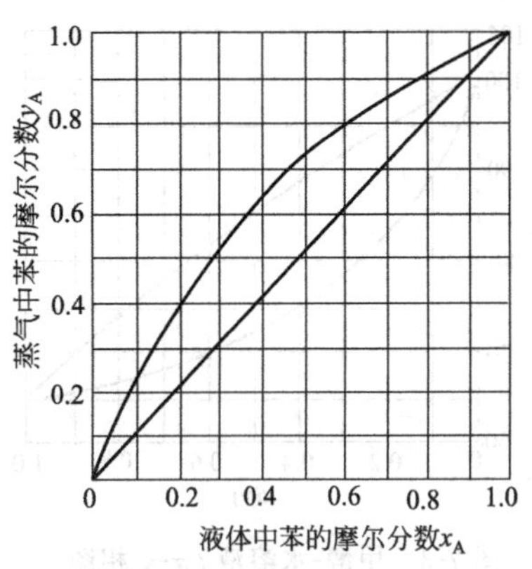

图 7-2 苯-甲苯的 y-x 相图

从 y-x 相图可以看出，平衡线距离对角线越远，则表明气液相平衡浓度相差越大，一定浓度的混合液在汽化时得到的蒸气浓度越高，对蒸馏越有利。在一般情况下，总压的改变对 y-x 曲线影响很小。

（3）双组分非理想溶液的气液相平衡

对于非理想溶液，若非理想程度一般，则其 t-x-y 相图及 y-x 相图的形状与理想溶液的相似，如图 7-3 和图 7-4 所示的甲醇-水溶液的相图；若非理想程度严重，则可能出现恒沸点和恒沸组成。例如，乙醇-水物系是具最低恒沸点的非理想溶液，硝酸-水物系是具有最高恒沸点的非理想溶液，它们的 y-x 相图分别如图 7-5 和图 7-6 所示。由图 7-5 和图 7-6 可见，平衡曲线与对角线分别交于点 M 和点 N，交点处的组成称为恒沸组成，表示气液两相组成相等。因此，用普通的蒸馏方法不能分离恒沸溶液。

7.1.2 挥发度和相对挥发度

（1）挥发度

挥发度表示物质（组分）挥发的难易程度。组分互溶的混合液

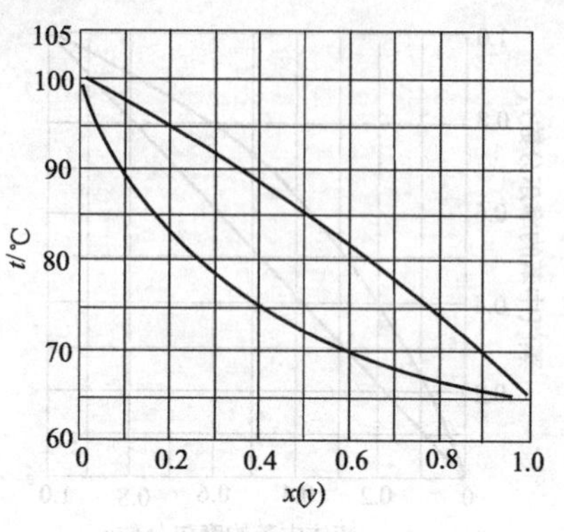

图 7-3　甲醇-水溶液 t-x-y 相图

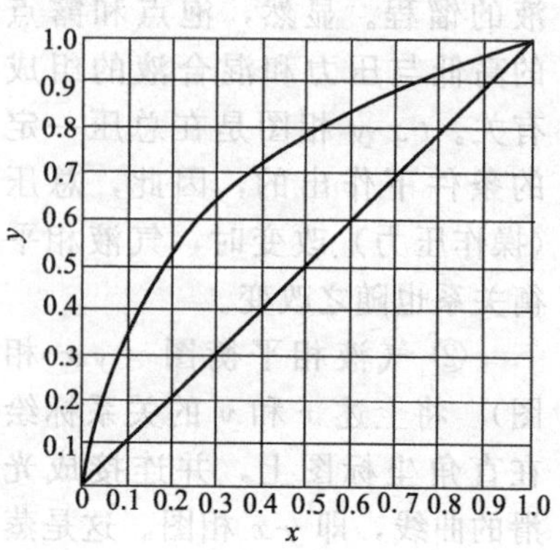

图 7-4　甲醇-水溶液 y-x 相图

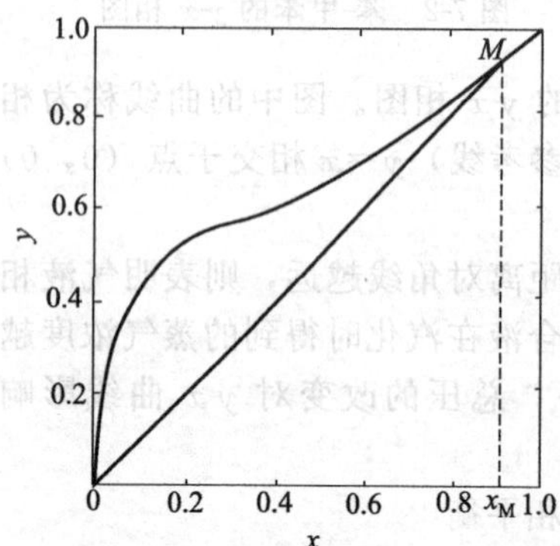

图 7-5　乙醇-水溶液的 y-x 相图

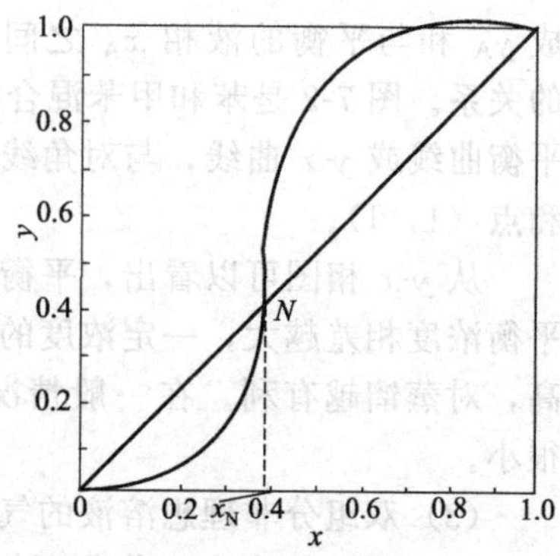

图 7-6　硝酸-水溶液 y-x 相图

的挥发度是组分在平衡气相中的分压与其在液相中的摩尔分数之比，称为该组分的挥发度，用符号 ν 表示，单位为 Pa。

$$\nu_A=\frac{p_A}{x_A}\quad \nu_B=\frac{p_B}{x_B} \tag{7-5}$$

式中　ν_A，ν_B——组分 A、B 的挥发度，Pa。

若组分 A 和 B 形成理想溶液，则有

$$\nu_A=p_A^0\quad \nu_B=p_B^0 \tag{7-6}$$

(2) 相对挥发度

混合液中各组分的挥发度是随温度而变的，故在蒸馏中常使用相对挥发度的概念。

混合液中两组分的挥发度之比，称为相对挥发度，用 α 表示。对于双组分溶液，组分 A 对组分 B 的相对挥发度是

$$\alpha_{AB}=\frac{\nu_A}{\nu_B} \tag{7-7}$$

相对挥发度的值由实验测定。对于理想溶液，则有

$$\alpha_{AB}=\frac{\nu_A}{\nu_B}=\frac{p_A^0}{p_B^0} \tag{7-8}$$

即理想溶液的相对挥发度等于两纯组分的饱和蒸气压的比。

(3) 用相对挥发度表示的相平衡关系

$$y_A=\frac{\alpha_{AB}x_A}{1+(\alpha_{AB}-1)x_A} \tag{7-9}$$

式(7-9) 就是用相对挥发度表示的气液相平衡关系，它是相平衡关系的另一种表达式。当已知挥发度 α_{AB}时，利用该式可以求得气液相平衡数据 y_A 和 x_A，将各对 y_A-x_A 值标绘在直角坐标上就得到 y-x 相图。

显然，由 α 值的大小，可判断溶液经蒸馏分离的难易程度以及是否可能分离。α 值越大，分离越容易。若 $\alpha=1$，则 $y_A=x_A$，不能用一般的方法分离。恒沸溶液就属于这种情况。

α 值随温度变化。对于理想溶液，α 值随温度变化很小，可取为定值或用塔顶温度和塔底温度的相对挥发度的几何平均值。这种情况下，利用式(7-9) 计算 x、y，绘制 y-x 相图是很方便的。

$$\alpha_{AB}=\sqrt{\alpha_{顶}\ \alpha_{底}} \tag{7-10}$$

式中 $\alpha_{顶}$——塔顶的相对挥发度；

$\alpha_{底}$——塔底的相对挥发度。

7.2 简单蒸馏和精馏的原理及流程

7.2.1 简单蒸馏的原理及流程

将互溶混合液加入蒸馏釜中加热到沸点，使混合液部分汽化，将生成的蒸气不断地送入冷凝器冷凝成为液体并移去，使混合液得到部分地分离的方法称为简单蒸馏或微分蒸馏。

常用的简单蒸馏装置如图 7-7 所示。操作时，将原料液送入蒸馏釜中用蒸气间接加热，使溶液达到沸腾，将所产生的蒸气引入到冷凝器冷凝，冷凝后的馏出液按沸程范围的不同分别送入不同的产品储槽内。在操作过程中蒸气中轻组分不断地被移出，蒸馏釜中的液相易挥发组分的含量越来越低，溶液沸点逐渐升高，使馏出液中易挥发组分的浓度不断地降低，需要分罐储存不同沸程范围的馏出液。当蒸馏釜中液体浓度降低到一定浓度时，蒸馏操作结束，将蒸馏釜中残液排出，重新加入混合液，开始下一次操作。

为了使简单蒸馏达到更好的分离效果，可在蒸馏釜顶部加装一个分凝器，如图 7-8 所示。进行简单蒸馏操作时，蒸馏釜中的混合液经过部分汽化所产生的蒸气再送到分凝器中进行部分冷凝，由于增加了一次部分冷凝，使从分冷凝中出来的蒸气中易挥发组分的含量得到进一步提高，所获得的馏出液中易挥发组分的含量较高。

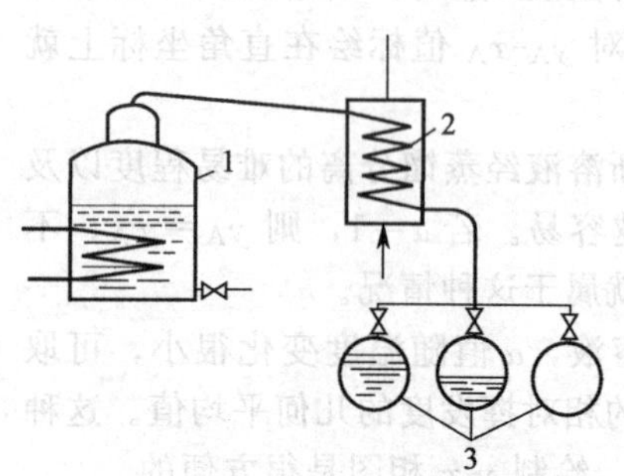

图 7-7 简单蒸馏装置
1—蒸馏釜；2—冷凝器；3—馏出液储槽

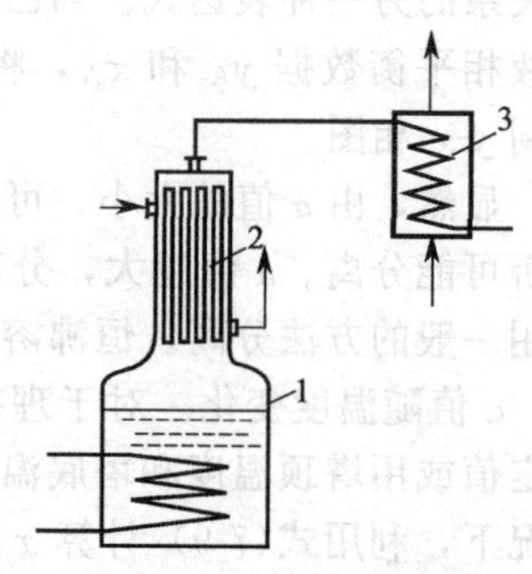

图 7-8 具有分凝器的简单蒸馏装置
1—蒸馏釜；2—分凝器；3—冷凝器

可见，简单蒸馏是间歇操作。它主要用于各组分沸点相差较大、分离要求不高的互溶混合液的粗略分离。例如石油的粗馏。

7.2.2 精馏原理及精馏流程

一次简单蒸馏不能得到较纯组分，一个混合溶液经过多次部分汽化和多次部分冷凝后，只要不是恒沸组成，就可分离成较纯的组分。假设经过多次简单蒸馏，可将互溶混合液分离，但是这种操作存在以下问题：①热能的利用率不高，消耗大量的蒸气和冷却水；②操作不稳定；③不能得到较纯的难挥发组分；④原料的利用率不高。为了得到较纯的轻组分和较纯的重组分，同时克服以上问题，就必须采用精馏的方法。

(1) 精馏原理

利用从塔底部上升的含轻组分较少的蒸气，与从塔顶部回流的含重组分较少的液体逆流接触，同时进行多次部分汽化和部分冷凝，使原料得到分离。

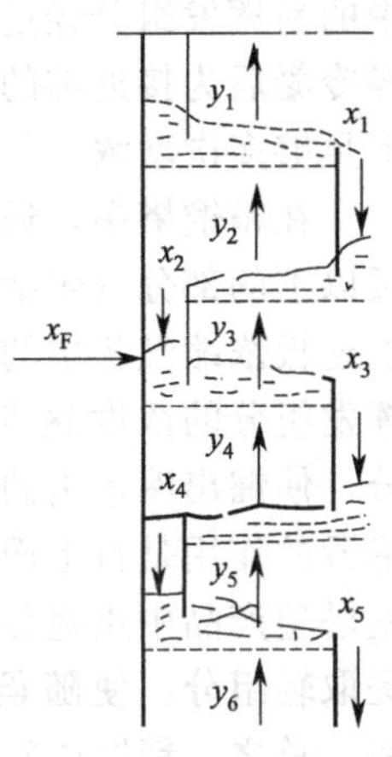

图 7-9 精馏塔

同时进行多次部分汽化和部分冷凝是在精馏塔中实现的，精馏塔如图 7-9 所示。塔板上有一层液体，气流经塔板被分散于其中成为气泡，气液两相在塔板上接触，液相吸收了气相带入的热量，使液相中的易挥发组分汽化，由液相转移到气相；同时，气相放出了热量，使气相中的难挥发组分冷凝，由气相转移到液相。部分汽化和部分冷凝的同时进行，使汽化、冷凝潜热相互补偿。精馏就是多次而且同时进行部分汽化和部分冷凝，使混合液得到分离的过程。

(2) 精馏装置中各部分的作用

工业上用于精馏操作的装置称为精馏塔。塔内装有多层塔板或填料，塔顶设有冷凝器，塔底装有再沸器，塔中部适当位置设有加料口。

塔板是从塔顶逐板下降的回流液体与从塔底逐板上升的蒸气接触的场所，在每一塔板上同时进行着传质和传热，同时进行部分汽化和部分冷凝。在精馏塔内自下而上的蒸气，每经过一块塔板就与板上的液层接触一次，就部分冷凝一次。蒸气每经过一次部分冷凝，其中易挥发组分的含量就增大一次，由塔底至塔顶，每块塔板上升的蒸气中易挥发组分的含量逐板增大。从塔顶经每块塔板下降的回流液与上升的蒸气接触，每经过一块塔板就部分汽化一次。混合液每经过一次部分汽化，其中易挥发组分的含量就减少一次，由塔顶往下至塔釜，每块塔板回流的液体中易挥发组分的含量逐板减少。所以，全塔各板中易挥发组分在气相中的浓度自下而上逐渐增加，而其在液相中的浓度自上而下逐渐减少；温度自下而上逐板降低，塔顶温度最低，塔釜温度最高。在塔板数足够的情况下，气相中的易挥发组分经过自下而上足够多次的增浓，从塔顶得到的蒸气经冷凝后为接近纯的易挥发组分；液相中的难挥发组分经过自上而下足够多次增浓，从塔底得到的液相为接近纯的难挥发组分。

在精馏塔中，通常把加进料板以上的部分称为精馏段，而加料板以下的部分（包括加料板）称为提馏段。精馏段的作用是自下而上逐板浓缩气相中的易挥发组分，即浓缩轻组分，使塔顶产品中易挥发组分的浓度达到最高。浓缩轻组分的同时从气相中提取重组分，使馏出液带走的重组分数量减少，又提高了重组分的收率，提馏段的作用是自上而下浓缩液相中的难挥发组分，即浓缩重组分，使塔釜产品中重组分的浓度得以提高。浓缩重组分的同时从液相中提取轻组分，使随釜液带走的轻组分数量减少，提高轻组分的收率。总之，精馏段提高的是易挥发组分浓度和难挥发组分的收率，提馏段提高的是难挥发组分浓度和易挥发组分的收率。

在精馏操作中，为了保证塔顶产品产量和质量的稳定，必须在精馏塔各板上建立起稳定的从下到上逐板增浓的液相和气相。由于易挥发组分不断地从塔板上的溶液中汽化，为保证塔板上液相组成的稳定，进而保证气相组成的稳定，就需要不断地往塔板上的液相中补充易挥发组分。从精馏塔塔顶引出的蒸气冷凝后，一部分馏出液作塔顶产品，其余部分流回到塔顶第一塔板，称为回流。塔顶回流液作为塔顶第一板的回流，由于上一层塔板液体中易挥发组分的含量较下一层塔板为多，全塔其余各塔板的回流液分别从上一塔板的溢流管引入。回流的作用是补充塔板上的轻组分，使塔板上的液相组成保持稳定，同时回流液又是蒸气部分冷凝的冷凝剂。回流是精馏操作连续稳定进行的必要条件。

为了使精馏操作连续稳定进行，还必须在塔底加热使液相部分汽化产生蒸汽，稳定地向最下一层塔板提供一定量、一定组成的蒸汽，逐板上升的蒸汽作为各塔板上液相部分汽化的加热蒸汽。常用的方法是在精馏塔底设置一个蒸馏釜或在塔外设置再沸器，用间接加热装置加热釜中的液体和从最后一块塔板回流下来的液体，使之沸腾汽化，向最下面一块塔板不断提供蒸气。

(3) 精馏流程

工业生产中常用的精馏流程可以分为两类：间歇精馏流程和连

续精馏流程。间歇精馏流程适合于加工量小，浓度经常变动或需分批进行精馏的场合。连续精馏流程在工业上应用比较普遍，适用于大规模连续化的生产过程。

①连续精馏流程　连续精馏流程如图7-10所示。原料液预热后，经加料板将原料稳定地送入精馏塔内进行精馏。塔底残液流入残液储槽。自塔顶出来的蒸气送入塔顶冷凝器中冷凝，从冷凝器中流出的冷凝液一部分作回流液，流入塔顶第一块塔板上，其余的冷凝液送入冷却器中冷却，降至常温后送入馏出液储槽。在连续精馏过程达到稳定状态时，原料液连续稳定加入塔内进行精馏，每层塔板上液体与蒸气组成都保持不变，塔顶和塔底也连续采出产品。

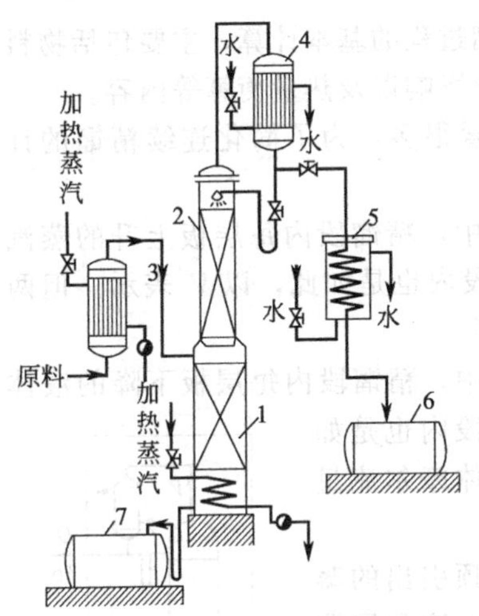

图7-10　连续精馏流程

1—精馏段；2—提馏段；3—原料预热器；4—冷凝器；5—冷却器；6—馏出液储槽；7—残液储槽

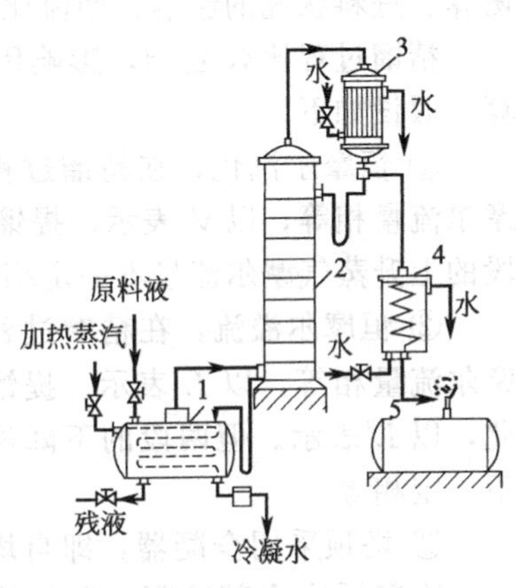

图7-11　间歇精馏流程

1—蒸馏釜；2—精馏塔；3—冷凝器；4—冷却器；5—残液储槽

②间歇精馏流程　间歇精馏流程如图7-11所示。原料液分批加入蒸馏釜中，用间接蒸气加热，将原料加热到沸腾。由蒸馏釜产生的蒸汽送入精馏塔底，自塔顶出来的蒸气送入冷凝器中冷凝，冷凝液一部分作回流液，流入塔顶第一块塔板上，其余部分的冷凝液

送入冷却器中，冷却至常温后送入馏出液储槽。蒸馏釜具有原料的预热器和残液储槽的双重作用。从间歇精馏的流程可以看出，间歇精馏塔只有精馏段，没有提馏段。

间歇精馏与连续精馏相比，原料是一次加入釜内的，随着精馏过程的进行，釜内液体中的易挥发组分含量逐渐减少，馏出液的浓度也随之下降，为了保证馏出液的质量，采用逐渐增大回流液量，增强塔内部分冷凝的方法，使馏出液的浓度相对稳定。当蒸馏釜中液体浓度降低到工艺要求时，停止加热，排除釜中的残液，准备下一次的精馏操作。

7.3 双组分连续精馏过程的基本计算

本节主要讨论双组分连续精馏过程的基本计算，主要包括物料衡算、进料状况的影响、回流比的影响以及热量衡算等内容。

精馏过程比较复杂，影响因素很多，为了简化连续精馏的计算，假设如下。

① 恒摩尔汽化，在精馏过程中，精馏段内每层板上升的蒸汽摩尔流量相等，以 V 表示。提馏段内也是如此，以 V' 表示。但两段的上升蒸气摩尔流量不一定相等。

② 恒摩尔溢流，在精馏过程中，精馏段内每层板下降的液体摩尔流量相等，以 L 表示。提馏段内也是如此，以 L' 表示。但两段的下降液体摩尔流量不一定相等。

③ 塔顶采用全凝器，即自塔顶引出的蒸气在冷凝器中全部冷凝。所以馏出液和回馏液的组成与塔顶蒸气的组成相同。

④ 塔釜或再沸器采用间接蒸气加热。

7.3.1 物料衡算及操作线方程

(1) 全塔物料衡算

应用全塔物料衡算可以找出精馏塔顶、底的产品与进料量及各组成之间的关系。对如图 7-12 所示的连续稳定操作的精馏装置进

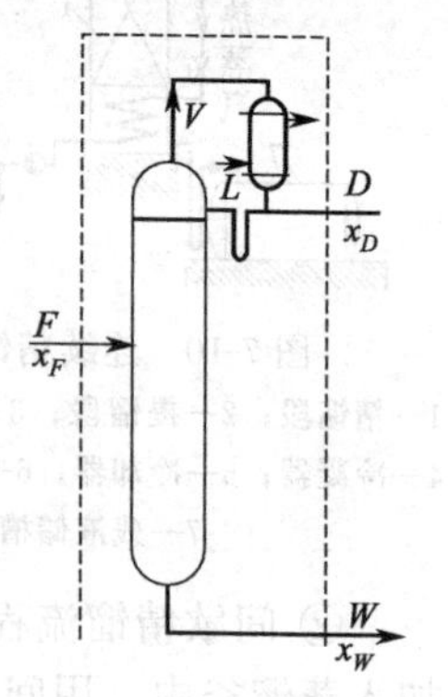

图 7-12 全塔物料衡算

行全塔物料衡算，以单位时间为衡算基准。

总物料衡算 $$F=D+W \tag{7-11}$$

对轻组分 $$Fx_F=Dx_D+Wx_W \tag{7-12}$$

式中 F——进塔的原料流量，kmol/h 或 kg/h；

D——塔顶馏出液流量，kmol/h 或 kg/h；

W——塔底残液流量，kmol/h 或 kg/h；

x_F——进料中轻组分摩尔分数或质量分数；

x_D——馏出液中轻组分摩尔分数或质量分数；

x_W——残液中轻组分摩尔分数或质量分数。

在式(7-11)和式(7-12)中的六个量中，通常 F 和 x_F 为已知，若给定两个参数，就可求出另外两个参数。

【例 7-3】 一连续操作的精馏塔，将 15000kg/h 含苯 40%和甲苯 60%的混合液分离为含苯 97%的馏出液和含苯 2%的残液(以上均为质量分数)。操作压力为 101.3kN/m^2。用摩尔分数表示含量求馏出液和残液的流量，kg/h 和 kmol/h。

解 ① 当流量单位为 kg/h，组成用质量分数表示时

$$F=D+W$$

$$Fx_F=Dx_D+Wx_W$$

$$15000=D+W$$

$$15000\times0.4=D\times0.97+W\times0.02$$

$$D=6000\text{kg/h}$$

$$W=9000\text{kg/h}$$

② 当流量单位为 kmol/h，组成用摩尔分数表示时，将质量分数换算成摩尔分数苯分子量为 78，甲苯分子量为 92

进料组成 $$x_F=\frac{\frac{40}{78}}{\frac{40}{78}+\frac{60}{92}}=0.44$$

残液组成 $$x_W=\frac{\frac{2}{78}}{\frac{2}{78}+\frac{98}{92}}=0.0235$$

馏出液组成 $x_D=\dfrac{\dfrac{97}{78}}{\dfrac{97}{78}+\dfrac{3}{92}}=0.974$

原料液的平均摩尔质量为

$M_{均}=\sum M_i x_i=78\times0.44+92\times0.56=85.84$ (kg/kmol)

原料液的流量　$F=15000/85.84=175.0$ (kmol/h)

所以 $$175.0=D+W$$

$$175.0\times0.44=D\times0.974+W\times0.0235$$

两式联立求解 得

$$D=76.7\text{kmol/h}$$

$$W=98.3\text{kmol/h}$$

(2) 精馏段的物料衡算——精馏段操作线方程式

在图 7-13 中虚线范围内，对由塔顶往下数到第 $n+1$ 板以上包括冷凝器在内的一段塔板进行物料衡算。

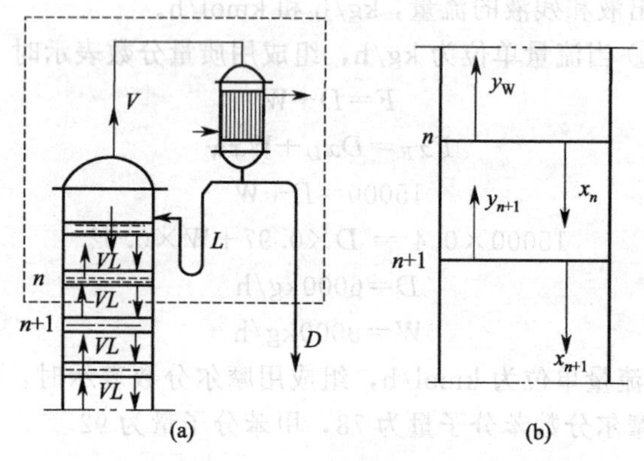

图 7-13　精馏段物料衡算

总物料衡算

$$V=L+D \tag{7-13}$$

对易挥发组分

$$Vy_{n+1}=Lx_n+Dx_D \tag{7-14}$$

式中　V——精馏段内上升蒸气的流量，kmol/h；

L——精馏段内下降液体（回流液）的流量，kmol/h；

D——塔顶馏出液流量，kmol/h；

y_{n+1}——自第 $n+1$ 板上升到第 n 板的蒸气中易挥发组分的摩尔分数；

x_n——自第 n 板回流到第 $n+1$ 板的液体中易挥发组分的摩尔分数。

由式(7-13)、式(7-14)，且令 $R=\frac{L}{D}$，可得：

$$y_{n+1}=\frac{R}{R+1}x_n+\frac{x_D}{R+1} \tag{7-15}$$

式中 R——回流比，即回流液量与塔顶产品量之比，将在后边介绍。

式(7-15) 为精馏段操作线方程式。它表示精馏段内自任一塔板（第 n 板）下降的液体组成 x_n 与相邻的下一塔板（第 $n+1$ 板）上升的蒸气组成 y_{n+1} 之间的关系。为了方便可将下标省略，但其意义不变。

$$y=\frac{R}{R+1}x+\frac{x_D}{R+1} \tag{7-16}$$

在稳定操作条件下，R 和 x_D 都是定值，将其标绘在 y-x 相图上是一条过点（x_D，x_D）的直线，称为精馏段操作线，其斜率为 $\frac{R}{R+1}$，在 y 轴上的截距为 $\frac{x_D}{R+1}$。

(3) 提馏段的物料衡算——提馏段操作线方程式

在图 7-14 中虚线范围内，对 m 板以下包括蒸馏釜在内的一段塔板作物料衡算。

总物料衡算

$$L'=V'+W \tag{7-17}$$

对易挥发组分

$$L'x_m=V'y_{m+1}+Wx_W \tag{7-18}$$

式中 W——残液的流量，kmol/h；

V'——提馏段内上升蒸气的流量，kmol/h；

L'——提馏段内下降液体（回流液）的流量，kmol/h；

y_{m+1}——自第 $m+1$ 板上升到第 m 板的蒸气中易挥发组分的摩尔分数；

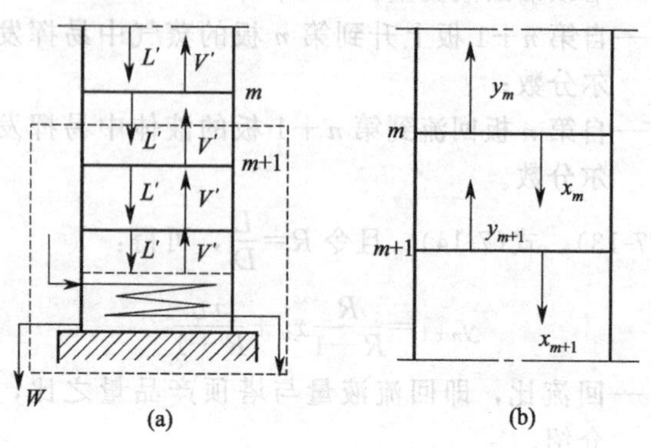

图 7-14　提馏段物料衡算示意图

x_m——自第 m 板回流到第 $m+1$ 板的液体中易挥发组分的摩尔分数。

由式(7-17)、式(7-18)，得

$$y_{m+1}=\frac{L'}{L'-W}x_m-\frac{W}{L'-W}x_W \tag{7-19}$$

式(7-19) 为提馏段操作线方程式。它表示提馏段内自任一塔板（第 m 板）下降的液体组成 x_m 与自相邻的下一塔板（第 $m+1$ 板）上升的蒸气组成 y_{m+1} 之间的关系。

在稳定操作条件下，L'、W 和 x_W 都是定值，将式(7-19) 标在 y-x 相图上是一条过点（x_W，x_W）的直线，称为提馏段的操作线。为了方便可将下标省略，但其意义不变。

$$y=\frac{L'}{L'-W}x-\frac{W}{L'-W}x_W \tag{7-20}$$

7.3.2　进料状况对操作线的影响

在精馏塔实际操作过程中，进料状况共有五种情况：①低于沸点的冷液进料；②饱和液体进料；③气、液混合进料；④饱和蒸气进料；⑤过热蒸气进料。进料状态的不同将直接影响进料板上、下两段上升蒸气和下降液体的流量。所以，引入进料状态下的液化分率 q：

$$q=\frac{\text{原料中液相的千摩尔分数}}{\text{原料的千摩尔分数}} \tag{7-21}$$

液化分率的物理意义是：若总进料量 F，则引入加料板液体量 qF，所以提馏段的回流量比精馏段增加 qF，同时进入精馏段上升蒸气量比提馏段增加了 $(1-q)F$。如图 7-15 所示。因此在进料板上、下两段气、液流量的关系式为：

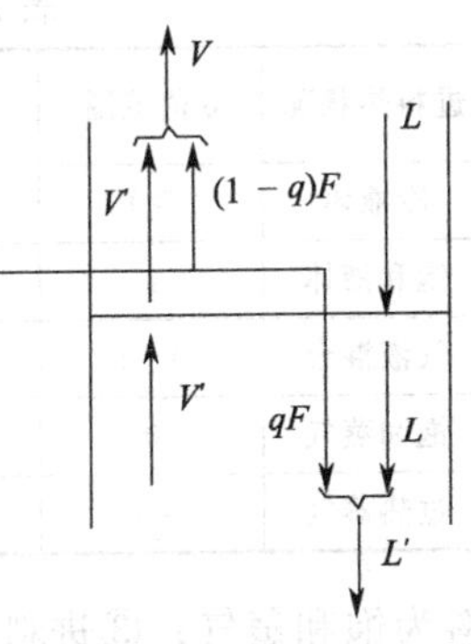

图 7-15　加料板流量关系

$$L'=L+qF \tag{7-22}$$

$$V=V'+(1-q)F \tag{7-23}$$

如果式中 q 是已知的，将 $L'=L+qF$ 代入式(7-20) 中，提馏段操作线方程可写为

$$y=\frac{L+qF}{L+qF-W}x-\frac{Wx_W}{L+qF-W} \tag{7-24}$$

式(7-24) 标在 y-x 相图上是过点 (x_W, x_W) 的一条直线，其斜率是 $\frac{L+qF}{L+qF-W}$，在 y 轴上的截距是 $-\frac{W}{L+qF-W}x_W$。

在两操作线交点处，气、液相间的关系应既符合精馏段操作线方程式，也应符合提馏段操作线方程式。可将两操作线方程式联立求得交点的轨迹。

$$y=\frac{q}{q-1}x-\frac{x_F}{q-1} \tag{7-25}$$

式(7-25) 称为操作线交点的轨迹方程式。将式(7-25) 标在 y-x 相图上是过点 (x_F, x_F) 的一条直线，其斜率是 $\frac{q}{q-1}$，在 y 轴上的截距是 $-\frac{x_F}{q-1}$。式(7-25) 也称为 q 线方程式。

不同进料热状况的 q 值，进料板精馏段、提馏段的气、液流量关系及 q 线斜率列于表 7-2 中。

【例 7-4】 一连续操作的精馏塔，将 175kmol/h 含苯 44％和甲苯 56％的混合液分离为含苯 97.4％的馏出液和含苯 2.35％的残液（以上均为摩尔分数）。操作压力为 101.3kN/m^2。试求原料液在以下三种进料情况下的 q 线方程式：①进料为泡点的液体；②进

表 7-2　不同进料热状况的对比

进料热状况	q 值范围	精馏段、提馏段的气、液流量关系	q 线斜率 $q/(q-1)$
冷液体	>1	$L'>L+F;V'>V$	$1\sim\infty$
饱和液体	1	$L'=L+F;V=V'$	∞垂线
气液混合	$0\sim1$	$L'=L+qF;V=V'+(1-q)F$	$-\infty\sim0$
饱和蒸气	0	$L'=L;V=V'+F$	0 水平线
过热蒸气	<0	$L'<L;V>V'+F$	$0\sim1$

料为饱和蒸气；③进料为气、液各半的混合物。

解　① 饱和液体进料　$y=\dfrac{q}{q-1}x-\dfrac{x_F}{q-1}$

改写成　$(q-1)y=qx-x_F$

在饱和液体进料时 $q=1$，则得饱和液体进料时 q 线方程式

$$x=x_F=0.44$$

② 饱和蒸气进料时 $q=0$，则得饱和蒸气进料时 q 线方程式

$$y=x_F$$

③ 若进料为气、液各半的混合物时，根据液化分率物理意义得 $q=1/2=0.5$

$$y=\frac{q}{q-1}x-\frac{x_F}{q-1}=\frac{0.5}{0.5-1}x-\frac{0.44}{0.5-1}$$

$$y=-x+0.88$$

在进料组成 x_F 一定时，进料板位置随进料状况而异。适宜的加料板位置一般在塔内液相或气相组成与进料组成相同或相近的塔板上，这样可以达到较好的分离效果，或对于一定的分离任务所需的塔板数较少。

进料为液相时，料液加到进料板上；气相进料时，料应加到进料板下方；气、液混合进料时，原则上将液体和气体分别进入加料板上、下两侧，实际上为了操作方便，可全部加到进料板上。若有多种不同组成的原料进料时，将它们分别加到与进料组成相同或相近的塔板上，比将它们混合在一起加到进料板上所需理论板数少。如进料组成和热状态常有较大变化，可在精馏塔上设多个进料口，以适应 x_F 和 q 的变化。

7.3.3 回流比的影响

回流比是保证精馏塔连续稳定操作的基本条件，它是影响精馏设备费和操作费的重要因素，对产品质量和产量有重大影响。由于回流比调节方便，是精馏操作的主要控制因素之一。

对于一定的分离任务，在确定 x_D、x_W 和 x_F 及进料状态条件下，则 q 线一定，精馏操作线的位置仅随回流比变化。采用较大的回流比时，每层塔板的分离效率提高，所以，在固定分离要求的情况下，增大回流比所需的塔板数减少。反之，所需的塔板数就多。回流比有两个极限值，即全回流和最小回流。

若塔顶蒸气全部冷凝后不采出产品，全部流回塔内，称为全回流，此时既不向塔内进料，也不采出产品，生产能力为零。由于全回流时塔板分离效率最大，所以达到一定的要求时所需的塔板数最少。全回流主要应用在：①精馏塔开工阶段，为迅速在各塔板上建立逐板增浓的液层暂时采用；②实验或科研上为方便测定实验数据，采用全回流；③操作中因意外而使产品浓度低于要求时，进行一定时间的全回流，能够较快地达到操作正常。

当回流比从全回流逐渐减小时，塔板分离效率逐渐降低，所需的理论塔板数逐渐增多。当回流比减小到使两操作线的交点落在相平衡线上时，如图 7-16 所示，分离混合液需要无穷多塔板。此时的回流比称为最小回流比，以 R_{min} 表示。它是回流比的最小值。

实际回流比应在全回流和最小回流比之间。最适宜的回流比应通过经济核算确定。操作费用和设备费用的总和为最小时的回流比称为适宜回流比。在很多精馏过程中，最适宜回流比的数值大约为最小回流比的 1.2～2 倍。

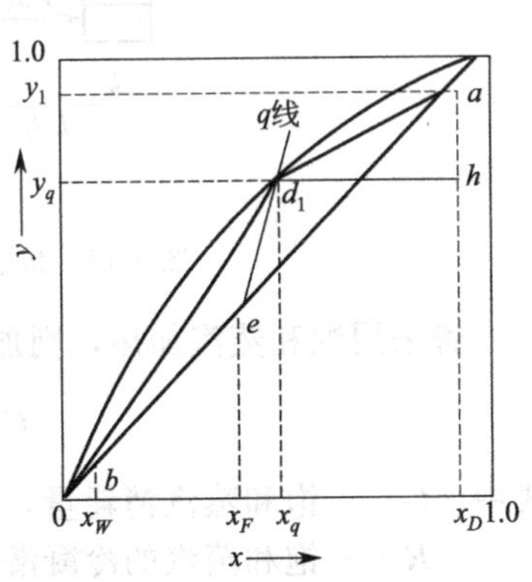

图 7-16　最小回流比的确定

在生产中，当塔内蒸气流量 V 和进料量、组成、热状况不变时，增加回流比可以使塔顶产品组成提高，但由于再沸器的负荷一定（V 一定），增加回流比，塔

顶产品 D 减少，降低了精馏塔的生产能力。回流比过大，将会造成塔内物料循环量过大，甚至破坏塔的正常操作。反之，减少回流比，情况正好相反。因此，回流比的正确控制与调节，是保证生产优质、高效、低消耗的重要手段。

7.3.4 连续精馏装置的热量衡算

通过对连续精馏装置的热量衡算，可以确定再沸器和塔顶冷凝器的热负荷以及加热剂和冷却剂的消耗量。

(1) 再沸器的热负荷及加热剂的消耗量

如图 7-17 所示，对再沸器进行热量衡算得其热负荷：

$$Q_B=V'(I_{V'}-I_W)+Q_L \qquad (7\text{-}26)$$

式中 Q_B——再沸器的热负荷，kJ/h；

$I_{V'}$——再沸器中上升蒸气的焓，kJ/kmol；

I_W——釜液的焓，kJ/kmol；

Q_L——再沸器热损失，kJ/h。

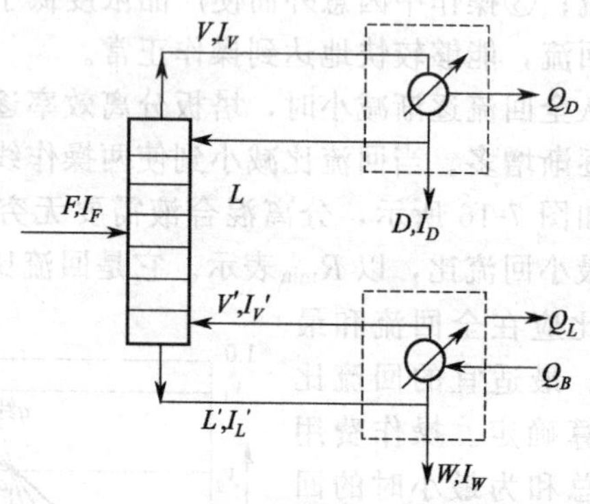

图 7-17 精馏装置热量衡算图

若采用饱和蒸汽加热，则加热蒸汽的消耗量为：

$$G=\frac{Q_B}{R} \qquad (7\text{-}27)$$

式中 G——饱和蒸汽消耗量，kg/h；

R——饱和蒸汽的冷凝潜热，kJ/kg。

(2) 塔顶冷凝器的热负荷及冷却剂的消耗量

如图 7-17 所示，对塔顶冷凝器进行热量衡算，在忽略热损失时，其热负荷为：

$$Q_D=V(I_V-I_D)=D(R+1)(I_V-I_D) \tag{7-28}$$

式中 Q_D——全凝器的热负荷，kJ/h；

I_V——塔顶上升蒸气的焓，kJ/kmol；

I_D——馏出液的焓，kJ/kmol。

冷却介质的消耗量为： $$W=\frac{Q_D}{C_p(t_2-t_1)} \tag{7-29}$$

式中 W——冷却介质消耗量，kg/h；

C_p——冷却介质的平均比热容，kJ/(kg·K)；

t_1，t_2——分别为冷却介质在冷凝器的进、出口温度，K。

【例 7-5】 连续精馏塔分离苯-甲苯混合液，进料量为116.6kmol/h，泡点进料，塔顶产品为51.0kmol/h，回流比为3.5，加热蒸汽绝压为200kPa，再沸器热损失为1.5×10^6kJ/h，塔顶采用全凝器，泡点回流，冷却水进、出口温度分别为25℃和35℃，冷凝器热损失忽略不计，已知甲苯的汽化潜热为360kJ/kg，苯的汽化潜热为390kJ/kg，求：①再沸器的热负荷及加热蒸汽的消耗量；②全凝器的热负荷及冷却水的消耗量。

解 已知：$F=116.6$kmol/h，$D=51.0$kmol/h

$$V=(R+1)D=(3.5+1)\times51.0=229.5\text{(kmol/h)}$$

泡点进料 $q=1$ $V=V'=229.5$kmol/h

① 再沸器的热负荷及加热蒸汽的消耗量

$$Q_B=V'(I_{V'}-I_W)+Q_L$$

塔釜液几乎为纯甲苯，所以 $I_{V'}-I_W$ 可取为纯甲苯的汽化潜热，即

$$I_{V'}-I_W=360\times92=33120\ \text{(kJ/kmol)}$$

$$Q_B=229.5\times33120+1.5\times10^6=9.1\times10^6\ \text{(kJ/h)}$$

由附录查得绝压为200kPa的蒸汽的汽化潜热为2204.6kJ/kg

$$G=\frac{Q_B}{R}=\frac{9.1\times10^6}{2204.6}=4127.7\ \text{(kg/h)}$$

② 全凝器的热负荷及冷却水的消耗量

$$Q_D=V(I_V-I_D)$$

因为馏出液几乎为纯苯，回馏液在泡点下回流入塔内，I_V-

I_D 可取苯的汽化潜热

$$I_V - I_D = 390 \times 78 = 30420 \text{ (kJ/kmol)}$$

$$Q_D = V(I_V - I_D) = 229.5 \times 30420 = 6.98 \times 10^6 \text{ (kJ/h)}$$

冷却水的消耗量为

$$W = \frac{Q_D}{C_p(t_2 - t_1)} = \frac{6.98 \times 10^6}{4.187(35-25)} = 1.67 \times 10^5 \text{(kg/h)}$$

7.4 精馏塔

完成精馏操作的塔设备，称为精馏塔。其基本功能是为气液两相提供充分接触的机会，使传热和传质过程迅速而有效地进行，使接触后的气、液两相及时分开，互不夹带。根据塔内气、液两相接触部件的结构形式，精馏塔分为板式塔和填料塔两大类。

板式塔的塔内沿塔高装有若干层塔板，相邻两板之间有一定距离。气液两相在塔板上互相接触，进行传质和传热。填料塔内装有填料，气液两相在被润湿的填料表面上进行传热和传质。精馏操作可以采用板式塔，也可采用填料塔。通常板式塔用于生产能力较大或需要较大塔径的场合。板式塔中，蒸气与液体接触比较充分，传质良好，单位容积的生产强度比填料塔大。本节中主要介绍板式塔。

7.4.1 工业上对塔设备的要求

① 技术性能优良，保证气液相达到最充分的传热和传质作用，塔板效率高，操作稳定，操作弹性大，操作条件改变时，板效率变化不大。

② 生产能力大，单位塔截面的处理量大。

③ 气体阻力小。

④ 结构简单，易于制造，操作、调节和维修方便，耐腐蚀，不易堵塞。

7.4.2 板式塔的构造

在塔板上设有气、液两相的通道。气体通道有多种形式，各种塔板形式具有不同的性能。为了维持塔板上有一定的液层厚度，在塔板上设有溢流堰，液相横向流过塔板，通过溢流堰进入通向下一层塔板的液相通道降液管或溢流管。常用的溢流管有圆形和弓形两种，溢流管下端留有底隙，以方便液相从溢流管中流入下层塔板。溢流管要插入下层塔板的液层中形成液封，以阻止板下蒸气从溢流管进入上层空间。根据塔径的大小及液体流量的大小，可以设一个、多个或不设溢流管，并分别称为单边溢流、多边溢流或无溢流塔板。当液体横向流过塔板时，要克服板上各种阻力，所以液体在进板处的液面比出板处高，此液面差称为"液面落差"，是板上液体流动的推动力。液面落差会使板上各处的板效率不同，通常用缩短液体的行程和减少流体阻力的方法来减少液面落差。可见，在多数板式塔内气液两相的流动，从总体上是逆流，而在塔板上两相为错流流动。板式塔的结构如图 7-18 所示。

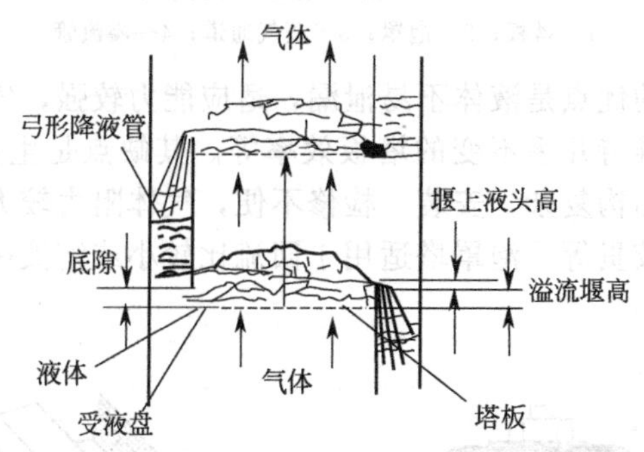

图 7-18 板式塔的结构示意

(1) 泡罩塔

泡罩塔是工业上应用最早的气、液传质设备之一。它是由装有泡罩的塔板和一些附属设备构成。每层塔板上都有蒸气通道、泡罩和溢流管等基本部件，如图 7-19 所示。

上升蒸气通道 3 为一短管，它是气体从塔板下空间进入塔板上空间的通道，短管的上缘高出板上的液面，塔板上的液体不能沿该管向下流动。短管上覆以泡罩 2，泡罩周围下端开有许多齿缝浸没在塔板上的液层中。操作时，从短管上升的蒸气经泡罩齿缝变成气泡喷出，气泡通过板上的液层，使气、液接触面积增大，两相间的传热和传质过程有效进行。

泡罩的形式多种多样，应用最为广泛的有圆形泡罩和条形泡罩两种，见图 7-20。

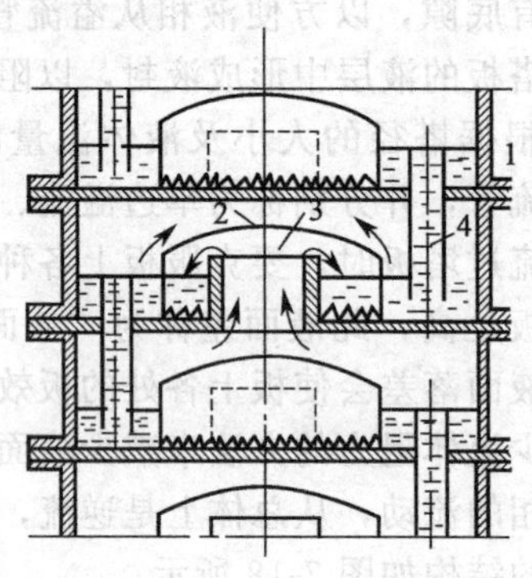

图 7-19　泡罩塔板结构简图

1—塔板；2—泡罩；3—蒸气通道；4—溢流管

泡罩塔的优点是液体不易泄漏，适应能力较强，气体流量变化较大时，能维持几乎不变的塔板效率等。其缺点是生产能力不大，效率较低，结构复杂，安装、检修不便，气体阻力较大，液面落差较大，造价较贵等。泡罩塔适用于回流比较小或溶液中有沉淀物的场合。

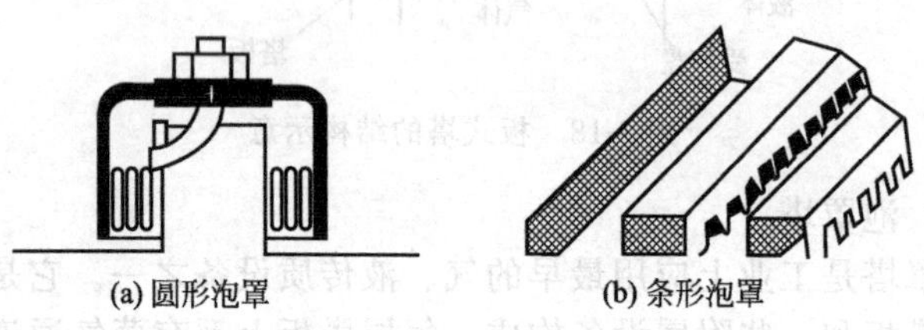

图 7-20　泡罩结构示意

（2）筛板塔

筛板塔是一种应用得较早的板式塔。筛板塔的塔板由开有大量成正三角形均匀排列筛孔的塔板和溢流管构成，如图 7-21 所示。筛孔的直径一般为 3～8mm，常用孔径为 4～5mm。近年来，12～25mm 大孔径的筛板塔也应用相当普遍。正常操作时，上升气流通过筛孔分散成细小的气流，与塔板上液体接触，进行传热和传质过程。上升气流阻止液体从筛孔向下泄漏，全部液体通过溢流管逐板下流。

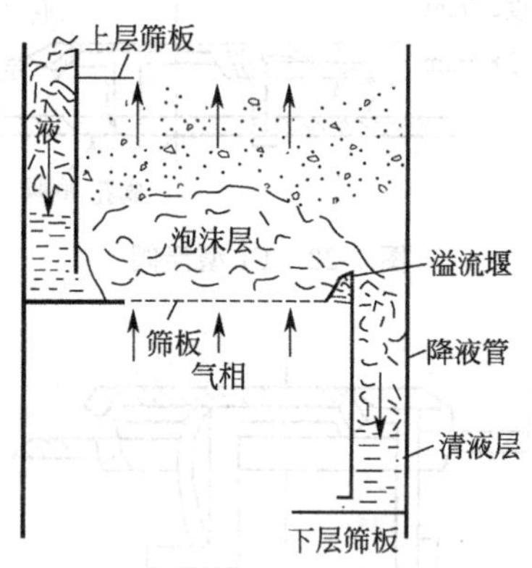

图 7-21 筛板塔塔板结构简图

筛板塔的优点是结构简单，加工制造方便，造价低，生产能力和塔板效率比泡罩塔高，压力降小，液面落差小等。其主要缺点是弹性小，小筛孔易堵塞。近年来逐渐采用的大孔径筛板，使其性能得到较大的提高。

（3）浮阀塔

浮阀塔是在泡罩塔和筛板塔的基础上发展起来的一种板式塔，效率高，是重要的塔设备。板上开有若干阀孔（标准直径为39mm），每个孔上装有可以上、下浮动的阀片。

F1 型浮阀是最常用的型号，如图 7-22 所示 。阀片本身有三条“腿”用以限制阀片的上下运动，在阀片随气流作用上升时起导向作用。F1 型浮阀的边缘上冲出三个凸部，使阀片静止在塔板上时仍能保持一定的开度。F1 型浮阀的直径 48mm，分轻阀和重阀两种：轻阀约 25g，惯性小，易振动，关阀时有滞后现象，但压力降小，常用于减压蒸馏；重阀约 33g，关闭迅速，需较高的气速才能吹开，操作范围广。化工生产中多用重阀。

V4 型浮阀的结构如图 7-23 所示，其特点是阀孔被冲成向下弯曲的文丘里形，以减少气体通过塔板时的压力降。阀片除腿部相应加长外，其余结构尺寸与 F1 型轻阀相同。V4 型浮阀适用于减压系统。

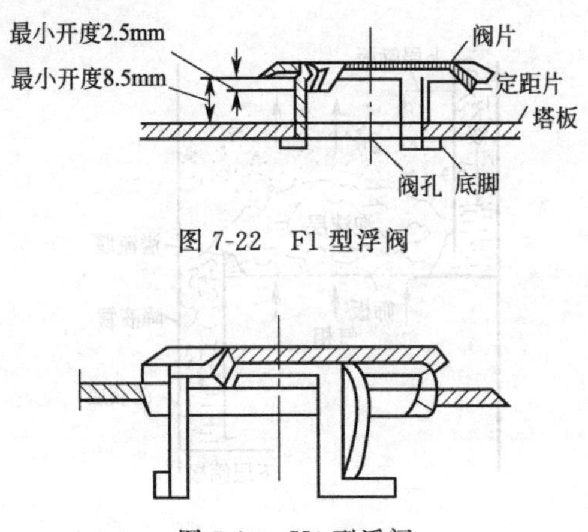

图 7-22　F1 型浮阀

图 7-23　V4 型浮阀

T 型浮阀如图 7-24 所示，这种阀片借助固定于塔板上的支架来限制盘式阀片的运动范围。多用于易腐蚀、含颗粒或聚合介质的情况。

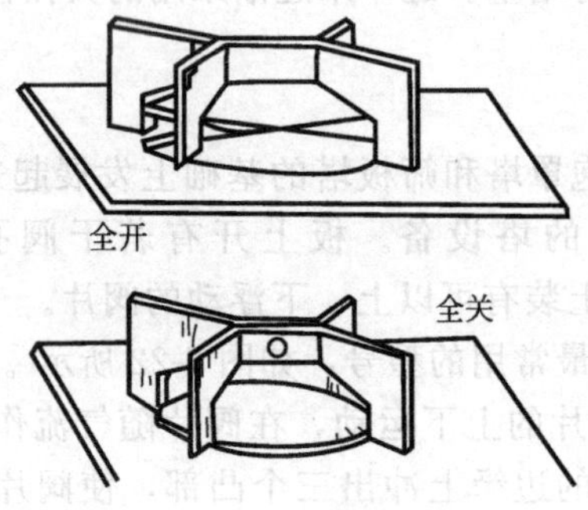

图 7-24　T 型浮阀

浮阀塔优点是生产能力大，操作弹性大，塔板效率高，液面落差小，结构比泡罩塔简单，压力降小，对物料适应性强，能处理较脏的物料等。缺点是浮阀对耐腐蚀性要求较高，不适用于处理易结垢、易聚合及高黏度等物料，阀片易与塔板黏结，操作时会有阀片脱落或卡阀等现象。

(4) 喷射塔塔板

喷射塔塔板是针对上述三种塔板的不足改进而成的新型塔板。

泡罩塔板、筛板塔板和浮阀塔板在气液相接触过程中，气相与液相的流动方向不一致，操作气速较高时，雾沫夹带现象严重，塔板效率下降，其生产能力也受到限制。喷射塔塔板由于气相喷出的方向与液体的流动方向相同，利用气体的动能来强化气液两相的接触与搅动，克服了上述塔板的缺点，减少了塔板的压强降和雾沫夹带量，使塔板效率提高。由于操作时可以采用较大气速，生产能力也得到提高。

喷射塔塔板分为固定型喷射塔板和浮动型喷射塔板。固定型的舌形喷射塔板，如图 7-25 所示。塔板上有许多舌形孔，舌片与塔板面成一定的角度，向塔板的溢流出口侧张开，塔板的溢流出口侧不设溢流堰，只有降液管。操作时，上升的气体穿过舌孔，以较高的速度沿舌片的张开方向喷出，与从上层塔板下降的液体接触，形成喷射状态，气液强烈搅动，提高了传质效率。其优点是开孔率较大，操作气速比较高，生产能力大。由于气体和液体的流动方向一致，液面落差小和雾沫夹带量少，塔板上的返混现象大为减少，塔板效率较高，压力降也较小。缺点是舌孔面积固定，操作弹性相对较小。另外由于液流被气流喷射到降液管上，液体通过降液管时会夹带气泡到下层塔板，使塔板效率降低。

浮动型喷射塔板上装有能浮动的舌片，如图 7-26 所示。塔板上的浮舌随气流速度大小的变化而浮动，调节了气流通道的截面积，使气流以适宜的气速通过缝隙，保持了较高的塔板效率。其主要优点是：生产能力大，压力降小，操作弹性大，液面落差小等；缺点是有漏液及吹干现象，在液体量变化较大时，由于操作不太稳定而影响塔板效率。

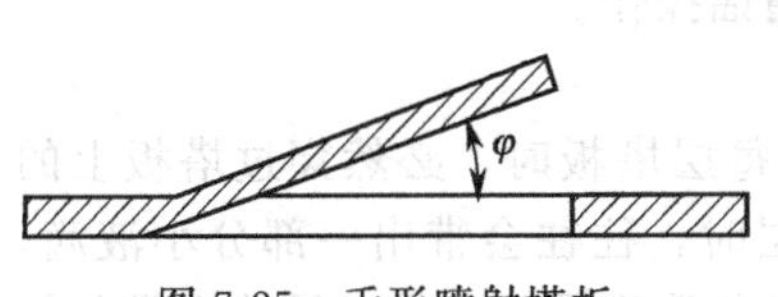

图 7-25 舌形喷射塔板

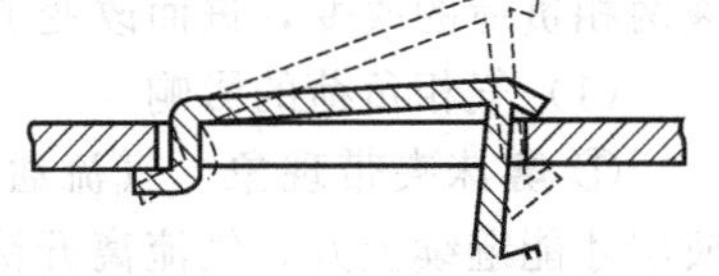

图 7-26 浮动型喷射塔板

(5) 导向筛板

导向筛板塔是为减压精馏塔设计的低阻力、高效率的筛板塔。导向筛板如图 7-27 所示。减压塔要求塔板阻力要小，塔板上的液层要薄而均匀。为此在结构上将液体入口处的塔板略为提高形成斜台，以抵消液面落差的影响，并可在低气速时减少入口处的漏液；另外，部分筛板上还开有导向孔，使该处气体流出的方向和液流方向一致，利用部分气体的动能推动液体流动，进一步减小液面落差，使塔板上的液层薄而均匀。导向筛板塔具有压力降小、效率高、弹性大的特点，适用于真空蒸馏操作。

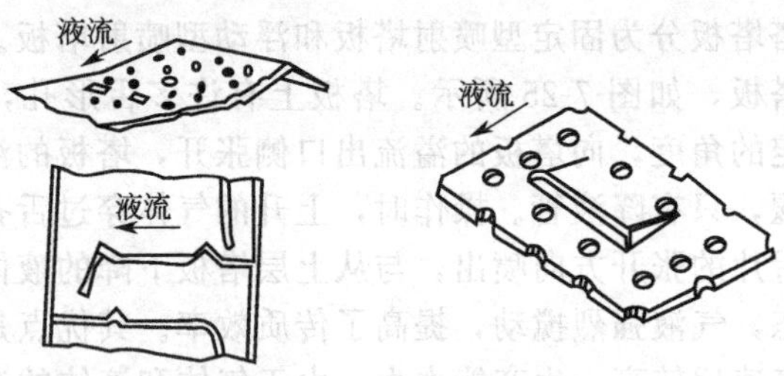

图 7-27　导向筛板示意

7.5 精馏塔的操作

7.5.1 气、液相负荷对精馏操作的影响

从精馏原理可知，精馏操作是同时进行传质、传热的过程。所以，要保持精馏操作的稳定，必须维持精馏塔的物料平衡和热量平衡。凡是影响物料和热量平衡的因素，如进料量、进料组成及进料状态，冷凝器和再沸器传热情况，环境温度等的变化，都会不同程度地影响精馏塔的操作。无论哪种因素变化，其结果都是塔内气、液两相负荷的改变，进而改变了精馏操作。

(1) 气相负荷的影响

① 雾沫夹带现象　气流通过每层塔板时，必然穿过塔板上的液层才能继续上升。气流离开液层时，往往会带出一部分小液滴，小液滴随气流进入上一层塔板的现象称为雾沫夹带。雾沫夹带与气相负荷的大小有关，气相负荷越大，雾沫夹带越严重。过量雾沫夹带使各层塔板的分离效果变差，塔板效率降低，操作不稳定。为了保持精馏塔的正常操作，一般控制雾沫夹带量在 0.1kg 液体/kg 气

体下操作。影响雾沫夹带的主要因素是操作的气速和塔板的间距。

② 漏液和干板现象　当塔内气速降低时，雾沫夹带减少了。当气相负荷过低时，气速也过低，气流不足以托住塔板上的液流，使塔板上的液体漏到下一层塔板的现象称为漏液。气相负荷越小，漏液越严重，随着漏液的增大，塔板上不能形成足够的液层高度，最后将液体全部漏光的现象称为干板现象。显然，气相负荷过小，精馏操作也不会稳定。实际操作中，为了保持精馏塔的正常操作，漏液量应小于液体流量的10%，此时的气速是精馏塔操作气速的下限，称为漏液速度，塔的操作气速应控制在漏液速度以上。引起漏液现象的主要原因是气速太小和由于液面落差太大使气体在塔板上的分布不均匀造成的。

(2) 液相负荷的影响

液相负荷过大或过小时，精馏塔也不能正常操作。液相负荷过小，塔板上不能建立足够高的液层，气、液两相接触时间短，传质效果变差；液相负荷过大，降液管的截面积有限，液体流不下去，使塔板上液层增高，气体阻力加大，延长了液体在塔板上的停留时间，使再沸器负荷增加。

(3) “液泛”现象

当气量或液量增大到使降液管内液面升至顶部时，塔板上液体不能顺利流下，使两板间充满液体，不能进行正常操作，这种现象称为“液泛”，也称为淹塔。产生“液泛”的原因有两个：一是当蒸气流量增大时，塔板阻力增大，即塔板上下压力差增大，使降液管内液面上升；二是当液体流量增大时，液体的流动阻力也增大，使降液管内液面上升。影响液泛的主要因素是气液两相的流量和塔板的间距。

(4) 负荷性能图

精馏塔塔板负荷性能图描述了精馏塔的液泛、漏液、干板、雾沫夹带现象与气液相负荷之间的关系，如图7-28所示，对精馏塔的设计、操作、标定核算、技术改造都有重要作用。一座精馏塔建好后，它的负荷曲线就基本确定了，无论操作条件如何改变，都要求操作点必须落在5条线围成的区域之内，否则不可能正常运行起来。要运行得好，运行得经济、稳定，就需要操作点在操作区的中部，离5条线都越远越好。特别是在负荷改变较大时，应当用操作点在负荷性能图中的位置来判断它的可行性，或找出优化的操作条件使塔处于稳定区运行，或对塔运行不正常的原因进行分析。在塔的扩容改造中负荷性能图的使用也是必需的。

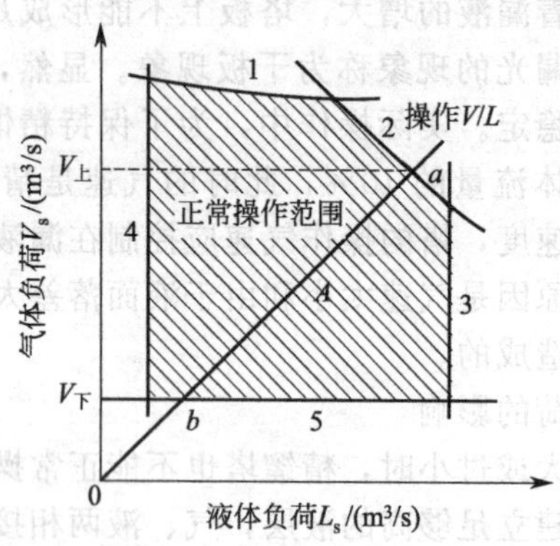

图 7-28 负荷性能图

1—过量雾沫夹带线；2—液泛线；3—液相负荷上限线；4—液相负荷下限线；5—气相下限线（漏液线）；*ab*—操作线；*A*—操作点

7.5.2 精馏塔的操作控制

精馏塔一般控制参数有塔（顶）压力、塔压差、塔顶温度、回流比、回流温度、塔釜温度（灵敏板温度或轻关键组分含量）、进料温度、进料量、进料组成、塔釜液位、回流罐液位等。控制目标是塔顶、塔釜馏分符合规定要求。

(1) 操作压力

精馏塔的设计和操作都是在一定的压力下进行的，应保证在恒压下操作。压力的波动对塔的操作将产生如下影响。

① 影响相平衡关系　改变操作压力，将使气液相平衡关系发生变化。压力升高，组分间的相对挥发度降低，分离效率将下降。反之亦然。

② 影响产品的质量和数量　压力升高，液体汽化更困难，气相中难挥发组分减少，同时改变了气液的密度比，使气相量降低。其结果是馏出液中易挥发组分浓度增大，但产量却相对减少；残液中易挥发组分含量增加，残液量增多。

③ 影响操作温度　温度与气液相的组成有严格的对应关系，生产中常以温度作为衡量产品质量的标准。当塔压改变时，混合物的泡点和露点发生变化，引起全塔温度的改变和产品质量的改变。

④ 改变生产能力　塔压升高，气相的密度增大，气相量减少，可以处理更多的料液而不会造成液泛。对真空操作，压强的少量波动也会给精馏操作带来显著的影响，更应精心操作，控制好压力。

在生产中，进料量、进料组成、进料温度、回流量、回流温度、加热剂和冷却剂的压强与流量以及塔板堵塞等都将会引起塔压的波动，应查明原因，及时调整，使操作恢复正常。

(2) 进料状况

① 进料量对操作的影响　若进料量发生变动时，加热剂和冷却剂均能作相应调整时，对塔顶温度和塔釜温度不会有显著的影响，只影响塔内蒸气上升的速度。进料量增大，上升气速接近液泛时，传质效果最好；超过液泛速度会破坏塔的正常操作。进料量降低，气速降低，对传质不利，严重时易漏液，分离效率降低。

若进料量的变化范围超过了塔釜和冷凝器的负荷范围，温度的改变引起汽液平衡组成的变化，将造成塔顶与塔底产品质量不合格，增加了物料的损失。因此，应尽量使进料量保持平稳，需要时，应缓慢地调节。

② 进料组成对操作的影响　原料中易挥发组分含量增大，提馏段所需塔板增多。对固定塔板数的精馏塔而言，提馏段的负荷加重，釜液中易挥发组分含量增多，使物料损失加大。同时引起全塔物料平衡的变化，塔温下降，塔压升高。原料中难挥发组分含量增大，情况相反。

进料组成的变化，一是改变进料口位置，组成变轻，进料口往上移；二是改变回流比，组成变轻，减小回流比；三是调加热剂和冷却剂的量，维持产品质量不变。

③ 进料热状态对操作的影响　进料有五种热状态，进料热状态发生变化时，若 x_D 和 R 一定，因 q 值不同，使加料板位置改变，引起两段塔板数的变化；对固定进料的塔，进料热状态的改变，将影响产品的质量及物料损失情况。

若将泡点进料改为冷液进料，对固定的塔而言，精馏段的塔板数多了，而提馏段的塔板数又不足。结果是塔顶产品质量可能提高，而残液中易挥发组分含量增大，造成物料损失，同时塔釜加热蒸汽消耗增加，致使整个塔的物料平衡和产品质量发生变化。生产中，进料热状态或温度是影响精馏操作的重要因素之一。

(3) 回流比

回流比是影响产品质量和塔分离效果的重要因素，调整回流比是控制精馏塔操作中重要的和有效的手段。

对一定塔板数的精馏塔，在进料热状态等参数不变的情况下，回流比变化必将引起产品质量的改变。一般情况下，回流比增大，将提高产品纯度，同时也会使塔内汽液相负荷加大，塔压差增大，冷却剂和加热蒸汽消耗量增加。当回流比过大时，则可能发生淹塔现象，破坏塔的正常生产。回流比过小，塔内气液两相接触不充分，分离效果差。

回流量增加，塔压差明显增大，塔顶产品纯度会提高；回流量减少，塔压差变小，塔顶产品纯度变差。在实际操作中，常用调节回流比的方法使产品质量合格，同时，适当地调节塔顶冷却剂量和塔釜加热剂量，会使调节效果更好。

(4) 采出量

① 塔顶产品采出量　在冷凝器的冷凝负荷不变的情况下，减小塔顶产品采出量，使得回流量增加，塔压差增加，可以提高塔顶产品的纯度，但产品量减少。对一定的进料量，塔底产品量增多，由于操作压力的升高，塔底产品中易挥发组分含量升高，因此易挥发组分的回收率降低。若塔顶采出量增加，会造成回流量减少，塔压因此降低，结果是难挥发组分被带到塔顶，塔顶产品质量不合格。采出量只有随进料量变化时，才能保持回流比不变，维持正常操作。

② 塔底产品采出量　在正常操作中，若进料量、塔顶采出量一定时，塔底采出量应符合塔的总物料平衡。若采出量太小，会造成塔釜内液位逐渐上升，以致充满整个加热釜的空间，使釜内液体由于没有蒸发空间而难于汽化，使釜内汽化温度升高，甚至将液体带回塔内，这样将会引起产品质量的下降。若采出量太大，致使釜内液面较低，加热面积不能充分利用，则上升蒸气量减少，漏液严

重，使塔板上传质条件变差，板效率下降，必须及时处理。可见，塔底采出量应以控制塔釜内液面保持一定高度并维持恒定为原则。另外，维持一定的釜液面还起到液封作用，以确保安全生产。

7.5.3 精馏系统常见的设备故障及处理

① 泵密封泄漏 回流泵或釜液泵密封在操作过程中有可能出现泄漏的情况，发现后要尽快切换到备用泵，备用泵应处于备用状态，以便及时切换。

② 换热器泄漏 塔顶冷凝器或再沸器常有内部泄漏现象，严重时造成产品污染，使运行周期缩短。除可用工艺参数的改变来判断外，一般靠分析产品组成来发现。处理方法视具体情况而定，当泄漏污染了塔内物料，影响到产品质量或正常操作时，停车检修是最简单的方法。

③ 塔内件损坏 精馏塔易损坏内件有阀片、降液管、填料、填料支撑件、分布器等，损坏形式大多为松动、移位、变形，严重时构件脱落、填料吹翻等。这类情况可以从工艺参数的变化反映出来，如负荷下降，板效率下降，产物不合格，工艺参数偏离正常值，特别是塔顶、塔底间压差异常等。设备安装质量不高、操作不当是主要原因，特别是超负荷、超压差运行很可能造成内件损坏，应尽量避免。处理方法是减小操作负荷或停车检修。

④ 安全阀启跳 安全阀在超压时启跳属于正常动作，未达到规定启跳压力就启跳属不正常启跳，应该重定安全阀。

⑤ 仪表失灵 精馏塔上仪表失灵比较常见。某块仪表出现故障可根据相关的其他仪表来遥控操作。如果调节阀出现故障，可用现场手动进行操作。设有旁路的，改用旁路阀控制，及时修理或更换调节阀。

⑥ 电机故障 运行中电机常见的故障现象有振动、轴承温度高、漏油、跳闸等，处理方法是切换下来检修或更换。

7.5.4 精馏塔常见操作故障与处理

① 液泛 液泛的结果是塔顶产品不合格，塔压差超高，釜液减少，回流罐液面上涨。主要原因是气液相负荷过高，进入了液泛区；降液管局部被垢物堵塞，液体下流不畅；加热过于猛烈，气相负荷过高；塔板及其他流道冻堵等都能形成液泛。需要弄清造成液

泛的原因，对症处理。如果由操作不当所致，及时调整气液相负荷、加热等就会恢复正常。塔顶凝液的回流不能过大，以免引起恶性循环，可以通过加大采出量来维持液面。如果由于冻堵引起压差升高时釜温并不高，只有加解冻剂才有效，先要用分段测压差等办法判断冻堵位置，再注入适量解冻剂，观察压差变化，若压差下降，说明有效，否则要改位置重来；若解冻剂不起作用，就可能是垢物堵塞；如是垢物堵塞，只有减负荷运行或停车检修。

② 加热故障　加热故障主要是加热剂和再沸器两方面的原因。用蒸汽加热时，可能是蒸汽压力低、减温减压器发生故障、有不凝性气体、凝液排出不畅等。用其他气体热介质加热故障与此类似。用液体热介质加热时，多数是因为堵塞、温差不够等。再沸器故障主要有泄漏、液面不准（过高或过低）、堵塞、虹吸遭破坏、强制循环量不足等，需要对症处理。

③ 泵不上量　回流泵的过滤器堵塞、液面太低、出口阀开得过小、轻组分浓度过高等情况都有可能造成泵不上量。泵在启动时不上量，往往是预冷效果不好，物料在泵内汽化所致，应找出原因针对处理。釜液泵不上量大多数因为液面太低、过滤器堵塞、轻组分没有脱净所致，应就其原因对症处理。

④ 塔压力超高　加热过猛、冷却剂中断、压力表失灵、调节阀堵塞、调节阀开度漂移、排气管冻堵等，都是塔压力超高的原因，找出原因，及时调整，可有效控制住塔压力。不管什么原因，首先应加大排出气量，同时减少加热剂量，把压力控制住再作进一步的处理。

⑤ 塔压差升高　精馏塔压差升高有两方面原因，一方面可能是负荷升高，可从进料量判断；另一方面如果不是负荷升高，则要分段测压差，找出压差集中部位。若压差集中在精馏段，再看回流量是否正常，正常回流量下压差还高，很可能是冻塔，用解冻剂处理；若压差集中在进料口以下不远处，塔身温度分布偏低，可能也是冻塔；若各塔板温度比正常高些，可能是液泛，应按液泛处理方法处理；若塔处理的是易结垢物料，要考虑堵塞造成气或液流动不畅而增加了阻力，同时观察釜温及灵敏板温度是否高，在釜温不高时的高压差，多数是由于堵塞引起，压差集中点也不规律，可在任

何位置，最多发生在降液管和最后一块板下的受液盘处。弄清了原因，就要根据具体情况或降低负荷运行或停车处理。

一、判断题

(　　) 1. 蒸馏操作是利用互溶混合物中各组分沸点不同而分离成较纯组分的操作。

(　　) 2. 饱和蒸气压较大的液体，其沸点较高。

(　　) 3. 混合物中各组分的质量分数之和等于1。

(　　) 4. 混合物中各组分的摩尔分数之和等于1。

(　　) 5. 蒸馏操作为单向传质过程。

(　　) 6. 在全部组成范围内，符合拉乌尔定律的溶液为理想溶液。

(　　) 7. 用相对挥发度无法预测溶液经蒸馏分离的难易程度。

(　　) 8. 相对挥发度的数值越大，则说明该溶液越不容易用蒸馏方法分离。

(　　) 9. 相对挥发度等于1时，溶液不能用一般蒸馏方法分离。

(　　) 10. 在精馏塔中，塔顶温度总是比塔底温度高。

(　　) 11. 精馏塔中从下到上，气相中轻组分含量越来越低。

(　　) 12. 回流的目的是使精馏操作稳定进行。

(　　) 13. 回流的目的是控制塔顶产品的产量。

(　　) 14. 回流液是蒸气部分冷凝的冷却剂。

(　　) 15. 连续精馏的精馏塔分为精馏段和提馏段两部分。

(　　) 16. 间歇精馏塔，只有精馏段而无提馏段。

(　　) 17. 精馏段操作线表示在一定的操作条件下，精馏段内自任意一板下流的液体组成与相邻下一板上升蒸气组成之间的关系。

(　　)18. 提馏段操作线表示相邻两塔板间气液相流量之间的关系。

(　　)19. 精馏塔塔顶采用全凝器时，塔顶蒸气组成和馏出液的组成相等。

(　　)20. 进料状况的不同，将影响进料板上、下两段上升蒸气和下降液体的流量。

(　　)21. 低于沸点的冷液进料，其热状态参数 $q>1$。

(　　)22. 低于沸点的冷液进料，其热状态参数 $q<0$。

(　　)23. 回流比的大小对精馏操作影响不大。

(　　)24. 在固定分离要求的情况下，回流比增大，所需要的塔板数减少。

(　　)25. 在全回流下的回流比为最小回流比。

(　　)26. 全回流主要应用在精馏塔开工阶段。

(　　)27. 操作费用和设备费用的总和为最小时的回流比称为适宜回流比。

(　　)28. 全回流时所需的塔板数最少。

(　　)29. 回流比为零时即最小回流比。

(　　)30. 回流比为最小回流比时所需塔板数为无穷大。

(　　)31. 理想溶液精馏，最小回流比时，精馏段操作线与提馏段操作线的交点在平衡线上。

(　　)32. 精馏塔操作线越偏离平衡线，精馏越难进行。

(　　)33. 蒸馏的原理是利用液体混合物中各组分挥发度的不同来分离组分的。

(　　)34. 在蒸馏生产中因有的物料具有易燃、易爆、易中毒或具有腐蚀性，故在生产中必须严格执行有关安全规定。

(　　)35. 蒸馏系统所有设备、管道必须接地，以消除静电。

(　　)36. 在蒸馏中，回流的作用是维持蒸馏塔的正常操作，提高蒸馏效果。

(　　)37. 回流比越大，塔顶产品纯度越高，所以回流比越大越好。

(　　)38. 蒸馏塔冷凝器的传热面积越大，越有利于蒸馏操作。

（　　）39. 在相平衡时，气相中的轻组分的摩尔分数总是小于液相中的轻组分的摩尔分数。

（　　）40. 在蒸馏操作中，只有易挥发组分的浓度发生变化。

（　　）41. 提馏段的作用是自上而下逐步增加易挥发组分的浓度。

（　　）42. 精馏段的作用是自下而上逐步增加易挥发组分的浓度。

（　　）43. 蒸馏塔直径越大，其处理能力也越大。

（　　）44. 冷凝器冷却剂的选用依据是塔顶产品的露点。

（　　）45. 精馏塔操作压力升高，馏出液中易挥发组分浓度增大，产量降低。

（　　）46. 精馏塔操作压力升高，残液中易挥发组分浓度减少，残液量减小。

（　　）47. 精馏塔操作压力升高，气相密度加大，气相流量减小，精馏塔可以处理更多物料而不产生液泛。

（　　）48. 精馏塔进料量降低，气速降低，对传质不利，严重时易漏液，分离效率下降。

（　　）49. 精馏塔进料中易挥发组分含量增大，提馏段所需塔板数增加，精馏段所需塔板数减少。

（　　）50. 对精馏塔操作压力增加，分离效率增加。

二、选择题

1. 连续精馏塔中，原料通常从塔的（　　）部加入。

A. 底　　B. 中　　C. 顶

2. 工程上通常将加料板视为（）的塔板。

A. 精馏段　B. 提馏段　C. 全塔之外

3. 下列参数中以（　　）更能准确地判断分离液体的难易程度。

A. 温度差　B. 浓度差　C. 相对挥发度

4. 互溶液体混合物能否用一般精馏方法分离主要决定于（　　）。

A. 相对挥发度大小　B. 是否遵循拉乌尔定律

C. 是否为理想溶液

5. 下列互溶混合物中能用一般蒸馏方法分离较容易的是（　　）。

A. 沸点相差较大的　B. 沸点相近的
C. 相对挥发度为 1 的

6. 空气中氧的体积分数为 0.21，其摩尔分数为（　）。
A. 0.21　B. 0.79　C. 0.68

7. 酒精和水的混合物中，酒精的质量为 15kg，水的质量为 25kg，酒精的质量分数为（　）。
A. 0.375　B. 0.625　C. 0.58

8. 酒精和水的混合物中，酒精的质量为 15kg，水的质量为 25kg，酒精的摩尔分数为（　）。
A. 0.89　B. 0.19　C. 0.81

9. 在酒精和水的混合物中，酒精的摩尔分数为 0.19，则混合物的平均分子量为（　）。（酒精分子量为46，水分子量为 18）
A. 26.23　B. 24.32　C. 23.32

10. 在操作压力和组成一定时，互溶液体混合物的泡点总是（　）露点温度。
A. 高于　B. 低于　C. 等于

11. 在精馏塔中，轻组分通常从塔（　）部引出。
A. 顶　B. 中　C. 底

12. 精馏塔中，加料板上轻组分含量（　）的组成。
A. 低于精馏段　B. 低于提馏段　C. 低于塔釜

13. 回流的主要目的是（　）。
A. 降低塔内操作温度　B. 控制塔顶产品的产量
C. 使精馏操作稳定进行

14. 精馏段的作用是（　）。
A. 浓缩气相中的轻组分　B. 浓缩液相中的重组分
C. 轻重组分都浓缩

15. 提馏段的作用是（　）。
A. 浓缩气相中的轻组分　B. 浓缩液相中的重组分
C. 轻重组分都浓缩

16. 要提高精馏塔塔顶产品的组成可以采用（　）方法。
A. 增大回流比　B. 减小回流比
C. 提高塔顶温度

17. 在塔设备和进料状况一定时，增加回流比，塔顶产品的组成（　　）。

A. 减少　B. 不变　C. 提高

18. 在下列塔盘中，结构最简单的是（　　）。

A. 泡罩塔　B. 浮阀塔　C. 筛板塔

19. 在下列塔盘中，结构最复杂的是（　　）。

A. 泡罩塔　B. 浮阀塔　C. 筛板塔

20. 引发“液泛”现象的原因是（　　）。

A. 板间距过大　B. 严重漏液　C. 气液负荷过大

21. 精馏塔进料中，如果易挥发组分含量增大，为保证塔顶产品质量，则其进料口位置应（　　）。

A. 向下移　B. 向上移　C. 不变

22. 精馏塔进料中，如果易挥发组分含量增大，其他条件不变时回流比应（　　）。

A. 减小　B. 增加　C. 不变

23. 对于固定的精馏塔，若将泡点进料改为冷液进料，结果是塔顶产品质量可能（　　）。

A. 提高　B. 降低　C. 不变

24. 对于固定的精馏塔，若将泡点进料改为冷液进料，结果是塔底产品中轻组分含量可能（　　）。

A. 提高　B. 降低　C. 不变

25. 在蒸馏生产过程中，从塔釜到塔顶，（　　）的浓度越来越高。

A. 重组分　B. 轻组分　C. 混合液

26. 精馏塔塔板的作用是（　　）。

A. 热量传递　B. 质量传递　C. 热量和质量传递

27. 在精馏生产中，液泛容易产生的操作事故，其表现形式是（　　）。

A. 塔压增大　B. 温度升高　C. 回流比减小

28. 冷凝器的作用是将（　　）。

A. 蒸气冷凝成液体　B. 液体温度降低

C. 气体温度降低

29. 精馏塔在全回流操作时，塔顶产品（　）。

A. 最大　B. 最小　C. 没有

30. 精馏塔的操作压力选择的主要依据是（　）。

A. 物料性质　B. 设备结构

31. 增加精馏塔的高度，可以（　）。

A. 减小回流比　B. 增大回流比

32. 筛板精馏塔的塔板安装水平度较差时，将（　）。

A. 降低生产能力　B. 降低精馏效果

33. 浮阀塔的最大特点是（　）。

A. 生产能力大　B. 操作弹性大

34. 在一定操作压力下，塔釜、塔顶温度可以反映出（　）。

A. 生产能力　B. 产品质量

35. 严重的雾沫夹带将导致（　）。

A. 塔压增大　B. 板效下降

36. 进料温度变化，最终将影响（　）。

A. 生产能力　B. 产品质量

三、填空题

1. 混合液体的沸点是从________到________的温度范围，这一温度范围叫____________。

2. 进料板上、下两段气液流量的关系式为______________________________________。

3. 苯-甲苯物系，苯和甲苯的饱和蒸气压为 113.6kPa 和 44.4kPa，则在相应温度下的相对挥发度________。

4. 蒸馏方法有________、________、________等多种，其中________以应用最广。

5. 按混合液中组分数目，精馏可分为________和________精馏。

6. 饱和蒸气压较大的液体，其沸点较________，组分容易________，称为________。

7. 饱和蒸气压较小的液体，其沸点较________，组分容易________，称为________。

8. 相对挥发度数值越大，说明互溶液体________分离。

9. 连续精馏中，________的塔板称为加料板。

10. 精馏操作是利用多次而且同时________和________使混合物得到分离。

11. 在全塔各板中，易挥发组分在气相中的浓度自下而上逐板________，而其在液相中的浓度自上而下逐板________，温度自下而上逐板________。

12. 回流是使蒸气________的冷却剂，并使精馏操作________进行。

13. 回流是精馏操作的________条件。

14. 塔釜的作用是________________，作为各板上液相________的加热蒸汽。

15. 简单蒸馏适用于________________。

16. 精馏流程可分为________和________。

17. 精馏塔操作时，从塔顶得到的主要是沸点________的组分，而塔顶得到的主要是沸点________的组分，这是由于沸点________的组分容易挥发。

18. 精馏段操作线经过点________。

19. 提馏段操作线经过点________。

20. q 线经过点________。

21. 精馏塔进料的五种状态______________________________。

22. 饱和液体进料时，$q=$________，精馏段、提馏段液相流量的关系式为____________。

23. 饱和蒸气进料时，$q=$________，精馏段、提馏段气相流量的关系式为____________。

24. 当进料为液体时，料液直接进到________上。

25. 在精馏过程中，塔顶蒸气冷凝后全部回流到塔内，称为________，其回流比________。

26. 全回流主要是应用于________________。

27. 精馏塔开工阶段采用全回流是为了____________________________。

28. 最适宜回流比的选择，应根据________核算，即要求

________和________总和为________的原则来确定。

29. 进料量一定时，增加回流比，塔顶产品的产量________，塔釜产品产量________。

30. 精馏塔是________设备，可以分为________和________两大类。

31. 浮阀塔，阀片上三条"腿"的作用是________。

32. 精馏操作中常见的不正常现象是________。

33. 精馏塔自上而下压力________，温度________，轻组分含量________，重组分含量________。

四、简答题

1. 简述液泛的产生原因和对蒸馏的影响。
2. 什么是雾沫夹带？过量雾沫夹带会带来什么后果？
3. 简述回流比大小对精馏操作的影响。
4. 哪些参数的改变会引起塔压的变化？当塔压升高时会引起什么后果？
5. 简述进料热状态对精馏操作的影响。
6. 当塔底采出量太大或太小时，将会对精馏操作产生什么影响？
7. 在泡罩塔、筛板塔等板式塔中，为什么溢流管的顶部要高出塔板、降液管下端要伸到下层塔板的液层内？
8. 试述固定型喷射塔板、浮动型喷射塔板及导向筛板的特点。

五、计算题

1. 试绘制苯-甲苯相平衡时的 y-x 相图。利用相图求含苯（摩尔分数）40%的溶液的泡点及其相平衡时蒸气的瞬间组成。将溶液加热到100℃时，溶液处于什么状态？组成为多少？将溶液加热到什么温度时才全部汽化为饱和蒸气，其蒸气组成为多少？

2. 连续精馏塔分离双组分混合物，泡点进料（摩尔分数）$x_F=0.5$，$x_D=0.9$，$x_W=0.1$，$R=2$，相对挥发度 $\alpha=2.33$，求精馏段操作线方程。

3. 精馏塔分离液体混合物，泡点进料。$F=100\text{kmol/h}$，操作

线方程为 $y=0.75x+0.2$，$y=1.5x-0.025$。求：①R、x_D、x_W（摩尔分数）；②D、W、L、L'、V、V'。

4. 连续精馏塔分离苯-甲苯混合液，进料量为120kmol/h，泡点进料，塔顶产品为60kmol/h，回流比为3，加热蒸汽绝压为200kPa，再沸器热损失为1.8×10^6kJ/h，塔顶采用全凝器，泡点回流，冷却水进、出口温度分别为25℃和35℃，冷凝器热损失忽略不计，已知甲苯的汽化潜热为360kJ/kg，苯的汽化潜热390kJ/kg，求：①再沸器的热负荷及加热蒸汽的消耗量；②全凝器的热负荷及冷却水的消耗量。

第 8 章

吸 收

本章培训目标

1. 会用吸收过程的名词及基本术语正确表述吸收过程。

2. 掌握吸收、解吸操作的基本原理；知道气体在液体中的溶解度的变化规律及温度、压力等对吸收、解吸操作的影响；能正确画出吸收、解吸流程图。

3. 会用比摩尔分数和比质量分数表示组成；能进行吸收塔的物料衡算。

4. 知道最小吸收剂用量的含义及确定最适宜吸收剂用量的原则；掌握吸收剂用量对吸收操作的影响。

5. 知道填料塔的结构、各部分的作用。

6. 熟知吸收操作的主要影响因素变化时对吸收操作产生的影响、吸收塔的操作控制及提高产品的质量和产量的方法。

7. 熟知吸收系统常见的设备、操作故障，造成故障的原因及处理方法。

8.1 概述

利用混合气体中各组分在同一液体（溶剂）中溶解度的不同而实现分离的过程称为气体吸收。混合气体中，能够溶解于溶剂中的组分称为吸收质或溶质，以A表示；不溶解的组分称为惰性组分，以B表示；吸收所采用的溶剂称为吸收剂，以S表示；吸收操作完成时得到的溶液称为吸收液，其成分为吸收剂S和溶质A；排出的气体称为吸收尾气，其主要成分是惰性组分B和未被吸收的组分A。吸收过程常在吸收塔中进行。吸收塔既可以是填料塔，也可以是板式塔。图8-1为逆流操作的填料吸收塔示意。

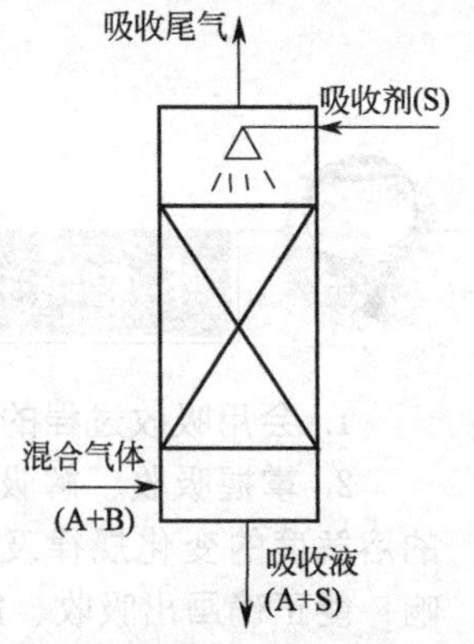

图 8-1 逆流操作的填料吸收塔示意

8.1.1 吸收操作的目的

① 将最终气态产品制成溶液。例如用水吸收氯化氢气体制成盐酸；用水吸收甲醛蒸气制福尔马林溶液等。

② 吸收气体混合物中一个或几个组分，以分离气体混合物。例如，石油化工中用油吸收精制裂解原料气；用水吸收丙烯胺氧化法反应器中的丙烯腈等。

③ 用吸收剂吸收气体中的有害组分而达到气体净制的目的。例如，用水和碱液脱除合成氨原料气中的CO_2；用丙酮脱除裂解气中的乙炔等。

④ 回收气体混合物中的有用组分，以达到综合利用及环保的目的。例如，用汽油回收焦炉气中的苯；从烟道气中回收CO_2或SO_2等。

作为一种完整的分离方法，吸收过程应包括吸收和解吸两个步骤。吸收仅起到把溶质从混合气体中分出的作用，在塔底得到的是由溶剂和溶质组成的混合液，此液相混合物还需进行解吸，才能得到纯溶质并回收溶剂。吸收与解吸过程遵循相同的原理，而且可在相同的设备中进行，所以吸收过程的处理原则和方法完全适用于解吸过程。

8.1.2 对吸收剂的基本要求

选择性能优良的吸收剂是吸收过程的关键，选择吸收剂时一般应考虑如下因素。

① 吸收剂应对被分离组分有较大的溶解度，以减少吸收剂用量，从而降低回收溶剂的能量消耗。

② 吸收剂应有较高的选择性，即对于溶质 A 能选择性溶解，而对其余组分则基本不吸收或吸收很少。

③ 吸收后的溶剂易于再生，以减少“脱吸”的设备费和操作费用。

④ 溶剂的蒸气压要低，以减少吸收过程中溶剂的挥发损失。

⑤ 溶剂应有较低的黏度、较高的化学稳定性。

⑥ 溶剂应尽可能价廉易得、无毒、不易燃、腐蚀性小。

8.1.3 吸收操作的特点

气体的吸收与液体的蒸馏同属分离均相混合物的气、液传质操作，但它与蒸馏操作不同。蒸馏是依据溶液中各组分相对挥发度的不同，而使互溶混合液得以分离；吸收则基于混合气体中各组分在吸收剂中的溶解度不同，而使混合气得以分离。蒸馏不仅有气相中重组分进入液相，同时也有液相中的轻组分转入气相的传质，属双向传质过程；吸收则只进行气相到液相的传质，为单向传质过程。蒸馏操作中采用加热与冷凝等方法，使混合物系内部产生两相体系，而吸收操作则采用从外界引入液相（吸收剂）的办法建立两相体系。经过蒸馏（精馏）操作可以直接获得较纯净的轻、重两组分，而吸收过程中，还需经过第二个分离操作（解吸）才能获得较纯净的溶质组分。

8.1.4 吸收操作的分类

① 物理吸收和化学吸收　在吸收过程中，如果溶质与溶剂之间不发生明显的化学反应，称为物理吸收。可看作是气体中可溶组分单纯溶解于液相的物理过程，如用水吸收二氧化碳、用洗油吸收芳烃等过程都属于物理吸收。如果溶质与溶剂发生明显的化学反应，称为化学吸收，如用硫酸吸收氨、用碱液吸收二氧化碳等。

② 等温吸收和非等温吸收　气体溶解于液体时液相温度没有明显变化的，称为等温吸收，反之为非等温吸收。

③ 单组分吸收和多组分吸收　若混合气体中只有一个组分进入液相，其余组分不溶解于溶剂中，称为单组分吸收；如果混合气中有两个或多个组分进入液相，称为多组分吸收。例如，合成氨原料气中含有 N_2、H_2、CO、CO_2 等几个组分，只有 CO_2 组分在高压水中有明显的溶解度，这种吸收过程属于单组分吸收过程；用洗油处理焦炉气时，气相中的苯、甲苯、二甲苯等几个组分都明显地溶解于洗油，这种吸收过程属于多组分吸收。

④ 低浓度吸收与高浓度吸收　溶质在气液两相中浓度均不太高的吸收为低浓度气体吸收。反之，若溶质在气、液两相中浓度都比较高，则称为高浓度吸收。

⑤ 膜基气体吸收　随着膜分离技术应用领域的扩大，绝大多数气体的吸收和脱吸都可采用微孔膜来进行操作。目前，在生物医学、生物化工及化工生产中利用膜基气体吸收和脱吸取得良好效果。

本章只讨论低浓度、单组分、等温物理吸收的原理与计算。

8.1.5 吸收的基本流程

(1) 一步吸收流程和两步吸收流程

一步吸收流程，如图 8-1 所示，一般用于混合气体溶质浓度较低，同时过程的分离要求不高，选用一种吸收剂即可完成吸收任务的情况。若混合气体中溶质浓度较高且吸收要求也高，难以用一步吸收达到规定的吸收要求，或虽能达到分离要求，但过程的操作费用较高，从经济性的角度分析不够合适时，可以考虑采用两步吸收流程，如图 8-2 所示。

(2) 并流和逆流吸收流程

吸收塔或解吸塔内气液相可以逆流操作也可以并流操作，如图 8-3 所示。气、液两相的流向是吸收设备布置中首要考虑的问题。在逆流操作时，气、液两相传质的平均推动力往往最大，可以减小设备尺寸。此外，流出的溶剂与浓度最大的进塔气体接触，溶液的最终浓度可达到最大值，而出塔气体与新鲜的或浓度较低的溶剂接触，出塔气中溶质的浓度可降到最低，即逆流吸收可提高吸收效率和降低溶剂用量。在一般的吸收中大多采用逆流操作。

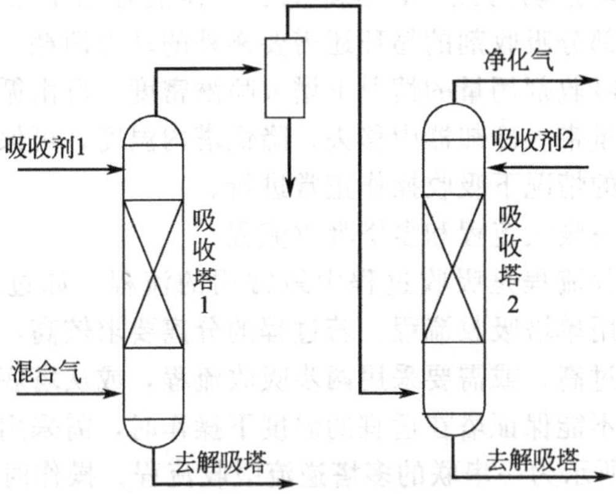

图 8-2 两步吸收流程

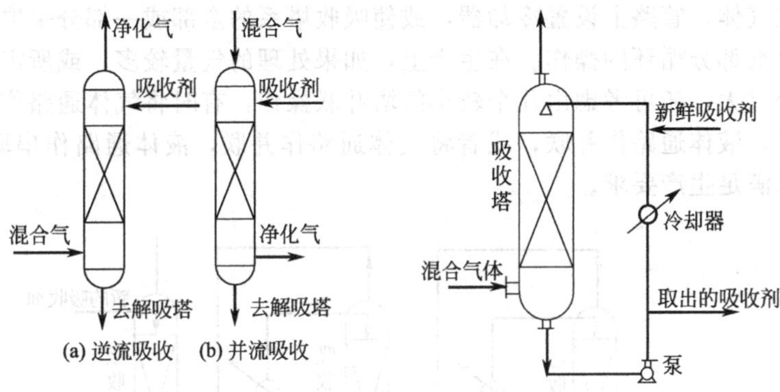

图 8-3 逆流和并流吸收流程

图 8-4 部分吸收剂循环的吸收流程

(3) 部分吸收剂循环流程

当吸收剂量很小，不能保证填料表面的完全润湿，或者塔中需要排除的热量很大时，工业上可采用部分吸收剂循环的吸收流程，如图 8-4 所示。用泵从吸收塔底抽出吸收剂，经过冷却器后再打回同一塔顶；从塔底取出其中一部分作为产品，同时加入新鲜吸收剂，其流量等于引出产品中的溶剂量，与循环量无关。吸收剂的抽出和新吸收剂的加入，不论在泵前或泵后进行都可以，不过应先抽出而后补充。由于部分吸收剂循环使用，使吸收剂入塔组分含量较高，吸收平均推动力减小，也降低了气体混合物中吸收质的吸收率。另外，部分吸收剂的循环还需要额外的动力消耗。但是，它可以在不增加吸收剂用量的情况下增大喷淋密度，可由循环的吸收剂将塔内的热量带入冷却器中移去，降低塔内温度，可保证在吸收剂耗用量较小的情况下吸收操作正常进行。

(4) 单塔吸收流程和多塔吸收流程

单塔吸收流程是吸收过程中最常用的流程，如过程无特别需要，一般采用单塔吸收流程。若过程的分离要求较高，使用单塔操作所需塔体过高，或需要采用两步吸收流程，或从塔底流出的溶液温度过高，不能保证塔在适宜的温度下操作时，需采用多塔吸收流程。图 8-5 所示为一串联的多塔逆流吸收流程。操作时，用泵将液体从一个吸收塔抽送至另一个吸收塔，气体和液体互成逆流流动。在吸收塔串联流程中，可根据操作的需要，在塔间的液体（有时也在气体）管路上设置冷却器，或使吸收塔系的全部或一部分采取吸收剂部分循环的操作。在生产上，如果处理的气量较多，或所需塔径过大，还可考虑由几个较小的塔并联操作，有时将气体通路作串联，液体通路作并联，或者将气体通路作并联，液体通路作串联，以满足生产要求。

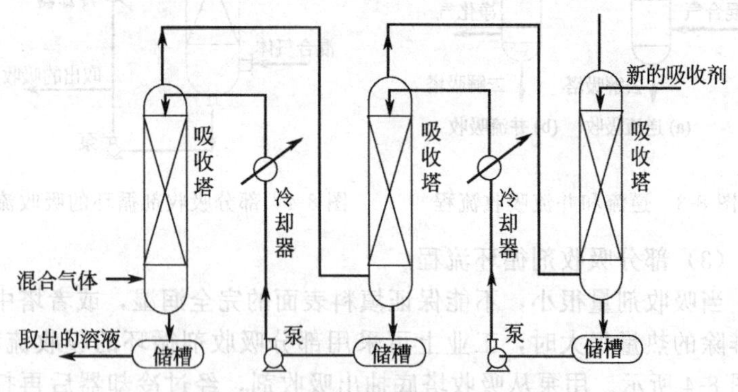

图 8-5 串联的多塔逆流吸收流程

(5) 吸收与解吸联合流程

在工业生产中，吸收与解吸常常联合进行，既可得较纯净的吸收质气体，同时可回收吸收剂，如图 8-6 所示。在此吸收塔系中，每一吸收塔都带部分吸收剂的循环，由吸收塔出来的液体由泵3抽送经冷却器4再打回原吸收塔中。由第一塔的循环系统所引出的部分吸收剂，则进入下一吸收塔的吸收剂循环系统。按照液体流程，吸收剂从最后的吸收塔经换热器而进入解吸塔，在这里释出所溶解的组分气体。经解吸后的吸收剂从解吸塔出来，通过换热器和即将解吸的溶液进行换热后，再经冷却器而回到第一个吸收塔的循环系统中。

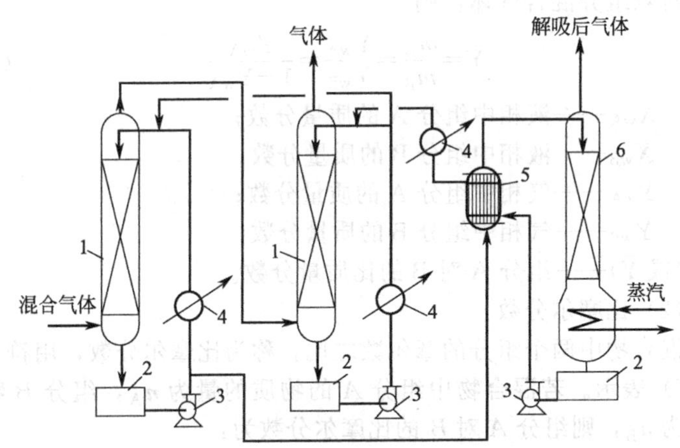

图 8-6 部分吸收剂循环的吸收和解吸联合流程

1—吸收塔；2—储槽；3—泵；4—冷却器；
5—换热器；6—解吸塔

8.2 吸收过程的相平衡关系

吸收过程的相平衡关系，是指气液两相达到平衡时，被吸收的组分（溶质）在两相中的组成关系，即气体溶质在吸收剂中的平衡溶解度。因此，气体在液体中的平衡溶解度是气、液两相平衡关系的一种定量表示方法。

8.2.1 气相和液相组成的表示法

在吸收中，气体总量和溶液总量都随吸收的进行而改变，但惰性气体和吸收剂的量始终保持不变，因此，在吸收计算中，相组成常以比质量分数或比摩尔分数表示。

(1) 比质量分数

混合物中两个组分的质量之比，称为比质量分数，用符号 $\overline{X}$（或 $\overline{Y}$）表示。若混合物中组分 A 的质量为 m_A，组分 B 的质量为 m_B，则组分 A 对 B 的比质量分数为：

$$\overline{X}=\frac{m_A}{m_B}=\frac{X_{wA}}{X_{wB}}=\frac{X_{wA}}{1-X_{wA}} \tag{8-1}$$

对双组分混合气体，则

$$\overline{Y}=\frac{m_A}{m_B}=\frac{Y_{wA}}{Y_{wB}}=\frac{Y_{wA}}{1-Y_{wA}} \tag{8-2}$$

式中 X_{wA}——液相中组分 A 的质量分数；

X_{wB}——液相中组分 B 的质量分数；

Y_{wA}——气相中组分 A 的质量分数；

Y_{wB}——气相中组分 B 的质量分数；

$\overline{X}$（或 $\overline{Y}$）——组分 A 对 B 的比质量分数。

(2) 比摩尔分数

混合物中两个组分的摩尔数之比，称为比摩尔分数，用符号 X（或 Y）表示。若混合物中组分 A 的物质的量为 n_A，组分 B 物质的量为 n_B，则组分 A 对 B 的比摩尔分数为：

$$X=\frac{n_A}{n_B}=\frac{x_A}{x_B}=\frac{x_A}{1-x_A} \tag{8-3}$$

对双组分混合气体，则

$$Y=\frac{n_A}{n_B}=\frac{y_A}{y_B}=\frac{y_A}{1-y_A} \tag{8-4}$$

或

$$Y=\frac{p_A}{p_B}=\frac{p_A}{1-p_A} \tag{8-5}$$

式中 X（或 Y）——组分 A 对 B 的比摩尔分数；

x_A——液相中组分 A 的摩尔分数；

x_B——液相中组分 B 的摩尔分数；

y_A——气相中组分 A 的摩尔分数；

y_B——气相中组分 B 的摩尔分数；

p_A——气相中组分 A 的分压，Pa；

p_B——气相中组分 B 的分压，Pa。

(3) 比质量分数与比摩尔分数的换算

组分A对组分B的比摩尔分数

$$X(或\ Y)=\frac{n_A}{n_B}=\frac{\dfrac{mX_{wA}}{M_A}}{\dfrac{mX_{wB}}{M_B}}=\frac{X_{wA}M_B}{X_{wB}M_A}=\overline{X}\frac{M_B}{M_A} \tag{8-6}$$

组分A对组分B的比质量分数

$$\overline{X}(或\ \overline{Y})=X\frac{M_A}{M_B} \tag{8-7}$$

【例8-1】 空气和 NH_3 的混合气体中，NH_3 体积分数为25%，求 NH_3 对空气的比质量分数和比摩尔分数。

解 由已知得 NH_3 的摩尔分数 $y_{NH_3}=0.25$

由式(8-4) 得 NH_3 的比摩尔分数

$$Y_{NH_3}=\frac{y_{NH_3}}{1-y_{NH_3}}=\frac{0.25}{1-0.25}=0.333$$

由式(8-7) 得 NH_3 的比质量分数

$$\overline{Y}_{NH_3}=Y_{NH_3}\frac{M_{NH_3}}{M_{空气}}=0.333\times\frac{17}{29}=0.195$$

【例8-2】 100kg水中溶解了2kg SO_2，用比质量分数和比摩尔分数表示 SO_2 的组成。

解 已知：SO_2 和水的摩尔质量分别为 $M_{SO_2}=64\text{kg/kmol}$，$M_{H_2O}=18\text{kg/kmol}$

① 比质量分数 $\overline{X}=\frac{2}{100}=0.02$

② 比摩尔分数 $X=\frac{2/64}{100/18}=0.005625$

8.2.2 气体在液体中的溶解度

在一定的温度和压力下，使气体与吸收剂相接触，溶质会溶解于液体中，浓度逐渐升高，直到液相中溶质达到饱和浓度为止的状态，简称相平衡或平衡。达到平衡时溶液上方溶质的分压称平衡分压；液相中溶质气体的浓度称为气体在液体中的平衡溶解度，简称溶解度。溶解度表示一定条件下吸收过程可能达到的极限程度。

气体的溶解度由实验测定，由图8-7中某些气体在水中的溶解度曲线可知，在相同温度时，同一分压下各气体在水中的溶解度差别很大。如在 293K 和分压为 101.3kPa 时，空气在水中的溶解度（标准状态）为 0.019m³/m³，而 CO_2 为 0.87m³/m³。因此，可用水吸收的办法脱除空气中的 CO_2。由此可见，溶解度的差异是吸收分离气体混合物的基本依据。

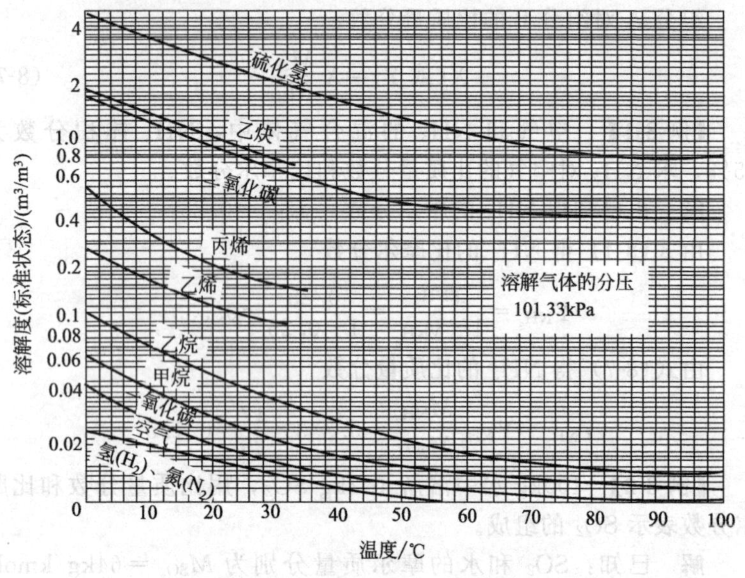

图 8-7　某些气体在水中的溶解度曲线

气体的溶解度与温度和压力有关。气体的溶解度随温度的升高而减小，随压力的升高而增大。但当吸收系统的压力不超过 506.5kPa 的情况下，气体的溶解度可看作与气相的总压无关，而仅随温度的升高而减小。

8.2.3　相平衡关系

对于某种气体，当气相总压力不高（一般低于 506.5kPa），且溶解后形成的溶液为稀溶液时，溶液中溶质的浓度和该气体压力的平衡关系可用亨利定律表示为：

$$p_A^* = E x_A \tag{8-8}$$

式中　x_A——溶液中溶质的摩尔分数；

p_A^*——为溶质在气相中的平衡分压，Pa；

E——亨利系数，Pa。

从表8-1可以看出：同一种溶剂中，难溶气体的E值很大，易溶气体的E值很小。对于一定的气体和溶剂，亨利系数值随温度升高而增大。E值越大，表明该气体的溶解度越小。亨利定律表示在气、液两相达到平衡时溶质在气相和液相中量的分配情况。

【例8-3】 含有35%CO_2（体积分数）的气体混合物与水进行充分接触，总压力为101.33kPa，温度为303K。试求液相中CO_2的最大平衡组成，计算每千克水中含有的CO_2的质量。

解 在水中微溶的CO_2形成稀溶液，故达到平衡时溶液的最大含量可按亨利定律计算：

$$x_A^* = \frac{p_A}{E}$$

由表8-1查得：在303K时CO_2的亨利系数$E=188400$kPa，按题意，CO_2的平衡分压为：

$$p = 101.33 \times 35\% = 35.47 \text{ (kPa)}$$

故 $$x_A^* = 35.47/188400 = 0.0001883$$

即液相中CO_2的最大摩尔分数为0.0001883。

由于CO_2微溶于水，溶液浓度很低，溶液可按水计算，每千克水中含有的CO_2质量为

$$0.0001883 \times \frac{44}{18} = 4.6 \times 10^{-4} \text{ (kg)}$$

由于气液两相组成可以采用不同的表示方法，因而亨利定律有不同的表达式

$$Y_A^* = \frac{mX_A}{1+(1-m)X_A} \tag{8-9}$$

式中 Y_A^*——平衡时溶质在气相中的比摩尔分数；

X——溶质在液相中的比摩尔分数；

m——相平衡常数，无量纲。

相平衡常数与亨利系数关系为：

$$E = pm \quad 或 \quad m = E/p \tag{8-10}$$

式中 p——总压，Pa。

对于稀溶液（即 X_A 值甚小），式(8-9) 可以简化为：

$$Y_A^* = mX_A \tag{8-11}$$

表 8-1 某些气体水溶液的亨利系数

气体	温度/K										
	273	278	283	288	293	298	303	313	333	353	373
	$E\times10^{-6}$/kPa										
H_2	5.865	6.159	6.443	6.696	6.919	7.162	7.385	7.608	7.749	7.648	7.547
N_2	5.359	6.048	6.767	7.476	8.145	8.762	9.360	10.54	12.16	12.76	12.76
空气	4.376	4.943	5.561	6.149	6.726	7.294	7.810	8.813	10.23	10.84	10.84
CO	3.565	4.011	4.477	4.954	5.430	5.875	6.281	7.050	8.317	8.560	8.570
O_2	2.583	2.948	3.313	3.687	4.062	4.437	4.812	5.420	6.372	6.959	7.101
CH_4	2.269	2.624	3.009	3.414	3.809	4.184	4.548	5.268	6.341	6.909	7.101
NO	1.712	1.955	2.208	2.451	2.674	2.907	3.140	3.566	4.234	4.538	4.599
C_2H_6	1.276	1.570	1.915	2.897	2.664	3.059	3.464	4.285	5.723	6.696	7.010
	$E\times10^{-5}$/kPa										
C_2H_4	5.592	6.615	7.780	9.066	10.33	11.55	12.87	—	—	—	—
NO_2	—	1.185	1.482	1.682	2.006	2.279	2.624	—	—	—	—
CO_2	0.7375	0.8874	1.054	1.236	1.438	1.661	1.884	2.360	3.454	—	—
C_2H_2	0.7294	0.8509	0.9725	1.094	1.226	1.347	1.479	—	—	—	—
Cl_2	0.2715	0.3343	0.3991	0.4609	0.5369	0.6037	0.6686	0.8003	0.9725	0.9725	—
H_2S	0.2715	0.3191	0.3718	0.4184	0.4893	0.5521	0.6169	0.7547	1.043	1.368	1.062
	$E\times10^{-4}$/kPa										
Br_2	0.2158	0.2786	0.3708	0.4721	0.6007	0.7466	0.9168	1.347	2.543	4.093	—
SO_2	0.1671	0.2026	0.2451	0.2938	0.3546	0.4133	0.4852	0.6605	1.114	1.702	—
	$E\times10^{-2}$/kPa										
HCl	2.462	2.543	2.624	2.715	2.786	2.877	2.938	3.029	2.988	—	—
NH_3	2.077	2.239	2.401	2.573	2.776	2.978	3.211	—	—	—	—

将 Y^* 与 X 的关系标绘在 Y-X 图上，得通过原点的一条曲线，称为吸收平衡线，如图 8-8 所示。对于稀溶液，式(8-11) 表示的平衡线是一直线，其斜率为 m，如图 8-9 所示。与亨利系数 E 一样，相平衡常数，即吸收平衡线的斜率 m 值的大小，可以用来判断气体组分溶解度的大小。m 值一般随温度升高而增大，即气体

的溶解度随温度升高而减小；压力的影响则相反，m 值随总压升高而减小。在 Y-X 图上，m 值越小（即溶解度越大），吸收平衡线越趋平坦。可见，较高的压力和较低的温度对吸收是有利的。反之，较低的压力和较高的温度对解吸是有利的。

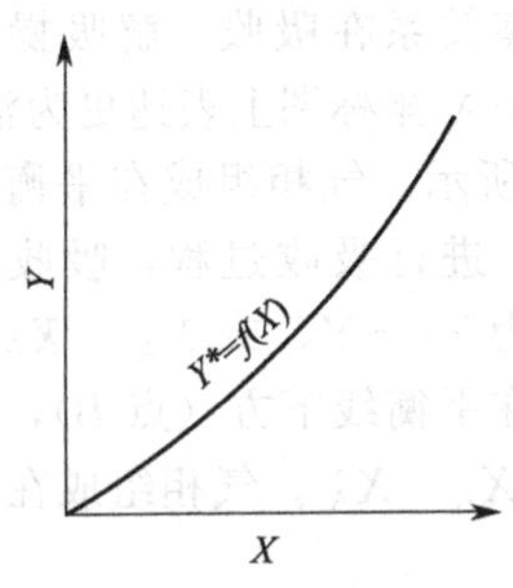

图 8-8 吸收平衡线

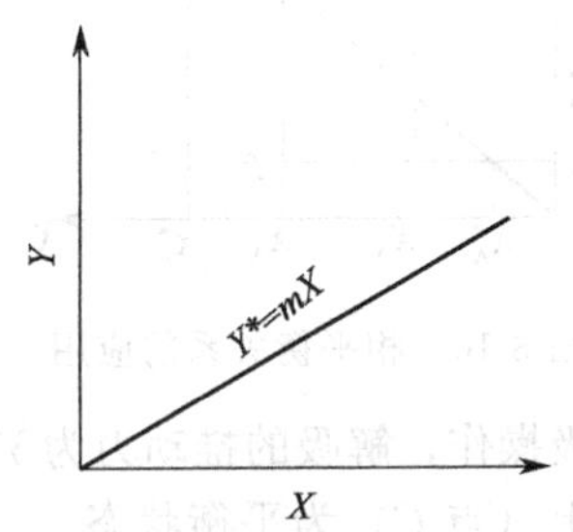

图 8-9 吸收平衡线（稀溶液）

8.2.4 相平衡关系在吸收操作中的应用

（1）选择吸收剂和确定适宜的操作条件

性能优良的吸收剂和适宜的操作条件综合体现在相平衡数 m 值上。溶剂对溶质的溶解度大，加压和降温均可使 m 值降低，有利于吸收操作。

（2）判断过程进行的方向

根据气、液两相的实际组成与相应条件下平衡组成的比较，可判断过程进行的方向。若气相的实际组成 Y_A 大于与液相相平衡的组成 Y_A^*（$=mX_A$），则为吸收过程；反之，若 $Y_A^*>Y_A$，则为解吸过程；$Y_A^*=Y_A$ 系统处于相际平衡状态。

（3）计算过程推动力

气相或液相的实际组成与相应条件下的平衡组成的差值表示传质的推动力。对于吸收过程，传质的推动力为 $Y_A-Y_A^*$ 或 $X_A^*-X_A$；解吸过程的推动力则表示为 $Y_A^*-Y_A$ 或 $X_A-X_A^*$。

（4）确定过程进行的极限

平衡状态即过程进行的极限。对于逆流操作的吸收塔，无论吸收塔有多高，吸收剂用量有多大，吸收尾气中溶质组成的最低极限是与入塔吸收剂组成呈平衡；吸收液的最大组成不可能高于与入塔

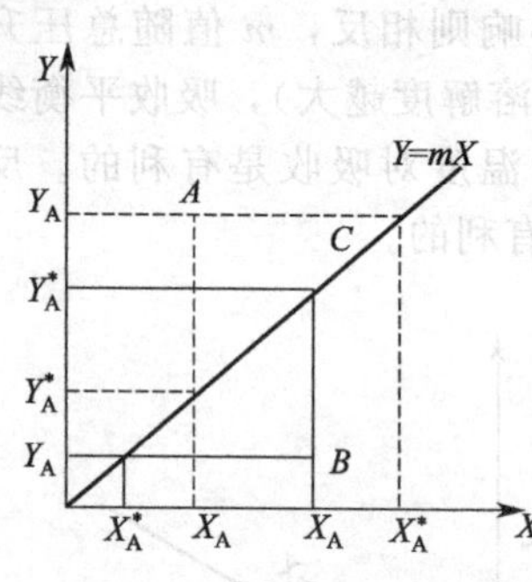

图 8-10 相平衡关系的应用

气相组成呈平衡的液相组成。总之，相平衡限定了被净化气体离开吸收塔的最低组成和吸收液离开塔时的最高组成。

相平衡关系在吸收、解吸操作中的应用在 Y-X 坐标图上表达更为清晰，如图 8-10 所示。气相组成在平衡线上方（点 A）进行吸收过程，吸收过程的推动力为 $Y_A-Y_A^*$ 或 $X_A^*-X_A$。气相组成处在平衡线下方（点 B），则为解吸操作，解吸的推动力为 $Y_A^*-Y_A$ 或 $X_A-X_A^*$。气相组成在平衡线上（点 C）为平衡状态。

8.2.5 传质的基本方式

吸收过程是溶质从气相转移到液相的传质过程。溶质从气相转移到液相是通过扩散进行的，因此传质过程也称为扩散过程。扩散的基本方式有两种：分子扩散和对流扩散。

（1）流体中的分子扩散

物质以分子运动的方式通过静止流体的转移，称为分子扩散。此外，物质通过层流流体，且传质方向与流体的流动方向相垂直时也属于分子扩散。分子扩散是分子热运动的结果，扩散的推动力是浓度差，扩散速率主要决定于扩散物质和静止流体的温度和某些物理性质。

（2）流体中的对流扩散

物质通过湍流流体的转移称为对流扩散。对流扩散时，扩散物质不仅依靠本身的分子扩散作用，并且依靠湍流流体的携带作用而转移，而后者的作用是主要的。因此，对流扩散速率比分子扩散速率大得多，对流扩散速率主要取决于流体的湍动程度。

8.2.6 吸收机理——双膜理论

双膜理论的要点如下。

① 相互接触的气、液两个流体相间存在着稳定的相界面，在相界面的两侧存在着稳定的处于层流状态的气膜和液膜，吸收质以分子扩散方式通过气膜和液膜，如图 8-11 所示。

② 在相界面上，气、液两相处于平衡状态，溶质通过界面由一相进入另一相时，界面本身对扩散无阻力。

③ 在双膜以外气、液两相的主体中，由于流体的充分湍动，溶质的浓度是均匀的，浓度差全部集中在两个膜层内。

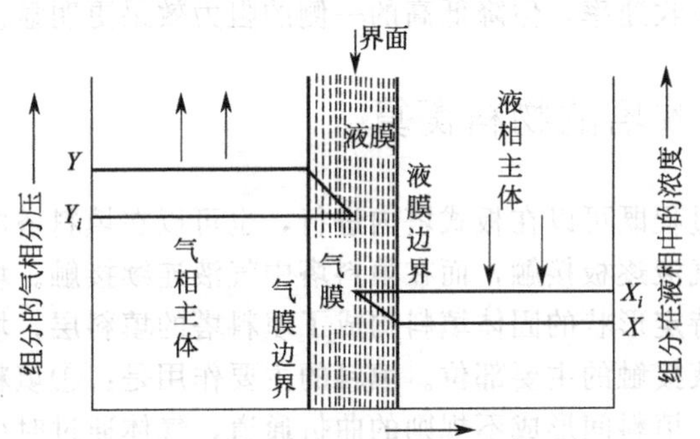

图 8-11　气体吸收的双膜模型

根据双膜理论，溶质必须以分子扩散的方式从气相主体先后通过双膜而进入液相主体，整个相际传质过程的阻力都集中在两个膜层内。在吸收过程中，溶质从气相主体中以对流扩散的方式到达气膜边界，又以分子扩散的方式通过气膜到达气、液界面，在界面上溶质不受任何阻力从气相进入液相，然后，在液相中以分子扩散的方式穿过液膜到达液膜边界，最后又以对流扩散的方式转移到液相主体。

根据流体力学原理，流体湍动程度越大，膜的厚度越薄。因此，提高流体湍动程度，可以减少扩散阻力，提高吸收速率。

① 当溶质在液相中的溶解度很大时，亨利系数 E 值很小，相平衡常数 $m=E/p$ 亦很小，液膜阻力可以忽略不计，吸收总阻力主要由气膜吸收阻力组成，溶质的吸收速率主要受气膜吸收阻力控制，故称为气膜控制。对于气膜控制过程，欲强化传质、提高吸收速率应设法降低气膜阻力。

② 当溶质在液相中的溶解度很小时，亨利系数 E 值很大，相平衡常数 m 亦很大，气膜阻力可以忽略不计，吸收总阻力主要由液膜吸收阻力组成，溶质的吸收速率主要受液膜吸收阻力控制，故称为液膜控制。对于液膜控制过程，欲强化传质、提高吸收速率应

设法降低液膜阻力。

③ 溶解度适中时，气、液两相阻力具有相同的数量级，两者均不能忽略，称为双膜控制过程。过程的吸收速率由气、液相阻力共同决定。对于双膜控制过程，欲强化传质，降低气膜或液膜阻力均能提高吸收速率，但降低高的一侧的阻力效果更明显。

8.3 吸收塔的物料衡算

吸收过程既可以在板式塔内进行，也可以在填料塔内进行。在板式塔中气液逐板接触，而在填料塔中气液连续接触。填料塔内填充的具有特定形状的固体填料构成了填料塔的填料层，填料层是塔实现气、液接触的主要部位。填料的主要作用是：①填料层内空隙体积很大，填料间形成不规则的曲折通道，气体通过时可以达到很高的湍动程度；②单位体积填料层内提供的固体表面积很大，液体分布于填料表面呈膜状流动，增大了气、液之间的接触面积。

8.3.1 吸收塔的物料衡算与操作线方程

(1) 全塔物料衡算

在气体吸收中，工业上一般都采用逆流连续操作。物料衡算如图 8-12 所示。图中符号物理意义如下：

V——单位时间通过吸收塔的惰性气体量，kmol/s；

L——单位时间通过吸收塔的吸收剂量，kmol/s；

Y,Y_1,Y_2——在塔的任一截面、气体入口和气体出口的气相组成；

X,X_1,X_2——在塔的任一截面、液体出口及液体入口的液相组成。

本章中塔底截面采用下标“1”表示，塔顶截面采用下标“2”表示。

对全塔进行物料衡算得：

$$VY_1+LX_2=VY_2+LX_1$$

或

$$V(Y_1-Y_2)=L(X_1-X_2) \tag{8-12}$$

一般情况下，进塔混合气的组成与流量是吸收任务规定的，如果所用溶剂的组成与流量已经确定，则 V、Y_1、L 及 X_2 皆为已知数。根据吸收任务所规定的溶质吸收率 φ_A，可以得知气体出塔时的浓度 Y_2。

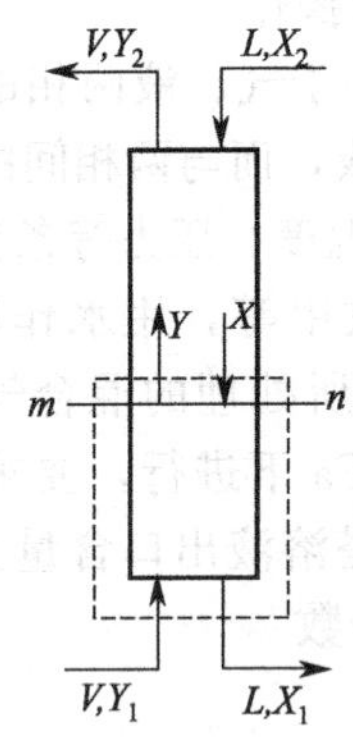

图 8-12　吸收塔物料衡算

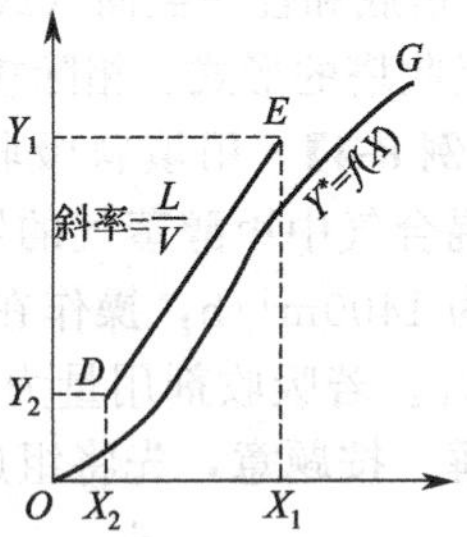

图 8-13　操作线与平衡线

吸收率 φ_A：气相中溶质被吸收的量与气相中原有的溶质的量之比，称为吸收率。

$$\varphi_A=\frac{V(Y_1-Y_2)}{VY_1}=\frac{Y_1-Y_2}{Y_1}=1-\frac{Y_2}{Y_1} \tag{8-13}$$

$$Y_2=Y_1(1-\varphi_A) \tag{8-14}$$

通过全塔物料衡算式(8-12) 可以求得吸收液的组成 X_1。于是，在吸收塔的底部与顶部两截面上，气、液相的组成 Y_1、X_1 与 Y_2、X_2 均为已知数。

(2) 吸收塔的操作线方程式与操作线

在塔内任取 m-n 截面与塔底之间对组分 A 进行物料衡算（见图 8-12)，得逆流吸收操作线方程式

$$Y=\frac{L}{V}X+\left(Y_1-\frac{L}{V}X_1\right) \tag{8-15}$$

或

$$\frac{Y-Y_1}{X-X_1}=\frac{Y_1-Y_2}{X_1-X_2} \tag{8-16}$$

式(8-15)、式(8-16) 表示在一定操作条件下，塔内任意横截面处液相组成 X 与气相组成 Y 之间的关系。操作线方程是通过点 $E(X_1,Y_1)$ 和点 $D(X_2,Y_2)$，且斜率为 L/V 的直线。已知 X_1、X_2、Y_1、Y_2 时，很容易在 Y-X 图上绘出操作线，见图 8-13。进行

吸收操作时，在塔内任一截面上，溶质在气相中的实际组成总是高于与其接触的液相平衡组成，所以吸收操作线必位于平衡线上方。反之，若操作线位于平衡线下方，则为解吸操作。

式(8-12)、式(8-15) 及式(8-16) 仅取决于气、液两相的流量 V 及 L、塔底和任一截面（或塔顶）的两相组成，而与两相间的平衡关系、吸收塔的形式、相际接触是否良好以及温度、压力等条件无关。

【例 8-4】 用填料吸收塔从空气中回收甲醇，用水作吸收剂。已知混合气中甲醇蒸气的体积分数为 6%，所处理的混合气中的空气量为 $1400m^3/h$，操作在 293K 和 101.3kPa 下进行，要求回收率达 98%。若吸收剂用量为 $3m^3/h$，求吸收塔溶液出口含量为多少？

解 按题意，先将组成换算成比摩尔分数

塔底：$Y_1=\dfrac{6}{100-6}=0.0638$

塔顶：$Y_2=Y_1(1-98\%)=0.0638\times0.02=0.00128$

$X_2=0$

入塔空气流量：$V=\dfrac{101.3\times1400}{8.314\times293}=58.2$ (kmol/h)

吸收剂用量：$L=3\times1000/18=166.67$ (kmol/h)

溶液出口含量便可由全塔物料衡算求出：

$$V(Y_1-Y_2)=L(X_1-X_2)$$

$$X_1=\frac{V(Y_1-Y_2)}{L}+X_2=\frac{58.2(0.0638-0.00128)}{166.67}+0=0.02183$$

故溶液出口含量为 0.02183。

8.3.2 吸收剂的用量

在吸收中，需要处理的惰性气体流量 V 及气体的初、终组成 Y_1 与 Y_2 已由任务规定，吸收剂的入塔组成 X_2 常由工艺条件决定，而吸收剂用量 L 及吸收液组成 X_1 互相制约，因此，必须综合考虑吸收剂对吸收过程的影响，合理选择吸收剂用量。

(1) 液气比

操作线斜率 L/V 称为液气比，是吸收剂与惰性气体摩尔流量的比值。它反映了单位气体处理量的溶剂消耗量的大小。当气体处理量一定时，确定吸收剂用量就是确定液气比。液气比对吸收操作是一个重要的控制参数。

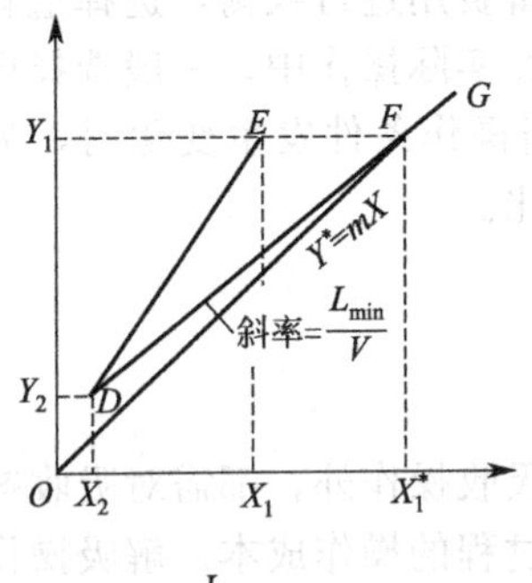

图 8-14 $\frac{L_{min}}{V}$的求取（一）

（平衡线为直线）

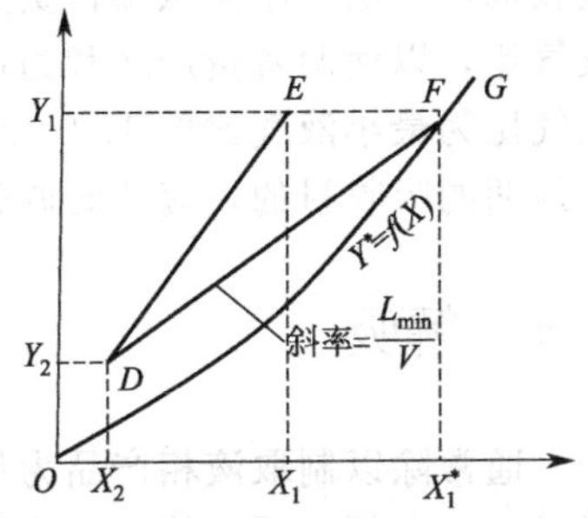

图 8-15 $\frac{L_{min}}{V}$的求取（二）

（操作线与平衡线相交）

（2）最小液气比

在 X_2、Y_2 给定时，操作线的起点 D 是固定的，终点 E 随吸收剂用量的不同而变化，由于 V 值、气相初始含量 Y_1 已经确定，若改变吸收剂的用量 L，操作线斜率就会改变，使溶液出口浓度 X_1 也随之发生变化。减小吸收剂用量，将使操作线斜率减小，出口溶液浓度 X_1 加大；若吸收剂用量减少到操作线与平衡线相交或相切时，如图 8-14～图 8-16 所示，此时操作线为 DF，其斜率值为最小，所得的溶液含量 X_1 为最大，即 $X_1=X_1^*$。此时，传质的推动力 ΔY 为零，为了达到一定的分离要求所需的两相接触时间为无限长，所需填料塔的高度为无限大，实际上是办不到的，只能用来表示一种极限状况。此时吸收操作线的斜率称为最小液气比，用 L_{min}/V 表示，相应的吸收剂用量为最少吸收剂用量，用 L_{min} 表示。

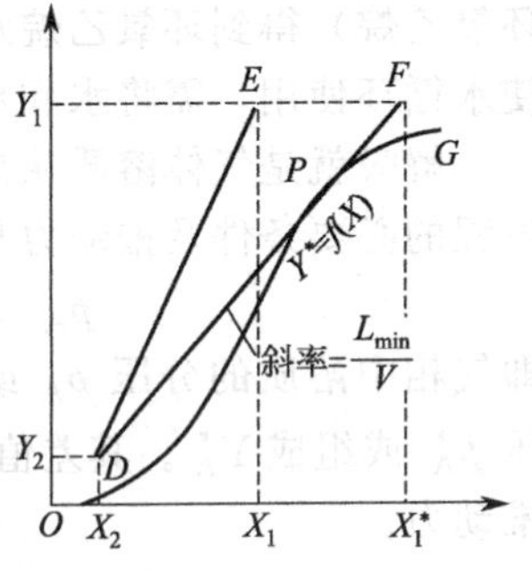

图 8-16 $\frac{L_{min}}{V}$的求取（三）

（操作线与平衡线相切）

（3）吸收剂用量的控制

为了完成规定的分离任务，吸收操作时液气比不能低于最小液气比。填料塔在操作中必须保证填料表面能被吸收剂充分润湿，喷淋密度（单位时间内单位塔截面上所接受的吸收剂量）不能太小。

吸收剂用量的大小要从操作费用和设备费用进行权衡，选择适宜的液气比，以使两者费用之和为最小，在实际操作中，一般选择操作液气比为最小液气比的1.2～2倍。当操作条件发生变化时，为达到预期的吸收目的，应及时调整液气比。

8.4 解吸

通常除以制取液相产品为目的的吸收操作外，都需对吸收剂进行回收，以便于循环使用，降低吸收过程的操作成本。解吸操作就是对吸收剂进行回收处理，使溶解在吸收剂中的溶质组分释放出来，得到较纯的溶质组分，同时使吸收剂得以再生而循环使用。

例如，用水吸收乙烯直接氧化反应后的气体（含乙烯、空气、环氧乙烷）得到环氧乙烷水溶液，为了得到纯净的环氧乙烷，同时使水循环使用，需将水和环氧乙烷分开的操作就是解吸。

解吸就是气体溶质从液相转移到气相的过程。因此，进行解吸过程的必要条件及推动力与吸收过程相反。解吸的必要条件为：

$$p_A < p_A^* \quad 或 \quad Y_A < Y_A^*$$

即气相中溶质的分压 p_A 或组成 Y_A 必须小于液相中溶质的平衡分压 p_A^* 或组成 Y_A^*。其差值（$p_A^* - p$）或（$Y_A^* - Y$）为解吸过程的推动力。

解吸是吸收的相反过程，因此不利于吸收的因素均有利于解吸。解吸的必要条件可以通过不同的方法实现。工业上常用的方法如下。

① 将溶液加热升温　溶液加热升温可提高溶质的平衡分压 p_A^*，减小溶质的溶解度，从而有利于溶质与溶剂的分离。

② 减压闪蒸　若将原来处于较高压力的溶液进行减压，总压降低后气相中溶质的分压 p_A 也相应降低，使 $p_A < p_A^*$ 的条件得以实现。所以减压对解吸是有利的。

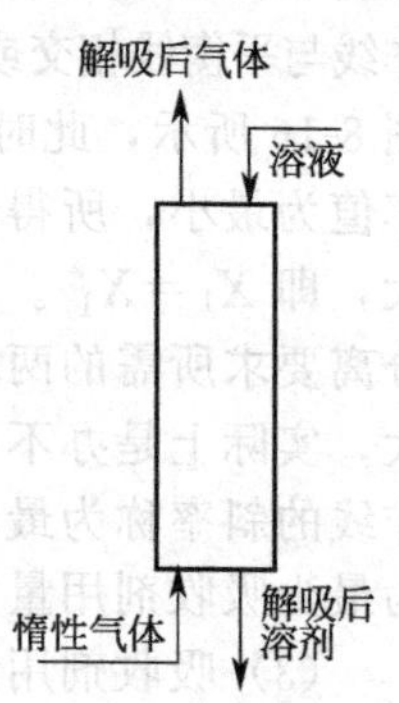

图 8-17　解吸塔操作的流程示意（在惰性气流中的解吸）

③ 在惰性气体中解吸　这种解吸操作的流程如图 8-17 所示。将溶液加热后送至解吸

塔顶，使与塔底部通入的惰性气体（或水蒸气）进行逆流接触，由于入塔惰性气体中溶质的分压 $p_A=0$，因此可达解吸目的。

④ 精馏　用精馏的方法将溶质与溶剂分离。

在生产中具体采用什么方法较好，须结合工艺特点，对具体情况作具体分析。此外，也可以将几种方法联合起来加以应用。

8.5　填料塔

填料塔是化工分离过程的主要设备之一。填料塔与板式塔相比具有结构简单、生产能力大、分离效率高、压降小、操作弹性大、塔内持液量少、易用耐腐蚀材料制作等特点。特别是新型填料和新型塔内件的不断出现，使填料塔得到广泛的应用。

8.5.1　填料塔的基本结构

填料塔的结构如图 8-18 所示，主要是由圆柱形塔体及各种塔内件组成。填料是填料塔的核心部件，填料层的下面为支撑板，上面为填料压板及液体分布器，必要时需将填料层分段，在段与段之间设置液体再分布器。操作时，液体经过顶部液体分布器分散后，沿填料表面流下，润湿填料表面；气体自塔底向上与液体作逆向流动，气、液两相间的传质通过填料表面上的液层与气相间的界面进行。

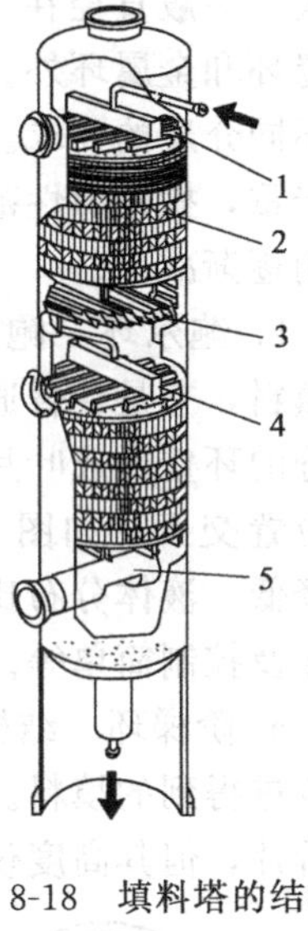

图 8-18　填料塔的结构
1—液体分布器；2—填料；3—液体收集器；4—液体再分布器；5—气体分布器

8.5.2　主要塔内件介绍

(1) 填料

① 工业上对填料性能的要求

a. 单位体积填料的表面积，即比表面积必须大。比表面积以 a_t 表示，单位为 m^2/m^3。

b. 单位体积填料层具有的空隙体积，即空隙率必须大，空隙率以 ε 表示，单位为 m^3/m^3。

c. 在填料表面有较好的液体均匀分布性能，以避免液体的沟流及壁流现象。

d. 气流在填料层中均匀分布，以使压降均衡，无死角，对于填料层阻力较小的大塔特别值得注意。

e. 制造容易，造价低廉。

f. 具有足够的机械强度。

g. 对于液体及气体均须具有化学稳定性。

② 填料种类及特点

a. 拉西环　拉西环是最早使用的填料。其几何形状为外径与高度相等的空心圆柱，如图 8-19(a) 所示，其壁厚在强度允许的情况下尽量薄一些，以提高空隙率，降低堆积密度。拉西环在填料塔中有乱堆及整砌两种充填方式。乱堆填料装卸方便，但是气体阻力较大。一般直径在 50mm 以下的填料都采用乱堆方式。除常用的陶瓷环和金属环外，拉西环还有用石墨、塑料等材质制造的，以适应不同介质的要求。拉西环的主要缺点在于液体的沟流及壁流现象较严重，操作弹性范围较狭窄，气体阻力较大等。近年来拉西环的使用逐渐减少。

b. 鲍尔环　鲍尔环是针对拉西环存在的缺点加以改进而研制的填料，它是在普通的拉西环壁上开有上下两层长方形窗孔，窗孔部分的环壁形成叶片，向环中心弯入，在环中心相搭，上下两层小窗位置交叉，如图 8-19(b) 所示。鲍尔环的优点是气体阻力小，压降低，液体分布比较均匀，填料效率较高，稳定操作范围较大，操作及控制简单等。

c. 阶梯环　结构如图 8-19(c) 所示，阶梯环是在鲍尔环的基础改进得到的填料。其壁面上与鲍尔环一样开有矩形孔和形成向内的舌片，但其高度仅为直径的 1/3～1/2，而且在环的一端制成锥

(a) 拉西环

(b) 鲍尔环

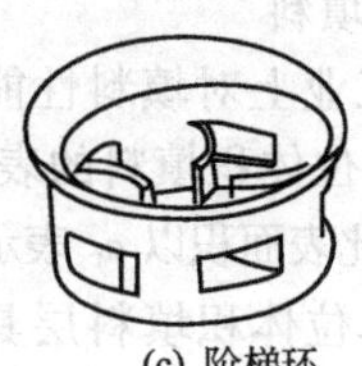

(c) 阶梯环

图 8-19　环状填料结构示意

形翻边，锥形翻边的高度一般为环高的1/5。阶梯环较小的高径比和它的锥形翻边结构，使得填料之间呈点式接触，形成的填料层均匀，空隙率大，有利于液体的均匀分布，使阶梯环填料具有更大的处理能力和更高的传质效率。与鲍尔环相比，其气体通过能力可以提高10％～20％。

d. 矩鞍形填料　矩鞍形填料是一种敞开型填料，如图8-20(a)所示，填装于塔内互相处于套接状态。优点是稳定性较好，表面利用率较高，具有较大的空隙率，阻力较小，效率较高，液体流道通顺，不易被固体悬浮物所堵塞等。

e. 金属环矩鞍填料　如图8-20(b)所示，一般以金属材料制造，它将环形填料和鞍形填料的结构特点集于一体，兼有环形填料和鞍形填料的优点，具有气体通过能力大、传质效率高等特点，是目前性能十分优良的散堆填料，应用广泛。

(a) 矩鞍形填料

(b) 金属环矩鞍填料

图8-20　鞍形填料

f. 球形填料　如图8-21所示，球形填料种类很多，一般采用塑料材料制造，多制成由许多板片结构的球体或许多格栅构成的球体。具有结构对称、用其填充的填料层均匀、气液相分布性能好的特点。

g. 孔板波纹填料　孔板波纹填料是由金属薄板先冲孔后，再

(a) 多面球形填料

(b) TRI填料

图8-21　球形填料

压制成波纹状的若干片波纹板，平行叠合而成圆盘单体，其结构如图 8-22(a) 所示。在填料塔内装填时，上下两盘填料的排列方向交错 90°角。孔板波纹填料的气体通量大，流体流通阻力小，传质效率高，而且加工制造方便，造价较低，是目前十分通用的高效规整填料之一。

h. 丝网波纹填料　丝网波纹填料是以细密的丝网为材质制成的与孔板波纹填料相类似结构的规整填料，如图 8-22(b) 所示。由于丝网密集，具有较大的表面积，而且丝网具有毛细作用，使得液体在丝网表面极易润湿伸展成膜，是目前传质效率较高的规整填料之一。由于该填料所用的材质较贵，故造价较高。丝网波纹填料特别适合于难分离的物系，在精密精馏和真空蒸馏中广泛应用。

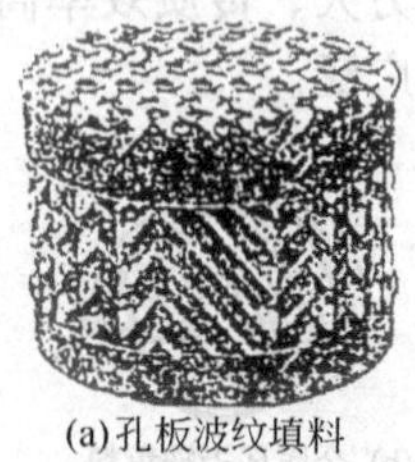
(a) 孔板波纹填料

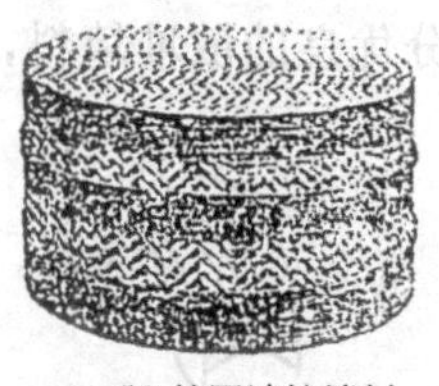
(b) 丝网波纹填料

图 8-22　规整填料示意

(2) 液体分布器

液体分布器的作用是把液体均匀地分布在填料表面上，以确保填料塔有效工作。因此，要求填料塔顶必须设置液体分布器来为填料层提供良好的液体初始分布，保证填料表面完全润湿，获得较高的吸收率。液体分布装置的结构形式很多，常用的有如下几种。

① 莲蓬头式喷洒器　莲蓬头式喷洒器如图 8-23 所示，喷头的下部为半球形多孔板。液体以一定压力送入喷头，经小孔喷出。小孔直径为 3～10mm，作同心圆排列。莲蓬头直径 d 为塔径的 1/3～1/5，球面半径约为喷头直径的 0.5～1.0 倍；喷洒角 α 不超过 80°，喷洒外圈距塔壁 70～100mm。莲蓬头式喷洒器一般用于直径小于 0.6m 的塔中。优点是结构简单；缺点是小孔易堵塞，操作时液体必须维持规定的压力，否则喷淋半径改变，不能达到预期的分布效果。

② 盘式分布器　图 8-24 为盘式分布器，液体从进口管加到分布盘上，盘底装有溢流管或开有筛孔，使液体通过这些筛孔分布在整个塔截面上。溢流管直径一般不小于 15mm。在溢流管的上端开有缺口，这些缺口处于同一水平面上，使液体均匀流下。筛孔直径一般为 3～10mm，筛孔式较溢流管式的分布效果好。这种分布器适用于直径大于 0.8m 的塔中。

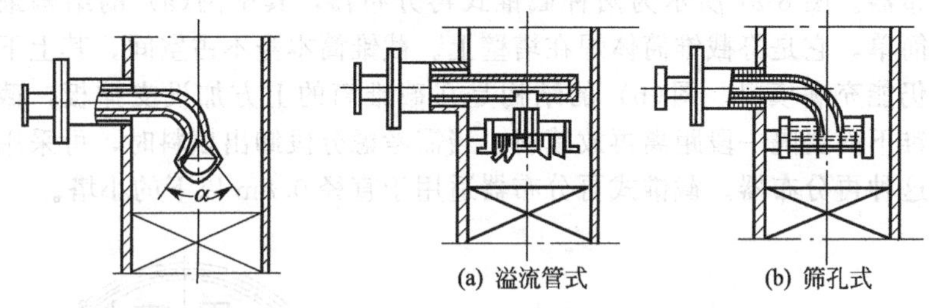

图 8-23　莲蓬头式喷洒器　　　　图 8-24　盘式分布器

③ 齿槽式分布器　大直径的塔多使用齿槽分布器，如图 8-25 所示。液体先经过主干齿槽向其下层各条形齿槽作第一级分布，然后再向填料层上面分布。这种分布器自由截面积大，工作可靠。

④ 多孔环管式分布器　多孔环管式分布器如图 8-26 所示，由多孔圆形盘管、连接管及中央进料管组成。这种分布器尤其适用于液量小而气量大的填料吸收塔，气体阻力小。

图 8-25　齿槽式分布器

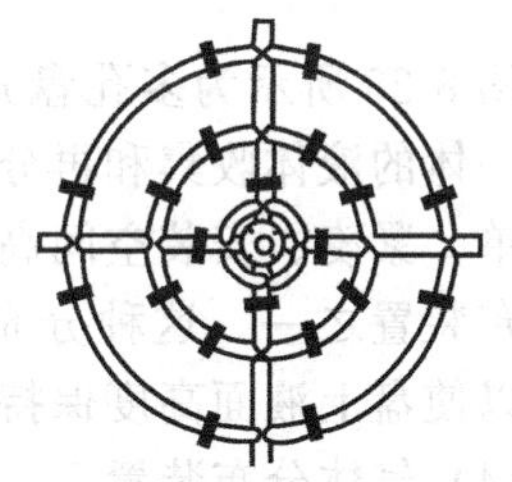

图 8-26　多孔环管式分布器

(3) 液体再分布器

液体在乱堆填料层内向下流动时，有一种逐渐偏向塔壁的现象。在直径较小的塔中这种现象就更显著。为避免因发生这种现象而使填料表面利用率下降，在每隔一定高度的填料层上设置一再分布器，将沿塔壁流下的液体导向填料层内，液体再分布器的作用就是用来改善液体在填料层中向塔壁流动的效应。

对于整砌填料，因液体沿竖直方向流下，不存在偏流现象，无需设置流体再分布器，但对液体的初始分布要求较高。乱堆填料因具有自动均布流体的能力，对液体初始分布无过高要求，但因偏流需要考虑流体再分布器。再分布器类型很多，常用的为截锥形再分布器。图 8-27 所示为两种截锥式再分布器，其中图(a) 的结构最简单，它是将截锥筒体焊在塔壁上。截锥筒本身不占空间，其上下仍能充满填料。图(b) 的结构是在截锥筒的上方加设支撑板，截锥下面要隔一段距离再放填料，当需考虑分段卸出填料时，可采用这种再分布器。截锥式再分布器适用于直径 0.8m 以下的小塔。

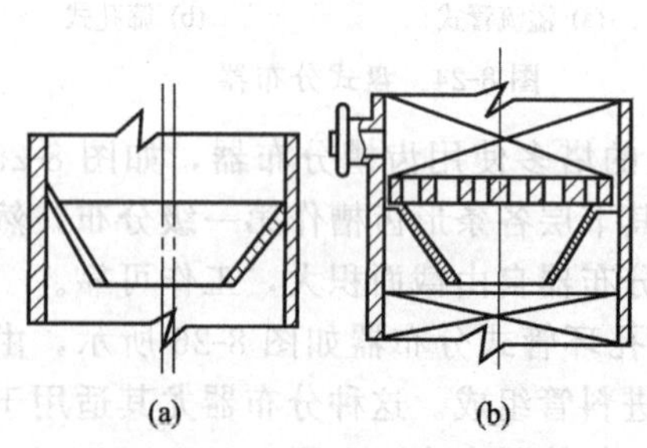

图 8-27 截锥式再分布器

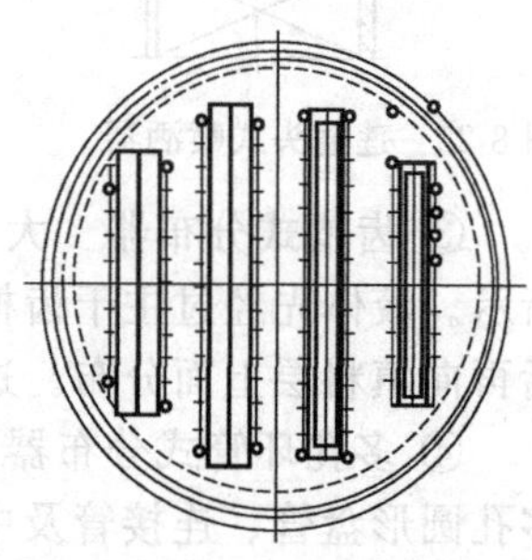

图 8-28 多孔盘式再分布器

图 8-28 所示为多孔盘式再分布器，是集液体收集和再分布功能于一体的液体收集和再分布装置。这种液体收集再分布器具有结构简单、紧凑、安装空间高度低等突出优点，是工程中常用的液体再分布装置之一。这种分布器通常采用多点进料进行液体的预分布，以使盘上液面高度保持均匀，改善液体的分布性能。

(4) 气体分布装置

一般说来，实现气相均匀分布要比液相容易，故气体入塔的分布装置也相对简单。但对于大塔径低压力降的填料塔来说，设置性能良好的气相分布装置仍然是十分重要的。即对于直径较小的填料塔，多采用简单的进气分布装置，对于直径大于 2.5m 的大塔，则需要性能更好的气体分布装置，如图 8-29 所示。

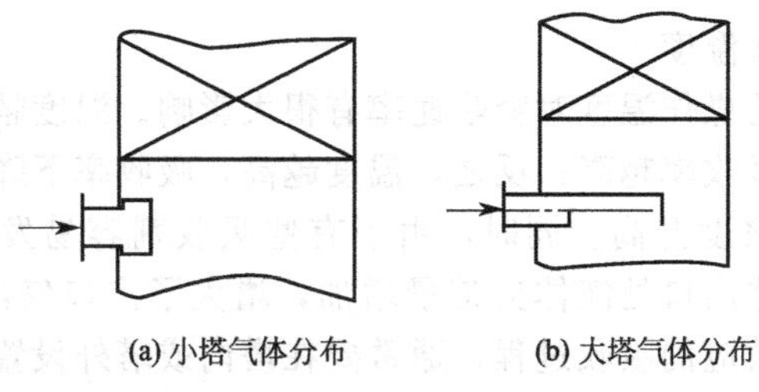

图 8-29 气体分布形式

(5) 除沫装置

由于气体在塔顶离开填料层时带有大量的液沫和雾滴，为回收这部分液体，常需在塔顶设置除沫器。常用的除沫器有旋流板式除沫器（图 8-30）以及丝网除沫器（图 8-31）。

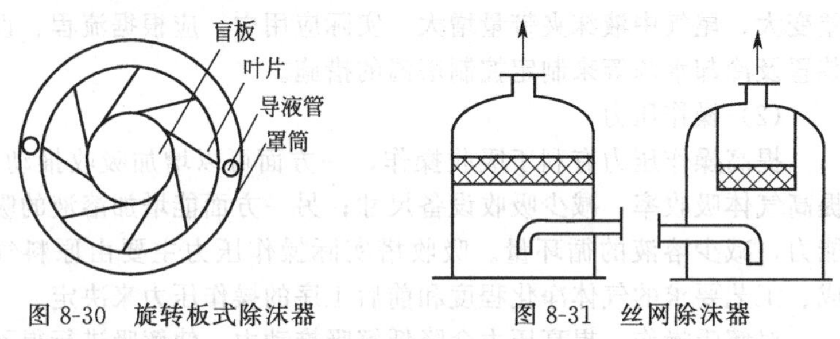

图 8-30 旋转板式除沫器　　图 8-31 丝网除沫器

(6) 填料支撑板

由于填料支撑板本身对塔内气液的流动状态也会产生影响，因此除考虑其有足够的强度和刚度以支持填料及其所持液体的重量外，还应考虑其对流体流动的影响；要保证有足够的开孔率（一般要大于填料的空隙率），以防在填料支撑处发生液泛现象；在结构上应有利于气液相的均匀分布，同时不至于产生较大的阻力（一般阻力不大于 20Pa）。

8.5.3 吸收塔操作的主要控制因素

吸收操作往往是以吸收后的尾气浓度或出塔溶液中溶质的浓度作为控制指标。当以净化气体为操作目的时，吸收后的尾气浓度为主要控制对象；当以吸收液作为产品时，出塔溶液的浓度为主要控制对象。

（1）操作温度

吸收塔的操作温度对吸收速率有很大影响。温度越低，气体溶解度越大，吸收率越高；反之，温度越高，吸收率下降，容易造成尾气中溶质浓度升高。同时，由于有些吸收剂容易发泡，温度越高，造成气体出口处液体夹带量增加，增大了出口气液分离负荷。对有明显热效应的吸收过程，通常要在塔内或塔外设置中间冷却装置，及时移出热量。必要时，用加大冷却水用量的方法来降低塔温。当冷却水温度较高时，冷却效果会变差，在冷却水用量不能再增加的情况下，增加吸收剂用量也可以降低塔温。对吸收液有外循环且有冷却装置的吸收流程，采用加大吸收液的循环量的方法也可以降低塔温。吸收剂用量的增加会增大吸收剂输送和再生负荷；增加吸液循环量会使吸收推动力减小。同时，流量的增大将使塔的压差变大，尾气中液沫夹带量增大。实际应用中，应根据流程、设备装置及冷却水源等来制定控制塔温的措施。

（2）操作压力

提高操作压力有利于吸收操作，一方面可以增加吸收推动力，提高气体吸收率，减少吸收设备尺寸；另一方面能增加溶液的吸收能力，减少溶液的循环量。吸收塔实际操作压力主要由原料气组成、工艺要求的气体净化程度和前后工序的操作压力来决定。

对解吸操作，提高压力会降低解吸推动力，使解吸进行得不彻底，同时增加了解吸的能耗和溶液对设备的腐蚀性；另一方面，由于操作温度是操作压力的函数，压力升高，温度相应升高，又会加快被吸收溶质的解吸速度，因此为了简化流程、方便操作，通常保持解吸操作压力略高于大气压力。

（3）吸收剂用量

由物料衡算可知，当吸收剂用量较小时，出塔溶液的浓度必然较大。实际操作中，若吸收剂用量过小，填料表面润湿不充分，气液两相接触不充分，出塔溶液的浓度不会因吸收剂用量小而有明显提高，还会造成尾气中溶质浓度的增加，吸收率下降。吸收剂用量越大，塔内喷淋量大，气液接触面积大；由于液气比的增大，吸收推动力增大；对一定的分离任务，增大吸收剂用量还可以降低吸收温度，使吸收速率提高，增大吸收率。当吸收液浓度已远低于平衡浓度时，继续增加吸收剂用量已不能明显提高吸收推动力，相反会造成塔内积液过多，压差变大，使得塔内操作恶化，反而使吸收推动力减小，尾气中溶质浓度增大。吸收剂用量的增加，还会加重溶剂再生的负荷。因此在调节吸收剂用量时，应根据实际操作情况具体处理。

(4) 吸收剂中溶质浓度

对于吸收剂循环使用的吸收过程，入塔吸收剂中总是含有少量的溶质，吸收剂中溶质浓度越低，吸收推动力越大，在吸收剂用量足够的情况下，尾气中溶质的浓度也越低。吸收剂中溶质浓度增大，吸收推动力减小，尾气中溶质的浓度增大，严重时达不到分离要求。因此，当发现入塔吸收剂中溶质浓度升高时，需要对解吸系统进行必要的调整，以保证解吸后循环使用的吸收剂符合工艺要求。

(5) 气流速度

气流速度会直接影响吸收过程，气流速度大使气、液膜变薄，减少了气体向液体扩散的阻力，有利于气体的吸收，也提高了单位时间内吸收塔的生产效率。但气流速度过大时，会造成液泛、雾沫夹带或气液接触不良等现象，因此，要选择一个最佳的气流速度，保证吸收操作高效稳定进行。

(6) 液位

液位是吸收系统重要的控制因素，无论是吸收塔还是解吸塔，都必须保持液位稳定。液位过低，会造成气体窜到后面低压设备引起超压，或发生溶液泵抽空现象；液位过高，则会造成出口气体带液，影响后工序安全运行。

总之，在操作过程中根据原料组分的变化和生产负荷的波动，及时进行工艺调整，发现问题及时解决，是吸收操作不可缺少的工作。

8.5.4 吸收系统常见设备故障与处理

(1) 塔体腐蚀

主要是吸收塔或解吸塔内壁的表面因腐蚀出现凹痕，主要产生原因如下。

① 塔体的制造材质选择不当。

② 原始开车时钝化效果不理想。

③ 溶液中缓蚀剂浓度与吸收剂浓度不对应。

④ 溶液偏流，塔壁四周气液分布不均匀。

一般在腐蚀发生的初始阶段，塔壁先是变得粗糙，钝化膜附着力变弱，当受到冲刷、撞击时出现局部脱落，使腐蚀范围扩大，腐蚀速率加快。

对于已发生腐蚀的塔壁要立即进行修复，即对所有被腐蚀处先补焊、堆焊后再衬以耐腐蚀钢带（如不锈钢板）。在日常操作过程中应严格控制工艺指标，确保良好的钝化质量，要适当增加对吸收溶液的分析次数，及时、准确、有效地监控溶液组分的变化，并及时清除溶液中的污物，保持溶液的洁净，减少系统污染。

(2) 液体分布器、再分布器损坏

液体分布器、再分布器损坏在吸收系统中比较常见，其主要原因如下。

① 由于设计不合理，受到液体高流速冲刷造成腐蚀。

② 选择材料不当所致。

③ 填料的摩擦作用使分布器、再分布器上的保护层被破坏产生的腐蚀。

④ 经过多次开、停车，钝化控制不好。

当系统发现液体分布器、再分布器损坏后，应及时找出原因，并立即进行修复。同时采取相应的措施，防止事故重复发生。

(3) 填料损坏

对于填料塔，由于所选用填料的材质不同，损坏的原因也各不相同。

① 瓷质填料　由于瓷质填料耐压性能较差，受压后产生破碎，也可能由于发生腐蚀而使填料损坏，瓷质填料损坏后，设备、管道严重堵塞，系统无法继续运转。

② 塑料填料　塑料填料损坏的主要表现为变形，由于其耐热性不好，在高温下容易变形，变形后填料层高度下降，空隙率下降，阻力明显增加，使传质、传热效果变差，易引起拦液泛塔事故。

③ 普通碳钢填料　具有较好的耐热、耐压特性，其损坏的方式主要是被溶液腐蚀，被腐蚀后的填料性能变差，影响吸收或再生效果，降低溶液的吸收性能，同时由于溶液中铁离子大幅度升高，与溶液中的缓蚀剂形成沉淀，缓蚀剂的浓度快速降低，失去缓蚀作用，使其他设备的腐蚀加快。

④ 不锈钢填料　一般不太容易损坏，在条件允许的情况下最好采用不锈钢填料。

(4) 溶液循环泵的腐蚀

吸收系统溶液循环的离心泵被腐蚀的主要原因是发生“汽蚀现象”。“汽蚀现象”的发生使离心泵的叶轮出现蜂窝状的蚀坑，严重时变薄甚至穿孔，密封面和泵壳也会发生腐蚀。当溶液泵入口压力、温度和流量达到汽蚀的临界条件后即发生“汽蚀”，因此严格控制溶液的温度、压力和流量，避免“汽蚀现象”的发生，是防止溶液循环泵被腐蚀的关键。

(5) 塔体振动

吸收塔体振动的主要原因可能是系统气液相负荷产生了突然波动，塔体受到溶液流量突变的剧烈冲击所致。这种现象通常发生在再生塔，吸收塔比较少见，因为再生塔顶部溶液的流通量一般比较大，如果溶液进口分布不合理，就会出现塔体及管线振动。采取以下措施可以减轻或消除塔体振动的问题。

① 设置限流孔板，控制塔体两侧溶液流量，尽量保持两侧分配均匀。

② 在溶液总管上设减振装置，如减振弹簧等，减轻管线的振动幅度，防止塔体和管线发生共振。

③ 调整溶液入口角度，减小旋转力对塔体的影响。

④ 控制系统波动范围，尽量保持操作平稳。

8.5.5 吸收系统常见操作事故与防止

(1) 拦液和液泛

对于一定的吸收系统，在设计时已经充分考虑了避免液泛的主要因素，因此按正常条件进行操作一般不会发生液泛，但当操作负荷（特别是气体负荷）大幅度波动或溶液起泡后，气体夹带雾沫过多，就会形成拦液乃至液泛。

操作中判断液泛的方法通常是观察塔体的液位。如果操作中溶液循环量正常而塔体液位下降，或者气体流量未变而塔的压差增加，都可能是液泛发生的前兆。

防止拦液和液泛发生的措施是严格控制工艺参数，保持系统操作平稳，尽量减轻负荷波动，使工艺变化在装置许可的范围内；及时发现、正确判断、及时解决生产中出现的问题。

（2）溶液起泡

吸收溶液随着运转时间的增加，由于一些表面活性剂的作用，会生成一种稳定的泡沫，这种泡沫不像非稳定性泡沫那样能够迅速地生成又迅速地消失，为气、液两相提供较大的接触面积，提高传质速率。由于稳定性泡沫不易破碎而逐步积累，当积累到一定量时就会影响吸收和再生效果，严重时气体的带液量增大，甚至发生“液泛”，使系统不能正常运行。引起溶液发泡的原因如表 8-2 所示。

表 8-2　引起溶液发泡的原因

气体夹带物	操作方面的因素	其　他　原　因
油污	吸收塔超负荷，再生塔热负荷太高	系统设备、管道清洗不干净
化学杂质	吸收塔和再生塔被污染	过滤器效率低
固体微粒	压力和流动状态改变大，溶液再生效果差	溶液中降解物积累太多，溶剂的纯度不够

对于溶液起泡常采取以下方式进行处理。

① 高效过滤　使用高效的机械过滤器，辅以活性炭过滤器，可以有效地除去溶液中的泡沫、油污及细小的固体杂质微粒。

② 向溶液中加入消泡剂　良好的消泡剂可以减少泡沫的形成，通常选择消泡能力强、难溶于吸收溶液、化学稳定性和热稳定性好、无明显积累性副作用的消泡剂。消泡剂的使用量要适度，过量的消泡剂会在溶液中积累、变质、沉淀，使溶液黏度增加，表面张力加大，反而成为发泡剂，产生稳定性的泡沫，造成恶性循环。使用消泡剂的基本原则是：因地制宜，择优使用，少用慎用，用除结合。

③ 加强化学药品的管理　加强药品采购、运输、储存等环节的管理，保证化学药品质量，严格控制杂质含量，新配制的溶液要

将其静置几天，待“熟化”后再进入系统。

（3）系统水平衡失调

吸收系统的水平衡是指进入系统的水量和带出系统的水量大致相等，系统基本达到平衡。系统水平衡失调，会造成溶液浓度过稀或过浓，对于系统的稳定运行和降低化学药品消耗是非常不利的。

系统进水主要是原料气带入的，当一定温度的原料气体进入吸收塔后，水气也随之带入，其次是溶液泵的机械密封水和仪表冲洗水；系统出水主要是再生塔顶冷凝水。原料气带入的水在吸收塔内大部分凝结在溶液中进入再生塔，溶液再生时在塔顶有一部分水被排出系统，其余作为塔顶回流循环使用。调整水平衡的主要手段是控制再生塔顶的回流水量，操作过程中保持适度的回流水量，并注意调节好溶液泵的密封水和仪表冲洗水，可以避免发生系统水平衡失调。

（4）塔阻力升高

吸收塔的阻力在正常的操作条件下是基本稳定的，通常在一个很小的范围内波动，当溶液起泡或填料层被破碎、腐蚀的填料或其他机械杂质、脏物堵塞等，会影响溶液流通，引起塔阻力升高，对吸收塔的操作非常不利，日常操作中应尽量避免。

针对引起塔阻力升高的不同原因，采用相应的处理方式：溶液起泡的处理前面已经讨论过；对于填料破裂或机械杂质引起堵塞的处理是降低负荷，通过调整操作参数可维持生产，如有必要可停车进行清理及更换耐腐蚀的优质填料。

实际运行时吸收系统可能发生的操作事故远不止以上几种，处理事故的方式也不能一概而论，必须根据实际情况酌情处理。为减少操作事故的发生，主动防范是吸收系统操作的关键所在。

一、判断题

（　　）1. 吸收过程是吸收质以扩散的方式从气相转移到液相的传质过程。

(　　) 2. 传质的基本方式可分为分子扩散和对流扩散两种。

(　　) 3. 气体的溶解度与气体的性质有关，与浓度、压力关系不大。

(　　) 4. 常见的气体，如氨、氯化氢、二氧化硫属于难溶气体。

(　　) 5. 被吸收的气体组分从液相返回气相的过程称为解吸。

(　　) 6. 吸收是气体溶解过程，低温操作可增大气体在液体中的溶解度，对气体吸收有利。

(　　) 7. 对于吸收塔来说，压力越大越有利于吸收，所以对整个系统来说，压力越大越好。

(　　) 8. 吸收塔进气温度越低，其气相中水蒸气含量越少，对吸收塔操作越有利。

(　　) 9. 吸收过程的推动力是浓度差，因此气相浓度大于液相浓度时，气体就能被吸收。

(　　) 10. 当气、液达平衡时，气体在液体中的溶解达到极限，吸收推动力为零。

(　　) 11. 采用逆流的吸收流程，可以提高吸收率和降低吸收剂用量。

(　　) 12. 根据双膜理论，吸收过程的阻力全部集中在液膜。

(　　) 13. 吸收操作是用于分离气体混合物的单元操作。

(　　) 14. 吸收操作的依据是混合气体中各组分在吸收剂中的溶解度的不同。

(　　) 15. 用水吸收二氧化氮制硝酸为物理吸收。

(　　) 16. 用水吸收甲醛蒸气为化学吸收。

(　　) 17. 对任何一种混合物而言，各组分的比摩尔分数或比质量分数之和等于1。

(　　) 18. 气体溶解度受温度和压力的影响。

(　　) 19. 吸收操作中，低温、高压有利于吸收操作。

(　　) 20. 亨利定律表示，在气、液两相平衡时，吸收质在气相和液相中浓度的关系。

(　　) 21. 相平衡常数 m 越大，表明该气体溶解度越大。

(　　) 22. 吸收既可用板式塔，也可用填料塔。

(　　) 23. 解吸的必要条件为气相中溶质的浓度 Y 必须小于液相中溶质的平衡浓度 Y^*。

(　　) 24. 解吸的推动力为 p^*-p 或 Y^*-Y。

(　　) 25. 吸收中大多采用逆流操作是因为逆流吸收可提高吸收率和降低吸收剂用量。

二、选择题

1. 气体物质的溶解度一般随温度升高而（　　）。

A. 增加　B. 降低　C. 不变

2. 温度升高时，气体在液体中的溶解度降低，亨利系数（　　）。

A. 增大　B. 降低　C. 不变

3. 吸收的传质过程是吸收质从（　　）。

A. 气相转向液相　B. 液相转向气相

C. 两者同时存在

4. 吸收是利用气体混合物中（　　）而进行分离的。

A. 相对挥发度的不同　B. 溶解度的不同

5. 用水吸收下列气体时，（　　）属于液膜控制。

A. 氯化氢　B. 氨　C. 氯气

6. 随着压力的升高气体溶解度（　　）。

A. 增加　B. 减少　C. 不变

7. 相平衡常数 m 值越大，表明气体溶解度（　　）。

A. 越大　B. 越小　C. 适中

8. 相平衡常数 m 值，随温度升高而（　　）。

A. 增加　B. 减少　C. 不变

9. 吸收进行的必要条件是（　　）。

A. $Y>Y^*$　B. $Y<Y^*$　C. $Y=Y^*$

10. 亨利定律适用于（　　）。

A. 溶解度大的溶液　B. 理想溶液　C. 稀溶液

11. 吸收过程的推动力是（　　）。

A. 气相浓度与液相浓度差　B. 相界处两相浓度差

C. 实际浓度与平衡浓度差

12. 填料塔中填料的作用是（　　）。

A. 阻止气体和液体的流动，增大阻力

B. 增大吸收推动力

C. 使气液间产生良好的传质作用

13. 从提高吸收推动力考虑，应（　）吸收剂用量。

A. 增加　B. 减少　C. 不变

14. 解吸过程的推动力是（　　）。

A. 液相浓度与气相浓度差　　B. 相界面处两相浓度差

C. 平衡浓度与实际浓度差

15. 为了防止出现沟流和壁流现象，通常在填料塔内装设（　　）。

A. 除沫器　　B. 流体再分布器　　C. 喷淋装置

16. 为保证填料塔液体分布均匀，通常在塔顶安装（　　）。

A. 除沫器　　B. 流体再分布器　　C. 喷淋装置

三、填空题

1. 吸收操作是用________以除去其中一种或多种组分的操作。

2. 工业生产中吸收操作应用于以下几个方面________________________。

3. 吸收操作是将可溶性组分从________相转移到________相的________过程。

4. 在吸收操作中，气体混合物中不被吸收的气体，称______。

5. 在吸收过程中，没有明显化学反应发生的称为________；温度不变化的称为________。

6. 氨水的浓度（质量分数）25%，则氨水的比质量分数________，比摩尔分数为________。

7. 亨利系数 E 和相平衡常数 m 之间关系为____________。

8. 依双膜理论，在吸收过程中，吸收质从气相主体以________的方式到达气膜边界，又以________方式通过气膜到达气液界面，在相界面上吸收质不受任何________从气相进入液相，在液相中以________方式穿过液膜到液膜边界，最后以________方式转移到液相主体。

9. 吸收传质过程可分为三步：①________②__________③________。

10. 在填料塔中，填料的堆放方式有两种__________

和________。

11. 在吸收塔中，气相中吸收质的含量自上而下逐渐________，在液相中逐渐________。

12. 适宜液气比的选择原则应使________费用与________费用________最小，一般取$L/V=$________。

13. 减少吸收剂用量，将使出口溶液的浓度________，吸收推动力相应地________，吸收变得困难。为达到同样的吸收效果，吸收塔高必须________，以增加两相的接触时间。

14. 解吸操作是指____________________。增加吸收剂用量，可使吸收推动力________。

15. 在生产中解吸过程的目的是____________________。

16. 工业中常用的解吸方法为：①__________②__________③__________④__________。

17. 当吸收剂喷淋密度很小，不能保证填料表面完全润湿，或塔中需要排除热量很大时，工业上可采用__________吸收流程。

18. 当所需吸收塔的尺寸过大，或从塔底流出的溶液温度过高不能保证塔在适宜的温度下操作时，可采用__________吸收流程。

19. 吸收塔的操作温度对吸收率影响很大，其温度越低，气体溶解度______，吸收率______。

20. 在易溶气体吸收过程中__________阻力很小，而__________阻力占主导地位，吸收速率主要受__________一方阻力控制，称为__________过程。

21. 吸收过程的总阻力为__________阻力和__________阻力之和，对于难溶气体吸收过程中__________阻力很小，而__________阻力占主导地位，因此，该过程为__________控制。

22. 对于溶解度适中的情况，要想提高吸收速率应__________气、液膜阻力效果才显著。

四、简答题

1. 吸收操作在化工生产中有哪些用途？
2. 亨利定律适用于什么场合？亨利系数对溶解度有何影响？
3. 温度和操作压力对吸收操作有什么影响？
4. 吸收推动力是什么？有哪些表示方法？

5. 双膜理论的要点是什么？根据双膜理论，如何提高吸收速率？

6. 生产中常用的填料有哪些形式？其主要优缺点是什么？

7. 确定操作线方程的依据是什么？操作线与平衡线之间距离的大小说明什么问题？

8. 强化吸收速率的途径主要有哪些？

9. 怎样解决因填料层过高出现的壁流、沟流等问题？

10. 说明填料塔的基本构造和各部分的作用。

五、计算题

1. 在氮、氢混合气体中，已知氮、氢的体积比为 1∶3，总压为 1200kPa，求其中氢的分压及比摩尔分数。

2. 在标准状况下，204mL 水吸收 89.6L 氨气，所得溶液的百分含量是多少？

3. 已知空气和二氧化碳的混合气体，其中二氧化碳的摩尔分数为 0.2，求 CO_2 的比摩尔分数。

4. 含有 30%CO_2（体积分数）的原料气用水吸收，温度30℃，总压 101.3kPa，求液相中 CO_2 的最大浓度（用摩尔分数表示）。

5. 气体混合物中含氨（体积分数）3%送入吸收塔用纯水吸收，吸收率为 90%，操作液气比为 2.52，求出塔液中氨浓度（每立方米水中氨的质量）。

6. 在一填料塔中，用清水吸收空气与丙酮蒸气的混合气体，已知混合气体总压为 101.3kPa，丙酮蒸气的分压为 6.08kPa，操作温度为 293K，混合气总量为 1484m^3/h，要求吸收率为 98%，设吸收剂用量为 2772kg/h，求出塔时的液相组成。

7. 用清水吸收某混合气体，已知进入填料塔的气相浓度为 0.0639mol 组分/kmol 载体，出塔时的气相浓度为 0.0013mol 组分/kmol 载体，出塔时的液相浓度为 0.024 组分/kmol 水，求吸收率和液气比。

第 9 章

干 燥

本章培训目标

1. 熟知湿空气性质的状态参数和湿物料中水分的性质。

2. 掌握干燥操作的基本原理及操作过程。

3. 知道干燥速率的主要影响因素，会对干燥器进行物料衡算。

4. 了解工业上常用干燥器的结构和工作原理，会正确操作和维护干燥设备。

5. 了解干燥过程的节能措施。

9.1 概述

干燥通常是指从湿物料中除去水分或其他湿分的单元操作，又可称为“去湿”。为了便于有些固体物料的加工、运输和储存以及满足生产工艺对原料含水率的要求，避免对化学反应或产品质量的影响，去湿操作广泛应用于化工、食品、轻工、纺织、煤炭、建材和农林加工等部门。

去湿的方法很多，工业生产中常用的方法可以分为以下三类。

① 机械去湿方法　即通过压榨、抽吸、过滤和离心分离等方法来除去湿分。这种去湿方法能耗少，适用于不需要将湿分完全除去的情况。

② 热能去湿方法　即用热能使物料中的湿分汽化，并排除产生的蒸汽以除去湿分。这种去湿方法通常称为干燥。干燥过程的本质为被除去的湿分从固相转移到气相中，固相为被干燥的物料，气相为干燥介质。这种方法能够较彻底地除去物料中的湿分，但能耗较大。

③ 化学去湿方法　即利用生石灰、浓硫酸、无水氯化钙等吸湿性物料来除去湿分。这种去湿方法费用高、操作麻烦，适用于小批量固体物料的去湿，或除去气体中水分的情况。

在生产过程中，为了使去湿的操作经济而有效，常常先用机械去湿方法除去物料中的大部分湿分，然后进行干燥操作，制成符合规格的产品。干燥操作往往紧跟在蒸发、结晶、过滤、离心分离等操作过程之后，是工艺过程中最后一步，干燥后的物料经包装后作为产品运出。

9.1.1 干燥过程的分类

干燥操作过程依据不同的分类方法，通常可以有以下方式。

(1) 按照生产过程的操作方式

可分为连续操作和间歇操作。间歇操作的投资少，操作灵活，控制方便，适用于生产小批量、多品种、要求干燥时间较长的产品。工业上多为连续操作，其生产能力大，效率高，产品质量较均匀，劳动条件较好。

(2) 按生产操作压强

可分为常压干燥和真空干燥。大多数干燥器在接近于大气压时操作。微弱的正压可避免外界向内部渗入气体，如果不允许向外界泄漏则采用微负压操作。真空操作温度低，蒸汽不易泄漏，但操作费用较高，适用于处理热敏性、易氧化、有毒或在中温或高温操作下产生异味的物料。

(3) 按照热能传给湿物料的方式

① 对流干燥　又称为直接加热干燥，载热体（干燥介质）将热能以对流的方式传给与其直接接触的湿物料，产生的蒸汽被干燥介质带走。通常用热空气作为干燥介质。在对流干燥中，热空气的温度容易调节，但热能利用率较差。

② 传导干燥　又称为间接加热干燥，载热体（加热蒸汽）将热能通过传热壁以传导的方式加热湿物料，产生的蒸汽被干燥介质带走或用真空泵排出。传导干燥的热能利用率较高，但物料易过热变质。

③ 辐射干燥　热能以电磁波的形式由辐射器发射到湿物料表面，被其吸收重新转变为热能，将湿分汽化而达到干燥的目的。辐射干燥的速度快、效率高、能耗少，产品干燥均匀而洁净，特别适合于表面干燥，如木材和装饰板、纸张、印染织物等。

④ 介电加热干燥　将需要干燥的物料置于高频电场内，由于高频电场的交变作用使物料加热而达到干燥的目的，是高频干燥和微波干燥的统称。采用微波干燥时，湿物料受热均匀，传热和传质方向一致，干燥效果好，但费用高。

在上述四种干燥操作中，目前在工业上应用最普遍的是对流干燥。

9.1.2　对流干燥过程

工业生产中的对流干燥通常使用空气为干燥介质，湿物料中被除去的湿分是水分。空气经过预热升温后，从湿物料的表面流过。热气流将热能传至物料表面，再由表面传至物料内部，这是一个传热过程；同时，水分从物料内部汽化扩散至物料表面，水气透过物料表面的气膜扩散至热气流的主体，这是一个传质过程。因此，对流干燥过程属于传热和传质相结合的过程。干燥速率既和传热速率有关，又和传质速率有关，干燥过程中，干燥介质既是载热体又是载湿体。

干燥过程得以进行的条件是物料表面气膜两侧必须有压力差，即被干燥物料表面所产生的水蒸气压力必须大于干燥介质（空气）中水蒸气分压。两者压力差的大小表示汽化水分的推动力。压力差越大，干燥过程的进行越迅速。所以，必须用干燥介质及时地将汽化的水分带走，以保持一定的汽化水分的推动力。如果压力差等于零，表示干燥介质与物料之间的水蒸气达到动态平衡，干燥过程停止。

图 9-1 表明在对流干燥中，热空气和被干燥物料表面之间的传热与传质情况。

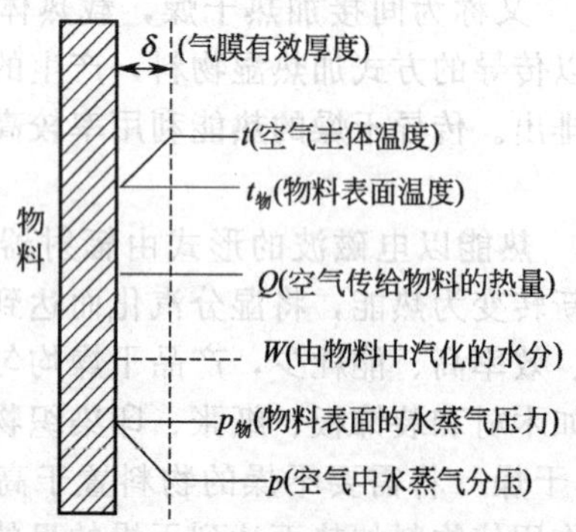

图 9-1　热空气和被干燥物料表面之间的传热与传质

除空气外，干燥介质可以是高温烟道气或其他惰性气体。被除去的湿分，可以是水以外的其他液体。

工业中以热空气为干燥介质和以水为被除去的湿分的对流干燥操作设备——空气干燥器最为常见。

图 9-2 为典型的对流干燥流程示意。空气经预热器加热至适当温度后进入干燥器，在其中与物料直接接触。沿其行程气体温度降低，湿含量增加，废气自干燥器另一端排出。

为提高干燥过程的经济性，应尽可能将物料中的水分采用机械方法先予除去，同时应尽量减少热量随废气的流失，降低设备的热损失，以提高干燥过程的经济性。

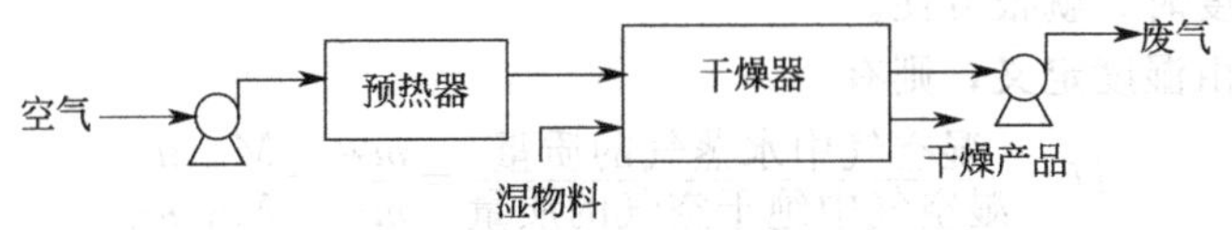

图 9-2 对流干燥流程示意

9.2 湿空气的性质和湿物料的性质

由于空气无毒、容易获得，所以除特殊需要外，多数工业干燥过程采用含有少量水蒸气的“湿空气”经预热后作为干燥介质，从湿物料中除去水分。湿空气的状态，既关系到传递热量的多少和传热速度的大小，又关系到传质的速度和传递的湿分的量，且随着干燥过程不断变化，因此表示湿空气性质的状态参数对于干燥过程有重要意义。

9.2.1 湿空气的状态参数

(1) 湿空气的压力

干燥操作通常是在常压或减压下进行的，压力较低，可以把湿空气视为理想气体。作为干燥介质的湿空气是不饱和的空气，其中水蒸气分压低于同温度下水的饱和蒸气压。

根据分压定律，湿空气的总压力 p 等于绝干空气的分压 $p_{气}$ 和水蒸气的分压 $p_{水}$ 之和。总压一定时，空气中水蒸气分压 $p_{水}$ 越大，则空气中水蒸气含量也越大。湿空气中水蒸气和绝干空气的摩尔数之比等于其分压之比，即

$$\frac{n_{水}}{n_{气}}=\frac{p_{水}}{p_{气}}=\frac{p_{水}}{p-p_{水}} \tag{9-1}$$

式中 $n_{水}$, $n_{气}$——湿空气中水蒸气和绝干空气的物质的量，kmol。

(2) 湿度 H

湿度，又称为湿含量或绝对湿度，即空气中含有水蒸气的质量与空气中绝干空气质量之比，表明湿空气中水蒸气含量，用符号 H（kg/kg 干空气）表示。

在干燥过程中，湿空气的水蒸气量是不断变化的，而其中绝干空气量是不变的。因此，用单位质量绝干空气为基准，计算湿空气

的湿度时，就很方便。

由湿度定义，则有

$$H=\frac{\text{湿空气中水蒸气的质量}}{\text{湿空气中绝干空气的质量}}=\frac{m_{水}}{m_{气}}=\frac{M_{水}\ n_{水}}{M_{气}\ n_{气}} \tag{9-2}$$

式中　H——湿空气的湿度；

$m_{水}$，$m_{气}$——湿空气中水蒸气和绝干空气的质量，kg；

$M_{水}$，$M_{气}$——水蒸气和空气的摩尔质量，kg/kmol。

将式(9-1) 和 $M_{水}=18\text{kg/kmol}$，$M_{气}=28.96\text{kg/kmol}$ 代入式(9-2)，可得

$$H=\frac{18p_{水}}{28.96(p-p_{水})}=0.622\frac{p_{水}}{p-p_{水}} \tag{9-3}$$

式中　$p_{水}$——湿空气水气的分压，Pa；

p——总压，Pa。

由式(9-3) 可以看出，湿空气的湿度式是总压 p 和水蒸气分压 $p_{水}$ 的函数。当总压一定时，湿度 H 随水蒸气分压 $p_{水}$ 的增大而增大。

(3) 相对湿度 φ

在一定的总压下，湿空气中水蒸气分压 $p_{水}$ 与同温度下水的饱和蒸气压 $p_{饱}$ 的比值，称为相对湿度，用符号 φ 表示，即

$$\varphi=\frac{p_{水}}{p_{饱}}\times100\% \tag{9-4}$$

从式(9-4) 可知，当 $p_{水}=0$ 时，相对湿度 $\varphi=0$，表示湿空气中不含水分，为绝干空气；$p_{水}=p_{饱}$时，$\varphi=100\%$，表明湿空气中水蒸气含量达到饱和状态。相对湿度 φ 越低，则距饱和程度越远，表明该湿空气的吸收水气的能力越强。所以，湿度 H 只能表示水蒸气含量的绝对值，而相对湿度 φ 才能反映湿空气的吸水能力。

水的饱和蒸气压 $p_{饱}$ 随温度的升高而增大，对于具有一定水蒸气分压 $p_{水}$ 的湿空气，相对湿度 φ 随温度升高而下降。因此在干燥操作中，通常将湿空气预热后送入干燥器，以提高湿空气的吸湿能力和传热推动力。

将式(9-4) 代入式(9-3) 中，得

$$H=0.622\frac{\varphi p_{饱}}{p-\varphi p_{饱}} \tag{9-5}$$

如上所述，当 $\varphi=100\%$ 时，湿空气中水蒸气含量达到饱和状态，此时湿空气的湿度称为饱和湿度，用式(9-6) 表示。

$$H_{饱}=0.622\frac{p_{饱}}{p-p_{饱}} \tag{9-6}$$

式中 $H_{饱}$——湿空气的饱和湿度；

$p_{饱}$——在湿空气的温度下，纯水的饱和蒸汽压，Pa。

式(9-6) 表明，在总压一定时，饱和湿度随温度（即饱和蒸汽压 $p_{饱}$）的变化而变化，对于一定温度的湿空气，饱和湿度是湿空气的最大含水量。

(4) 温度

① 干球温度 t 和湿球温度 t_w　如图 9-3 所示，用普通温度计 A 在空气中所测得的温度为空气的干球温度 t，K。干球温度为空气的真实温度，简称为空气的温度。

使测温仪器的感温部分处于润湿状态时所测得的温度，为湿球温度 t_w，K。如图 9-3 中温度计 B 的感温球用湿纱布包裹，湿纱布的下端浸在水中，使纱布保持润湿状态，这支温度计称为湿球温度计。

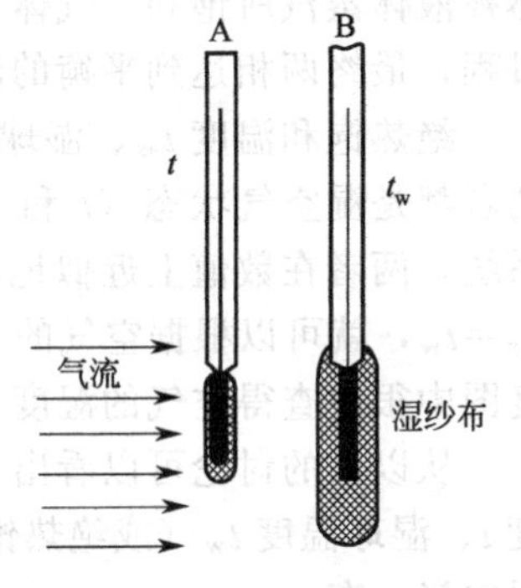

图 9-3　干、湿球温度

湿球温度实质上是湿空气与纱布水之间的传质和传热达到稳定时湿纱布中水分的温度，并不代表空气的真实温度。空气的湿球温度是表明湿空气状态或性质的一种参数，取决于湿空气的干球温度和湿度。对于某一定干球温度的湿空气，其相对湿度越低，湿球温度值也越低。饱和湿空气的湿球温度与干球温度相等，不饱和空气的湿球温度 t_w 低于干球温度 t。

② 露点 t_d　保持不饱和湿空气的总压和绝对湿度不变的情况下，冷却而达到饱和状态时的温度，称为该湿空气的露点，用符号 t_d 表示。达到露点的空气继续冷却时，就会有水蒸气以露珠的形式凝结出来。空气达到露点时的湿度是饱和湿度，以符号 H_d 表示，其数值等于该湿空气的湿度 H。

设露点时水的饱和蒸汽压是 p_d，将式(9-3) 整理后，可得

$$p_d=\frac{H_d p}{0.622+H_d}=\frac{Hp}{0.622+H} \tag{9-7}$$

式(9-7) 表明，当总压 p 一定时，湿空气在露点时的饱和蒸汽压 p_d 仅与空气的湿度 H 有关。

露点是湿空气的一个物理性质。如果已知空气的总压 $p_{总}$ 和湿度 H，可由式(9-7) 求得饱和蒸汽压 p_d，然后由饱和水蒸气性质表查得对应的饱和温度，即为空气的露点 t_d。如果已知空气的总压和露点，可根据 t_d 查出 p_d，代入式(9-7) 求出空气的湿度 H，这就是露点法测定空气湿度的依据。

③ 绝热饱和温度 t_{as}　不饱和气体在与外界绝热的条件下与足够的液体接触，若时间足够长，使传热、传质趋于平衡，则最终气体被液体蒸汽所饱和，气体与液体温度相等，此过程称为绝热饱和过程，最终两相达到平衡的温度称为绝热饱和温度 t_{as}。

绝热饱和温度 t_{as}、湿球温度 t_w 是两个完全不同的概念。但是两者都是湿空气状态（t 和 H）的函数。特别是对于空气-水蒸气系统，两者在数值上近似地相等。因为湿球温度 t_w 容易测定，且 $t_{as}=t_w$，就可以根据空气的干球温度和绝热饱和温度，从空气的湿度图中很快查得空气的湿度 H。

从以上的讨论可以看出，表示空气性质的三个温度，即干球温度 t、湿球温度 t_w（或绝热饱和温度 t_{as}）和露点 t_d，对于不饱和的湿空气，有

$$t>t_w>t_d$$

而对于已达到饱和的湿空气，则有

$$t=t_w=t_d$$

湿空气的各项状态参数都可以用公式计算得出，将湿空气各参数间的函数关系绘成曲线图，只要知道湿空气的任意两个参数，就可以利用曲线图迅速查取其他参数。常用的线图有湿度-焓（H-I）图、温度-湿度（t-H）等，在实际应用中可根据需要从有关资料中查取。

【例 9-1】 已知湿空气的总压为 101.3kPa，相对湿度为 60%，干球温度为 20℃。试求：①湿度 H；②水蒸气分压 p；③露点 t_d。

解 已知 $p=101.3\text{kPa}$，$\varphi=60\%$，$t=20℃$。由饱和水蒸气表查得，水在 20℃时的饱和蒸气压 $p_{饱}=2.32\text{kPa}$。

① 湿度 H

由式(9-5) 得

$$H=0.622\frac{\varphi p_{饱}}{p-\varphi p_{饱}}=0.622\times\frac{0.60\times2.32}{101.3-0.60\times2.32}=0.0087$$

② 水蒸气分压 $p_{水}$

$$p_{水}=\varphi p_{饱}=0.60\times2.32=1.392\ (\text{kPa})$$

③ 露点 t_d

露点是空气在湿度 H 或水蒸气分压 $p_{水}$ 不变的情况下，冷却达到饱和时的温度。所以，可以查水蒸气表，得到与 $p=1.392\text{kPa}$ 对应的饱和温度，即 $t_d=12℃$。

9.2.2 湿物料的性质

待干燥的湿物料通常是由各种类型的绝干物料和液态湿分组成的。干燥过程中，湿物料表面的水分向空气主流中扩散，同时物料内部的水分也源源不断地向表面扩散。不同类型的物料以及物料中水分的性质都会对干燥过程产生影响。

从干燥机理角度出发，将物料中的水分分为以下几种。

(1) 平衡水分和自由水分

将湿物料与具有一定温度 t、相对湿度 φ 和湿度 H 的空气相接触，物料中水分将汽化，直至物料表面所产生的水蒸气压力与空气中水蒸气分压相等为止。这时，物料中水分与空气中水分达到平衡，物料中所含水分不再因为与空气接触的时间延长而有增减。此种状态下物料中所含水分称为该物料的平衡水分，或称平衡含水量 X^*。湿空气的相对湿度越大，或温度越低，则平衡水分的数值越大。

各种物料的平衡水分的数值（干基含水量）由实验测定。图 9-4 表示某些物料在 298K 时的平衡含水量 X^* 与空气的相对湿度 φ 之间的关系——干燥平衡曲线。从图中可以看出，当空气的 φ 值增加时，X^* 值也增高；当 $\varphi=0$ 时，X^* 值都等于零，即只有使湿物料与绝对干空气长期接触时，才有可能获得绝干物料。实际生产中很难达到这一要求。若使湿物料和具有一定湿度的空气进行接触，

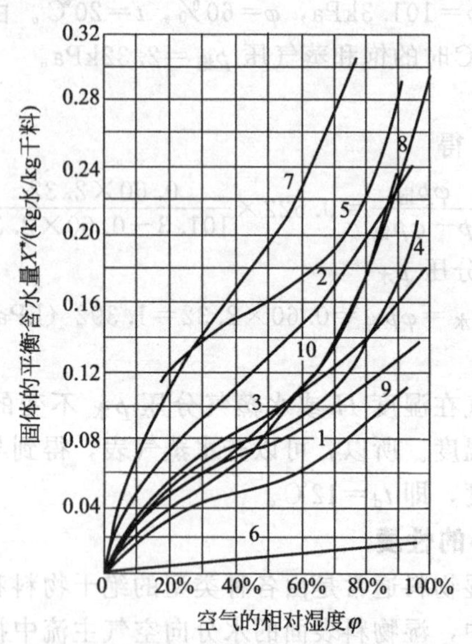

图 9-4　某些物料的干燥平衡曲线

1—新闻纸；2—羊毛、毛织物；3—硝化纤维；4—丝；5—皮革；6—陶土；7—烟叶；8—肥皂；9—牛皮胶；10—木材

则湿物料中总有一部分水分不能被除去。因此平衡水分是一定的空气状态下物料可能干燥的最大限度。

物料的含水量超过平衡含水量 X^* 的那部分水称为自由水分或自由含水量。自由水分在一定的空气状态下能用干燥的方法除去，但在实际操作中，干燥往往不能进行到最大限度，所以，自由水分也只被除去一部分。物料中所含有的总水分是自由水分和平衡水分之和。

（2）结合水分和非结合水分

根据物料与水分的结合状态，可将物料中所含水分分为以下两种。

① 结合水分，包括物料细胞壁内的水分、物料内毛细管中的水分以及以结晶水状态存在于固体物料之中的水分等。这种水分是借化学力或物理化学力与物料相结合，结合力强，其蒸气压低于同温度下纯水的饱和蒸气压，除去较困难。

② 非结合水，包括物料表面的吸附水分、较大孔隙中的水分等机械地附着于固体表面的水分。这种水分与物料的结合力弱，其蒸气压与同温度下纯水的饱和蒸气压相同，较容易除去。

综上所述，平衡水分与自由水分、结合水分与非结合水分是两种概念不同的区分方法。是结合水还是非结合水仅取决于固体物料本身的性质，与空气状态无关。自由水分是在干燥中可以除去的水分，而平衡水分是不能除去的，自由水分和平衡水分的划分除与物料有关外，还取决于空气的状态。

几种水分的关系如下：

- 物料中的水分
  - 自由水分
    - 非结合水分——首先除去的水分
    - 能除去的结合水分
  - 平衡水分——不能除去的结合水分

也可依据一定温度下的某一中值对应的平衡含水量 X^*，在 φ-X 图中，将湿物料的水分表示为自由水分和平衡水分。依据曲线 $\varphi=100\%$的交点处的 X_s 值，还可将湿物料的水分表示为结合水和非结合水。以某种腈纶纤维为例，其 φ-X 平衡曲线如图 9-5 所示。曲线在 $\varphi=100\%$时的平衡含水量为 $X_s=0.057$，对于含水量为$X=0.08$ 的样品来说，除含有 0.057 的结合水以外，还含有非结合水 0.023。如将此样品置于 $\varphi=40\%$的空气中干燥，则其平衡水分为 0.009，自由水分为 0.071。

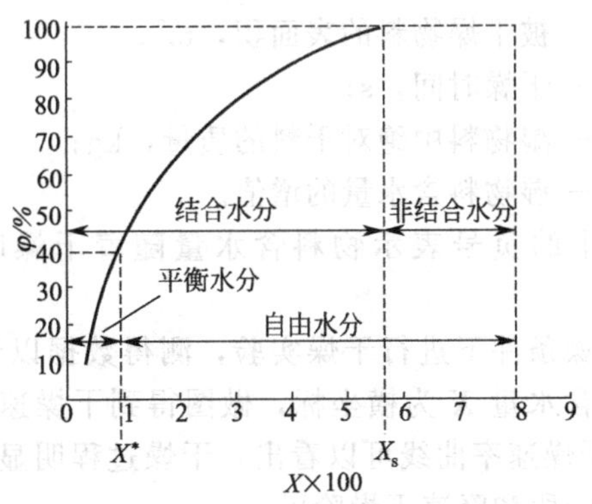

图 9-5 φ-X 平衡曲线

9.3 干燥速率与干燥过程物料衡算

在干燥操作中，通常需计算干燥器的尺寸及完成一定的干燥任务所需的干燥时间，这决定于干燥速率。干燥速率的大小，决定于湿物料的性质、干燥介质的条件以及干燥介质与物料的接触方式、相对运动方向以及干燥器的结构形式。目前对干燥速率的机理了解得还很不充分，仍不能用数学关系式来描述干燥速率与相关因素的关系，因而在大多数情况下，还必须用实验的方法测定干燥速率。

干燥速率的测定实验大多在恒定干燥条件下进行，即干燥过程中空气的湿度、温度、速度以及与湿物料的接触状况不变。大量空气与少量湿物料接触的情况可以认为是在恒定干燥条件下进行，空气的各项性质可取进、出口的平均值。在过程中湿物料的含水量和其他参数是变化的。

9.3.1 干燥速率及其影响因素

(1) 干燥速率和干燥速率曲线

单位时间内在单位干燥面积上汽化的水分量称为干燥速率，用符号 U 表示，则

$$U=\frac{\mathrm{d}M_{水}}{A\mathrm{d}\tau}=\frac{M_{干料}\,\mathrm{d}X}{A\mathrm{d}\tau}\ [\mathrm{kg/(m^2\cdot s)}] \tag{9-8}$$

式中 $\mathrm{d}M_{水}$——物料表面上汽化的水量，kg；

A——被干燥物料的表面积，m^2；

$\mathrm{d}\tau$——干燥时间，s；

$M_{干料}$——湿物料中绝对干料的质量，kg；

$\mathrm{d}X$——湿物料含水量的增值。

式(9-8) 中的负号表示物料含水量随着干燥时间的增加而减少。

在恒定干燥条件下进行干燥实验，测得数据以干燥速率 U 为纵坐标，物料含水量 X 为横坐标，做图得到干燥速率曲线，如图 9-6 所示。从干燥速率曲线可以看出，干燥过程明显地分成两个阶段：恒速干燥阶段和降速干燥阶段。

① 恒速干燥阶段　如图中 ABC 段，其中 BC 段的干燥速率保

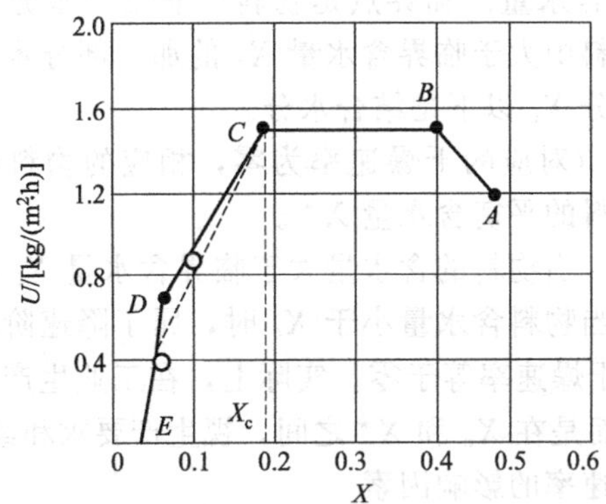

图 9-6 恒定干燥条件下的干燥速率曲线

持恒定，U 不随 X 而变，称为恒速干燥阶段（或干燥第一阶段）；AB 段为预热段，此段经历时间较短，一般并入 BC 段。在这个阶段中，物料的干燥速率从 B 点至 C 点保持恒值，且为最大值 U_1，干燥速率与含水量无关。

在恒速干燥阶段中，干燥速率主要决定于表面汽化速率，也称为表面汽化控制阶段。对于空气-水蒸气系统，在恒速干燥阶段内，物料表面的温度始终保持为空气的湿球温度。

② 降速干燥阶段　如图中 CDE 段所示，U 随 X 的减小而降低，称为降速干燥阶段（或干燥第二阶段）。在这个阶段中，物料的干燥速率 U_2 从 C 点降至 D 点，近似地与湿物料的自由水分量成正比。

干燥操作进行到一定时间后，内部水分扩散速率小于表面水分汽化速率，物料表面的湿润面积不断减少，干燥速率 U_2 逐渐降低。这时干燥速率主要决定于物料本身的结构、形状和大小等性质，而与空气的性质关系很小。

降速干燥阶段也称为内部水分移动控制阶段。由于空气传给湿物料的热量大于水分汽化所需的热量，物料表面的温度不断上升，而接近于空气的温度。

③ 临界含水量　两段的交点 C 称为临界点，该点的干燥速率 U_C 等于恒速干燥阶段的干燥速率 U_1。与该点对应的物料含水量

X_c，称为临界含水量。临界点是物料中非结合水分与结合水分划分的界限。物料中大于临界含水量 X_c 的那一部分水分是非结合水分，在临界水分 X_c 以下是结合水分。

与图中 E 点对应的干燥速率为零，相应的物料中含水量为该干燥条件下物料的平衡含水量 X^* 。

综上所述，当物料的含水量大于临界含水量 X_c 时，属于等速干燥阶段；而当物料含水量小于 X_c 时，属于降速阶段。在平衡含水量 X^* 时，干燥速率等于零。实际上，在工业生产中，物料不会干燥到 X^* ，而是在 X_c 和 X^* 之间，视生产要求和经济核算而定。

（2）干燥速率的影响因素

影响干燥速率的因素主要有三个方面：湿物料、干燥介质和干燥设备，这三者互相关联。现就其中较为重要的影响因素讨论如下。

① 物料的性质和形状　包括湿物料的物理结构、化学组成、形状和大小、物料层的厚薄以及水分的结合方式等。在等速干燥阶段，主要受干燥介质条件的影响。但物料的形状、大小和物料层的厚薄影响物料的临界含水量。在降速干燥阶段，物料的性质和形状对干燥速率起决定性影响。

② 物料的温度　物料的温度越高，则干燥速率越大。物料的温度与干燥介质的温度和湿度有关。

③ 物料的含水量　物料的最初、最终以及临界含水量决定干燥各阶段所需时间的长短。

④ 干燥介质的温度和湿度　干燥介质（空气）的温度越高、湿度越低，则等速阶段的干燥速率越大，但是以不损害物料为原则。有些干燥设备采用分段中间加热方式可以避免过高的介质温度。

⑤ 干燥介质的流速和流向　在等速干燥阶段，提高气速可以提高干燥速率。介质的流动方向垂直于物料表面时的干燥速率比平行时要大。在降速干燥阶段，气速和流向对干燥速率影响很小。

⑥ 干燥器的构造　上述各项因素都和干燥器的构造有关。许多新型干燥器就是针对某些有关因素设计的。

由于影响干燥速率的因素很多，目前还不能从干燥机理得出计算干燥速率和干燥时间的公式，也没有统一的计算方法来确定干燥器的主要尺寸。通常在小型实验装置中测定有关数据作为放大设计计算的依据。

9.3.2 干燥过程物料衡算

对于干燥过程，通常已知单位时间的物料质量、物料在干燥前后的含水量、通入干燥器的湿空气的状态（温度、湿度等）。通过干燥器的物料衡算，可以计算出干燥过程中水分蒸发量、空气消耗量以及干燥产品的流量。

（1）物料含水量的表示方法

在干燥过程中，物料的含水量通常用湿基含水量或干基含水量表示。

① 湿基含水量　以湿物料为基准的物料中水分的质量分数，称为湿基含水量，是指在整个湿物料中水分所占的质量分数，用符号 w 表示，即

$$\text{湿基含水量}\ w=\frac{\text{湿物料中水分的质量}}{\text{湿物料的总质量}}\times 100\%$$

$$=\frac{\text{湿物料中水分的质量}}{\text{湿物料中绝对干料的质量}+\text{湿物料中水分的质量}}\times 100\%$$

② 干基含水量　以绝对干料为基准的湿物料中水的含水量，称为干基含水量，是指湿物料中水分质量与绝对干料质量的比值，用符号 X 表示，即

$$\text{干基含水量}\ X=\frac{\text{湿物料中水的质量}}{\text{湿物料中绝对干料的质量}}$$

$$=\frac{\text{湿物料中水的质量}}{\text{湿物料总质量}-\text{湿物料中水的质量}}$$

在干燥器的物料衡算中，用干基含水量计算比较方便。

两种含水量之间的换算关系如下：

$$X=\frac{w}{1-w} \tag{9-9}$$

$$w=\frac{X}{1+X} \tag{9-10}$$

例如100kg湿物料中含有30kg水分和70kg绝对干料，则湿基含水量为

$$w=\frac{30}{100}\times 100\%=30\%$$

干基含水量为

$$X=\frac{30}{70}=0.428$$

(2) 水分蒸发量

单位时间内从湿物料中除去水分的质量称为蒸发量，以 W 表示，kg/s。

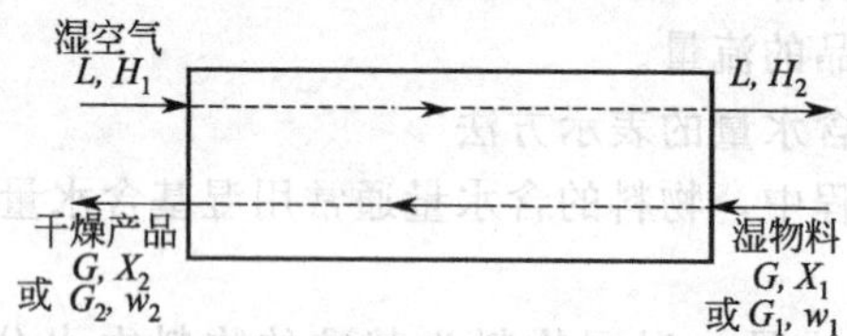

图 9-7 干燥过程物料衡算示意

干燥过程物料衡算如图 9-7 所示。在干燥过程中，湿物料的含水量不断减小，如干燥过程中无物料损失，则在干燥前后物料中的绝对干料的质量是不变的，所以，可用绝对干料进行物料衡算。

$$G_{干}=G_1(1-w_1)=G_2(1-w_2)\ (\mathrm{kg/s}) \tag{9-11}$$

式中 $G_{干}$——湿物料中绝对干料量，kg/s；

G_1, G_2——干燥前、后湿物料总量，kg/s；

w_1, w_2——干燥前、后湿物料的湿基含水量（质量分数）。

对干燥器进行总物料衡算

$$G_1=G_2+W \tag{9-12}$$

对水分的物料衡算

$$G_1w_1=G_2w_2+W \tag{9-13}$$

所以，水分蒸发量

$$W=G_1-G_2=G_1\frac{w_1-w_2}{1-w_2}=G_2\frac{w_1-w_2}{1-w_1} \tag{9-14}$$

若已知物料最初和最终的干基含水量为 X_1 和 X_2，则水分蒸发量可用式(9-15) 计算，即

$$W=G_{干}(X_1-X_2) \tag{9-15}$$

(3) 空气消耗量

每蒸发 1kg 水分所消耗的干空气量称为单位空气消耗量，用 l 表示。

通过干燥器的湿空气中绝对干空气的质量是不变的，所以可以

用干空气的质量作为计算基准。

干燥前后空气中水蒸气的物料衡算式是

$$LH_1+W=LH_2$$

$$W=L(H_2-H_1) \tag{9-16}$$

式中 H_1，H_2——空气在干燥器进、出口处的湿度；

W——蒸发水分量，kg/s；

L——绝对干空气消耗量，kg/s。

则蒸发所需的干空气量

$$L=\frac{W}{H_2-H_1} \tag{9-17}$$

则

$$l=\frac{L}{W}=\frac{1}{H_2-H_1} \tag{9-18}$$

因为空气在预热器前、后的湿度不变，所以，预热前空气的湿度 H_0 等于干燥器进口处空气的湿度 H_1，即 $H_0=H_1$。式(9-17)和式(9-18) 可改写成

$$L=\frac{W}{H_2-H_0} \tag{9-19}$$

$$l=\frac{1}{H_2-H_0} \tag{9-20}$$

由式(9-20) 可见，空气消耗量只与空气的最初和最终湿度（H_0 和 H_2）有关，而与经历的过程无关。

干燥过程的空气消耗量 L 随着空气的 H_0 增加而增加。因为 H_0 是由空气的初温 t_0 和相对湿度 φ_0 所决定的，所以在其他条件相同的情况下，空气消耗量 L 将随着 t_0 和 φ_0 的增加而增加。这就是说，干燥过程中空气消耗量 L 在夏季要比冬季大。因此在选择输送空气的鼓风机等装置时，必须按照全年最热月份的空气消耗量来确定。

t_0 和 φ_0 的数据由干燥器所在地区的气象条件决定，其数值可参考我国各地的气象统计资料或从手册中查到。

【例 9-2】 某干燥器每小时处理湿物料 1200kg，干燥操作使物料的湿基含水量由 35%减至 8%。干燥介质是空气，初温是 20℃，相对湿度是 60%，经预热器加热至 120℃后进入干燥器。设空气离开干燥器时的温度是 40℃，并假设已达 80%饱和。试求：(1) 水分蒸发量，kg/s；(2) 空气消耗量，kg 干气/s 和单位空气消耗量，

kg 干气/kg 水；(3) 如干燥收率为 90%，求产品量，kg/s。

解 (1) 水分蒸发量

已知 $G_1=1200/3600=0.333$ (kg/s)，$w_1=35\%$，$w_2=8\%$，则水分蒸发量

$$W=G_1\frac{w_1-w_2}{1-w_2}=0.333\times\frac{0.35-0.08}{1-0.08}=0.098\ (\text{kg/s})$$

(2) 空气消耗量 L 和单位空气消耗量 l

由附录饱和水蒸气表查得，当 $t_1=20$℃时，$p_{饱1}=2.334$kPa；当 $t_2=40$℃时，$p_{饱2}=7.375$kPa。则

$$H_1=0.622\frac{\varphi p_{饱0}}{p-\varphi p_{饱0}}=0.622\frac{0.60\times2.334}{101.3-0.60\times2.334}=0.009$$

$$H_2=0.622\frac{\varphi p_{饱2}}{p-\varphi p_{饱2}}=0.622\frac{0.80\times7.375}{101.3-0.80\times7.375}=0.039$$

代入式(9-19)、式(9-20)，得

$$L=\frac{W}{H_2-H_1}=\frac{0.098}{0.039-0.009}=3.27\ (\text{kg/s})$$

$$l=\frac{1}{H_2-H_1}=\frac{1}{0.039-0.009}=33.3$$

(3) 产品量 G_2'

无损失时的理论产品量为

$$G_2=G_1\frac{1-w_1}{1-w_2}=0.333\times\frac{1-0.35}{1-0.08}=0.235\ (\text{kg/s})$$

干燥收率为 90%时的产品量

$$G_2'=G_2\eta=0.235\times90\%=0.212\ (\text{kg/s})$$

9.4 干燥设备及其操作

在干燥的基本原理中我们曾根据热量传递方式对干燥的过程进行分类，但在具体的操作过程中，则应根据物料的性质设计干燥的操作方式。

9.4.1 干燥的操作方式介绍

(1) 干燥介质中间加热的空气干燥

这种干燥的特点不是将空气一次预热，而是在干燥室中设有几

个预热器，使通过干燥室的空气经过几次加热，从而不断补充失去的热量。温度控制在不对物料产生有害影响的范围内。见图 9-8。采用这样的干燥方式可以降低干燥操作的温度，减少空气进出口的温度差。

(2) 干燥介质部分循环的空气干燥

将干燥器出来的废气分成两股，一部分废气排入大气中，另一部分废气引入送风机入口与空气加压混合后送入预热器（或直接送入干燥室，如图中虚线），加热后进入干燥室，如图 9-9 所示。

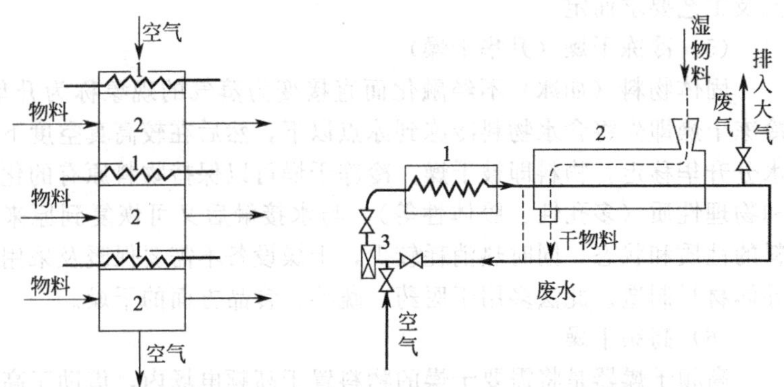

图 9-8　中间加热的空气干燥器的操作示意
1—预热器；2—干燥室

图 9-9　部分废气循环的干燥方式
1—空气预热器；2—干燥室；
3—送风机

部分废气循环的干燥方式使得空气进出干燥器的温差变化不大，可以使空气以较大的速度通过干燥器而干燥速度不致因空气湿度变大而减慢；由于空气的温度较低，热损失少；可以干燥只能在湿度较大的空气中进行干燥的物料，如木材；可以灵敏、准确地控制空气在干燥室内的湿度。

(3) 真空干燥

减压干燥可降低干燥温度，多用于不耐高温且在高温时易氧化的物料。此外，减压干燥还适用于干燥时容易产生粉末的物料、与空气接触易发生爆炸的物料以及回收从物料中所分出的、有价值的（或有害的）蒸气等。减压干燥器可带有搅拌装置以防止造成物料过热而分解、变质等。

（4）返料干燥

将干燥产品（干物料）的一部分掺和于湿物料之中以达到降低进口湿物料湿度的目的，这部分干燥产品称为返料。物料在连续流动或旋转干燥过程中，因物料湿度过大，或黏度增加，致使在干燥过程中产生物料结球或结疤现象，或因湿度大而造成的出料温度低而达不到产品的要求时，均可以采用返料的方式加以解决。返料对于某些物料干燥操作的顺利进行和保证产品质量是必不可少的重要工艺手段，同时可以缩小设备规模。返料的量据湿物料的湿含量高低及工艺要求而定。

（5）冷冻干燥（升华干燥）

固体物料（如冰）不经融化而直接变为蒸气的现象称为升华。冷冻干燥即先将含水物料冷冻到冰点以下，然后在较高真空度下将水分升华移走，物料即被干燥。冷冻干燥可以保持物料原有的化学和物理性质（多孔性、胶体性等），与水接触后又可恢复到原来物料的性质和状态，同时热消耗较少，干燥设备不需要保暖及采用良导体材料制造。此法多用于医药、蔬菜、食品方面的干燥。

（6）高频干燥

高频干燥器是将需要干燥的物料置于高频电场内，借助于高频电场的交变作用而使物料加热，以达到干燥物料的目的。电场的频率在 300MHz 的称高频加热，在 300MHz～300GHz 之间的称超高频加热，也称微波加热。以前讨论的干燥方法均为依靠物料内、外部的水分浓度差而使水分移动的方法，而高频干燥器则采用依靠温度差使水分移动的方法达到物料干燥的目的。此法适用于料层厚而难于干燥的物料。

（7）红外线干燥

红外线是波长范围在 0.4～40μm 的波，也是一种热源。利用红外线发生装置，使被干燥的物料吸收红外线后将其转变成热能，达到加热干燥的目的。红外线干燥器多应用于汽车、电子技术、航空、木材加工等工业部门的零部件表面油漆干燥。此外也应用于纺织、造纸、纤维、木制成品、铸造模型、胶状物质、食品的干燥上。

9.4.2 常用干燥器的结构和特点

工业生产上干燥器的形式和干燥操作的组织多种多样。对于干燥器一般有下列要求。

① 能保证产品的工艺要求，如能达到指定的干燥程度、干燥质量均匀等。

② 干燥速度快，以减小设备尺寸，缩短干燥时间。

③ 热效率高。热能的利用率是干燥操作中主要的技术经济指标。

④ 干燥系统的流体阻力小，以降低输送机械的能量消耗。

⑤ 操作控制方便，劳动条件良好，附属设备简单。

干燥器通常以加热方式和形状或操作条件来分类，如下所示。

干燥器
- 对流干燥器——厢式干燥器、转筒干燥器、气流干燥器、沸腾干燥器、喷雾干燥器
- 传导干燥器——滚筒干燥器、冷冻干燥器、真空干燥器
- 辐射干燥器——红外线干燥器
- 介电加热干燥器——微波干燥器

下面介绍几种工业生产中常用的干燥器。

(1) 常用对流式干燥器

① 厢式干燥器　厢式干燥器亦称烘房，是目前还在使用的最古老的干燥器，如图9-10所示。其主要构造是一外壁绝热的厢式干燥室和放在小车支架上的放料盘。厢内设有翅片式空气加热器，并用风机（风扇）造成循环流动。当热空气流过放料盘时，将盘内被干燥物料中的水分汽化带走，使物料干燥。调节风门，可在恒速阶段排出较多的废气，而在降速阶段使更多的废气循环，使厢内空气温度均匀，提高热效率和干燥效率。

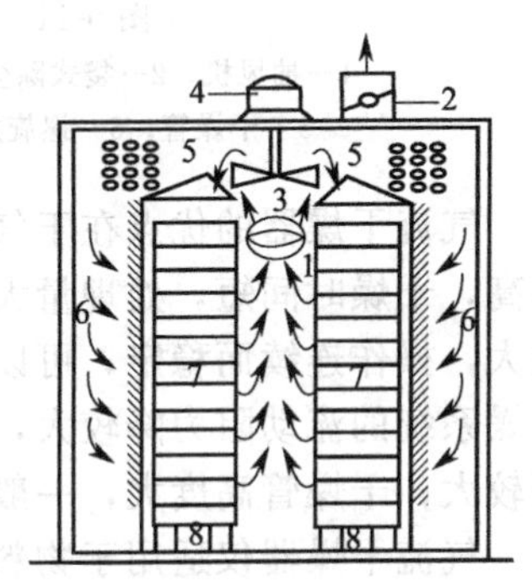

图9-10　厢式干燥器（小车式）

1—空气入口；2—空气出口；3—风扇；4—电动机；5—加热器；6—挡板；7—盘架；8—稳动轮

厢式干燥器一般为间歇式，但也有连续式的。其优点是构造简单，容易制造，适应范围广，干燥产物易于进一步粉碎。但湿物料干燥不均匀，干燥时间长，单位产品所需的设备容积及占地面积

大，热损失多，装卸物料劳动强度大，操作条件差。因此，主要用于实验室和中小型生产中产量不大、品种需要更换的物料干燥。

② 气流干燥器　气流干燥是固体流态化在干燥方面的应用。该法是利用高流速的热气流，使粉粒状的物料悬浮在气流中，在气力输送过程中使热介质和待干燥固体颗粒直接接触，因而两相接触面积大，强化了传热、传质过程。气流干燥基本流程如图 9-11 所示。

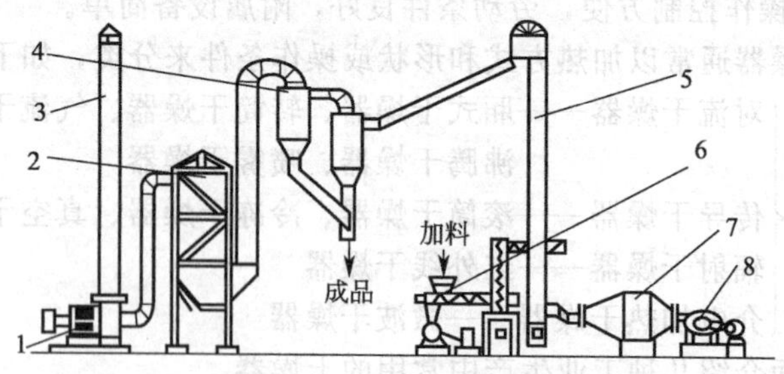

图 9-11　气流干燥基本流程

1—抽风机；2—袋式除尘器；3—排风机；4—旋风除尘器；
5—干燥管；6—螺旋加料器；7—加热器；8—鼓风机

气流干燥器的优点在于气固两相间传热传质的表面积大，热效率高，干燥时间短，处理量大，结构简单、紧凑、体积小，生产能力大，操作连续而稳定，可以完全用自动控制装置来控制操作。但干燥系统的流动阻力降较大，必须选用高压或中压通风机，动力消耗较大；干燥管高度大，一般都在 10m 以上。

气流干燥器仅适用于物料湿分进行表面蒸发的恒速干燥阶段，要求以粉末或颗粒状物料为主，不适用于干燥晶粒不允许破坏和黏着性强的物料。

③ 喷雾干燥器　喷雾干燥器是用喷雾器将含水量在 75%～80%以上的溶液、悬浮液、浆状或熔融液等喷成细雾滴分散在热气流之中，使水分迅速蒸发而达到干燥的目的。图 9-12 是一种喷雾干燥器。操作时，高压的溶液从喷嘴呈雾状喷出，雾状的液滴能均匀地分布在干燥室中。干燥介质可用热空气或烟道气，温度 227～727℃。热气体从干燥室的上端进入，把汽化的水分带走。

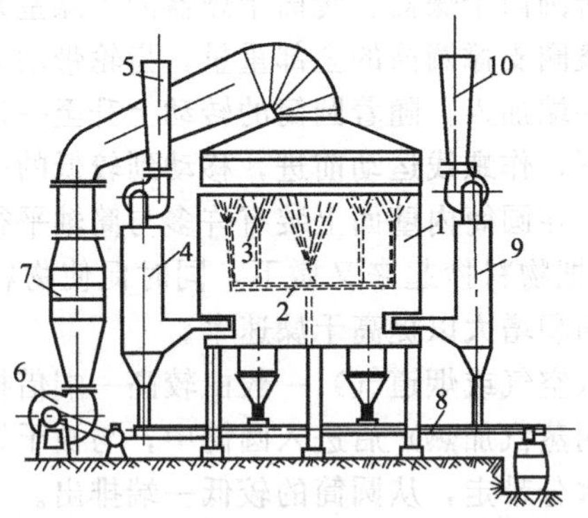

图 9-12　喷雾干燥器

1—干燥室；2—旋转十字管；3—喷嘴；4,9—袋滤器；5,10—废气排出管；6—送风机；7—空气预热器；8—螺旋卸料器

喷雾干燥器的优点是干燥速度快，干燥时间短，因此特别适用于干燥热敏性物料，例如牛奶、蛋品、血浆、洗涤剂、抗菌素、酵母和染料等。喷雾干燥能处理低浓度溶液，且可由料液直接得到干燥产品，可省去蒸发、结晶、分离和粉碎等操作。操作稳定，容易连续化和自动化；能避免干燥过程中粉尘飞扬，改善劳动条件。其缺点是干燥强度小，体积传热膜系数低，设备体积大，热效率低，能量消耗大，操作弹性小。

④ 转筒干燥器　图 9-13 是一台用热空气直接加热的转筒干燥

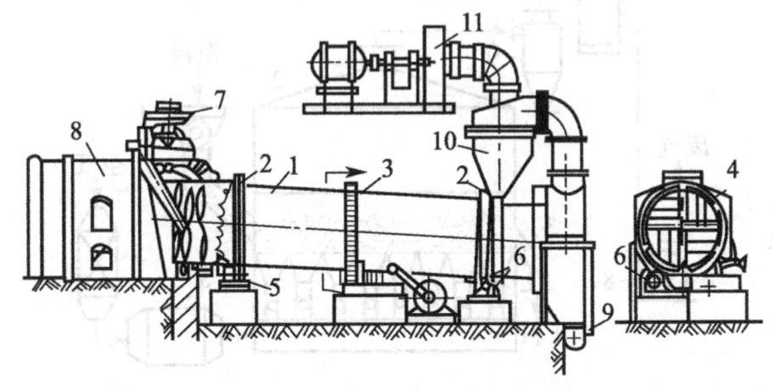

图 9-13　转筒干燥器

1—转筒；2—滚圈；3—齿轮；4—抄板；5—托轮；6—挡轮；7—加料器；8—炉；9—闸门；10—旋风分离器；11—烟囱

器，又称为回转圆筒干燥器。转筒干燥器的干燥室是一个倾斜的横卧旋转圆筒。滚圈支撑圆筒的全部重量，齿轮带动筒身回转。物料从转筒较高的一端加入，随着圆筒的转动上升至一定的高度后又受重力的作用落下，作螺线运动前进，移动到较低的一端时，便被干燥完毕而排出。在圆筒内壁面上装有许多与筒轴平行的抄板（或类似装置），不断把物料抄起来又撒下，同时促使物料前移，使物料与空气的接触面积增大以提高干燥速率。

干燥介质（空气或烟道气）一般由较高一端借抽风机吸入，经空气加热器（用蒸汽加热）后进入圆筒中，与被干燥物料成并流接触，将物料中水分带走，从圆筒的较低一端排出。

转筒干燥器的生产能力大，可连续操作；结构简单、操作方便；故障少，维修费用低；气流阻力小，操作弹性大，适用范围广，适用于干燥大量生产的散粒状或小块状物料，如无机盐结晶、尿素、矿渣、陶土和碳酸钙等物料。它的缺点是设备大，拆装困难，一次性投资多，占地面积大；热效率低，物料停留时间长且不均匀，不适合对温度有严格要求的物料。

⑤ 沸腾床干燥器　沸腾床干燥器又名流化床干燥器，是流化技术在干燥中的应用。图 9-14 是一台卧式多室沸腾床干燥器。在干燥中把气流速度控制在一定的范围内，既保证物料的运动，汽化表面能够更新，物料又不致被气流带出。这样，颗粒与气流可以充

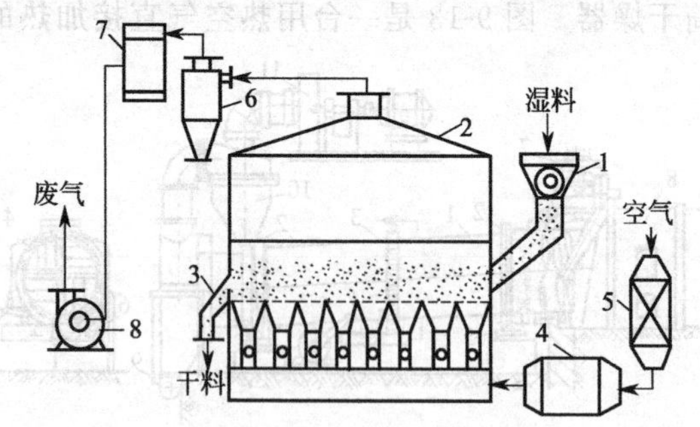

图 9-14　卧式多室沸腾床干燥器

1—摇摆式颗粒进料器；2—干燥器；3—卸料管；4—加热器；
5—空气过滤器；6—旋风分离器；7—袋滤器；8—风机

分接触，强化了传热和传质过程，接触面积大，具有较高的体积传热膜系数，提高了干燥速率。

沸腾干燥器结构较简单，造价低，操作与维修均较方便；单位体积干燥器的传热面积大，颗粒浓度很高，体积传热膜系数大；颗粒在干燥器内停留时间比在气流干燥器内长，而且可以任意调节；气固接触好，能得到较低的最终含水量；空气的流速较小，物料与设备的磨损较轻，压力降小；热效率高，对于非结合水分的干燥可达 60%～80%，对于结合水分的干燥可达 30%～50%。沸腾床干燥器适用于处理粉粒状物料，而且要求物料不会因水分较多而引起显著结块。由于沸腾床干燥器具有很多优点，今后将会得到广泛应用。

(2) 非对流式干燥器

① 真空耙式干燥器　真空耙式干燥器是一种典型的传导加热型干燥器，其结构如图 9-15 所示。它由带有蒸汽夹套的壳体和装在壳体内的可以定时正、反转的耙式搅拌器组成。另外还有冷凝器和真空泵等附属设备。操作时，首先启动搅拌器，由壳体上方加料。加完料关闭加料口，启动真空泵抽真空，向夹套通蒸汽间接加热。干燥结束，停加热和抽真空，并使干燥器与大气相通，然后卸出物料。由于整个干燥器内处在真空状态，水分可以在较低温度下汽化，而且物料不与热空气直接接触，适用于不耐高温或在高温下易于氧化的物料。

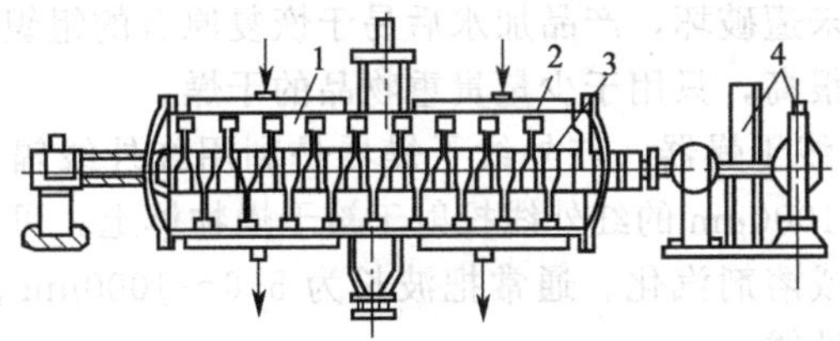

图 9-15　真空耙式干燥器

1—外壳；2—蒸气夹套；3—搅拌器；4—传动装置

真空耙式干燥器干燥范围广，被干燥的物料可以是浆状、膏状、粉状、纤维状；劳动强度低，操作管理方便，操作条件也比较好。但是设备结构复杂，造价高，间歇操作，产量低。因此，随着干燥技术的发展，已被某些新型干燥器所代替。

② 冷冻干燥器　冷冻干燥器是属于传导加热的真空干燥器。图 9-16 所示为冷冻干燥器。湿物料置于干燥箱内的若干层搁板上。首先将物料中的水冻结成冰，一般约为－5～－30℃。随后对系统抽真空，使干燥器内的绝对压强约保持为 130Pa，物料中的水分由冰升华为水气并进入冷凝器中冻结成霜。此阶段应向物料供热以补偿冰的升华所需的热量，而物料温度几乎不变，是一恒速阶段。干燥后期，可将物料升温至 30～40℃并保持 2～3h，使物料中剩余水分去除干净。

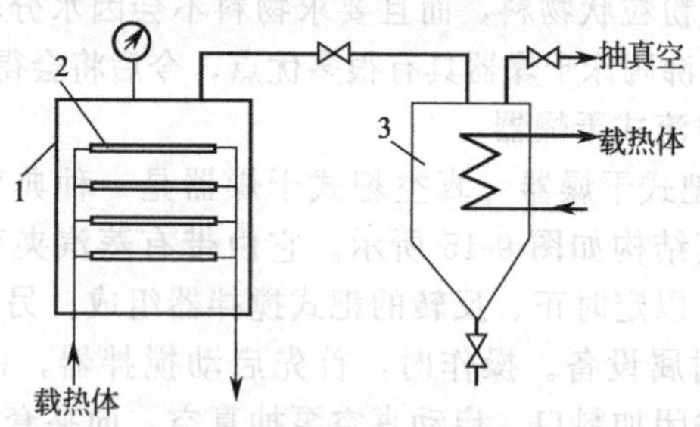

图 9-16　冷冻干燥器

1—干燥器；2—搁板；3—冷凝器

冷冻干燥器主要用于生物制品、药物、食品等热敏物料的脱水，以保持有效成分不受高温或氧化破坏。在冷冻干燥过程中物料的物理结构未遭破坏，产品加水后易于恢复原有的组织状态。但冷冻干燥费用很高，只用于少量贵重物品的干燥。

③ 红外线干燥器　红外线干燥器是利用红外线辐射源发出波长为 0.72～1000μm 的红外线投射于被干燥物体上，可使物体温度升高，水分或溶剂汽化。通常把波长为 5.6～1000μm 范围的红外线称为远红外线。

间歇式的红外线干燥器可随时启闭辐射源；也可以制成连续的隧道式干燥器，用运输带连续地移动干燥物件。红外线干燥器干燥速率快；设备简单，操作方便灵活，可以适应干燥物品的变化；能保持干燥系统的密闭性，免除干燥过程中溶剂或其他毒物挥发对人体的危害，或避免空气中的尘粒污染物料，但是耗能大。因固体的热辐射是一表面过程，因此适用于薄层物料的干燥。

9.4.3 常用干燥器的使用与维护

(1) 流化干燥器的使用与维护

① 正确使用 流化干燥器开炉前首先检查送风机和引风机有无摩擦和碰撞声，轴承的润滑油是否充足，风压是否正常。投料前应先打开加热器疏水阀、风箱室的排水阀和炉体的放空阀，然后渐渐开大蒸汽阀门进行烤炉操作，除去炉内湿气，直到炉内达到规定的温度结束烤炉操作。停下送风机和引风机，敞开人孔，向炉内铺撒物料。

再次开动送风机和引风机，关闭有关阀门，向炉内送热风，并开动给料机抛撒潮湿物料，要求进料量由少渐多，物料分布均匀。根据进料量，调节风量和热风温度，保证成品干湿度合格。

操作过程中要经常检查卸出的物料有无结块，观察炉内物料面的沸腾情况，调节各风箱室的进风量和风压大小；经常检查风机的轴承温度、机身有无振动以及风道有无漏风，发现问题及时解决；经常检查引风机出口带料情况和尾气管线腐蚀程度，问题严重应及时解决。

② 维护保养 干燥器停炉时应将炉内物料清理干净，并保持干燥。应保持保温层完好，有破裂时应及时修好。加热器停用时应打开疏水阀门，排净冷凝水，防止锈蚀。要经常清理引风机内部粘贴的物料和送风机进口防护网，经常检查并保持炉内分离器畅通和炉壁不锈蚀。

③ 常见故障与处理方法（表 9-1）

表 9-1 流化干燥器常见故障与处理方法

故障名称	产生原因	处理方法
发生死床	①入炉物料太湿或块多 ②热风量少或温度低 ③床面干料层高度不够 ④热风量分配不均匀	①降低物料水分 ②增加风量，提高温度 ③缓慢出料，增加干料层厚度 ④调整进风阀的开度
尾气含尘量大	①分离器破损，效率下降 ②用量大或炉内温度高 ③物料颗粒变细	①检查、修理 ②调整风量和温度 ③检查操作指标变化
沸腾床流动不好	①风压低或物料多 ②热风温度低 ③风量分布不合理	①调节风量和物料 ②加大加热器蒸汽量 ③调节进风板阀开度

（2）喷雾干燥设备的使用与维护

① 正确使用　喷雾干燥设备包括数台不同的化工机械和设备，因此，在投产前应做好准备工作：检查供料泵、雾化器、送风机是否运转正常；检查蒸汽、溶液阀门是否灵活好用，各管路是否畅通；清理塔内积料和杂物，铲除壁挂疤；排除加热器和管路中积水，并进行预热，然后向塔内送热风；清洗雾化器，达到流道畅通。准备工作完成后，启动供料泵向雾化器输送溶液时，观察压力大小和输送量，以保证雾化器的需要。定期检查、调节雾化器喷嘴的位置和转速，确保雾化颗粒大小合格；定期查看和调节干燥塔负压数值；定时巡回检查各转动设备的轴承温度和润滑状况，检查其运转是否平稳，有无摩擦和撞击声，检查各种管路与阀门是否渗漏，各转动设备的密封装置是否泄漏，做到及时调整。

② 维护保养　喷雾干燥设备的雾化器停止使用时，应清洗干净，输送溶液管路和阀门不用时也应放净溶液，防止凝固堵塞。经常清理塔内粘挂物料。要保持供料泵、风机、雾化器及出料机等转动设备的零部件齐全，并定时检修。注意进入塔内的热风湿度不可过高，以防止塔壁表皮碎裂。

③ 常见故障与处理方法（表9-2）

表9-2　喷雾干燥设备常见故障与处理方法

故障名称	产生原因	处理方法
产品水分含量高	①溶液雾化不均匀，喷出的颗粒大 ②热风的相对湿度大 ③溶液供量大，雾化效果差	①提高溶液压力和雾化器转速 ②提高送风温度 ③调节雾化器进料量或更换雾化器
塔壁粘有积粉	①进料太多，蒸发不充分 ②气流分布不均匀 ③个别喷嘴堵塞 ④塔壁预热温度不够	①减小进料量 ②调节热风分布器 ③清洗或更换喷嘴 ④提高热风温度
产品颗粒太细	①溶液的浓度低 ②喷嘴孔径太小 ③溶液压力太高 ④离心盘转速太大	①提高溶液浓度 ②换大孔喷嘴 ③适当降低压力 ④减低转速
尾气含粉尘太多	①分离器堵塞或积料多 ②过滤袋破裂 ③风速大，细粉含量大	①清理物料 ②修补破口 ③降低风速

9.4.4 干燥过程的节能

干燥是能量消耗较大的单元操作之一。这是由于无论是干燥液体物料、浆状物料，还是含湿的固体物料，都要将液态水分变成气态，因此需要供给较大的汽化潜热。统计资料表明，干燥过程的能耗约占整个加工过程能耗的12%左右。因此，必须设法提高干燥设备的能量利用率，节约能源，采取措施改变干燥设备的操作条件，选择热效率高的干燥装置，回收排出的废气中部分热量等来降低生产成本。干燥操作可通过以下途径进行节能。

(1) 减少干燥过程的各项热量损失

一般说来，干燥器的热损失不会超过10%，大中型生产装置若保温适当，热损失约为5%。因此，要做好干燥系统的保温工作，求取一个最佳保温层厚度。

为防止干燥系统的渗漏，一般在干燥系统中采用主风机和副风机串联使用，经过合理调整使系统处于零表压操作状态，这样可以避免对流干燥器因干燥介质的泄漏造成干燥器热效率的下降。

(2) 降低干燥器的蒸发负荷

物料进入干燥器前，通过过滤、离心分离或蒸发等预脱水方法，增加物料中固体含量，降低干燥器蒸发负荷，这是干燥器节能的最有效方法之一。例如，将固体含量为30%的料液增浓到32%，其产量和热量利用率提高约9%。对于液体物料（如溶液、悬浮液、乳浊液等），干燥前进行预热也可以节能，因为在对流式干燥器内加热物料利用的是空气显热，而预热则是利用水蒸气的潜热或废热等。对于喷雾干燥，料液预热还有利于雾化。

(3) 提高干燥器入口空气温度、降低出口废气温度

由干燥器热效率定义可知，提高干燥器入口热空气温度有利于提高干燥器热效率。但是，入口温度受产品允许温度限制。在并流的颗粒悬浮干燥器中，颗粒表面温度比较低，因此，干燥器入口热空气温度可以比产品允许温度高得多。

一般来说，对流式干燥器的能耗主要由蒸发水分和废气带走这两部分组成，而后一部分大约占15%～40%，有的高达60%，因此，降低干燥器出口废气温度比提高进口热空气温度更经济，既可

以提高干燥器热效率，又可增加生产能力。

(4) 部分废气循环

部分废气循环的干燥系统，由于利用了部分废气中的部分余热，使干燥器的热效率有所提高，但随着废气循环量的增加而使热空气的湿含量增加，干燥速率将随之降低，使湿物料干燥时间增加而带来干燥装置费用的增加，因此，存在一个最佳废气循环量的问题。一般的废气循环量为总气量的 20%～30%。

一、判断题

( ) 1. 空气的湿度表明了空气中水气的饱和度。

( ) 2. 工业上应用最普遍的是传导干燥。

( ) 3. 对于空气-水蒸气系统，绝热饱和温度 t_{as} 和湿球温度 t_w 数值近似相等，因此是两个相同的概念。

( ) 4. 物料中的平衡水分是可以用干燥的方法除去的。

( ) 5. 物料中的非结合水分是可以用干燥的方法除去的。

( ) 6. 自由水分在一定的空气状态下能用干燥的方法除去。

( ) 7. 相对湿度越低，距离饱和程度越远，吸收水蒸气的能力越强。

( ) 8. 相对湿度不能反映湿空气吸收水气的能力。

( ) 9. 作为干燥介质的湿空气既是载热体，又是载湿体。

( ) 10. 为了使去湿的操作经济有效，常先机械去湿，然后进行干燥操作。

( ) 11. 流化床干燥器又称沸腾干燥器。

( ) 12. 在恒速干燥阶段内，物料表面的温度始终保持为空气的湿球温度。

( ) 13. 干燥介质的温度越高，干燥速度越快。

( ) 14. 干燥过程中，夏季空气消耗量比冬季的消耗量大。

( ) 15. 湿球温度计是用来测定空气湿度的一种温度计。

二、选择题

1. 干燥是（　　）的过程。

A. 传热　B. 传质　C. 传热和传质结合

2. 相对湿度φ越低，则距饱和程度越（　　），表明该湿空气的吸收水气的能力越（　　）。

A. 远，弱　B. 远，强　C. 近，弱

3. 不饱和空气的干球温度（　　）湿球温度。

A. 低于　B. 等于　C. 高于

4. 干燥速率（　　）速率有关。

A. 只和传热　B. 只和传质　C. 和传热、传质

5. 干燥过程得以进行的条件是物料表面所产生的水蒸气压力必须（　）干燥介质中水蒸气分压。

A. 小于　B. 等于　C. 大于

6. 物料在干燥过程中容易除去的水分是（　　）。

A. 非结合水分　B. 结合水分　C. 平衡水分

7. 在等速干燥阶段，干燥速率主要受（　　）干燥介质条件的影响。

A. 物料的形状、大小　B. 干燥介质条件　C. 干燥设备

8. 空气的吸湿能力取决于（　　）。

A. 湿度　B. 湿含量　C. 相对湿度

9. 对于某一定干球温度的湿空气，其相对湿度越低，湿球温度值（　）。

A. 越低　B. 越高　C. 不变

10. 饱和湿空气的湿球温度（　　）干球温度。

A. 大于　B. 小于　C. 等于

11. 热能以对流方式由热气体传给与其接触的湿物料，使物料被加热而达到干燥目的的是（　　）。

A. 传导干燥　B. 对流干燥　C. 辐射干燥

12. 对于热敏性物料或易氧化物料的干燥，一般采用（　　）。

A. 传导干燥　B. 真空干燥　C. 常压干燥

13. 干燥过程得以进行的必要条件是（　　）。

A. 物料内部温度必须大于物料表面的温度

B. 物料表面的水蒸气分压必须大于空气中的水蒸气分压

C. 物料内部湿度必须大于物料表面的湿度

14. 湿空气的相对湿度越大，或温度越低，则平衡水分的数值（　　）。

A. 越小　　B. 越大　　C. 不变

15. 用热空气做干燥介质的对流干燥中，被干燥物料的水分（　　）全部除去。

A. 可以　　B. 不可以　　C. 不确定

三、填空题

1. 干燥通常是指____________________。

2. 按照热能传给湿物料的方式，干燥可分__________、__________、__________、__________。

3. 干燥过程得以进行的条件是物料表面气膜两侧必须有______________。

4. 湿度是____________；相对湿度是____________。

5. 普通温度计在空气中所测得的温度为空气的__________，它是空气的真实温度。

6. 对于不饱和湿空气的干球温度 t、湿球温度 t_w 和露点 t_d，三者大小关系为__________，而对于已达到饱和的湿空气，三者大小关系为__________。

7. 从干燥速率曲线可以看出，干燥过程分成两个阶段：__________和__________。

8. 有100kg湿物料，其中含水20kg和80kg绝干物料，则湿基含水量为________，干基含水量为________。

9. 固体物料（如冰）不经融化而直接变为蒸汽的现象称为__________。

10. 影响干燥速率的因素主要有三个方面：__________、__________和__________。

11. 在干燥速率曲线中，当物料的含水量大于临界含水量 X_c 时，属于__________；而当物料含水量小于 X_c 时，属于__________。

四、问答题

1. 常用的干燥方法有哪些？对流干燥的实质是什么？

2. 什么是干球温度、湿球温度？它们分别是如何测定的？有什么意义？

3. 什么是平衡水分和自由水分？什么是结合水分和非结合水分？它们之间有何关系？

4. 什么叫干燥速率？影响干燥速率的主要因素有哪些？

5. 生产中常用的干燥操作方式有哪些？

6. 生产中对干燥设备的基本要求有哪些？常用的干燥设备有哪些类型？

7. 采用哪些措施可以降低干燥过程的能量消耗？

五、计算题

1. 已知湿空气总压为 50.65kPa，温度为 60℃，相对湿度为 40%，试求：①湿空气中水气分压；②湿度；③湿空气的密度。

2. 生产 1t 干氯化铵蒸发水量 W=70kg，空气初温 10℃，湿度 H_1=0.005kg/kg 干空气，干燥尾气温度 55℃，湿度 H_2=0.04kg/kg 干空气，求生产 1t 干氯化铵的空气消耗量是多少？

3. 有一干燥器每小时处理某产品湿物料 1000kg，物料的含水量由 20%降到 2%（湿基），求：①每小时水分蒸发量；②若干燥器效率为 98%，求干燥实际产品量。

4. 用一干燥器干燥湿物料，已知湿物料的处理量为 1500kg/h，湿基含水量由 30%降至 5%。试求水分蒸发量和干燥产品量。

5. 用常压干燥器每小时处理湿物料 2000kg，干燥操作使物料的湿基含水量由 40%减至 5%。干燥介质是空气，初温是 20℃，相对湿度是 40%，经预热器加热至 90℃后进入干燥器。设空气离开干燥器时的温度是 500℃，相对湿度 70%。试求：①水分蒸发量，kg/s；②空气消耗量，kg 干气/s 和单位空气消耗量，kg 干气/kg 水；③如干燥收率为 95%，求产品量，kg/s。

第10章

液-液萃取

本章培训目标

1. 掌握萃取操作的基本原理。

2. 理解三角形相图的表示方法；了解溶解度曲线的组成。

3. 掌握萃取剂选择原则，会选择常用萃取剂。

4. 熟知单级萃取的流程，了解多级萃取的操作方式。

5. 熟知萃取操作的主要影响因素，了解常用萃取设备的基本结构和特点。

6. 了解超临界萃取的基本原理和特点。

10.1 液-液萃取过程

10.1.1 萃取基本原理

工业生产中分离液体混合物的方法，除了采用蒸馏操作外，还可以采用液-液萃取。液-液萃取也称为溶剂萃取，是向液体混合物中加入适当溶剂，形成两液相系统，利用原料液中组分在两液相中溶解度的差异而实现混合液中组分的分离。

萃取操作过程如图 10-1 所示。原料液中含有溶质 A 和稀释剂（或原溶剂）B。为分离溶质 A，选择加入萃取剂 S，使原料液与萃取剂在混合槽中充分接触，溶质 A 从稀释剂相向萃取剂相转移。由于稀释剂 B 和萃取剂 S 部分互溶或不互溶，因此经过充分传质后的两液相进入沉降分层器中利用密度差分层，其中以萃取剂为主的液层称萃取相 E，以稀释剂为主的液层称萃余相 R。当稀释剂 B 和萃取剂 S 部分互溶时，萃取相中含少量 B，萃余相中含少量 S，通常还需采用蒸馏方法进行分离。

所选择的萃取剂（或溶剂）S 应有较好的选择性，即对溶质 A 的溶解度愈大愈好，而对稀释剂 B 的溶解度则愈小愈好。

与蒸馏方法相比较，萃取操作适用于下列情况。

① 液相混合物中各组分挥发能力差异很小或蒸馏时形成恒沸物，不能采用普通蒸馏方法分离。

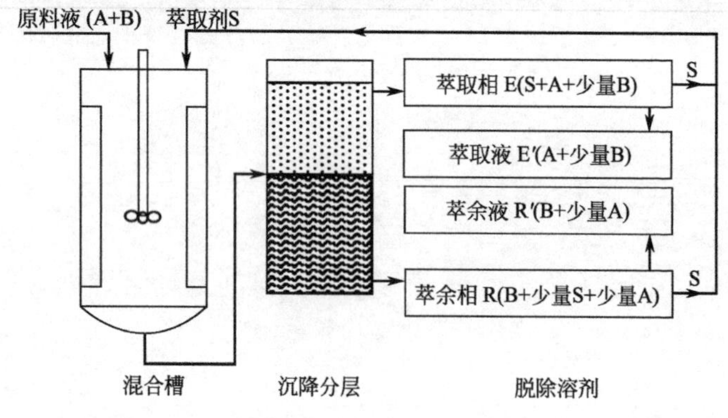

图 10-1 萃取操作过程

② 液相混合物中欲分离的重组分浓度很低，或沸点高，采用蒸馏操作不经济。

③ 混合液为热敏性物料，或蒸馏时易分解、聚合或发生其他变化。

④ 提取稀溶液中有价值的组分，或分离极难分离的金属，如稀有元素的提取、钽-铌、钴-镍等的分离。

10.1.2 液-液相平衡

萃取过程是两液相之间的传质过程，其极限是相平衡。常见的萃取操作发生在三元混合物组分间，溶质 A 完全溶于萃取剂 S 和稀释剂 B，而 B 与 S 部分互溶或完全不互溶，即形成一对部分互溶的物系。常用等腰直角三角形坐标描述三元物系的组成和相平衡关系。

(1) 组成在三角形相图上的表示法

如图 10-2 所示，三角形的三个顶点分别代表三个纯组分，即点 A 为纯溶质 A，点 B 为纯稀释剂 B 和点 S 为纯萃取剂 S。三角形的三条边分别表示相应的两个组分，即边 AB 表示组分 A 和 B，如点 F 表示组分 A 的含量为 40%和组分 B 的含量为 60%。其他两个边类推之。

三角形内的任一点 M 表示三组分混合物，过点 M 作边 AB 和 BS 的平行线，截得的线段长分别为$\overline{BG}$和$\overline{BE}$，则线段$\overline{BG}$和$\overline{BE}$的长度分别表示组分 S 和 A 的含量 $w(\mathrm{S})$ 和 $w(\mathrm{A})$。组分 B 的含量 $w(\mathrm{B})$ 可通过点 M 作边 AS 的平行线截得的线段长 HS 表示。显然，三个组分的含量之和应符合

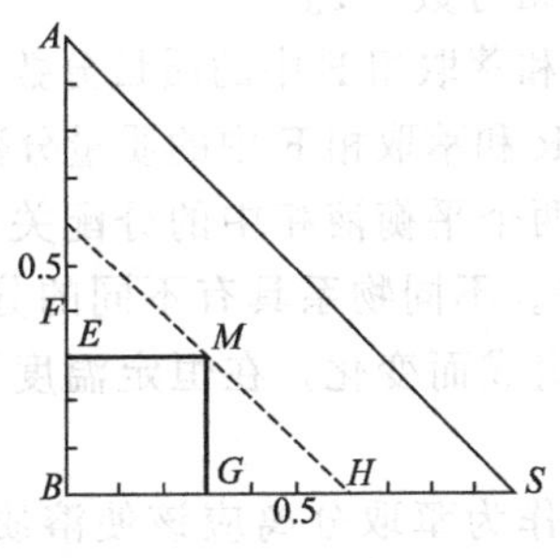

图 10-2 三角形中的相组成

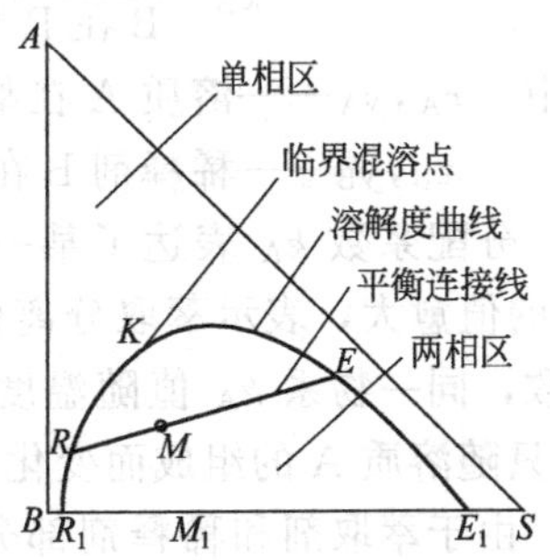

图 10-3 溶解度曲线与平衡连接线

$$w(A)+w(S)+w(B)=100\%$$

（2）溶解度曲线

设溶质A完全溶于组分B和S中，而B与S为一对部分互溶组分。在一定温度下，将一定量的B和S相混合，此混合物组成如图10-3中点M_1所示。经过充分接触和静置后，得到两个平衡的液相，两层的组成如点E_1和R_1所示。在此混合液中加入适量溶质A后混合物状态点由M_1点移至M点，经充分混合达到两相平衡后静置分层，分析两相的组成，得到点E和R。互成平衡的两相称为共轭相，E、R的连线称为平衡连接线。改变A的加入量，可测得一组平衡数据，连接这些点成一平滑曲线，称溶解度曲线。该曲线下所围成的区域为两相区或分层区，以外为均相区或单相区。显然，萃取操作只能在两相区内进行。在溶解度曲线上的点K，连接线变成一个点，即E相和R相合为一个相，称此点K为临界混溶点。

溶解度曲线随温度不同而变化，一般温度升高，两相区相应缩小。

10.1.3 萃取剂的选择

在一定温度下，溶质组分A在平衡的萃取相E相与萃余相R相中的组成之比称为分配系数，用k_A表示

$$k_A=\frac{\text{A在E相中的质量分数}}{\text{A在R相中的质量分数}}=\frac{y_A}{x_A}$$

同样，对稀释剂B有

$$k_B=\frac{\text{B在E相中的质量分数}}{\text{B在R相中的质量分数}}=\frac{y_B}{x_B}$$

式中 x_A,y_A——溶质A在萃余相R和萃取相E中的质量分数；

x_B,y_B——稀释剂B在萃余相R和萃取相E中的质量分数。

分配系数k_A表达了某一组分在两个平衡液相中的分配关系。k_A的值愈大，表示萃取分离效果愈好。不同物系具有不同的分配系数，同一物系k_A值随温度及溶质组成而变化，在恒定温度下，k_A只随溶质A的组成而变化。

由于萃取剂和稀释剂部分互溶，作为萃取分离应该使溶质A在萃取剂中的溶解度尽可能大，同时使稀释剂在萃取剂中的溶解度

尽可能小。萃取剂的选择性是指萃取剂S对原料液中两个组分溶解能力的差别，用选择性系数β表示：

$$\beta=\frac{k_A}{k_B}=\frac{y_A/x_A}{y_B/x_B}=\frac{y_A/y_B}{x_A/x_B}$$

选择性系数的定义相当于精馏中的相对挥发度。一般情况下，组分B在萃余相中含量总是比萃取相中高，也即$x_B/y_B>1$，所以萃取操作中，β值均应大于1。由β值大小可以判断所选择的萃取剂是否适宜和分离的难易。β值越大，越有利于组分的分离，当组分B、S完全不互溶时，β值趋于无穷大，为最理想的情况；若$\beta=1$，表示E相中组分A和B的比值与R相中的相同，该溶剂不能用作此原料液的萃取剂。

工业上所用的萃取剂一般都需要分离回收，因此，在选择萃取剂时既要考虑到萃取分离效果，又要使萃取剂的回收较为容易和经济。具体而言，要注意以下几方面。

① 选择性　萃取剂应对溶质A的溶解度大而对稀释剂B的溶解度小，即萃取剂的选择性系数β要大，这对传质分离有利。

② 萃取相与萃余相的分离　萃取后形成的萃取相与萃余相是两个液相，应易于分层。对此，一是要求萃取剂与稀释剂之间有较大的密度差；二是要求两者之间的界面张力适中。界面张力过小，则分散后的液滴不易凝聚，对分层不利；界面张力过大，则又不易形成细小的液滴，对两相间的传质不利。

③ 萃取剂的回收　萃取相与萃余相经分层后常用蒸馏方法脱除萃取剂以循环使用，因此，要求萃取剂S对其他组分的相对挥发度大，且不形成恒沸物。如果萃取剂的使用量较其他组分大，为了节省能耗，萃取剂应为难挥发组分。

除此之外，萃取剂还应满足一般的工业要求，如稳定性好，腐蚀性小，无毒及价廉易得等。

10.2 萃取流程

10.2.1 单级萃取流程

单级萃取包括三个过程：混合传质过程、沉降分层过程和溶剂脱除过程。其流程如图 10-4 所示。原料 F 和萃取剂 S 在混合器中通过搅拌使两相充分接触传质，然后将混合液在分层器中静止分层。若分层后的萃取相和萃余相达相平衡，则称此分离效果为一个理论级。萃取相和萃余相脱除萃取剂后的两个液相分别称萃取液和萃余液。

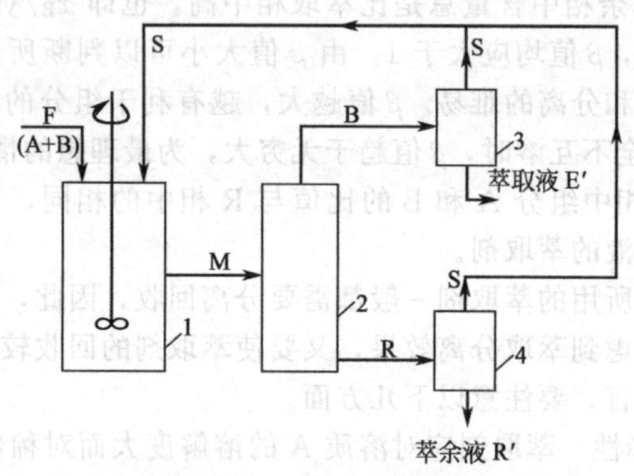

图 10-4 单级萃取流程

1—混合器；2—分层器；3—萃取相分离设备；4—萃余相分离设备

单级萃取通常不能对原料液进行较完全的分离，但因其流程简单，既可以间歇操作，也可以连续操作，在工业生产中仍广泛采用，特别适用于萃取剂的分离能力大、分离效果好或工艺分离要求不高时。

10.2.2 多级萃取流程

（1）多级错流萃取

经过单级萃取后的萃余相中往往仍含有较多的溶质 A，为了进一步降低萃余相中溶质 A 的含量，可采用多级错流萃取，其流程如图 10-5 所示。料液在第 1 级进行萃取后的萃余相 R_1 继续在第 2 级用新鲜溶剂萃取，依次直到第 N 级的萃余相 R_N 的浓度符合要求为止。多级错流萃取实际上是多个单级萃取的组合。

（2）多级逆流萃取

用一定量的溶剂萃取原料液时，单级或多级错流萃取因受相平衡关系限制，有时要使萃余相中的溶质含量达到规定要求，则需要级数多，萃取剂的消耗量大，而萃取相中溶质浓度又较低，为克服此缺点，可以采用多级逆流萃取的方法。多级逆流萃取是原料液和溶剂逆向接触依次通过各级的连续操作，其流程如图10-6所示。

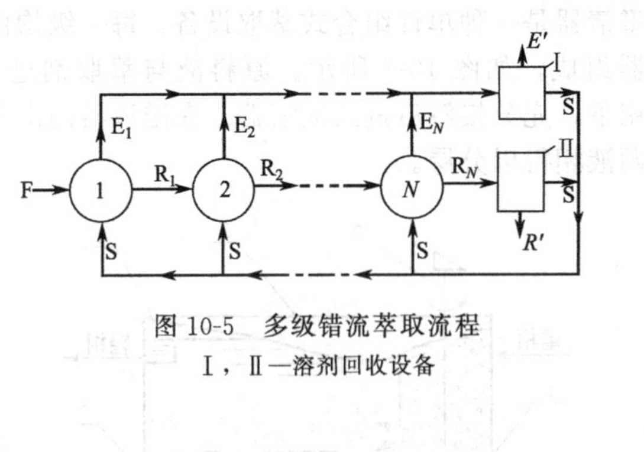

图10-5　多级错流萃取流程
Ⅰ，Ⅱ—溶剂回收设备

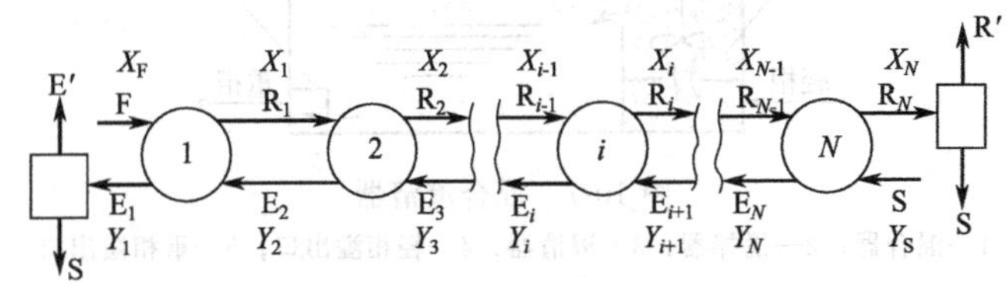

图10-6　多级逆流萃取流程

10.2.3　微分接触式逆流萃取

微分接触式逆流萃取通常在塔设备内进行，料液与溶剂中的重相自塔顶加入，轻相自塔底加入，萃取相与萃余相呈逆流微分接触，两相中的溶质组成沿塔高连续变化。这类塔设备的操作过程将在“萃取设备”一节中介绍。

10.3　萃取设备

10.3.1　萃取设备分类

萃取设备的类型很多，按照构造特点大体上可分为三类：一是单件组合式，如混合-澄清器，两相间的混合多依靠机械搅拌，可间歇操作也可连续操作；二是塔式，如填料塔、筛板塔和转盘塔等，连续操作方式，依靠密度差或加入机械能量造成的振荡使两相混合；三是离心式，依靠离心力造成两相间分散接触。

10.3.2 常用萃取设备

（1）混合澄清器

混合澄清器是一种单件组合式萃取设备，每一级均由一混合器与一澄清器组成，如图 10-7 所示。原料液与萃取剂进入混合室，在搅拌作用下，充分接触后进入澄清器。在澄清器内由于两液体的密度差使两液相得以分层。

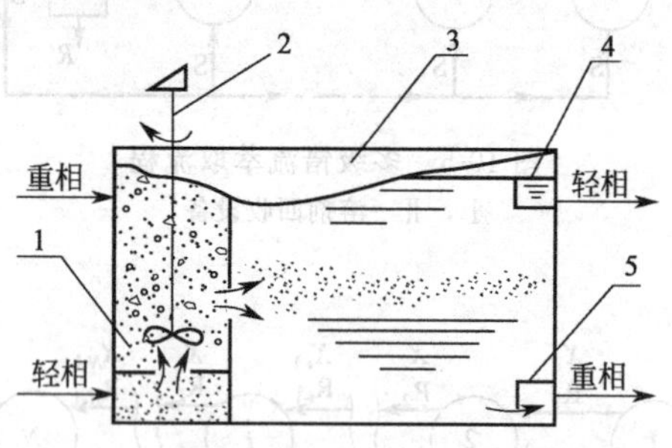

图 10-7 混合澄清器

1—混合器；2—搅拌器；3—澄清器；4—轻相溢出口；5—重相溢出口

混合澄清器可连续操作也可间歇操作，可根据需要灵活增减级数，级效率高，操作稳定，弹性大，结构简单；但是动力消耗大，占地面积大。

（2）塔式萃取设备

① 喷洒塔　又称喷淋塔，如图 10-8 所示。轻重两相分别从塔底和塔顶加入，由于两相存在密度差，使得两相逆向流动。分散装置将其中一相分散成液滴，在另一连续相中浮升或沉降，使两相接触传质，最后轻重两相分别从塔顶和塔底排出。

喷洒塔无任何内件，阻力小，结构简单，投资少，易维护。但两相很难均匀分布，轴向返混严重，传质效果差，提供的理论级数不超过 1～2 级。

② 填料萃取塔　用于萃取的填料塔与用于气、液传质过程的填料塔结构基本相同，如图 10-9 所示。重液、轻液分别从塔顶、塔底进入，一般适宜将润湿性较差和流动性较大的液体作为分散相，以扩大两相间的接触面积，另一相为连续相。在操作过程中，

通过喷洒器使分散相生成细小液滴。填料的作用是减少连续相的纵向返混及使液滴不断破裂而更新。气、液传质过程填料塔的常用填料类型对填料萃取塔仍然适用。

填料萃取塔构造简单，操作方便，适用于腐蚀性液体，在工业中应用较多。

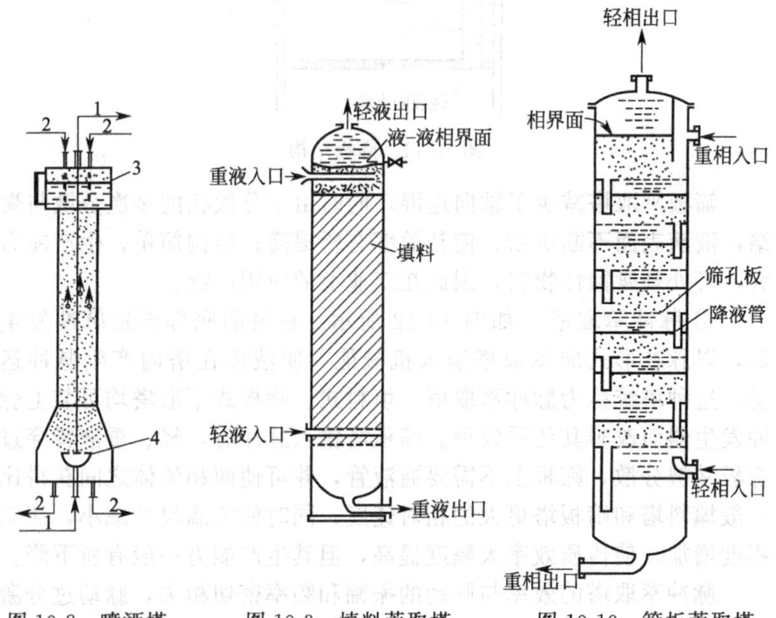

图 10-8　喷洒塔
1—轻相；2—重相；
3—界面；4—分布器

图 10-9　填料萃取塔

图 10-10　筛板萃取塔

③ 筛板萃取塔　筛板萃取塔如图 10-10 所示。轻液作为分散相从塔的近底部处进入，在筛板下方因浮力作用通过筛孔而被分散；液滴在两板之间浮升并凝聚成轻液层，又通过上层筛板的筛孔而被分散，依次直至塔顶聚集成轻液层后引出。作为连续相的重液则在筛板上方流过，与轻液液滴传质后经溢流管流到下一层筛板，最后在塔的底段流出。

若选择重液作分散相，则需使塔身倒转，使轻相通过升液管进入上层塔板，重液经过筛孔而被分散，如图 10-11 所示。

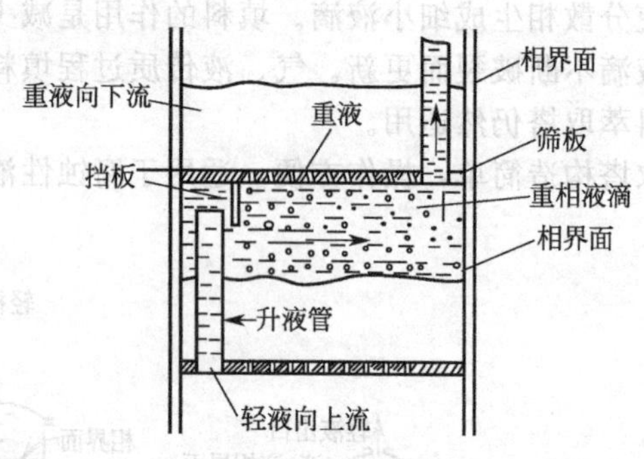

图 10-11 筛板结构

筛板萃取塔减少了轴向返混，同时由于分散相的多次分散与聚结，液滴表面不断更新，使其效率有所提高；结构简单，生产能力大，可处理腐蚀性物料，因此在工业上的应用广泛。

④ 脉冲萃取塔　如图 10-12 所示。在塔的底部设置脉冲发生器，以脉冲形式向萃取塔输入机械能，使液体在塔内产生脉冲运动，这种塔统称为脉冲萃取塔。填料式、筛板式萃取塔均可装上脉冲发生器而改善其传质效果。筛板塔输入脉冲后，轻、重液皆穿过筛板并被分散，筛板上不需要通液管，并可使两相流体之间获得比一般填料塔和筛板塔更大的相对速度，同时使液滴尺寸减小，湍动程度增加，使传质效率大幅度提高，但其生产能力一般有所下降。

脉冲萃取塔的效率与脉动的振幅和频率密切相关，脉动过分激烈，会导致严重的轴向返混，传质效率反而降低。根据研究结果和实践证明，较高频率和较小振幅的萃取效果较好。

⑤ 往复筛板萃取塔　又称振动筛板塔，如图 10-13 所示。将多层筛板按一定的板间距固定在中心轴上，由塔外的曲柄连杆机构驱动，以一定的频率和振幅作往复运动。无溢流装置的筛板的周边和塔内壁之间保持一定间隙。当筛板向上运动时，筛板上侧的液体经筛孔向下喷射；反之，筛板下侧的液体经筛孔向上喷射。为防止液体沿筛板与塔壁间隙走短路，应每隔若干层筛板，在塔内壁设置一块环形挡板。

往复筛板萃取塔的效率与往复频率密切相关。当振幅一定时，效率随频率的加大而提高。往复筛板塔可大幅度增加，更新相际接

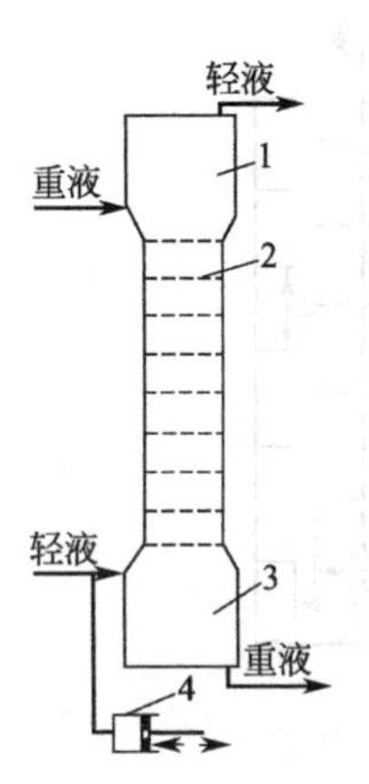

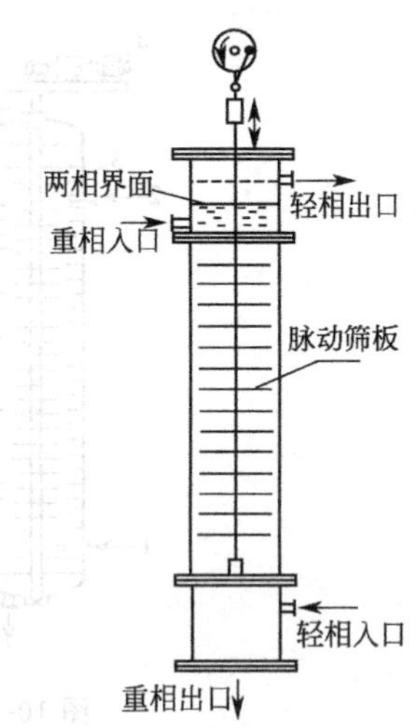

图 10-12 脉冲萃取塔

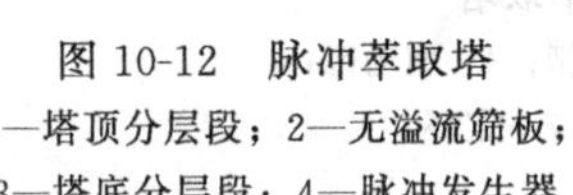
1—塔顶分层段；2—无溢流筛板；
3—塔底分层段；4—脉冲发生器

图 10-13 往复筛板萃取塔

触面积，增强其湍动程度，传质效率高，操作方便，结构可靠，生产能力强，在化工生产中应用日益广泛。

⑥ 转盘萃取塔 对于两液相界面张力较大的物系，为改善塔内的传质状况，需要从外界输入机械能量来增大传质面积和传质系数。转盘萃取塔为其中之一，如图 10-14 所示。在圆柱形塔体内，相间装有多层环形固体挡板（定环）和同轴的圆盘（转盘）。定环将塔分成多个小空间。圆形转盘固定在中心轴上，由塔顶电动机驱动。当中心轴转动时，因剪切应力的作用，一方面使连续相产生旋涡运动，另一方面促使分散相液滴变形、破裂更新，有效地增大传质面积和提高传质系数。转盘萃取塔既能连续操作，又能间歇操作；既能逆流操作，又能并流操作。逆流操作时，重相从塔上部加入，轻相从塔底加入。并流操作时，两相从塔的同一端加入，借助输入能量在塔内流动。

由于转盘塔结构简单，造价低廉，维修方便，操作弹性和通量较大，在工业生产中得到较广泛的应用。该塔还可作为化学反应器。另外，由于操作中很少堵塞，因此也适用于处理含有固体物料

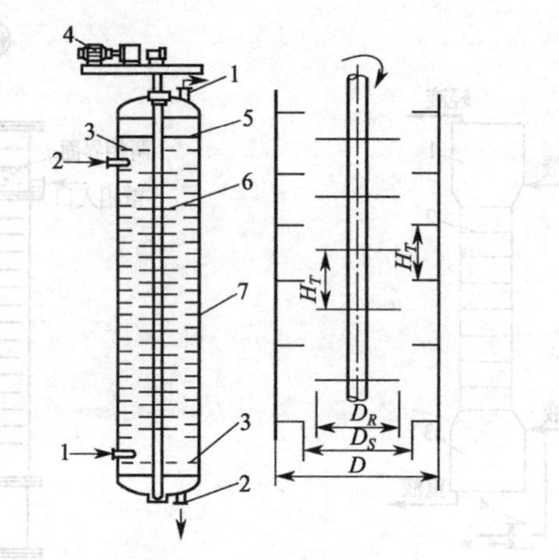

图 10-14 转盘萃取塔

1—轻液；2—重液；3—格栅；4—驱动区；
5—界面；6—转盘；7—定环

的场合。

(3) 离心萃取器

当两液体的密度差很小或界面张力甚小而易乳化，或黏度很大时，仅依靠重力的作用难以使两相间很好地混合或澄清，可以利用离心力的作用强化萃取过程。离心萃取器是利用离心力的作用使两相快速充分混合、快速分相的一种萃取装置，特别适用于要求接触时间短，物流滞留量低，易乳化、难分相的物系。离心萃取设备种类较多，结构紧凑，处理能力大，能有效地强化萃取过程，特别适用于其他萃取设备难以处理的物系。缺点是结构复杂，造价高，能耗大，使其应用受到限制。

10.3.3 影响萃取操作的主要因素

(1) 萃取剂的选择

萃取剂的选择是萃取操作分离效果和经济性的关键，有关内容见“10.1.3 萃取剂的选择”。

(2) 萃取操作的温度

操作温度对萃取相平衡的影响，在本节开始时已讨论过。对同一物系，温度升高，两相区变小，且 S 与 B 的互溶度增大；反之，温度降低，两相区变大。萃取只能在两相区内进行。所以，操作温度低，分离效果好。但操作温度过低，会导致液体黏度增大，扩散系数减小，传质阻力增加，传质速率降低，对萃取不利。工业生产中的萃取操作一般在常温下进行。

（3）分散相的选择

正确地选择作为分散相的液体，能使萃取操作有较大的相际接触面积，并且强化传质过程。分散相的选择通常遵循以下原则。

① 宜选体积流量较小的一相为分散相。

② 宜选不易润湿填料、塔板等内部构件的一相作分散相。这样，可以保持分散相更好地形成液滴状而分散于连续相中，以增大相际接触面积。

③ 宜选黏度较大的一相作分散相。这样，液滴的流动阻力较小，而增大液滴运动速度，强化传质过程。

（4）萃取剂的用量

当其他操作条件不变时，增加萃取剂的用量（即增大溶剂比），则萃余相中溶质A的浓度将减小，萃取分离效率提高。但不适当地增大溶剂比，使萃取回收设备负荷加重，导致回收时分离效果不好，从而使循环萃取剂中溶质A的含量增加，萃取效率反而下降。

在实际生产中，必须特别注意萃取剂回收操作的不完善对萃取过程的不良影响。

（5）萃取塔的操作

在萃取塔操作中，两相的流速和塔内滞留量对萃取有很大的影响。

① 液泛　当萃取塔内两液相的速度增大至某一极限值时，会因阻力的增大而产生两个液相互相夹带的现象，称为液泛。液泛现象是萃取操作中流量达到了负荷的最大极限值的标志。

萃取塔正常操作时，两相的速度必须低于液泛速度。在填料萃取塔中，连续相的适宜操作速度一般为液泛速度的50%～60%。

关于液泛速度的计算，许多研究者提出了一些经验公式或关联图，可从有关书刊查到。

② 塔内两相滞留量　若分散相在塔内的滞留量过大，则导致液滴相互碰撞聚集的机会增多，两相的传质面积减小，甚至出现分

散相转化为连续相的情况。因此，连续相在塔内的滞留量应较大，分散相滞留量应较小。

在萃取塔开车时，要注意控制好两相的滞留量。首先将连续相注满塔中，然后开启分散相进口阀，逐渐加大流量至分散相在分层段聚集，两相界面至规定的高度后，才开启分散相的出口阀，并调节流量以使界面高度稳定。若以轻相为分散相，则控制塔顶分层段内两相界面高度；若以重相为分散相，则控制塔底两相界面高度。

10.4 超临界萃取

传统的液-液萃取过程，通常要用加热蒸馏等方法才能将溶剂蒸发。这样既耗费能源，还会造成萃取物中低挥发组分或热敏物质的丧失，萃取产品可能含有残留的有机溶剂，影响产品的质量。采用超临界萃取可以克服这些弊端。近年来，超临界萃取技术已经引起国内外许多领域的重视，正努力实现工业规模生产。

10.4.1 超临界萃取的基本原理

理论上每种纯物质都具有确定的三相点。纯物质的相态随温度、压力变化如图 10-15 所示。图中三条相平衡曲线划分出三个相态区，三线汇于 T 点，即纯物质体系三相点。当体系的温度、压力沿 TC，线升高时，体系呈气、液共存的相平衡状态。当温度、压力上升至 C 时，体系的界面消失而成为均相体系，此点称为临界点，相应的温度和压力即为临界温度和临界压力。如果某种气体处于临界温度之上，无论压力多高，也不能液化，仍然是气体，称此时的气体为超临界流体。超临界流体没有明显的气-液分界面，既不是气体，也不是液体，是一种气-液不分的状态，通常兼有气体和液体的某些性质，既具有接近气体的黏度和渗透能力，易于扩散和运动，又具有接近液体的密度和溶解能力，具有优异的溶剂性质，黏度

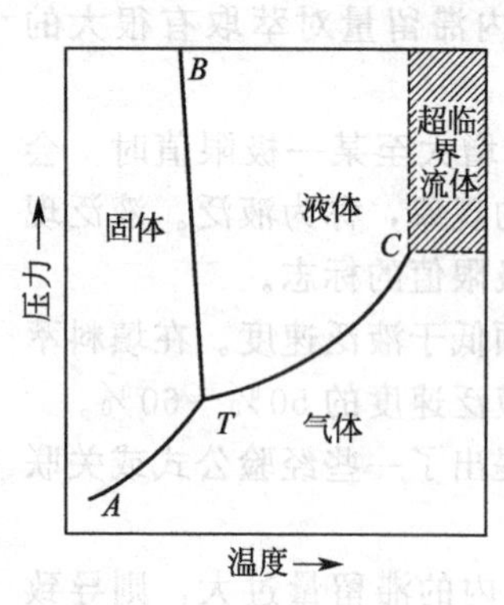

图 10-15 纯物质的三相图

低，密度大，有较好的流动、传质、传热和溶解性能。

超临界萃取是利用超临界流体在临界温度、临界压力状态下具有特异的溶解能力，可选择性地溶解混合液体或固体中溶质的特性，以高压的超临界流体作为溶剂，萃取所需的组分，然后采用升温、降压或吸收（吸附）等方法将溶剂与所萃取的组分分离的一种新型分离方法。

将超临界流体和常温常压下气体、液体的三个基本性质进行比较，列于表10-1，该表说明超临界流体具有接近液体的密度和类似液体的溶解能力，具有接近气体的黏度和扩散速度。

表10-1 超临界流体和常温常压下气体的物性比较

气体物性	密度 $\rho/(g/cm^3)$	黏度 $\mu/(Pa\cdot s)$	扩散系数 $D/(cm^2/s)$
气体15～30℃，常压	$(6\sim0.2)\times10^{-3}$	$(1\sim3)\times10^{-5}$	0.1～0.4
临界流体	0.2～0.5	$(1\sim3)\times10^{-5}$	0.7×10^{-3}
超临界流体	0.4～0.9	$(3\sim9)\times10^{-5}$	0.2×10^{-3}
液体、有机溶剂、水15～30℃，常压	0.6～1.6	$(0.2\sim3)\times10^{-5}$	$(0.2\sim2)\times10^{-5}$

人们发现有许多气体如表10-2中所示，在超临界状态下，对某些溶质组分具有极强的溶解能力。随温度的升高，溶剂气体的密度减小，其溶解能力降低。而随压力的升高，溶剂气体密度增大，其溶解能力增强。为此，在工业上选择这些气体，在超临界状态下作为溶剂，萃取液体混合物或固体混合物中所能溶解的溶质组分，然后通过改变温度或压力将溶质与溶剂进行分离，或采用吸收或吸附等方法将溶质脱除，其溶剂再生后循环使用。该分离过程即超临界萃取过程。

表10-2 常用超临界溶剂的临界值

超临界物质	临界温度/℃	临界压力/MPa	临界密度/(g/cm³)	超临界物质	临界温度/℃	临界压力/MPa	临界密度/(g/cm³)
乙烯	9.2	5.03	0.218	丙烷	96.6	4.24	0.217
二氧化碳	31.0	7.38	0.468	氨	132.4	11.3	0.235
乙烷	32.2	4.88	0.203	正戊烷	197	3.37	0.237
丙烯	91.8	4.62	0.233	甲苯	319	4.11	0.292

作为超临界萃取的溶剂，CO_2 常作为超临界萃取的溶剂气体。CO_2 的临界温度为31.0℃，临界压力为7.38MPa。它对多数溶质

具有较高的溶解度，可在常温附近实现超临界萃取。由于在超临界状态下 CO_2 对水的溶解能力很低，因此，利用临界或超临界状态下的 CO_2 分离有机水溶液是非常有利的。二氧化碳因还具有密度高、不可燃、无极性、化学稳定性好、无毒、安全、价格低廉、易于获取等优点，而在超临界萃取中较多使用。

10.4.2 超临界萃取的典型流程

超临界流体萃取过程按所采用分离方法的不同，可以有三种典型流程。

(1) 变压萃取分离（等温法、绝热法）

这是应用最方便的一种流程，如图 10-16(a) 所示。萃取了溶质的超临界流体（萃取相）从萃取槽抽出，经膨胀阀后，由于压力下降、溶解度降低而析出溶质，经分离后的溶质从分离槽下部取出，气体萃取剂由压缩机送回萃取槽循环使用。

(2) 变温萃取分离（等压法）

如图 10-16(b) 所示。该流程中采用加热升温的方法使气体和溶质分离，萃取物从分离槽下方取出，气体经冷却压缩后返回萃取槽循环使用。

(3) 在分离槽中使用吸附剂的萃取分离法（吸附法）

如图 10-16(c) 所示，在分离槽中放置着只吸附溶质的吸附剂，

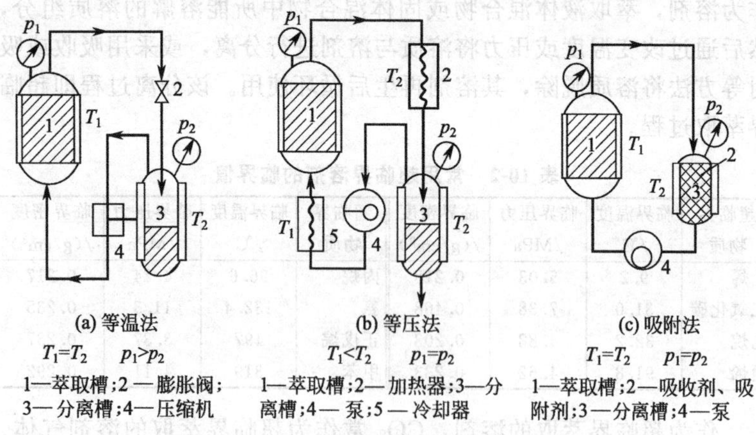

图 10-16 超临界流体萃取的三种典型流程

不吸收的气体压缩后循环回萃取槽。

当萃取相中的溶质为需要的精制产品时，主要采用（1）、（2）两种流程；当萃取质为需要除去的有害成分时，多采用（3）流程。此时萃取槽中留下的萃余物为所需要的提纯组分。

10.4.3 超临界萃取的特点

超临界萃取在溶解能力、传递性能和溶剂回收等方面具有突出的特点，最明显的优点如下。

① 用超临界流体来萃取，具有与液体溶剂相同的溶解能力，同时保持了气体所具有的传递特性，比液体溶剂渗透得快，渗透得深，能更快地达到平衡。

② 在接近临界点处温度和压力的微小变化，会引起临界流体密度的显著变化，即溶解能力的变化。因此操作参数主要是压力和温度，较易控制。萃取后溶质和溶剂易分离。精确地控制超临界流体的密度变化，可得到类似精馏使溶质逐一分离的操作过程。

③ 超临界萃取过程具有萃取和精馏的双重性，可分离一些难

表 10-3 超临界萃取与液-液萃取的比较

项　目	超临界萃取	液-液 萃 取
原理	利用难挥发组分在超临界流体中的选择性溶解，或者利用超临界流体能提高液态烃的溶解能力等性质，进行组分的分离	在分离混合物中加入溶剂后形成两个液相，利用组分在两个液相溶解度的不同进行组分的分离
影响萃取能力的因素	超临界流体的萃取能力主要决定于它的密度，一般温度选定后，压力需由溶解度来确定	溶剂的萃取能力主要决定于温度与溶剂的性质，压力的影响不大
操作条件	一般在高压低温下操作，适用于热敏性物质的分离	在低温常压下操作
溶剂的再生分离	萃取相中溶质溶剂的分离，可采用等温下减压或定压下加温等简单的方法	萃取相中萃取剂和萃取质的分离通常需采用精馏等方法来进行，不适用于热敏性物质，且能耗大
溶剂的传递性质	超临界流体具有液体和气体的性质，它的黏度比液体小，而扩散系数却比液体大，这对传递分离很有利	当液相的黏度比较大时，扩散系数就很小，对传递分离不利
萃取能力	萃取相是超临界流体，在大多数情况下，萃取质在其中的溶解度比在液相中小	萃取相是液体，因此萃取质在单位体积溶剂中的含量比超临界流体大

分离的物质。

④ 超临界流体（如二氧化碳）可用于食品工业中一些热敏性物料的萃取，避免使用有毒溶剂。

⑤ 可将超临界流体作流动相用于色层分析，分析出低挥发度的化合物。

表 10-3 为超临界萃取与一般的液-液萃取的比较。

超临界萃取要求在高压下进行，因此设备费和操作费比较高。由于对超临界流体的研究起步较晚，加之超临界状态物质有很强的非理想性，物性数据还很缺乏，有待于进一步的研究。但作为一种新分离技术，正越来越受到人们的重视，将在各领域中得到广泛的应用。

一、判断题

（ ）1. 萃取是利用原料液中各组分的密度差异来进行分离液体混合物。

（ ）2. 欲分离含热敏性物质的混合物，精馏操作比萃取操作更合适。

（ ）3. 萃取操作所使用的溶剂 S 必须对 A、B 组分具有不同的溶解能力。

（ ）4. 萃取溶剂的选择性系数为无穷大时不利于萃取操作。

（ ）5. 分配系数等于 1 时亦能进行萃取操作。

（ ）6. 一般来说，温度越低，溶剂 S 与组分 B 的互溶度越小。因此萃取操作温度越低越好。

（ ）7. 萃取剂的黏度低时，不仅有利于传质，也有利于两相的混合与分离。

（ ）8. 宜选体积流量较大、黏度较小的一相为分散相。

（ ）9. 萃取塔正常操作时，两相的速度应低于液泛速度。

（ ）10. 流体在超临界状态下，同时具有气体和液体的某些性质。

二、选择题

1. 进行萃取操作时应使选择性系数（　　）。

A. 大于1　B. 等于1　C. 小于1

2. 溶解度曲线随温度不同而变化，一般温度升高，两相区（　　）。

A. 缩小　B. 增大　C. 不变

3. 萃取操作应该在（　）内进行。

A. 单相区　B. 两相区　C. 溶解度曲线

4. 萃取后的萃取相与萃余相应易于分层。对此，要求萃取剂与稀释剂之间有较大的（　　）。

A. 温度差　B. 溶解度差　C. 密度差

5. 分配系数 k_A 的值越大，表示萃取分离效果（　　）。

A. 越差　B. 无法判断　C. 越好

6. 萃取剂的选择性系数 β 值越大，说明萃取剂S与稀释剂B的互溶度（　　），（　　）萃取分离。

A. 小，有利于　B. 大，有利于　C. 小，不利于

7. 萃取操作所选择的萃取剂S（或溶剂）应对溶质A的溶解度愈（　）愈好，对稀释剂B的溶解度则愈（　　）愈好。

A. 大，大　B. 大，小　C. 小，大

8. 下列哪种情况适宜进行萃取操作？（　）

A. 液相混合物中各组分挥发能力差异大

B. 混合液蒸馏时形成恒沸物

C. 原料液中各组分的溶解度的差异小

9. 萃取操作通常选择（　　）作为分散相，使其有较大的相际接触面积，强化传质过程。

A. 宜选体积流量较大的一相

B. 宜选黏度较大的一相

C. 宜选易润湿填料、塔板等内部构件的一相

10. 为了节省能耗，萃取剂应回收使用，因此，要求萃取剂应（　　）。

A. 为易挥发组分

B. 为难挥发组分

C. 可与其他组分形成恒沸物

三、填空题

1. 萃取过程是两液相之间的传质过程，其极限是________。

2. 溶解度曲线将三角形相图分为两个区域，曲线内为________区，曲线外为________区。萃取操作只能在________内进行。

3. 在一定温度下，________称为分配系数，k_A 的值愈________，表示萃取分离效果愈好。

4. 由于萃取剂和稀释剂部分互溶，作为萃取分离，应该使溶质A在萃取剂中的溶解度尽可能________，同时使稀释剂在萃取剂中的溶解度尽可能________，这就是萃取剂的________。

5. 单级萃取若分层后的萃取相和萃余相达相平衡，则称此分离效果为一个________。

6. 萃取设备的类型很多，按照构造特点大体上可分为三类：________、________、________。

7.________是萃取操作分离效果和经济性的关键。

8. ________现象是萃取操作中流量达到了负荷的最大极限值的标志。因此在萃取塔正常操作时，两相的速度必须________。

9. 萃取是利用原料液中各组分在适当溶剂中________的差异而实现混合液中组分的分离。

10. 超临界流体既具有接近________的黏度和渗透能力，又具有接近________的密度和溶解能力，具有优异的溶剂性质。目前研究和应用较多的超临界流体是________。

四、问答题

1. 萃取操作的基本原理是什么？

2. 萃取操作在生产中适用于哪些情况？

3. 选用萃取设备应考虑哪些影响因素？

4. 影响萃取操作的主要因素有哪些？

5. 什么是超临界流体？超临界流体具有哪些性质？

6. 超临界萃取的基本原理是什么？超临界萃取具有哪些特点？

第11章

结　晶

本章培训目标

1. 熟知结晶过程的基本概念，掌握结晶操作的基本原理。

2. 会对结晶过程进行简单物料衡算。

3. 了解晶体生成的过程，能根据结晶操作的影响因素进行主要环节的控制。

4. 熟知工业上常用的结晶方法，了解结晶设备的基本结构和特点。

11.1 结晶过程的基本原理

结晶是使固体物质以晶体状态从蒸气、溶液或熔融物中析出，以达到溶质与溶剂分离的单元操作。在工业生产中，大多数结晶是在溶液中产生的。

结晶是一个重要的单元操作过程，主要用于混合物的分离。很多化工产品及中间产品都可以采用溶液结晶技术，如磷肥、氮肥、纯碱、盐类、络合物的沉析、某些有机物生产、胶结材料的固化以及味精、蛋白质等生化产品的分离等。

与其他单元操作相比，结晶过程有其相应的特点。

① 结晶操作可从含杂质量较多的溶液中分离出高纯度的晶体(形成混晶的情况除外)。

② 因沸点相近的组分其熔点可能有显著区别，故高熔点混合物、相对挥发度小的物系及共沸物、热敏性物质等难分离物系，可考虑采用结晶操作加以分离。

③ 结晶操作能耗低，对设备要求不高，一般无“三废”排放。

此外，结晶产品的外观优美，生产操作弹性较大，是很多产品进行大规模生产的最好、最经济的方法，也是小规模制备某些纯净物质的最方便的方法。

本章主要讨论溶液中结晶的理论基础、基本计算、常用的结晶设备及结晶的操作。

11.1.1 溶解与结晶

一种物质溶解在另一种物质中的能力叫溶解性，溶解性的大小与溶质和溶剂的性质有关。相似相溶理论认为，溶质能溶解在与它结构相似的溶剂中，如：油脂分子和有机溶剂的分子都属于非极性分子，两种物质分子结构相似，因此可以互溶；而水分子是极性分子，大多数无机物分子也是极性分子，因此这些无机物一般溶于水。

在一定条件下，一种晶体作为溶质可以溶解在某种溶剂之中而形成溶液。在固体溶质溶解的同时，溶液中同时进行着一个相反的过程，即已溶解的溶质粒子撞击到固体溶质表面时，又重新变成固体而从溶剂中析出，这个过程叫做结晶。溶解与结晶是可逆过程。当固体物质与其溶液接触时，如溶液尚未饱和，则固体溶解；当溶液恰好达到饱和时，固体与溶液达到相平衡状态，溶解速度与结晶速度相等，此时溶质在溶剂中的溶解量达到最大限度；如果溶质量超过此极限，则有晶体析出。

11.1.2 溶解度曲线

结晶过程是溶质由液相转移到固相的传质过程，因此遵循传质的一般规律。

(1) 溶解度

在一定条件下，某种物质在水（或其他溶剂）里达到饱和状态时所溶解的数量，叫做这种物质的溶解度，通常用 100kg 溶剂中溶解的溶质数表示。例如，在 293K 时，KNO_3 在水里的溶解度是 31.6g，这是该温度下 100g 水里所能溶有的 KNO_3 的最大值。浓度超过溶解度的溶液称为过饱和溶液。显然，溶质可以继续溶解于未饱和溶液中，直至浓度达到溶解度为止。而过饱和溶液可析出过多的溶质后成为饱和液，即结晶只能在过饱和溶液中进行。在同样条件下，不同物质的溶解度是不同的。

(2) 溶解度曲线

一种物质在一定溶剂中的溶解度主要随温度而变化。以溶解度为纵坐标，温度为横坐标，绘制出溶解度与温度的变化关系曲线，即为溶解度曲线。图 11-1 表示几种常见盐类在水中的溶解度曲线。

从图 11-1 可以看出，大多数固体物质的溶解度随温度的升高而明显增大，有些物质的溶解度受温度变化的影响较小，曲线比较平坦，还有一部分物质的溶解度曲线中间有折点，折点表明物质的组成发生变化，如 Na_2SO_4 在 305.2K 以下为含 10 个结晶水的盐，305.2K 以上时则转变为无水盐。

溶解度曲线上各点表示溶液里溶质的量达到了对应温度下的溶解度，这种溶液不能再溶解更多的溶质，是饱和溶液。在曲线下方的区域，表示在某一温度时，溶液里溶质的质量小于此温度下的溶解度，还能继续溶解更多的溶质，这种溶液叫做不饱和溶液。

各种物质的溶解度数据均由实验测定，可从有关手册中查得。

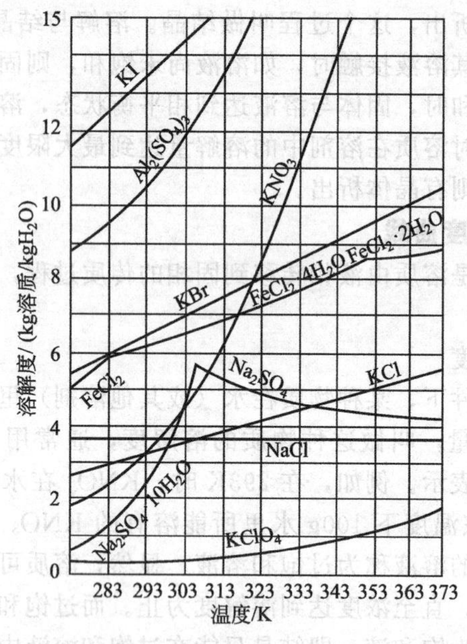

图 11-1　溶解度曲线

11.1.3　过饱和曲线

(1) 过饱和溶液和过饱和度

不饱和溶液经过冷却降温而达到饱和时的温度称为饱和温度。并不是所有的饱和溶液在冷却后都能自发地把多余的溶质分离出来。如果饱和溶液纯净、无杂质，在无搅拌和振荡条件下冷却，则溶液降到饱和温度时，即成为饱和溶液，但不会有晶体析出，结果是成为过饱和溶液。

常以过饱和溶液的浓度与同温度的饱和溶液的浓度差表示过饱和度。过饱和溶液的性质不稳定，如果轻微振动或在其中加入一小颗粒溶质时，多余的溶质就会以晶体的形式析出，直到溶液变为饱和溶液为止。因此，晶体析出是以过饱和度为推动力进行的。

(2) 过饱和曲线

如前所述，溶液的过饱和状态是有一定限度的，当过饱和度超过一定限度之后，就要自发地大量析出晶体。

自发地析出晶体的过饱和溶液的浓度与温度的关系曲线称为过

饱和曲线，也称超溶解度曲线，它与溶解度曲线大致相平行。如图11-2所示，这两条曲线把图形分成三个区域。

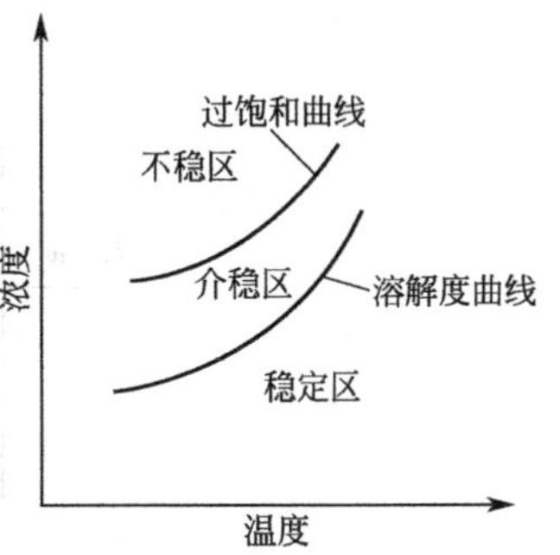

图 11-2 过饱和曲线与介稳区

① 稳定区　溶解度曲线下方为稳定区，在此区域内溶液尚未达到饱和，没有结晶的可能。

② 介稳区　两曲线之间为介稳区。在此区域中不能自发地析出晶体，如果在溶液中加入晶种（少量溶质晶体的小颗粒），或受某些外部因素的诱发，会析出晶核且逐渐长大。

③ 不稳区　过饱和曲线以上为不稳定区。溶液处于这个区域内，将自发地析出大量细小晶体。

工业生产中通常都希望得到平均粒度较大的结晶产品，因此结晶操作应尽量控制在介稳区内进行，以避免产生过多晶核而影响最终产品的粒度。

11.2 结晶过程的物料衡算

结晶操作中，可分别对物料总量和溶质量进行物料衡算确定结晶的产量。结晶器底部输出的物料包括结晶产品和母液（仍含有一定溶质的完成液）。通常原料液的浓度为已知，母液的浓度为最终操作温度时该溶质的溶解度，可根据母液的最终温度，由溶解度曲线查得。结晶操作的物料衡算如图 11-3 所示。

对总量进行物料衡算，则

$$F=E+M+W \tag{11-1}$$

对溶质进行物料衡算，则

$$Fw_F=E/R+Mw_M \tag{11-2}$$

联解上述两方程，得

$$E=\frac{F(w_F-w_M)+Ww_M}{\frac{1}{R}-w_M} \tag{11-3}$$

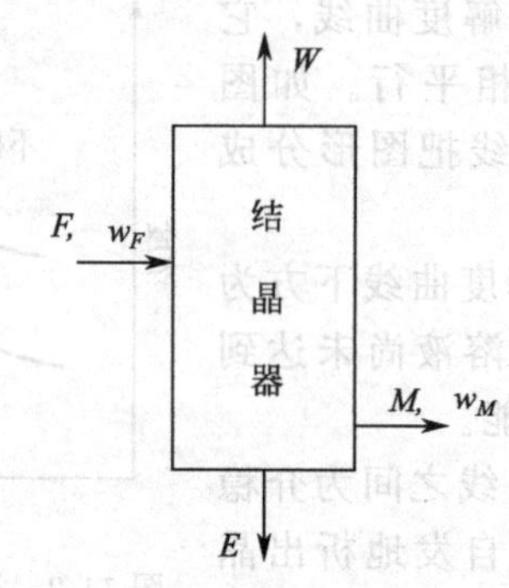

图 11-3　结晶的物料衡算

式中　F——加入原料量，kg/h；

E——获得的结晶量，kg/h；

W——蒸发的溶剂量，kg/h；

M——母液的量，kg/h；

w_F——原料液的质量分数；

w_M——母液的质量分数；

R——水合盐与无水盐的分子量之比，称为结晶水含量的特性系数（无结晶水时 $R=1$）。

【例 11-1】 某厂生产 $Na_2SO_4 \cdot 10H_2O$ 结晶产品，每小时处理含 Na_2SO_4 15.8%的原料液 6000kg/h，将溶液冷却到 283K，此温度下的溶解度为 9kg，结晶过程中有 2.5%的水蒸发，计算结晶产量。

解　已知 $F=6000$kg/h，$w_F=0.158$，$w_M=0.09$

根据分子式可得出

$$R=\frac{Na_2SO_4 \cdot 10H_2O}{Na_2SO_4}=\frac{142+10\times 18}{142}\approx 2.27$$

蒸发出的水量

$$W=F(1-w_F)\times 0.025=6000(1-0.158)\times 0.025=126.3\ (\text{kg/h})$$

将以上各值代入式(11-3) 得

$$E=\frac{6000(0.158-0.09)+126.3\times 0.09}{\frac{1}{2.27}-0.09}$$

$=1196.4\ (kg/h)$

11.3 结晶过程的操作与控制

构成晶体的微观粒子（分子、原子或离子）按一定的集合规则排列，由此形成的最小单元称为晶格。晶体可以按晶格空间结构的区别分为不同的晶系。同一物质在不同的条件下可形成不同的晶系，或为两种晶系的混合物。如熔融的硝酸铵在冷却过程中可由立方晶系变成斜棱晶系、长方晶系等。

微观粒子的规则排列可以按不同方向发展，即各晶面以不同的速率生长，从而形成不同外形的晶体，这种习性以及最终形成的晶体外形称为晶习。同一晶系的晶体在不同结晶条件下的晶习不同，改变结晶条件也会使晶习改变，从而得到不同的晶体外形。因此控制结晶操作的条件以改善晶习，获得理想的晶体外形为区别于其他分离操作的特点。

11.3.1 结晶生成过程

晶体从溶液中析出一般可分为三个阶段：过饱和溶液的形成、晶核的生成和晶体的成长阶段。过饱和溶液析出过量的溶质产生晶核，然后晶核长大形成宏观的晶体。在溶液中，晶核形成进入成长阶段后，还有新晶核继续形成，所以，在结晶操作过程中后两个阶段通常是同时进行的。

(1) 晶核的生成

晶核形成有两种情况：一种是过饱和溶液达到不稳区后自发形成晶核，称为一次成核；另一种是过饱和溶液在介稳区内受到搅拌、外来物质、电磁波辐射等外界因素诱发而形成晶核，称为二次成核。工业生产的结晶操作中，通常加入一定数量的晶种以诱发晶核形成。

成核速率随溶液的过饱和度的增大而增大，在生产中常常不希望产生过量的晶核，以免使产品的粒度大小及分布不合格，所以控制晶核生成速率是结晶操作重点解决的问题。

(2) 晶体的成长

晶核在过饱和溶液中将不断地成长。晶体长大的过程，实质上是溶液中过剩溶质向晶核表面粘附，而使晶体扩大的过程。

晶体的成长首先是以浓度差为推动力，使溶液中过剩的溶质从溶液主体扩散到晶体表面；其次是到达晶面的溶质的分子或离子以某种方式嵌入晶格中，而组成有规则的结构，使晶体增大，同时放出结晶热，这个过程称为表面反应过程。综上所述，晶体成长过程是溶质的扩散过程和表面反应过程串联的联合过程。表面反应过程的速率一般较快，所以扩散过程是晶体成长速率的控制步骤。通常，晶体成长速率随溶液的过饱和度或过冷度的增加而增大。

11.3.2 结晶操作的影响因素

如前所述，在结晶操作中，晶核的生成和晶体的成长同时进行。这两过程的速率大小，对结晶产品的质量有很大的影响。

晶体的成核速率是决定晶体产品粒度分布的首要因素。结晶过程要求有一定的成核速率，但如果成核速率过快，将导致晶体产品细碎，粒度分布范围宽，产品质量低劣，对结晶器的生产强度也有不利的影响。反之，如果成核速率远远小于晶体成长速率，溶液中晶核数量较少，随后析出的溶质都供其长大，产品的颗粒较大且均匀。如果两者速率相近，最初形成的晶核成长时间长，后来形成的晶核成长时间短，结果是产品的粒度大小参差不一。

晶体颗粒本身的质量也受到这两种速率的影响。如果晶体成长速率过快，有可能导致若干晶体颗粒聚结，形成晶簇，将杂质包藏其中，严重影响了产品的纯度。

因此，结晶操作的影响因素主要考虑晶核形成速率和晶体成长速率的影响因素，包括过饱和度、搅拌、冷却速度、杂质、加入的晶种等方面。

(1) 过饱和度的影响

晶核生成速率和晶体成长速率均随过饱和度的增加而增大。在不稳区，溶液会产生大量晶核，不利于晶体成长。所以，过饱和度值应大致使操作控制在介稳区内，又保持较高的晶体成长速率，使结晶操作高产而优质。适宜的过饱和度值一般由实验确定。

(2) 搅拌的影响

结晶操作中，通常需要使用搅拌装置，其目的：一是使溶液的温度均匀，防止溶液局部浓度不均、结垢等弊病；二是提高溶质扩散的速率，使晶核散布均匀，有利于晶体成长，防止晶体粘连在一起形成晶簇，降低产品质量。

使用搅拌器时，应注意下列两个方面。

① 选择适宜形式的搅拌器，可以减少晶体在壁上的沉积。

② 适当的搅拌强度，可以降低过饱和度，减少大量晶核析出的可能。但要避免搅拌强度过大，否则会导致超越“介稳区”而产生细晶，同时会使大粒晶体摩擦撞击而破碎。

(3) 冷却（蒸发）速度的影响

在实际生产中，冷却是使溶液产生过饱和度的重要手段之一。冷却或蒸发速度的大小影响到操作时过饱和度的大小。冷却速度快，过饱和度增长就快，容易超越“介稳区”极限，到达不稳定区时将析出大量晶核，影响结晶粒度。因此，结晶操作过程的冷却速度不宜太快。

(4) 杂质的影响

物系中杂质的存在对晶体的生长有很大的影响。不同的杂质产生的影响效果和影响途径也各不相同，因此应该尽量去除杂质，以提高产品的质量。

(5) 晶种的影响

工业生产中的结晶操作一般都是在人为加入晶种的情况下进行的。晶种的作用主要是用来控制晶核的数量，以得到较大而均匀的结晶产品。加晶种时应掌握好时机，在溶液进入介稳区内适当温度时加入。如果溶液温度高于饱和温度，加入晶种可能部分或全部被溶化；如温度过低已进入不稳区，溶液中已自发产生大量晶核，再加晶种已不起作用。此外，在加晶种时，应当轻微地搅动，以使其均匀地散布在溶液之中。

11.3.3 结晶过程的操作控制

在结晶生产过程中，可采用间歇结晶和连续结晶两种不同的操作方式进行。大规模生产时，一般都采用连续操作。连续操作具有操作费用低、生产能力强、占地面积小、操作参数相对稳定、母液能充分利用、节约劳动量等优点。但连续操作与控制良好的间歇结晶操作相比，得到的产品平均粒度较小，操作难度大，对操作人员的水平和经验有较高的要求，结晶器的器壁上易结晶垢，需定期停机清理。

因此，应根据料液处理量和结晶物质的特性以及生产的具体条件来确定结晶生产的操作方式。如晶体的生长速率较慢，用间歇操作相对较易控制；如果料液处理量较大，则最好选用连续结晶操作。

对结晶操作的基本要求是使结晶器稳定运行，提高生产强度，降低能耗，减少细晶与结垢，延长设备的正常运行周期。一般通过控制以下环节，以生产出符合粒度、纯度要求的晶体产品。

① 控制过饱和度。对影响过饱和度的相关工艺参数要严格控制。如在连续结晶操作中，当有细晶出现时，要将过饱和度调低些，以防止再产生晶核；当细晶除去后，可调至规定范围的高限，尽可能提高结晶收率。

② 控制温度。冷却结晶溶液的过饱和度主要靠温度控制，要使溶液温度经常沿着最佳条件稳定运行。溶液温度用冷却剂调节，所以应对冷却剂温度严格控制。

③ 控制压力。真空结晶器的操作压力直接影响温度，要严格控制操作压力。蒸发结晶溶液的过饱和度主要由加热蒸汽的压力控制，加热蒸汽的流量是这类结晶器的重要控制指标。

④ 控制晶浆固液比。当通过汽化移去溶剂时，真空结晶器和蒸发结晶器里的母液的过饱和度很快升高，必须补充含颗粒的晶浆，使升高的过饱和度尽快消失。母液过饱和度的消失需要一定的结晶表面积。晶浆固液比高，结晶表面积大，过饱和度消失得比较完全，不仅能使已有的晶体长大，而且可以减少细晶，防止结疤。

⑤ 缓慢控制，平稳运行。这是结晶操作的显著特点，是防止成核的重要条件。

⑥ 防止结垢、结疤。

11.4 结晶设备

在化工生产中，为了使结晶操作达到预期的经济指标，深入了解设备的类型，正确、合理地选择、操作结晶设备非常重要。结晶器的形式很多，各有其特点，主要取决于采用的结晶方法。

11.4.1 工业上采用的结晶方法

① 冷却结晶 通过降低溶液的温度使溶液达到过饱和。适用于溶解度随温度降低而显著减小的盐类的结晶操作。

② 蒸发结晶 将溶剂部分汽化，使溶液达到过饱和。这是最早采用的一种结晶方法。适用于溶解度随温度升高变化不大的盐类的结晶操作，例如食盐的生产。

③ 真空结晶 使热溶液在真空状态下绝热蒸发，除去一部分溶剂，使部分热量以汽化热的形式被带走，降低溶液温度，实际上是同时用蒸发和冷却方法使溶液达到过饱和。这种方法适用于属于中等溶解度的盐类，如硫酸铵、氯化钾等。

④ 喷雾结晶 即喷雾干燥。将高度浓缩的悬浮液或膏糊状物料通过喷雾器，使其成为雾状的微滴，在设备内通以热风使其中的溶剂迅速蒸发，从而得到粉末状或粒状的产品。这一过程实际上把蒸发、结晶、干燥、分离等操作融为一体。适用于热敏性物质的生产，已广泛用于食品、医药、染料、化肥、合成洗涤剂等方面。

⑤ 盐析结晶 将某种盐类加入溶液中，使原有溶质的溶解度减小而造成过饱和的方法称为盐析结晶。例如联合制碱生产中加入氯化钠使氯化铵析出，就是这一方法的典型代表。

⑥ 升华结晶 将升华之后的气态物质冷凝以得到结晶的固体产品的方法。适用于含量要求较高的产品，如碘、萘、蒽醌、氯化铁、水杨酸等都是通过这一方法生产的。

11.4.2 常用结晶设备

根据结晶方法，可将常用的结晶器分为四大类：冷却型结晶器、蒸发型结晶器、真空蒸发冷却结晶器和盐析结晶器。

(1) 冷却型结晶器

这类结晶器目前常用的有下列几种。

① 桶管式结晶器 此种类型的结晶器相当于一个夹套式换热器，如图 11-4 所示。其中装有锚式或框式搅拌器，有些结晶器在夹套冷却的内壁装有毛刷，可起到搅拌及减缓结垢速度的作用。结晶器的操作可连续，可间歇，也可以将几个设备串联使用。这种设备结构简单，制造容易，但传热系数不高，晶体易在器壁积结。

② 夹套螺旋带式结晶器 如图 11-5 所示。它是一个长的半筒

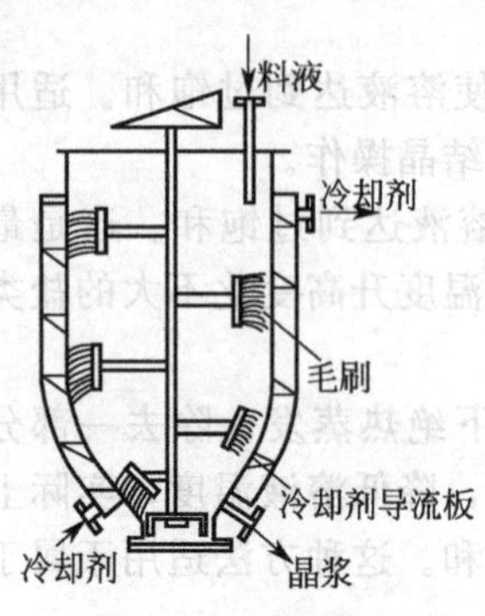

图 11-4　桶管式结晶器

形容器，其中装有一个长螺距的带式搅拌器，外部装有夹套冷却器。溶液从一端进入，从另一端流出，溶液在流动中被降温，实现过饱和而析出晶体。此类型结晶器使用很早，无法控制过饱和度，受到冷却面积的限制而无法大型化，机械传动部分结构烦琐，设备费用高，但对一些高黏度、高塑性、高固液比的特殊结晶十分有效，如石油化工中高分子树脂和石蜡等的处理以及一些老的糖厂的糖膏处理等。

③ 循环冷却结晶器　此类结晶器的基本结构见图 11-6。循环冷却结晶器连续操作，浓溶液经过反复循环，在器内某处形成过饱和溶液；当循环至另一处时，则进行结晶而消除过饱和，使晶体长大；符合粒度要求的晶体，从结晶器底部出口管排出；未达到所需粒度的晶体继续循环，使其成长至所需粒度再排出。这样，可控制结晶成长，使其大小均匀。

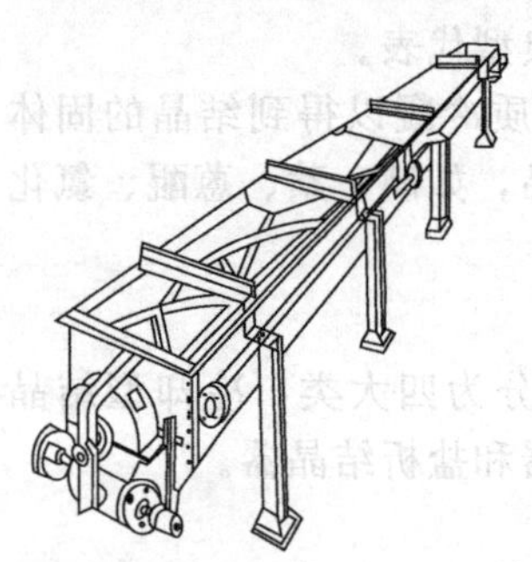
图 11-5　夹套螺旋带式结晶器

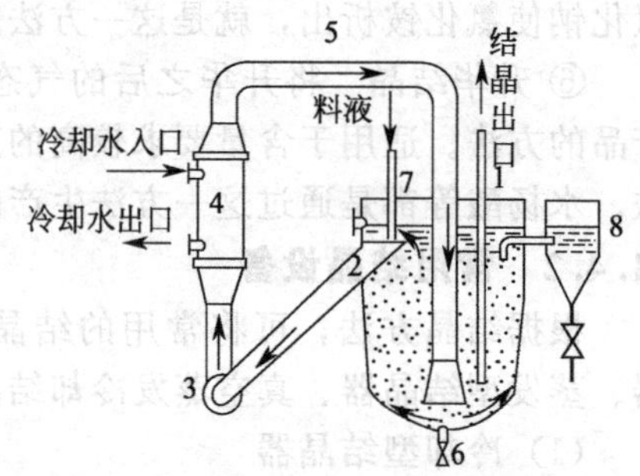

图 11-6　循环冷却结晶器

1—结晶器；2—循环管；3—循环用泵；4—冷却器；5—中心管；6—底阀；7—进料管；8—细晶消灭器

(2) 蒸发结晶器

通过蒸发使溶液浓缩而结晶是一种古老的方法，例如，在沿海地区，将海水引入盐田中析出盐粒的操作，即为一种自然蒸发结晶，盐田即是一种最简单的结晶槽。把溶液加热到沸点，使之蒸发浓缩而结晶所用的蒸发结晶器与一般的溶液浓缩所用蒸发器在原理、设备结构及操作上并无不同，但一般的蒸发器对晶体的粒度不能有效地加以控制，在需要严格控制晶体粒度时，则要在蒸发器中浓缩至略低于饱和浓度，然后移送至有较充分的粒度分级作用的结晶器，以完成结晶过程。

自然蒸发结晶槽是一敞槽式设备，为结晶器中最简单的一种。槽中的溶液表面溶剂部分汽化，溶液冷却并缓慢浓缩而达到过饱和。在这种结晶槽中，通常不进行搅拌，不加入晶种，也不控制晶核形成速率和晶体成长速率，故所得的晶体较大而粒度参差不齐，易形成晶簇。结晶槽的操作是分批进行的，操作周期长，生产能力低，体力劳动强度大，此外，操作过程受气候的影响较大。但结晶槽结构简单，造价低廉，一般在处理物料量较小、对结构产品的纯度和粒度要求不高时使用。

蒸发结晶器也常在减压下操作，其操作真空度不是很高，可称之为减压蒸发结晶器。采用减压的目的在于增大传热温差，利用低能阶的热能，并组成多效蒸发装置。

蒸发结晶器的一个重要用途是用于 NaCl 的生产，它们一般具有较大的生产规模，效数多采用四效或五效，年产量可达百万吨，结晶器蒸气分离室的直径可达 8m。

(3) 循环真空蒸发结晶器

它的基本结构与前面介绍的循环冷却结晶器相似，如图 11-7 所示，只是以加热器代替了冷却器。在加热器与结晶器之间增加一个蒸发室，其蒸气出口与真空设备连接。在这种结晶器中，溶液的过饱和度是靠溶剂的绝热蒸发和溶液的冷却两个作用造成的，其粒析作用与循环冷却结晶器相同。

这种结晶器是连续操作的，正常运行时，蒸发室维持一定的真空度，使室内溶液的沸点低于回流管内溶液的温度；溶液进入蒸发室即闪急绝热蒸发，同时温度下降，使溶液迅速进入介稳区，在结晶器内析出晶体。

上述这种结晶器的加热内管内壁易发生晶体积结，且使传热系数下降。图 11-8 所示的结晶器避免了这个缺点。它的结构特点是，结晶室与蒸发室连为一体，室内有一个导流筒，筒内装有螺旋桨式搅拌器，它推动带有细小晶体的饱和溶液在筒内由下而上流向蒸发室液面，在筒外向下循环流动。

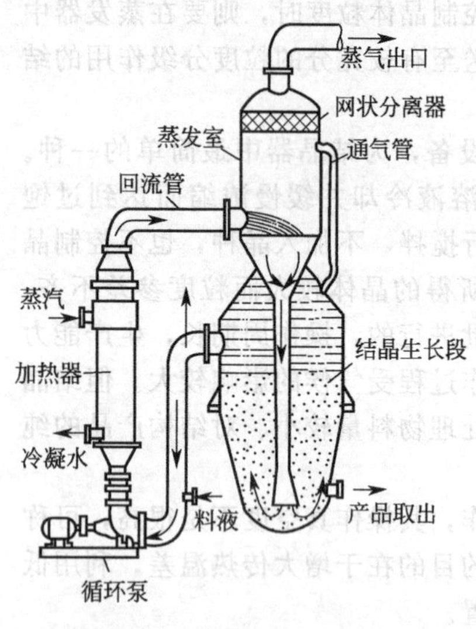

图 11-7 循环真空蒸发结晶器

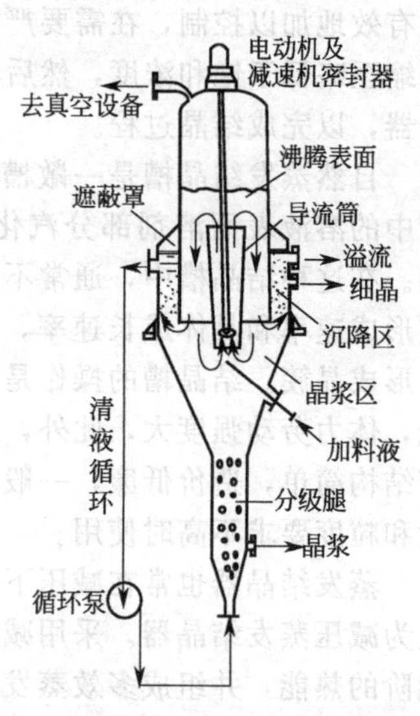

图 11-8 双循环真空蒸发结晶器

在正常运转时，系统处于真空状态，连续加入的饱和溶液，在套筒内与带细小晶体的循环溶液混合至液面产生闪蒸而造成轻度过饱和度，然后沿着套筒外侧下降，同时释放其过饱和度，使晶体得以长大。在套筒底部，这些晶浆一部分再与料液混合，继续作室内循环；另一部分进入沉降区，其中的悬浮液由该区中部流出，清液沿外循环管流经分级腿，形成器外循环。长大到一定大小的晶体沉降至分级腿内，受向上流动的循环溶液淘洗分级。

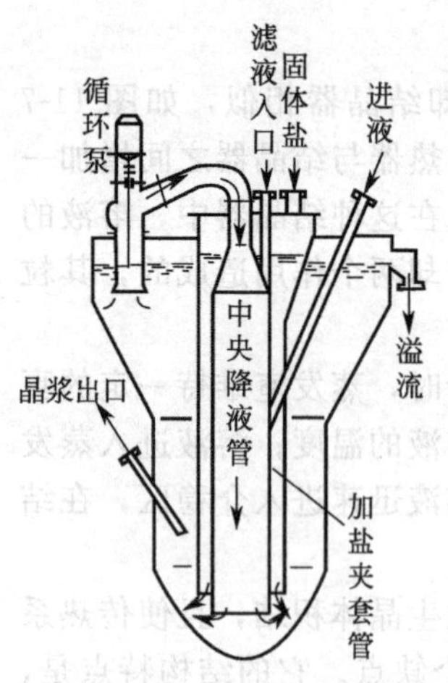

图 11-9 盐析结晶器

这种结晶器的主要优点是：无加热器器壁晶体积结问题，过饱和度的产生与消失在一个容器内完成，结晶能较快地成长，因而产率大；具有单独的分级腿，分级作用更好。其主要缺点是：搅拌对晶体有破碎作用；操作在真空下进行，结构比较复杂等。

（4）盐析结晶器

图11-9所示为联碱生产用的盐析结晶器。它的溶液循环、晶粒分级的工作原理与循环冷却结晶器相似。操作时，原料液与循环液混合，从中央降液管下端流出；与此同时，从套筒中不断地加入食盐使 NH_4Cl 溶解度减小，形成一定的过饱和度并析出晶体。

在盐析结晶操作中，加入盐量的多少是影响产品质量的主要因素。

一、判断题

（　）1. 结晶是使溶液中的固体溶质成为晶体而析出，达到溶质与溶剂分离的单元操作。

（　）2. 当溶液处于饱和状态时，溶解与结晶过程停止。

（　）3. 结晶只能在饱和溶液中进行。

（　）4. 所有的饱和溶液在冷却后都能自发地把多余的溶质结晶分离出来。

（　）5. 过饱和溶液的性质不稳定，轻微振动，多余的溶质就会以晶体的形式析出。

（　）6. 结晶操作过程中，晶核的生成和晶体的成长阶段通常是同时进行的。

（　）7. 生产中希望晶核的生成速率越大越好。

（　）8. 结晶操作中，应在溶液进入介稳区内适当温度时加入晶种。

（　）9. 饱和溶液进入介稳区能自发析出晶体。

（　）10. 晶体成长过程是溶质的扩散过程和表面反应过程串联的联合过程。

二、选择题

1. 溶解度曲线下方区域的各点，表示在某一温度时溶液里溶质的质量（　　）此温度下的溶解度，还能继续溶解更多的溶质，这种溶液叫做不饱和溶液。

A. 大于　B. 等于　C. 小于

2. 晶体析出是以（　）为推动力进行的。

A. 温度　B. 过饱和度　C. 湿度

3. 通常，结晶操作都在（　）内进行。

A. 稳定区　B. 介稳区　C. 不稳区

4. 结晶操作中，成核速率随溶液过饱和度的增大而（　　）。

A. 增大　B. 减小　C. 不变

5. 通常，晶体成长速率随溶液的过饱和度或过冷度的增加而（　　）。

A. 增大　B. 减小　C. 不变

6. 结晶过程中使用冷却法适用于（　　）的物质。

A. 溶解度随温度升高而下降

B. 溶解度随温度升高而升高

C. 热敏性较强

7. 在饱和溶液中加入晶种，可以（　）。

A. 减少晶核形成　B. 加速晶种增大

C. 提高晶核形成速率

8. 在结晶过程中搅拌溶液，可以（　　）。

A. 减少晶簇的生成　B. 减少结晶量　C. 增加结晶量

9. 若结晶过程中晶核的形成速度远大于晶体的成长速度，则产品中晶体的形态及数量（　）。

A. 大而多　B. 大而少　C. 小而多

10.（　　）是决定晶体产品粒度分布的首要因素。

A. 过饱和溶液的形成　B. 晶体的成核速率

C. 晶体的成长速率

11. 微观粒子的规则排列可以按不同方向发展，即各晶面以不同的速率生长，从而形成不同外形的晶体，这种习性以及最终形成的晶体外形称为（　　）。

A. 晶格　B. 晶系　C. 晶习

12. 下列哪种分离混合物的方法得到的产品纯度最高？（　）

A. 萃取　B. 蒸馏　C. 结晶

三、填空题

1. 当溶解速度与结晶速度相等时，两者达成动态的平衡，这时的溶液叫做________________。

2. 物质溶解性的大小可用____________来表示。在一定条件下，某种物质在水（或其他溶剂）里达到________状态时所溶解的数量，叫做这种物质的溶解度。

3. 一种物质在一定溶剂中的溶解度主要随________而变化。绘制出________与________的变化关系曲线，即为溶解度曲线。

4. 溶解度曲线上各点，表示溶液里溶质的量达到了对应温度下的________，这种溶液不能再溶解更多的溶质，是________。

5. 常以________的浓度与同温度的________的浓度差表示过饱和度。

6. 过饱和曲线与溶解度曲线把平面图形分成三个区域，即________、________、________，通常，结晶操作都在________进行。

7. 晶体从溶液中析出一般可分为三个阶段：________、________和________。

8. 晶种的作用主要是用来________________，以得到较大而均匀的结晶产品。

9. 根据结晶方法，可将常用的结晶器分为四大类：________、________、________和________。

10. 使用循环冷却结晶器时，晶体产品的粒度大小可通过改变________和________进行调节。

11. 将海水引入盐田中析出盐粒的操作属于________________结晶过程。

12. ________________是决定晶体产品粒度分布的首要动力学因素。

13. 晶体成长过程是________和________的联合过程，其中________是晶体成长速率的控制步骤。

14. 将某种盐类加入溶液中，使原有溶质的溶解度减小而造成过饱和的方法称为________。

15. 构成晶体的微观粒子（分子、原子或离子）按一定的集合规则排列，由此形成的最小单元称为________。

四、简答题

1. 结晶操作有哪些特点？

2. 工业上常用的结晶方法有几种？各适用于什么场合？

3. 结晶的操作有哪些主要的影响因素？

4. 结晶的操作有哪些基本控制方法？

5. 晶体的成核速率和晶体的成长速率对结晶产品的质量有哪些影响？

6. 常用的结晶设备有哪些类型？各有什么优缺点？

五、计算题

1. 每小时含 600kg 水和 200kg 硫酸铜的溶液进入结晶器，使此溶液冷却到 283K，这时溶液的溶解度为 17.4kg，结晶产品为五水硫酸铜（$CuSO_4 \cdot 5H_2O$）。假设冷却过程中有 2.5% 的水分蒸发，计算结晶产量。

2. 某厂利用冷却式结晶器生产 $K_2CO_3 \cdot 2H_2O$ 的结晶产品，原料液的温度为 350K，浓度（质量分数）为 60%，处理量为 1000kg/h，母液的温度为 308K，浓度（质量分数）为 53%。结晶过程中水分的汽化量忽略不计，试求结晶产量。

第12章

膜分离技术

本章培训目标

1. 了解膜分离技术的特点及应用情况。

2. 熟知常用的膜分离方法，了解终端过滤和错流过滤的操作方式。

3. 了解膜和膜组件的类型。

4. 了解主要膜分离过程的基本原理和实际应用。

5. 了解膜分离过程中存在的问题及防治措施。

分离操作在化工、石油、医药、食品、生化等诸多领域都非常重要，对分离技术的要求愈来愈高。为了适应这些要求，除了对常规分离过程加以改进和强化外，还不断开发新的分离方法。膜分离技术是20世纪60～70年代发展起来的一种新的分离方法。与传统的分离单元操作相比，膜分离具有能耗低、占地少、无污染等优点，目前已广泛应用于海水淡化、纯水生产、环保、医药、生物、化工、食品等领域。随着膜技术的不断发展，膜分离已成为目前分离、纯化混合物的最重要方法之一，前景备受关注，将成为21世纪发展最快的高新技术产业之一。

12.1 概述

膜分离是以对组分具有选择性透过功能的膜为分离介质，通过在膜两侧施加（或存在）一种或多种推动力，使原料中的某组分选择性地优先透过膜，从而达到混合物的分离，并实现产物的提取、浓缩、纯化等目的的一种新型分离过程。其推动力可以为压力差(也称跨膜压差)、浓度差、电位差、温度差等。

12.1.1 膜分离技术的特点及应用

与传统的分离技术如蒸馏、吸附、吸收、萃取、深冷分离等相比，膜分离技术具有以下特点。

① 膜分离是以分子级别进行的，分离效率高。

② 膜分离过程在常温下进行，特别适用于热敏性物质，如果汁、酶或药品等的分离和浓缩。

③ 膜分离过程中不发生相变，是单纯的物理变化，能耗低，运行成本低，并且无二次污染。

④ 分离装置简单，结构紧凑，设备体积小，易于操作控制和实现自动化运行。

⑤ 膜分离过程兼有分离、浓缩、纯化和精制的功能，可降低成本、简化操作。

因此，膜分离过程是一个高效、环保的分离过程。它是多学科交叉的高新技术，在物理、化学和生物性质上可呈现出各种各样的特性，具有较多的优势，在能源紧张、资源短缺、生态环境不断恶化的今天，其应用日趋广阔并取得了显著的经济效益，现已得到世界各国的普遍重视。

一般地说，膜分离技术适合于下列混合物的分离。

① 化学或物理性质相似的组分。

② 结构或位置不同的同分异构体的混合物。

③ 热敏性组分的混合物。

④ 大分子物质、生物物质、酶制剂等。

膜分离技术还可以和常规的分离方法结合起来使用。例如，用膜分离单元来改变或消除共沸混合物的共沸点，然后用蒸馏或萃取作进一步的分离，可以比单独应用膜分离将混合物中的组分从进料浓缩到所要求的产品更为经济。

膜分离技术在近20年发展很迅速。目前，膜分离技术已广泛用于以下领域。

① 水处理领域——海水淡化、苦咸水脱盐、超纯水的制取。

② 医药工业——人工脏器如人工肾、人工肺、人工肝的制造以及药剂浓缩、提纯等。

③ 食品工业——如果汁、肉汁等的浓缩、饮料的灭菌和澄清、从家畜等动物的血液中提取蛋白质等。

④ 石油化学工业——从天然气中回收氦、合成氨厂尾气回收氢、石油伴生气中二氧化碳的回收、轻烃气体中脱除 H_2S，有机化合物的分离等。

⑤ 环境保护——废水中有用物质的回收，如电镀废水、印染废水、石油化工废水、食品及制药工业废水以及城市生活废水和放射性废水的处理等。

12.1.2 膜分离过程操作方式

膜分离过程有两种过滤方式：终端过滤和错流过滤，如图12-1所示。

终端过滤是以压力作为推动力，进料流体的流动方向与过滤膜的表面垂直，并且透过液通过过滤膜的方向与进料流体一致。而流体中的污染物将会附着在过滤膜表面，所以过滤组件，如膜过滤芯，要频繁更换，使用周期较短，而且大部分过滤芯不能通过清洗再生使用。

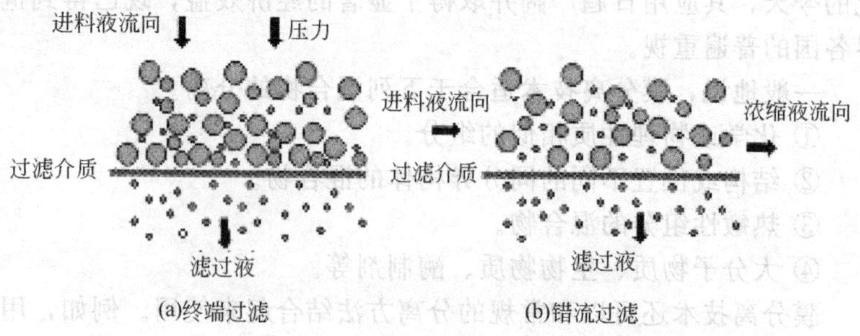

图 12-1 终端过滤和错流过滤示意

错流过滤是渗透液通过过滤介质的方向垂直于进料的方向，而进料流体的流动方向与过滤介质的表面平行，进料以一定的流速冲刷膜表面，从而有效地控制膜污染，使过滤过程得以连续进行，膜组件的使用寿命比较长。

选择采用终端过滤还是错流过滤，主要根据流体中固形物的含量多少来确定。在固形物的含量小于 0.1%时，才选用终端过滤，如果固形物含量大于 0.5%，则基本采用错流过滤。

12.1.3 常用的膜分离方法

工业上应用的膜分离过程有如下几种类型。

① 微滤 根据筛分原理，以压差为推动力，用孔径为 0.1～1μm 的多孔膜来过滤含有微粒或菌体的溶液，将其从溶液中除去的过程。微滤应用领域极其广阔，目前微滤膜的销售额在各类膜中占据首位。

② 超滤 用孔径不大于 0.1μm 的超过滤膜来过滤含有大分子或微细粒子的溶液，使大分子或微细粒子从溶液中分离出来的过程，称为超滤。超滤用于从水溶液中分离高分子化合物和微细粒子，采用具有适当孔径的超过滤膜，可以用超滤进行不同分子量和形状的大分子物质的分离。

③ 纳滤 介于超滤与反渗透之间为纳滤过程，是根据吸附扩散原理，以压差为推动力，截流小分子物质的膜分离过程。

④ 反渗透 利用反渗透膜具有的选择性地只能透过溶剂（通常是水）的性能，对溶液施加压力，克服溶剂的渗透压，使溶剂通

表 12-1　几种工业化膜分离过程的基本特征

过　程	简　图	膜类型	推动力	传递机理	透过物	截留物
1. 微滤	进料　滤液(水)	均相膜、非对称膜	压力差（约 0.1MPa）	筛分	水、溶剂、溶解物	悬浮物微粒、细菌
2. 超滤	进料　浓缩液　滤液	非对称膜、复合膜	压力差(0.1～10MPa)	微孔筛分	溶剂、离子及小分子	生物大分子
3. 反渗透	进料　溶质(盐)　溶剂(水)	非对称膜、复合膜	压力差(0.1～10MPa)	优先吸附毛细孔流动	水	溶剂、溶质大分子、离子
4. 渗析	进料　净化液　扩散液　接受液	非对称膜、离子交换膜	浓度差	扩散	低相对分子质量溶质、离子	溶剂（相对分子质量＞1000）
5. 电渗析	浓电解质　产品(溶剂)　+极　−极　阴离子交换膜　进料　阳离子交换膜	离子交换膜	电位差	反离子迁移	离子	同名离子、大分子、水
6. 气体分离	进气　渗余气　渗透气	均相膜、复合膜、非对称膜	压力差(0.1～10MPa)、浓度差	筛分溶解-扩散	气体或蒸气	难渗气体或蒸气

过反渗透膜而从溶液中分离出来的过程。反渗透常用于从水溶液中将水分离出来，海水和苦咸水的淡化是其最主要的应用。

微滤、超滤、纳滤与反渗透都是以压力差为推动力的膜分离过程，这些膜过程的装置、流程设计都相对较成熟，已有工业规模的应用。

⑤ 渗析（透析） 是最早被发现的膜现象，利用膜两侧的浓度差使小分子溶质通过膜而大分子被截流的过程。临床上主要用于"人工肾"进行血液透析；生物分离中主要用于实验室中大分子物质的脱盐。

⑥ 电渗析 在电场力推动下，水溶液中的反离子定向迁移并通过膜，达到去除水中荷电离子的一种膜过程，所采用的膜为荷电的离子交换膜。目前，它主要用于从水溶液中除去电解质（如海水的淡化）、电解质与非电解质的分离和膜电解等。

⑦ 气体膜分离 它是利用气体中各组分在膜内溶解和扩散性能的不同，即渗透速率的不同以实现气体组分分离的过程。目前，高分子气体分离膜已用于空气中氧与氮的分离、合成氨厂的氮、氢分离以及天然气中的二氧化碳、甲烷分离等。

表 12-1 列举了几种膜分离过程的基本特征。

12.2 膜和膜组件

12.2.1 膜及膜材料

膜在自然界中广泛存在。如果在一个流体相内或两个流体相之间有一薄层凝聚相物质把流体分隔成两部分，则这一薄层物质就是膜。广泛的意义上说，每种膜都是一类过滤单元，与通常的过滤分离过程一样，要求膜具有选择性，被分离的混合物中至少有一种组分可以通过膜，而其他的组分则不同程度地受到阻滞。

膜的种类较多，目前大致可以按以下几方面加以分类。

① 根据膜的孔径大小，可以把膜分为微滤膜、超滤膜、纳滤膜、反渗透膜等。各种膜对物质的截留范围大致如图 12-2。

② 从材料来源上，可以把膜分为天然膜和合成膜；合成膜又分为无机材料（金属和玻璃等）膜和有机高分子膜。目前，用于工

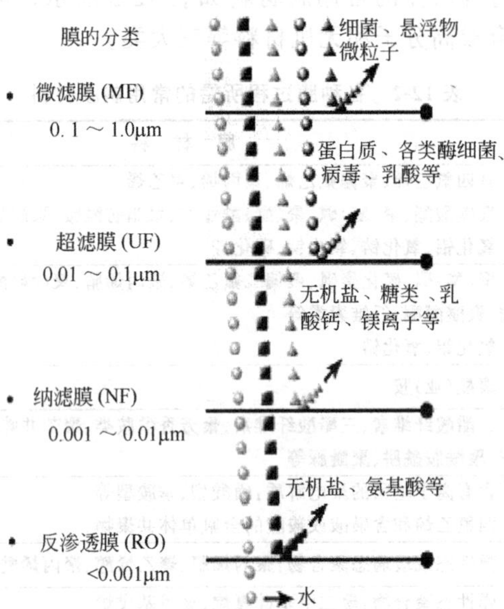

图 12-2　微滤膜、超滤膜、纳滤膜、反渗透膜对物质的截留范围

业分离的膜主要是合成高分子材料制成的膜。

③ 根据膜体结构，固体膜可分为致密膜和多孔膜。多孔膜又可分为微孔膜和大孔膜。液体膜的结构与固体膜完全不同。

④ 按膜断面的物理形态，固体膜又可分为对称膜、非对称膜和复合膜。对称膜是指沿膜的厚度方向结构均匀、同性，可以是多孔的，也可以是致密的。非对称膜具有极薄的表面活性层（或致密层）和其下部的多孔支撑层。复合膜通常是用两种不同的膜材料分别制成表面活性层和多孔支撑层。

⑤ 根据膜的功能，分为离子交换膜、渗析膜、超滤膜、反渗透膜和气体渗透膜等。根据膜对水的亲和性，又有亲水膜、疏水膜（也叫亲油膜）之分。其中只有离子交换膜是荷电膜，其余的都是非荷电膜。

⑥ 根据固体膜的形状，可分为平板膜、管式膜、中空纤维膜等。

各种膜过程所需的常用膜材料如表 12-2 所示，可分为天然高分子、有机合成高分子和无机材料等三大类。

表 12-2　各种膜过程所需的常用制膜材料

膜过程	膜　材　料
微滤	聚四氟乙烯、聚偏氟乙烯、聚丙烯、聚乙烯 聚碳酸酯、聚(醚)砜、聚(醚)酰亚胺、聚脂肪酰胺、聚醚醚酮等 氧化铝、氧化锆、氧化钛、碳化硅
超滤	聚(醚)砜、磺化聚砜、聚偏二氟乙烯、聚丙烯腈、聚(醚)酰亚胺、聚脂肪酰胺、聚醚醚酮、纤维素类等 氧化铝、氧化锆
纳滤	聚酰(亚)胺
反渗透	二醋酸纤维素、三醋酸纤维素、聚芳香酰胺类、聚苯并咪唑(酮)聚酰(亚)胺、聚酰胺酰肼、聚醚脲等
电渗析 膜电解	含有离子基团的聚电解质:磺酸型、季胺型等 四氟乙烯和含磺酸或羧酸的全氟单体共聚物
渗透汽化	弹性态或玻璃态聚合物:聚丙烯腈、聚乙烯醇、聚丙烯酰胺
气体分离	弹性态聚合物:聚二甲基硅氧烷、聚甲基戊烯 玻璃态聚合物:聚酰亚胺、聚砜
膜接触器	疏水聚合物:聚四氟乙烯、聚丙烯、聚乙烯、聚偏氟乙烯
透析	亲水聚合物:再生纤维素、醋酸纤维素、乙烯-乙烯醇共聚物、乙烯-醋酸乙烯酯共聚物

12.2.2　膜分离组件

目前，工业生产中所应用的膜组件主要有板框式、卷式、管式、中空纤维式等类型。

(1) 板框式膜组件

如图 12-3 所示。这类膜组件使用平板式膜，其结构与板框压滤机类似，由导流板、膜、支撑板交替重叠组成。图 12-4 是一种板框式膜组件示意。其中支撑板相当于过滤板，它的两侧表面有窄缝，其内腔有供透过液通过的通道。支撑板的表面与膜相贴，对膜起支撑作用。导流板起料液的导流作用。右隔板上的沟槽用作料液流道，支撑板上的联通多孔可作为透过液的通道。

板框式膜设备的优点是组装方便，膜的清洗更换容易；料液流通截面较大，不易堵塞，同一设备可视生产需要而组装不同数量的

图 12-3　板框式膜组件实物

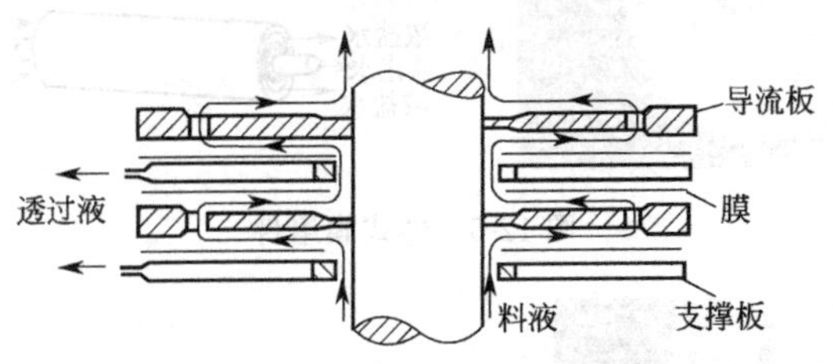

图 12-4　板框式膜组件

膜。缺点是对密封要求高，结构不紧凑。

（2）卷式膜组件

也是用平板膜制成的，其结构与螺旋板式换热器类似，如图12-5所示。支撑材料插入三边密封的信封状膜袋，袋口与中心集水管相接，然后衬上起导流作用的料液隔网，两者一起在中心管外缠绕成筒，装入耐压的圆筒中构成膜器。使用时料液沿隔网流动，与膜接触，透过膜的透过液，沿膜袋内的多孔支撑流向中心管，然后由中心管导出。

目前卷式膜器应用比较广泛。与板框式相比，卷式膜组件的设备比较紧凑，单位体积内的膜面积大，透水量大，设备费用低。其缺点是清洗不方便，膜有损坏时不易更换，易堵塞。近年来，制备技术的发展克服了这一困难，因此卷式膜组件的应用将更为扩大。

（3）管式膜组件

管式膜组件由管式膜制成，它的结构原理与管式换热器类似，管内和管外分别走料液与透过液，如图 12-6 所示。管状膜的排列形式有单管式和管束式等。管状膜分为外压式和内压式两种。外压式为膜在支撑管的外侧，因有外压，管需有耐高压的外壳，应用较少；膜在管内侧的则为内压管状膜。亦有内、外压结合的套管式管状膜组件。

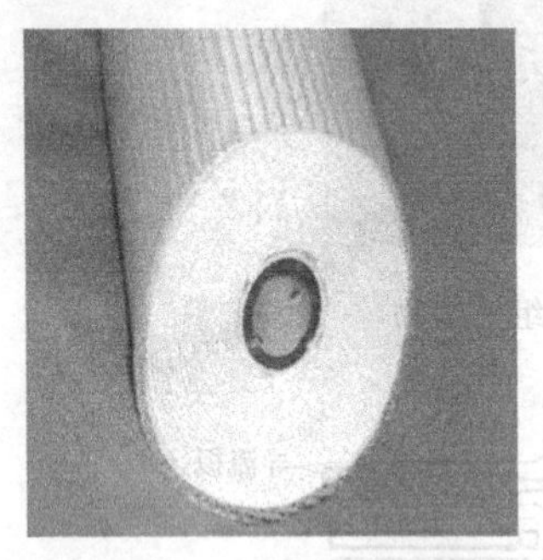

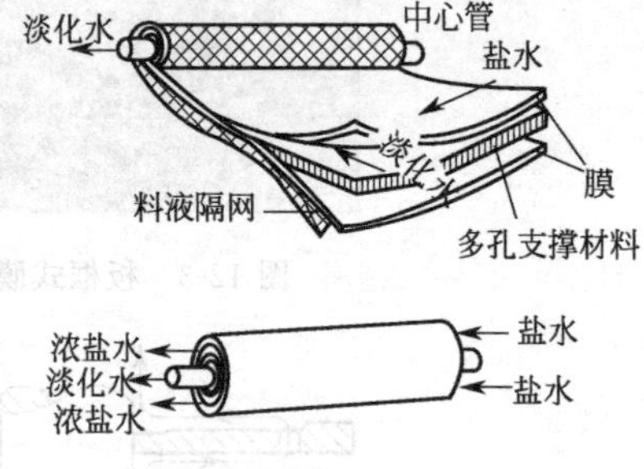

图 12-5　卷式膜组件

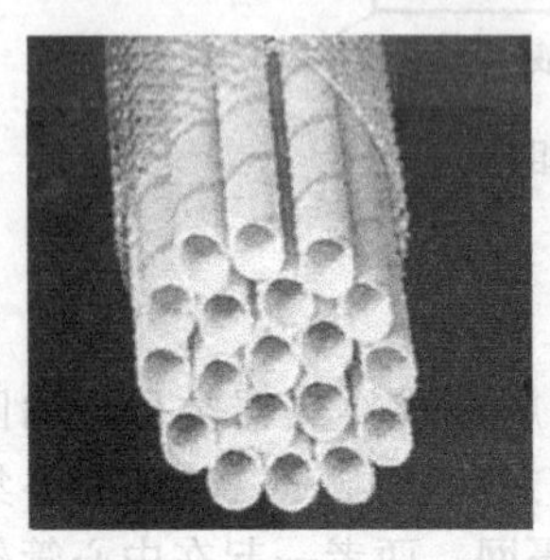

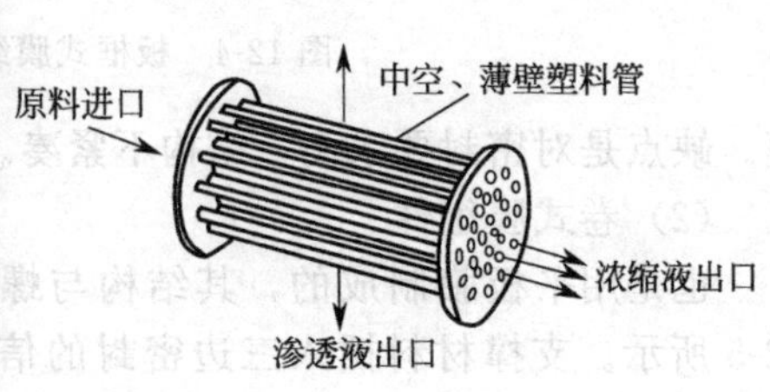

图 12-6　管式膜组件

管式膜组件的缺点是单位体积的膜面积少，一般仅为 33～330m^2/m^3。

(4) 中空纤维膜组件

其结构与管式膜类似，即是将管状膜用中空纤维膜代替，如图 12-7 所示。其结构与列管式换热器类似。它由很多根（几十万至几百万根）中空纤维组成，以进料中心管为中心组成管束，装在一外壳中，进料管一端伸出壳外。料液进入中心管，并经中心管上下孔均匀地流入管内，透过液沿纤维管内从左端流出，浓缩液从中空

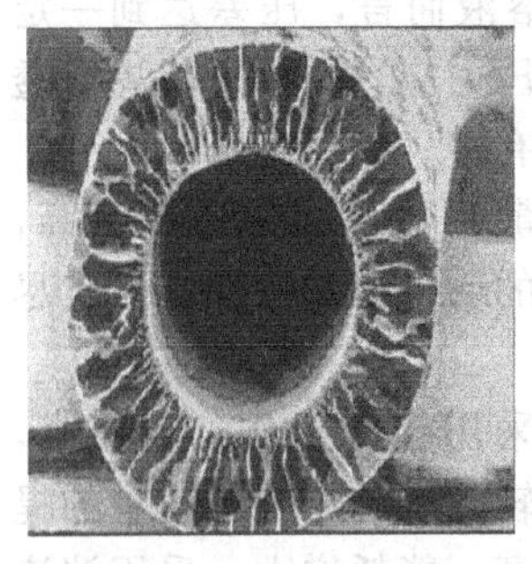

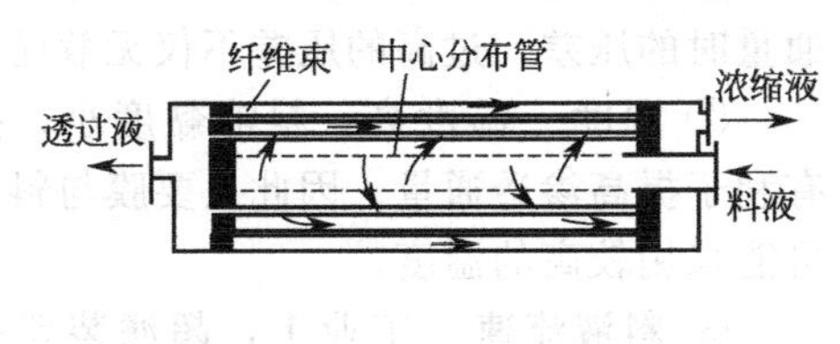

图 12-7 中空纤维膜组件

纤维间隙流出后，沿纤维束与外壳间的环隙从右端流出。

这类膜设备的特点是设备紧凑，单位体积设备的膜面积大（高达 16000～30000m^2/m^3）。因中空纤维内径小，阻力大，易堵塞，不易清洗。所以，料液走管间，透过液走管内，对原料液的预处理要求高，换膜费用也高。

12.3 膜分离过程的应用

12.3.1 超滤和微滤

(1) 过程机理

超过滤（简称超滤）和微孔过滤（简称微滤）都是以压力差为推动力的膜分离过程。两者的机理都是膜孔对溶液中的悬浮微粒的筛分作用。在介质压力作用下，小于膜孔径的微粒随溶剂一起透过膜上的微孔，大于膜孔径的微粒被截留。决定膜分离效果的因素主要是膜的物理结构、孔的形状和大小，超滤分离还受膜的物化性能的影响。被截留的微粒不形成滤饼，仍以溶质形式保留在滤余液中。

(2) 超滤和微滤过程的操作

一般而言，超滤和微滤的膜孔堵塞问题十分严重，往往需要高压反冲技术予以再生。超滤过程膜通量较高，因此很容易在膜面形成凝胶层，此后膜通量将不再随压差增加而升高。影响渗透通量的因素如下。

① 操作压差　对于一定浓度的某种溶液而言，压差达到一定值后渗透通量达到临界值，所以实际操作压力应选在接近临界渗透通量时的压差，过高的压差不仅无益而且有害。

② 温度　温度高，料液黏度小，扩散系数大，传质系数高，有利于提高渗透通量。因此只要膜与料液的物化稳定性允许，应尽可能采用较高的温度。

③ 料液流速　工业上，超滤装置多采用错流操作。流速高，边界层厚度小，传质系数大，浓差极化减轻，有利于渗透通量的提高。但流速增加，料液通过膜器的压降增高，能耗增大。采用湍流促进器、脉冲流动等可以在能耗增加较少的条件下使传质系数得到较大提高。

④ 料液浓度　浓度增加，黏度增大，浓度边界层增厚，易形成凝胶，这些均将导致渗透通量的降低。因此，对不同体系均有其允许的最大浓度。

(3) 超滤和微滤的应用

① 超滤的应用　超滤技术广泛用于微粒的脱除，包括细菌、病毒、灰尘和其他异物的除去，已经获得广泛的应用，并在快速发展着。在水处理领域中，用于制取电子工业的超纯水和医药工业中的注射剂、眼药水等的无菌纯净水，各种工业用水的净化以及饮用水的净化等。在食品工业中，用于乳制品、果汁、酒、调味品等产品的加工。在医药和生物化工生产中，利用超滤技术对热敏性物质进行分离提纯。在废水处理领域，超滤技术用于电镀过程淋洗水的处理是成功的例子之一。目前国内外大多数汽车工厂均使用此法处理电渡淋洗水。此外，还用于纺织工业、造纸工业中的废水处理等。

② 微滤的应用　微滤主要用于除去溶液中大于0.05μm左右的超细粒子，其应用十分广泛，在目前膜过程商业销售额中占首位。在水的精制过程中，微滤技术可以除去细菌和固体杂质，用于医药、饮料用水的生产。微滤技术在药物除菌、生物检测等领域也有广泛的应用。

12.3.2 反渗透

(1) 反渗透机理

反渗透是利用反渗透膜选择性地只透过溶剂（通常是水）的性

质，对溶液施加压力，克服溶剂的渗透压，使溶剂从溶液中透过反渗透膜而分离出来的过程。如图12-8所示，当淡水与盐水用一张能透过水的半透膜隔开时，水透过膜从淡水侧向盐水侧渗透，过程的推动力是淡水和盐水的化学位之差，此时膜两侧的压力差称为渗透压。随着水的不断渗透，盐水侧水位升高。当升高到盐水侧压力 p_2 与淡水侧压力 p_1 之差等于渗透压时，渗透过程达到动态平衡，宏观渗透量为零。如果在盐水侧加压，使盐水侧与淡水侧压差（p_2-p_1）大于渗透压，则盐水中的水将通过半透膜流向淡水侧，这种在压力作用下使渗透现象逆转的过程就是反渗透。因为溶质不能透过半透膜，所以反渗透过程将使右侧盐水失去水而增浓。

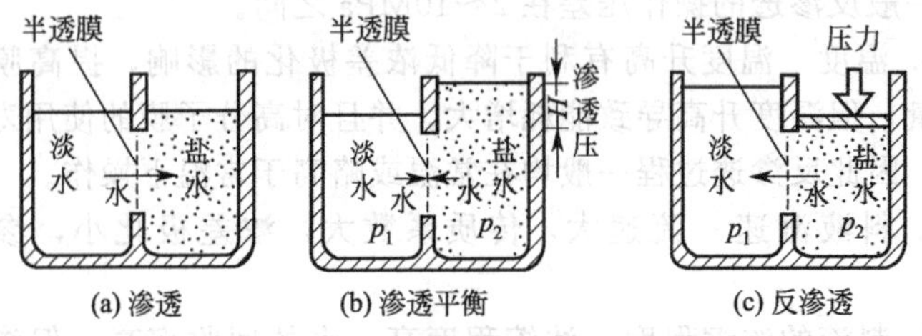

图12-8　渗透、渗透平衡及反渗透

为了进行反渗透过程，在膜两侧施加的压差必须大于膜两侧溶液的渗透压差。原料液中溶质浓度愈高，渗透压愈大，反渗透过程实际操作压力就愈高。一般反渗透过程的操作压差为2～10MPa。过程使用非对称性膜与复合膜。

(2) 反渗透过程的操作

反渗透是研究较早、技术上比较成熟、应用也比较广泛的分离过程。影响反渗透过程的分离效率、能耗的因素，除膜本身质量外，还有过程的浓差极化、操作条件和工艺流程等。

① 浓差极化　在反渗透过程中，大部分溶质被截留，溶质在膜表面附近积累，因此从料液主体到膜表面建立起有浓度梯度的浓度边界层，溶质在膜表面的浓度高于它在料液主体中的浓度，这种现象称为浓差极化。

浓差极化现象的存在会给反渗透带来不利的影响。由于浓差极化使膜表面处的溶液浓度升高，导致溶液的渗透压升高，因此反渗透操作压力亦必须相应升高，同时膜的传质阻力大为增加，膜的渗透通量下降。

减轻浓差极化的有效途径是提高传质系数。采取的措施可以是：提高料液流速；增强料液的湍动程度；提高操作温度；对膜面进行定期清洗；改变膜分离操作方式（由常规过滤变为错流过滤）等。

② 操作条件　反渗透过程的渗透通量主要与以下因素有关。

a. 操作压差　压差愈大，渗透通量愈大，但浓差极化增大，膜表面处溶液渗透压增高，造成推动力不能按相应的比例增大。另一方面，压差增加，能耗增大，并容易产生沉淀。因此必须综合考虑。一般反渗透的操作压差在 2～10MPa 之间。

b. 温度　温度升高有利于降低浓差极化的影响，提高膜的渗透通量，但温度升高导致能耗增大，并且对高分子膜的使用寿命有影响。因此反渗透过程一般均在常温或略高于常温下操作。

c. 料液流速　流速大，传质系数大，浓差极化小，渗透通量大。

d. 料液的浓缩程度　浓缩程度高，水的回收率高。但渗透压高，有效压差小，渗透通量小。料液浓度高还会引起膜污染，导致膜通量下降，这时需对其进行清洗。

e. 膜材料与结构　这是决定膜渗透通量的基本因素。研究性能好的膜材料和制膜工艺是反渗透研究中的一个主要方向。

(3) 反渗透的应用

反渗透膜能截留水中的各种无机离子、胶体物质和大分子溶质，从而取得纯水；也可用于大分子有机物溶液的预浓缩。由于其过程简单，能耗低，所以目前应用范围正在不断扩大。

① 以渗透液为产品　即制取各种品质的水，如海水、苦咸水的淡化以制取生活用水；硬水软化制备锅炉用水；制备初级纯水作为微电子工业所用的高纯水的原料。

② 以浓缩液为产品　在医药、食品工业中用以浓缩料液，如抗生素、维生素、激素、氨基酸等溶液的浓缩，果汁、乳品、菜叶浸液、咖啡浸液的浓缩。与常用的冷冻干燥和蒸发脱水浓缩比较，反渗透法脱水浓缩比较经济，而且产品的香味和营养不受影响。

③ 渗透液和浓缩液都作为产品 处理印染、食品、造纸等工业的污水，使渗透液返回系统、循环使用，浓缩液用于回收或利用其中的有价物质。金属电镀废水的处理是反渗透技术应用的成功实例。

12.3.3 电渗析

电渗析是在直流电场作用下，利用离子交换膜的选择渗透性，产生阴阳离子的定向迁移，达到溶液分离、提纯和浓缩的传递过程。

(1) 电渗析的基本原理

以盐水中NaCl的脱除为例来阐述电渗析过程的机理。

需用阳离子交换膜和阴离子交换膜，简称为阳膜和阴膜，分别以符号C、A表示。阳膜含有带负电荷的酸性活性基因，能选择性地使溶液中的阳离子透过，而溶液中的阴离子不能透过阳膜。与此相仿，阴膜含有带正电荷的碱性活性基因，使阴离子能透过，而阳离子不能透过。如图12-9所示，在正负两电极之间交替地平行放置若干对阳膜和阴膜；阳、阴膜之间用特制隔板隔开，组成交替排列的淡化室和浓缩室。

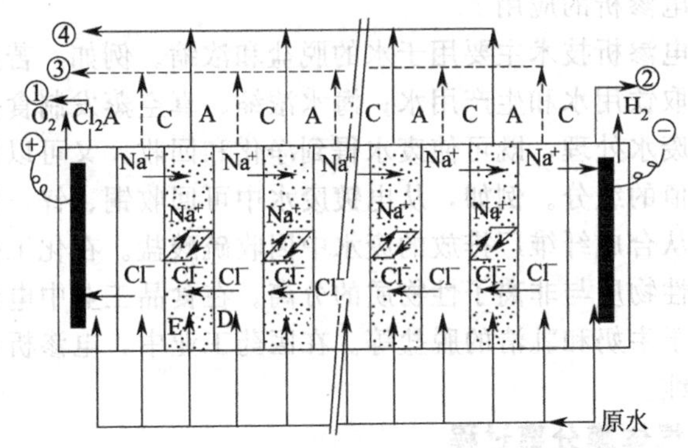

图12-9 电渗析机理

在直流电场作用下，阳离子（Na^+）向阴极方向移动，透过阳膜进入右侧的浓缩室，阴离子（Cl^-）向阳极方向移动，透过阴膜进入左侧的浓缩室，因此淡化室的电解质（NaCl）的浓度逐渐减小，最终被除去。在浓缩室中的阳离子向阴极方向移动，受到阴膜阻挡而留在此浓缩室中；阴离子向阳极方向移动，立即受到阳膜的阻挡也留在浓缩室中，这样，浓缩室中的电解质（NaCl）的浓度逐渐增加而被浓集。将各淡化室互相连通引出即得到淡化水（图中流股③），将各浓缩室互相连通引出即得浓盐水（图中流股④）。电渗析的副产品为 Cl_2、O_2（在阳极室的流股①）和 H_2、NaOH（在阴极室的流股②）。

（2）分离操作及影响因素

电渗析过程的浓差极化现象十分严重。这种浓差极化对电渗析过程产生极为不利的影响，使溶液中易形成沉淀的离子在膜面上产生沉淀，增加了膜电阻，降低了有效面积，使电流效率下降，电耗增加。此外，由于极化时溶液的 pH 变化，造成离子交换膜腐蚀而缩短了使用寿命。

可采用以下措施减轻浓差极化的影响：严格控制操作电流，使其低于极限电流密度；提高溶液在室中的流速；定期清洗沉淀，也可对水进行预处理，除去 Mg^{2+}、Ca^{2+} 等，以防沉淀产生；提高温度以减小溶液的黏度，减薄层流层的厚度，提高扩散系数，减轻浓差极化。

（3）电渗析的应用

目前电渗析技术主要用于水的脱盐和浓缩。例如，苦咸水和海水淡化制取饮用水和生产用水；海水浓缩、真空蒸发制食盐。电渗析法用于废水处理，既可使废水得到净化和回收，又可以回收其中某些有价值的组分。例如，从电镀废水中可回收铜、锌、镍、铬等重金属；从合成纤维厂排放的废水中回收硫酸盐。在化工生产中可用于离子性物质与非离子性物质的分离。在食品工业中电渗析被大规模地用于牛奶和乳清的脱盐等。在医药工业中，电渗析可用于人血浆的提纯。

12.3.4 气体膜分离过程

气体膜分离在膜分离过程中占有重要地位。它能耗低、占地小、投资少、无污染、操作灵活方便、易移动，已成为低温精馏、吸收、变压吸附等气体分离方法的有力竞争者，并显示出巨大的发展潜力和诱人的应用前景。

（1）气体膜分离的机理

气体膜分离是气体混合物在膜两侧分压差的作用下，各组分气体以不同渗透速率透过膜，使混合气体得以分离或浓缩的过程。气体分离膜可以是均质膜、微孔膜、非对称膜或者复合膜。

（2）气体膜分离的主要应用

气体膜分离过程工业化的时间较短，但发展却十分迅速。

① 氢气的回收利用　氢气是重要的化工原料，它主要来源于电解水和合成气。用传统的分离方法回收氢的费用太高，一般都将含氢尾气作为低热值的燃料烧掉，这是一种很大的浪费。利用膜分离方法从合成氨尾气中回收氢，可使氢的回收率达到 95% 以上，带来了巨大的经济效益。

② 从空气中制取富氮气体和富氧气体　气体膜分离的另一重要应用领域就是从空气中制取富氮和富氧。用膜法可制得摩尔分数为 95% 的氮气，主要用于惰性保护防爆，如易燃液体的储存、运送等，还可用于食品保鲜；用膜法可制取含氧 60% 的富氧气，主要用于助燃和医疗保健等。

此外，气体膜分离还可用于 CO_2 的回收或脱除、气体脱湿干燥、氦的提取、有机物蒸气回收等。

12.4　膜分离过程中的问题及处理

随着膜分离过程的进行和操作时间的增加，膜性能会发生相应的变化，主要表现在膜透过通量或速率下降以及溶质的阻止率明显下降。产生这些变化的原因主要是由于膜的劣化。膜的劣化包括：化学性劣化，如膜分子发生水解、氧化等化学反应使膜性能下降；物理性劣化是指膜的固结、膜干燥等现象；生物性劣化是由于微生物或代谢物引起的膜劣化。此外在生产过程中物料会使膜表面污染，导致膜性能下降。在生产中物料的 pH、操作温度、压力等都是膜劣化的影响因素，要注意其允许范围，控制操作条件，对膜分离过程中出现在问题及时处理，延长膜的使用寿命。

12.4.1　压密作用

在压力作用下，膜的水通过量随运行时间的延长而逐渐降低，膜的厚度减小，膜由半透明变为透明，表明膜的内部结构发生了变化。由于高分子材料具有可塑性，在压力作用下膜内部结构发生了变化使膜体收缩，这种现象称为膜的压密作用。当膜的多孔层被压密，使阻力增大，水通量下降，导致膜的生产能力下降，严重时生产无法正常进行。

为了减少压密作用的产生，应注意控制操作压力和温度不超过允许范围，以延长膜的使用寿命。此外，更重要的是改进膜的结构，如制备超薄膜，或采用耐压性强的刚性高分子材料作为支撑层以增强膜的抗压密性，从根本上改变膜的性能。

12.4.2 水解作用

膜的水解作用与高分子材料化学结构紧密相关。当高分子链中具有易水解的化学基团时，这些基团在酸或碱的作用下会发生水解降解反应，如常用的醋酸纤维素膜，分子链中的—COOR 在酸、碱作用下很容易水解。当膜发生了水解作用后，醋酸中的乙酰基脱掉，醋酸纤维素膜的截流率降低，甚至完全失去截流能力。通常水解速率随温度的升高而增大，随 pH 的增加，水解速率先下降然后升高，在 pH4.5 附近有最低值。所以在实际管理中要控制 pH 和进料温度，并定期对温度、pH 检测仪表进行校正，防止温度或 pH 值失控而加快膜的水解。

12.4.3 浓差极化

如 12.3.2 节中所述，浓差极化是膜分离操作中最常见的问题，会导致渗透通量降低，渗透压升高；截留率降低；膜面结垢，膜孔阻塞，甚至逐渐丧失透过能力。

为了减轻浓差极化，可以采取的措施如 12.3.2 节所述。

12.4.4 膜污染的防治

膜污染是指处理物料中的微粒、乳浊液、胶体或溶质分子等受某种作用而使其吸附或沉积在膜表面或膜孔内，造成膜孔径变小或堵塞的现象。其结果是造成膜的透过通量下降。同时，膜污染还会影响目标产物的回收率，因此，是膜分离过程中一个十分重要的问题。

为保证膜分离操作高效稳定地进行，必须对膜进行定期清洗，除去膜表面及膜孔内的污染物，以恢复膜的透过性能。

(1) 减轻膜污染的方法

膜过程中的污染现象是客观存在的，但可以通过选取适当的方法减轻膜污染现象。

① 原料液预处理及溶液特性控制　采用适当的预处理方法，如热处理、调节 pH、加螯合剂［EDTA（乙二胺四乙酸）等］、氯化、活性炭吸附、预微滤和预超滤等，可以取得良好的效果。对被处理溶液特性控制也可改善膜的污染程度，如调节蛋白质的 pH 为其等电点时，进行分离或浓缩时的污染程度较轻。另外对溶液中溶质浓度、料液流速与压力、温度等的控制等在某种条件下也是有效的。

② 膜材料与膜的筛选　膜的亲疏水性、荷电性会影响膜与溶质间的相互作用大小。通常认为亲水性膜及膜材料电荷与溶质电荷相同的膜较耐污染，疏水性膜则可通过膜表面改性引入亲水基团或用复合手段复合一层亲水分离层等方法降低膜的污染。

多孔的微滤与超滤膜，由于通量较大，因而其污染也比一般的致密膜严重得多，使用较低通量的膜能减轻浓差极化。根据分离的体系，选择适当膜孔结构与孔径分布的膜，也可以减轻污染。

另外，还可以利用膜对某些溶质具有优先吸附的特性，预先除去这些组分；选用高亲水性膜或对膜进行适当的预处理，均可缓解污染程度，如聚砜膜用乙醇溶液浸泡，醋酸纤维膜用阳离子表面活性剂处理。

③ 膜组件及膜设备运行条件选择　通过对膜组件结构的筛选及运行条件的改善来降低膜的污染。如采用错流过滤，可提高传质系数；采用不同形式的湍流强化器减少污染等。

尽管上述方法均可在某种程度上减少污染，但在实际应用中，还是要采用适当的清洗方法，清洗是膜分离过程不可缺少的步骤。

（2）膜的清洗与保存

① 清洗方法　清洗方法的选择主要取决于膜的种类与构型、膜耐化学试剂的能力以及污染物的种类。膜的清洗方法大致可以分成水力清洗、机械清洗、化学清洗和电清洗四种。

a. 水力清洗　水力清洗方法有膜表面低压高速水洗、反冲洗、在低压下水和空气混合流体或空气喷射冲洗等，清洗水可用进料液或透过水。

b. 机械清洗　机械清洗有海绵球清洗或刷洗，通常用于内压式管膜的清洗，通过水力使海绵球在管内膜表面流动，强制性地洗去膜表面的污染物，该法几乎能全部去除软质垢，但若对硬质垢清洗，则易损伤膜表面。

c. 化学清洗　化学清洗是减少膜污染的最重要方法之一，一般选用稀酸或稀碱溶液、表面活性剂、络合剂、氧化剂和酶制剂等为清洗剂。如果用清水就可恢复膜的透过性能，则尽量不要使用其他清洗剂。

d. 电清洗　电清洗是通过在膜上施加电场，使带电粒子或分子沿电场方向迁移，达到清除污染物的目的。

② 膜的恢复　膜在使用期间，由于膜表面的缺陷、磨损、化学侵蚀或水解等使盐的截留率明显下降。膜恢复的目的是通过对渗透膜的表面进行化学处理而使截留率提高。膜的恢复可使用恢复剂进行，用于膜表面的涂敷及孔洞填塞。当膜的物理损伤较轻时，膜的恢复效果理想；如果盐截留率低于45%，则不能恢复。

③ 膜的灭菌保存　灭菌目的在于膜存放或组件维护期间杀灭微生物或防止微生物在膜上生长，这是必不可少的过程。由于高分子膜只耐微量氯，甚至不耐氯，所以微生物活性几乎总是存在的。如果膜件长时间停止运行时（>2～5d），便需对系统灭菌。通常用0.25%～1.0%的甲醛溶液、0.2%～1.0%的亚硫酸氢钠或0.2%～1.0%的亚硫酸氢钠16%～20%的甘油溶液作为灭菌剂。

一、判断题

（　　）1. 膜分离过程的推动力主要为膜两侧的压力差。

（　　）2. 膜分离过程中不发生相变，是单纯的物理变化。

（　　）3. 微滤和纳滤都是根据筛分原理，以压差为推动力，截流小分子物质的膜分离过程。

（　　）4. 反渗透是以静压差为推动力，利用筛分作用进行分离的。

（　　）5. 非对称膜由致密层和其下部的多孔支撑层组成。

（　　）6. 膜分离中所用的介质只有离子交换膜是荷电膜，其余的都是非荷电膜。

（　　）7. 超滤和微滤都是以压力差为推动力的膜分离过程，因此操作压差越大越好。

（　　）8. 膜分离操作特别适用于分离热敏性物质，因此应尽可能采用低温操作。

（　　）9. 提高料液流速能够减小边界层厚度，减轻浓差极化现象，提高渗透通量。

（　　）10. 膜的劣化包括化学性劣化、物理性劣化和生物性劣化。

二、选择题

1. 膜分离过程选择采用终端过滤还是错流过滤，主要根据流体中固形物的（　　）来确定。

A. 粒径大小　　B. 含量多少　　C. 性质

2. 利用半透膜选择性地只能透过溶剂（通常是水）的性能，对溶液施加压力，克服溶剂的渗透压，使溶剂从溶液中分离出来的过程称为（　）。

A. 微滤　　B. 反渗透　　C. 电渗析

3. 下列常用于海水淡化处理的方法是（　　）。

A. 微滤　　B. 超滤　　C. 电渗析

4. 膜要具有（　　），使被分离的混合物中至少有一种组分可以通过膜，而其他的组分则不同程度地受到阻滞。

A. 选择性　　B. 透过性　　C. 致密性

5. 电渗析是在直流电场作用下，利用（　　）的选择渗透性，产生阴阳离子的定向迁移，达到溶液分离、提纯和浓缩的传递过程。

A. 复合膜　　B. 离子交换膜　　C. 疏水膜

6. 下列属于荷电膜的是（　　）。

A. 超滤膜　　B. 反渗透膜　　C. 离子交换膜

7. 临床上利用“人工肾”进行的血液透析是利用膜两侧的（　　）使小分子溶质通过膜而大分子被截流的过程。

A. 浓度差　　　B. 电位差　　　C. 压力差

8. 以下哪种方式可以减轻浓差极化（　）。

A. 降低操作温度　　　B. 增大操作压力

C. 增强料液的湍动程度

9. 控制膜的水解作用较为有效的方法是（　）。

A. 控制 pH 和进料温度　　　B. 控制操作压力和温度

C. 控制流速和 pH

10. 控制膜的压密作用较为有效的方法是（　）。

A. 控制 pH 和进料温度　　　B. 控制操作压力和温度

C. 控制流速和 pH

三、填空题

1. 膜分离是以______________为分离介质，通过施加推动力，使原料中的某组分选择性地优先透过，从而达到混合物的分离的目的。其推动力可以为______、________、________、__________等。

2. 常用的膜分离技术包括______________。

3. 膜分离过程有两种过滤方式：________和________。

4. 膜分离过程中所使用的膜，依据其膜特性（孔径）不同可分为________、________、________和________。

5. 工业生产中所应用的膜组件主要有________、________、________和________。

6. 电渗析是在直流电场作用下，利用________的选择渗透性，产生阴阳离子的定向迁移，达到溶液分离、提纯和浓缩的传递过程。

7. 反渗透是利用反渗透膜选择性地只透过________，对溶液施加压力克服溶剂的______，使溶剂从溶液中透过反渗透膜而分离出来的过程。

8. 膜分离过程中，溶质在膜表面的浓度高于它在料液主体中的浓度，这种现象称为________。

9. 膜的清洗方法大致可以分成________、________、________和________四种。

10. 气体膜分离是气体混合物在膜两侧______的作用下，各组分气体以不同的__________透过膜，使混合气体得以分离或浓缩的过程。

四、问答题

1. 工业上应用的膜分离过程有哪几种类型？

2. 工业生产中有哪几种形式的膜组件？

3. 反渗透的作用机理是什么？浓差极化对反渗透有什么影响？

4. 超过滤和微孔过滤的机理是什么？在工业中有哪些应用？

5. 电渗析的原理是什么？电渗析主要有哪些应用？

6. 气体膜分离是气体混合物在膜两侧________的作用下，各组分气体以不同的__________透过膜，使混合气体得以分离或浓缩的过程。

7. 膜分离操作过程中会出现哪些问题？对于这些问题应如何进行控制？

8. 什么是气体膜分离？

9. 膜污染有哪些防治措施？

第13章

冷 冻

本章培训目标

1. 会用冷冻过程的名词及基本术语正确表述蒸馏过程。
2. 掌握冷冻操作的基本原理；熟知冷冻过程流程。
3. 熟知冷冻操作条件的选定及基本性能。
4. 知道多级压缩蒸气式制冷的适用情况及流程。
5. 知道常用冷冻剂与载冷体及适用范围。
6. 熟知压缩蒸气冷冻机的主要设备。
7. 熟知制冷系统常见故障与排除。
8. 熟知制冷系统的安全技术。

采用人为的方法，利用冷冻剂从被冷冻的物料中取出热量，使被冷冻物料的温度低于周围环境的温度，同时将热量传给周围的水或空气等的操作称为制冷或冷冻操作。在冷冻操作中，热能从被冷冻的物料中输出，传给高温的物料，从而达到降低温度的目的。根据热力学第二定律可知，热能不能自动地从低温传向高温，必须从外界补充能量（或从外界加入机械功），并通过冷冻剂来完成热量的传递。根据人工制冷所能达到的低温，将产生和维持冷冻温度在173K（－100℃）以上的低温制冷技术称为普通冷冻。将冷冻温度在173K以下的制冷技术称为深度冷冻。

冷冻操作广泛应用于工农业生产过程、产品性能试验、建筑工程、空气调节、食品加工业、生物工程、医药卫生、国防工业、航天技术、科学研究、文化体育以及日常生活的各个领域。在化工生产方面，冷冻操作应用也非常广泛，如蒸气和气体的液化、空气分离、低温反应、低温蒸馏或结晶以及石油化工生产中低分子烃类混合物的分离，都需要利用制冷装置为其提供所需要的低温工艺条件，保证生产过程的顺利进行。冷冻是化工操作中常用单元操作之一。

人工制冷的方法很多，在普通制冷技术领域内应用最广泛的有相变制冷、气体膨胀制冷等。

（1）相变制冷

相变制冷是利用某些物质在发生相变时的吸热效应进行制冷的方法。利用相变制冷的能力大小与制冷剂的潜热有很大关系。像蒸气压缩式制冷、吸收式制冷、蒸气喷射式制冷等都属于相变制冷。

① 蒸气压缩式制冷　简称压缩制冷。采用低沸点的制冷剂，在很低温度下就能转变为蒸气，自被冷却物系吸收热量；蒸气经过压缩冷却又变成液态，经过节流膨胀降低压强，其沸点降低到被冷却物系温度以下，热量继续由被冷物系流向制冷剂，从而达到连续制冷的目的。

② 吸收式制冷　利用吸收剂吸收自蒸发器中所产生的制冷剂蒸气，然后用加热的方法在与冷凝器相当的压强下进行解吸。即用吸收系统代替压缩机，用加热代替压缩机所做的外功。

③ 蒸气喷射式制冷　以水为制冷剂，使水在密闭容器内减压

蒸发，用蒸气喷射泵将产生的蒸气带走。真空度越高，制冷温度越低，但不能低于0℃。

（2）气体膨胀制冷

气体膨胀制冷　是基于压缩气体的绝热节流效应或压缩气体的绝热膨胀效应，从而获得低温气流来制取冷量的制冷技术，常用的有空气制冷循环等。

本章只讨论工业上应用最广泛的蒸气压缩式制冷方法的原理和设备。

13.1　蒸气压缩式冷冻的基本原理

在获得低温的方法中，由于蒸气压缩式冷冻具有循环效率较高，所需的机器设备紧凑，操作管理方便，应用范围广等特点，因而成为目前应用最广泛的人工制冷方法之一。

13.1.1　冷冻循环

液体汽化为蒸气时，要从外界吸收热量，从而使外界的温度降低。任何一种物质的沸点或冷凝点，都是随压力的变化而变化，例如，氨在119.6kPa下的沸点为－30℃，在1167kPa下沸点（即冷凝温度）为30℃。利用氨的这一特性，使液氨在低压（119.6kPa）下汽化，从被冷却物系中吸取热量降低其温度，达到制冷的目的。同时将汽化后的气态氨压缩提高压力（如压缩至1167kPa），这时气态氨的冷凝温度（30℃）高于一般冷却水的温度，因此可用常温水使气态氨冷凝为液氨，然后将液氨再减压119.6kPa又使之汽化为气态氨。如此循环操作，借助氨在状态变化时的吸热和放热过程，达到制冷的目的。这种借助一种中间体——冷冻剂（氨），使它低压吸热，高压放热，达到制冷目的的循环操作，叫做冷冻循环。

图13-1所示为单级蒸气压缩式冷冻系统，由制冷压缩机、冷凝器、节流器和蒸发器四个最基本的部件组成。它们之间用管道依次连接，形成密闭系统。其工作过程是：液体冷冻剂在蒸发器中吸收被冷却物系的热量，汽化为低压低温的蒸气，被压缩机吸入并压缩为高压高温的蒸气后排入冷凝器，在冷凝器中向周围的环境介质

放热冷凝为高压液体，经节流阀节流成为低压低温的冷冻剂液体，再进入蒸发器吸收被冷却物的热量而汽化，即冷冻剂经过一系列的状态变化后，重新回到初始状态，达到连续制冷的目的。冷冻剂在循环系统中经过蒸发、压缩、冷凝、节流四个过程完成一个冷冻循环。

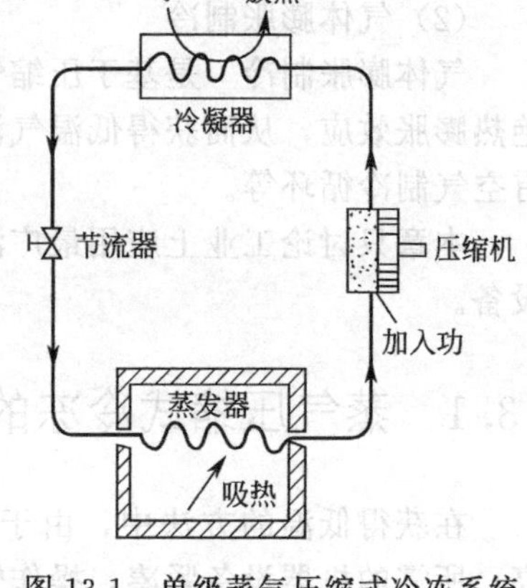

图 13-1　单级蒸气压缩式冷冻系统

在冷冻循环系统中，蒸发器、压缩机、冷凝器、节流器是必不可少的四大件。

(1) 蒸发器

是冷冻剂从低温热源吸热的热力设备。在蒸发器中，冷冻剂进行的主要是以沸腾为主的汽化过程，液态冷冻剂从被冷却物系中吸收热量而被汽化，从而实现制冷。蒸发器的形式很多，可以根据不同用途加以选择。

(2) 压缩机

是冷冻循环系统的心脏，是冷冻循环中消耗外界机械功压缩并输送冷冻剂的热力设备。压缩机吸取来自蒸发器的冷冻剂蒸气，经过压缩使冷冻剂蒸气压力从蒸发压力升至冷凝压力，并输送到冷凝器。常用冷冻压缩机有活塞式、螺杆式、离心式、滚动转子式、涡旋式和滑片式等种类。

(3) 冷凝器

是通过冷却介质来冷却、冷凝压缩机排出的冷冻剂蒸气，并将热量传给高温热源的热力设备。在冷凝器中将冷冻剂在蒸发器中吸收的热量、在压缩机中被压缩时压缩功所转化的热量以及在输送过程中从周围环境介质中获得的热量，一起传递给冷却介质带走，冷冻剂蒸气被冷凝。常用的冷凝器的种类很多，有壳管式、淋激式、风冷式、蒸发式等。

(4) 节流器

是将冷却、冷凝后的冷冻剂液体由冷凝压力节流降压至蒸发压力的热力设备。它控制和调节进入蒸发器冷冻剂的数量，并将冷冻循环系统分为高压侧和低压侧两部分，冷冻剂被节流。常用于普通冷冻中的节流器有节流阀、热力膨胀阀、浮球节流阀、毛细管等。

实际应用的冷冻循环系统，除了上述的四大件之外，常常有一些辅助设备，目的是为了提高冷冻系统运行的经济性、可靠性和安全性。

13.1.2　冷冻系数

冷冻系数是指完成冷冻循环时，冷冻剂自被冷系统中吸取的热量与消耗的外功或消耗外界热量之比，用符号 ε 表示。冷冻系数是评价冷冻循环优劣、循环效率高低的指标。

$$\varepsilon=\frac{Q_1}{N}=\frac{Q_1}{Q_2-Q_1} \tag{13-1}$$

式中　Q_1——从被冷冻系统中取出的热量，即冷冻能力，W 或 kW；

N——完成冷冻循环所消耗的机械功，W 或 kW；

Q_2——传给周围介质的热量，W 或 kW。

式(13-1) 表明，冷冻系数表示每消耗单位功所制取的冷量。冷冻系数是衡量冷冻循环经济性的指标，在冷冻循环中所消耗的机械功或工作热能越少，从被冷冻系统中取出的热量越多，冷冻系数越大，循环的效率越高。在通常的普通冷冻工作条件下，蒸气压缩式冷冻循环的冷冻系数 ε 值总是大于 1。

研究结果证明，当过程为理想的工作过程时，冷冻系数为最大，式(13-1) 可写成

$$\varepsilon=\frac{Q_1}{Q_2-Q_1}=\frac{T_1}{T_2-T_1} \tag{13-2}$$

式中　T_1——低温热源的温度（蒸发温度），K；

T_2——高温热源的温度（冷凝温度），K。

由式(13-2) 可见，对于理想冷冻循环来说，冷冻系数只与冷冻剂的蒸发温度和冷凝温度有关，与冷冻剂的性质无关。冷冻剂的蒸发温度越高，冷凝温度越低，冷冻系数越大，表示机械功的利用程度越高。显然，蒸发温度 T_1 的变化对循环的影响要比冷凝温度 T_2 的变化对循环的影响更为显著。在实际循环中，冷凝温度 T_2 常要受到环境条件的限制，所以在满足生产条件和工艺要求的前提

下，没必要使蒸发温度 T_1 达到过低的程度。实际上，蒸发温度和冷凝温度的选择还受别的因素的约束，需要进行具体的分析。

【例 13-1】 理想冷冻循环装置，每天自被冷却物料中吸取热量 2.4×10^6 kJ，冷冻剂的蒸发温度保持在－10℃，放热时的冷凝温度为 20℃，不计热损失，求：①冷冻系数；②消耗的机械功；③放出的热量；④当冷冻剂蒸发温度由－10℃降到－15℃，其他条件不变时的机械功消耗。

解 ① 冷冻系数　由式(13-2) 得

$$\varepsilon=\frac{T_1}{T_2-T_1}=\frac{-10+273}{(20+273)-(-10+273)}=8.77$$

② 消耗的机械功　由式(13-1) 得

$$N=\frac{Q_1}{\varepsilon}=\frac{2.4\times10^6/(3600\times24)}{8.77}=3.17\ (\text{kW})$$

③ 放出的热量　由式(13-1) 可导出

$$Q_2=\frac{Q_1(1+\varepsilon)}{\varepsilon}=\frac{2.4\times10^6\times(1+8.77)}{8.77\times24\times3600}=30.95\ (\text{kW})$$

④ 当冷冻剂的吸热温度降到－15℃时，即 $T_1=258$K，ε 值为

$$\varepsilon=\frac{T_1}{T_2-T_1}=\frac{258}{293-258}=7.37$$

此值与前值相比较，得 8.77/7.37＝1.19，即机械功消耗增加了 19%。

消耗功

$$N=\frac{Q_1}{\varepsilon}=\frac{2.4\times10^6/(3600\times24)}{7.37}=3.77\ (\text{kW})$$

多消耗功　3.77－3.17＝0.6 (kW)

13.1.3 冷冻操作条件的选定

(1) 蒸发温度 T_1

为了保证传热的需要，冷冻剂的蒸发温度必须低于被冷却物料要求达到的最低温度，使蒸发器中冷冻剂与被冷物料之间保持一定的温度差。这样，冷冻剂在蒸发时，才能从被冷却物料中吸收热量，实现低温传热过程。若 T_1 高时，则蒸发器中传热推动力小，要保证一定的吸热量，必须加大蒸发器的传热面积，使设备费用增加，但冷冻系数较大，机械功消耗减小，日常操作费用小。相反，

T_1 低时，蒸发器的传热推动力增大，传热面积减小，设备费用少，但冷冻系数小，机械功消耗增大，日常操作费用也大。所以，必须结合生产实际进行经济核算，选择适宜的蒸发温度。一般生产上取蒸发温度比被冷却物料所要求的温度低 4～8K。

(2) 冷凝温度 T_2

冷凝温度主要受冷却剂温度的限制。T_2 必须高于冷却剂的温度，使冷凝器中的冷冻剂与冷却剂之间保持一定温度差，来确保热量传递，使气态冷冻剂冷凝成液态，实现高温放热过程。通常取冷冻剂的冷凝温度比冷却剂高 8～10K。

(3) 压缩比

压缩比是压缩机出口压强 p_2 与入口压强 p_1 的比值。当冷凝温度 T_2 一定时，冷冻剂的饱和蒸气压 p_2 也随之确定。蒸发温度 T_1 越低，相应的冷冻剂的饱和蒸气压 p_1 也越低，压缩比 p_2/p_1 越大，冷冻系数越小，功率消耗越大，增加了操作费用。当 T_1 一定时，冷凝温度 T_2 的升高，相应的冷冻剂的饱和蒸气压 p_2 也升高，使压缩比 p_2/p_1 也加大，消耗功率大，冷冻系数变小，对生产也不利。可见要严格控制冷冻剂的操作温度，T_2 不能过高，T_1 也不能过低，使压缩比不至于过大，工业上单级压缩循环压缩比不能超过 6～8。

(4) 过冷操作

工业上常使冷冻剂蒸气在全部冷凝成液体后，再进一步冷却降低液体冷冻剂的温度，或在冷凝器后面串联一个冷却器（过冷器），这种方法叫做过冷操作。若 T_1 一定时，降低冷凝温度 T_2，可使压缩比 p_2/p_1 下降，冷冻剂的循环量及消耗功率减小，冷冻系数增大，可获得较好的冷冻效果。通常取冷冻剂的过冷温度比冷凝温度低 5K。

13.1.4 冷冻能力

冷冻能力是指在一定条件下，冷冻机中的冷冻剂在单位时间内从被冷冻物料取出的热量称为冷冻能力，用符号 Q_1 表示，单位是 W 或 kW。

(1) 单位质量冷冻剂的冷冻能力

制冷压缩机每输送单位质量冷冻剂经循环从被冷冻物料取出的

热量称为单位质量冷冻剂的冷冻能力，或简称单位冷冻能力，用符号 q_w 表示，单位是 kJ/kg，即

$$q_w=\frac{Q_1}{G} \tag{13-3}$$

式中 Q_1——冷冻剂在单位时间内从被冷冻物料取出的热量，kJ/s；

G——冷冻剂的循环量或质量流量，kg/s。

(2) 单位体积冷冻剂的冷冻能力

制冷压缩机每输送 $1m^3$ 冷冻剂蒸气（以吸气状态计）经循环从被冷冻物料取出的热量。符号 q_V 表示，单位为 kJ/m^3，即

$$q_V=\frac{Q_1}{V}=\frac{q_w}{\nu} \tag{13-4}$$

式中 V——进入压缩机的冷冻剂体积流量，m^3/s；

ν——冷冻剂蒸气在冷冻压缩机吸气状态下的比容，m^3/kg。

由式(13-4) 可知，吸气状态下的比容 ν 直接影响单位体积冷冻剂的冷冻能力的大小。由于吸气状态下的比容 ν 的大小随蒸发温度的变化而变化，所以 q_V 不仅随制冷剂的种类而改变，还随循环的蒸发温度的变化而改变。单位体积冷冻能力对于确定压缩机汽缸的主要尺寸有决定性意义。单位质量冷冻能力则用于计算冷冻剂的循环量，十分方便。

13.2 多级压缩蒸气冷冻机

13.2.1 采用多级压缩蒸气式制冷的原因

采用多级压缩蒸气式制冷是由于单级压缩蒸气制冷的局限性和多级压缩蒸气制冷的特点所决定的。为了满足生产工艺的要求，往往要求蒸发温度很低。当冷冻剂确定后，冷冻循环所能达到的蒸发温度主要取决于冷冻循环的冷凝压力、蒸发压力和压缩比。冷凝压力通常受环境条件的影响，变化不是很大；而蒸发压力是由生产工艺条件决定的。蒸发压力越低，压缩比就越大，当压缩比增大到超出单级压缩蒸气制冷使用极限条件时，就会带来以下一系列的问题。

① 由于压缩比过大，对于活塞式冷冻压缩机来说，余隙容积

的影响将会增大，导致实际送气量减少，冷冻能力下降；压缩比越大，影响也就越大。当压缩比增大到一定程度时，普通活塞式冷冻压缩机就几乎不能吸入冷冻剂蒸气，从而失去了循环的冷冻效能。

② 由于压缩比过大，会使冷冻压缩机的排气温度过高，使冷冻压缩机的润滑油变稀，导致冷冻压缩机的润滑条件恶化，引起冷冻机运行上的困难；冷冻剂蒸气也可能分解，例如，氨在高于393K时会分解。

③ 由于压缩比过大，使制冷压缩机的效率下降，实际耗功增大，制冷系数下降。

④ 由于压缩比过大，使循环中的节流损失增大，导致循环的冷冻能力下降，循环性能下降。在实际冷冻过程中，单级冷冻压缩机的压缩比是有限制的。单级冷冻压缩机所能达到的最大压力比与冷冻压缩机的设计及制造质量、汽缸的冷却情况与冷冻剂的种类有关。活塞式单级冷冻压缩机的压缩比一般不超过8～10。

因此，当冷凝温度 T_2 与蒸发温度 T_1 之差较大，也就是压缩比较大时，应该采用两级或多级压缩。

13.2.2 两级压缩蒸气冷冻机

图13-2是最常用的一种两级压缩蒸气冷冻机的流程简图。

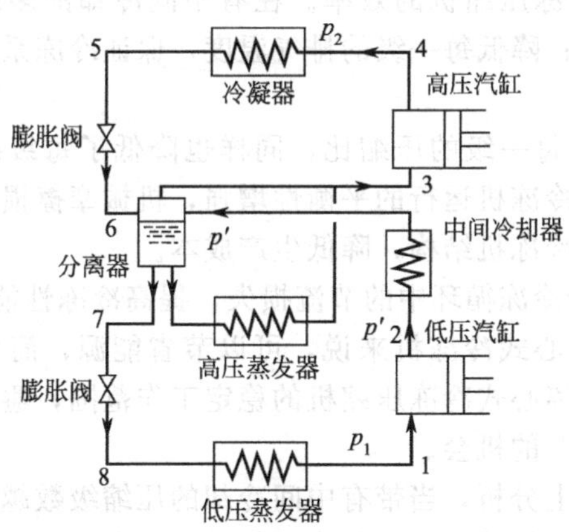

图13-2 两级压缩蒸气冷冻机的流程

低压汽缸吸入压力为 p_1 的干饱和蒸气（点1），压缩至压力为

p'（点 2），排出的过热蒸气在中间冷却器中用水冷却至接近点 3 的温度后，进入分离器中。在分离器中，蒸气与同一压力 p'下的饱和液体相接触，将其过热部分的热量传给饱和液体，使部分液体蒸发，从而保证了进入高压汽缸的蒸气是温度较低的干饱和蒸气（点 3）。

蒸气经过高压汽缸压缩到压力 p_2（点 4），然后进入冷凝器中冷却并过冷（点 5）。再经过膨胀阀节流膨胀到压力 p'（点 6）进入分离器中。膨胀后的蒸气与低压汽缸送来的经过冷却的蒸气以及液体中部分蒸发出来的蒸气一同进入高压汽缸中。

分离器中的液体，一部分经高压蒸发器吸热蒸发后进入高压汽缸，另一部分经膨胀阀，由中间压力 p'（点 7）节流膨胀到压力 p_1（点 8），再开始另一次循环。

采用两级压缩蒸气冷冻循环能够避免或减少单级冷冻循环中由于压缩比过大所引起的一系列问题，从而改善冷冻压缩机的工作条件。

① 使每一级压缩比降低，减少活塞式冷冻压缩机的余隙容积等因素的影响，提高冷冻压缩机的实际送气量，在其他条件不变的情况下，增加循环的制冷量。

② 提高冷冻压缩机的效率。在有中间冷却的多级压缩中，可节省循环耗功；降低每一级的排气温度，保证冷冻系统的高效安全运行。

③ 降低了每一级的压缩比，同样也降低了每级冷冻压缩机的压力差，使得冷冻机运行的平衡性增强，机械摩擦损失减少。在设计时，可简化冷冻机结构，降低生产成本。

④ 可减少冷冻循环中的节流损失，提高冷冻性能。

⑤ 对于离心式冷冻机来说，可以节省能源，简化离心机的结构。还可扩大离心式冷冻压缩机的稳定工作范围，避免或减少离心机产生“喘振”的机会。

从热力学上分析，当带有中间冷却的压缩级数越多，压缩就越接近等温过程，耗功越少，制冷系数也就越大。实际应用中一般不采用过多的压缩级数，级数过多，使系统复杂，设备费用增加，技术复杂性提高。所以活塞式冷冻机常采用两级压缩冷冻循环，三级压缩冷冻循环应用很少。

13.2.3　复叠式冷冻机

为了获得更低的温度，采用单一冷冻剂的多级压缩冷冻循环时，由于蒸发压强过低使压缩机的汽缸尺寸增大，也容易造成空气渗入冷冻系统；同时蒸发温度也受到冷冻剂凝固点的限制。因此，在生产上采用两种不同的冷冻剂，组成复叠式冷冻机，或称为串级式冷冻机。复叠式冷冻机就是将使用两种不同的冷冻剂的冷冻机组合在一起进行工作。第一个冷冻机的蒸发器就是第二个冷冻机的冷凝器。通常在第一个冷冻系统中采用中压冷冻剂（高温部分），在第二个冷冻系统中采用高压冷冻剂（低温部分）。因为高压冷冻剂即使在极低的温度下，其饱和压力仍较高。例如，氟利昂-13在193K时的饱和压力为110kPa；乙烯在173K时的饱和压力为126kPa。在此操作条件下，蒸发器内不至于漏入空气。

图13-3是复叠式冷冻机的流程简图。高温部分的冷冻剂为氨，它的蒸发温度是243K，冷凝温度是298K；低温部分的冷冻剂是氟利昂-13，它的蒸发温度是193K，冷凝温度是248K。

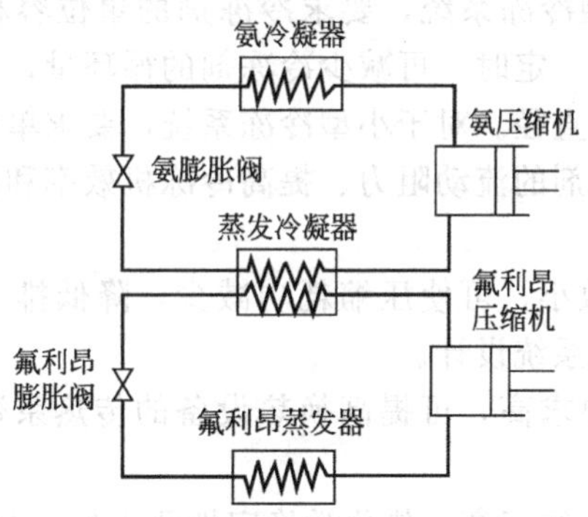

图13-3　复叠式冷冻循环的流程

复叠式冷冻机的每一过程都在比较有利的压力和温度条件下工作。因此，复叠式冷冻机比多级压缩蒸气冷冻机更有利。它的缺点和多级压缩蒸气冷冻机一样，结构复杂，操作比较麻烦，一般用在深度冷冻操作中。

13.3 冷冻剂与载冷体

13.3.1 冷冻剂

冷冻剂是冷冻循环中将热量从低温传向高温的媒介物，冷冻剂的性质对确定冷冻机的大小及其结构、材料等有着重要的影响。因而在压缩蒸气冷冻机中，应当根据具体的操作条件慎重选用适宜的冷冻剂。

（1）对冷冻剂的选择要求

① 沸点低，可以获得较低的蒸发温度。同时，沸点低的冷冻剂具有较高的蒸气压力。

② 临界温度要高、凝固温度要低，以保证冷冻剂在较广的温度范围内安全工作。

③ 具有适宜的工作压力，在工作时，冷冻剂的蒸发压力接近或略高于大气压力，冷凝压力不能过高。

④ 汽化潜热大，制冷量相同时，可以减少冷冻剂的循环量，同时也减少冷冻机、设备的投资；降低运行能耗，提高冷冻效率。

⑤ 对于大型冷冻系统，要求冷冻剂的单位容积制冷量尽可能的大，在制冷量一定时，可减少冷冻剂的循环量，从而缩小冷冻机的尺寸和管道的直径。对于小型冷冻系统，要求单位容积冷冻量小些，以减小冷冻剂的流动阻力、提高冷冻机效率和减少制造加工的难度。

⑥ 绝热指数小，可使压缩耗功减少，降低排气温度，以改善运行性能和简化系统设计。

⑦ 热导率要求高，可提高换热设备的传热系数，减少换热设备的换热面积。

⑧ 黏度小，纯度高，热化学稳定性要求好，高温下不易分解。与油、水相混合时对金属材料无明显的腐蚀作用。对冷冻机的密封材料的膨润作用小，不会与润滑油形成破坏正常润滑的化合物。

⑨ 在大气中存在的寿命短，对臭氧层潜在的破坏效应小，全球温室潜在效应低，无光雾反应，对大气、水源、土壤等影响小。

⑩ 无腐蚀性，无毒性，不易燃易爆，易检漏，来源广泛，价

格便宜。

（2）常用的冷冻剂

在蒸气压缩式冷冻系统中，目前在工业上广泛应用的冷冻剂有氨、氟利昂和碳氢化合物等。

① 氨　属于无机化合物类冷冻剂，是目前广泛应用的中温中压冷冻剂之一，氨的临界温度较高、汽化潜热大和单位体积冷冻能力大、热导率大、黏度低，阻力小，节流损失小，蒸发压力高，空气不易渗入系统中。使用的温度范围是－65～10℃之间。纯氨对润滑油无不良影响，有水分时，会降低润滑性能。氨易溶于水，在冷冻系统中不会引起冰堵现象。氨还具有来源广泛、漏气时容易发现等优点。缺点是有毒，有强烈的刺激性和可燃性，与空气混合时有爆炸的危险，氨中有水时会对锌、铜和铜合金有强烈腐蚀性等。

② 氟利昂　氟利昂是应用广泛的一类冷冻剂，氟利昂大多具有无毒或低毒，无刺激性气味，在制冷循环工作温度范围内不燃烧、不爆炸，热稳定性好，凝固点低，对金属的润滑性好以及绝热指数较小，排气温度较低等显著的优点。通常氟利昂溶水性极低，在系统的低温低压部位易形成冰堵。当氟利昂中含有水分并与金属共存时会慢慢发生水解，生成氯化氢和氟化氢等酸性物质，不利于冷冻压缩机的正常工作。氟利昂能溶解有机塑料和天然橡胶，会造成密封垫片的膨胀而失去弹性。由于氟利昂蒸气无色无味，泄漏时不易发现。氟利昂的单位容积冷冻能力较小，密度大，节流损失较大，热导率小，流动阻力较大。氟利昂冷冻剂对全球环境有较大的影响。氟利昂是品种较多的一类冷冻剂。各种氟利昂的性质与其化学结构有很大的关系。一般来说，随氟原子数的增加，冷冻剂的化学稳定性增高，对金属及其他材料的腐蚀性减小，在水和润滑油中的溶解性降低；随氢原子数的减少，燃烧性与爆炸性降低；同种烷烃衍生的氟利昂，随氯原子数的减少，冷冻剂的标准沸点降低，毒性与腐蚀性降低，冷冻剂对大气臭氧层的影响也降低。

③ 碳氢化合物　一些碳氢化合物也可用作冷冻剂，如乙烯、乙烷、丙烯、丙烷等。它们的优点是凝固点低，对金属不腐蚀，价格便宜，容易获得，且蒸发温度范围很宽，可分别满足高、中、低温冷冻的需要。其缺点是有可燃性，与空气混合时有爆炸危险。因

此，使用这类冷冻剂时，必须保持蒸发压强在大气压强以上，防止空气漏入而引起爆炸。主要用于石油化工厂的冷冻装置。

13.3.2 载冷剂

(1) 对载冷剂的选择要求和选择方法

选用的载冷剂，应具备下列基本条件。

① 在工作温度下，处于液体状态，不发生相变化。凝固温度至少比冷冻剂的蒸发温度低4～8℃，沸点高于冷冻系统所能达到的最高温度。

② 比热容大，载冷量也大。在传递一定冷量时，其流量小，可减少泵的功耗。

③ 热导率要大，可增加传热效果，减少换热设备的传热面积。黏度要小，以减少流动阻力和输送泵功率。

④ 化学性能稳定。载冷剂在工作温度内不分解，挥发性小，其蒸气与空气混合不燃烧，无爆炸危险性。对人体和食品、环境无毒、无害。

⑤ 不腐蚀设备和管道。如果载冷剂稍带腐蚀性时，应能添加缓蚀剂阻滞腐蚀。价格低廉，易于获得。

在实际工程中使用的载冷剂有水、盐水溶液和有机溶液三类。具体选择办法如下。

① 蒸发温度在5℃以上的载冷剂系统，一般可采用水作载冷剂。

② 蒸发温度在5～－50℃的范围内，一般可采用氯化钠盐水溶液（5～－16℃）或氯化钙盐水溶液（5～－50℃）作载冷剂。盐水溶液的最大缺点是对金属材料有腐蚀作用。在特定的加工工艺中，可采用乙二醇水溶液、丙三醇水溶液、酒精水溶液等作为载冷剂。也可用三氯乙烯、二氯甲烷等物质来代替氯化钙盐水溶液。

③ 当载冷剂系统的工作温度范围较广，既需要在低温下工作，又需要在高温下工作时，应选择能同时满足高、低温要求的物质作载冷剂。这时载冷剂应具备凝固点低，沸点高的特性。例如，需冷却到－50℃也需加热到60～70℃的生物药品、疫苗等生产的冷冻干燥装置中，应选用三氯乙烯（标准沸点87.2℃）等载冷剂。

④ 当蒸发温度低于－50℃时，可采用凝固点更低的有机化合

物作载冷剂，例如三氯乙烯、二氯甲烷、三氯氟甲烷、乙醇、丙酮等。这些物质的沸点也较低，一般需采用封闭系统，以防溶液泵汽蚀、载冷剂汽化以及减少冷量损失。

(2) 常用的载冷剂

① 水　水是一种很理想的载冷剂。水的密度小，黏度小，流动阻力小，所采用的设备尺寸较小。比热容大，传热效果好，循环水量少。化学稳定性好，不燃烧，不爆炸，纯净的水对设备和管道的腐蚀性小。系统安全性好，无毒，对人和环境都无害。缺点是凝固点高，限制了它的应用范围，在作为接近0℃的载冷剂时，应注意壳管式蒸发器等换热设备的防冻措施。

② 冷冻盐水　常用作载冷剂的盐水溶液有氯化钠盐水溶液、氯化钙盐水溶液，有时也用氯化镁盐水溶液。盐水溶液是常用于中温冷冻装置中的载冷剂，其凝固点、比热容、密度等特性取决于盐水溶液的浓度、温度。盐水溶液的凝固点随溶液浓度而变化，热导率随溶液的浓度增加而降低，随温度的降低而降低；黏度随溶液的浓度增大而增大，随温度的降低而增大；密度随溶液的浓度增大而增大，随温度降低而增大；比热容值随溶液的浓度增大而减小，随温度降低而减小，所以盐水循环泵的耗功也将随浓度的增大而增大。氯化钠和氯化钙不能混合使用，以防盐水池中出现沉淀。盐水溶液无毒，安全，不燃烧，不爆炸。但其主要缺点是对金属材料有较强的腐蚀性，可在盐水中加入少量的铬酸钠或重铬酸钠，以减缓腐蚀作用。

为了保证操作的顺利进行，必须合理地选择浓度，以使冻结温度低于操作温度。一般使盐水冻结温度比系统中冷冻剂蒸发温度低10～13K为宜。

③ 有机溶液　有机溶液的凝固点普遍比水和盐水溶液的凝固点低，所以被广泛地用于低温冷冻装置中。用作载冷剂的有机溶液有乙二醇、丙三醇、甲醇、乙醇、二氯甲烷、三氯乙烯等。

13.3.3　润滑油

润滑油是保证冷冻压缩机安全运行的一种助剂，它在冷冻压缩机的运行中起着十分重要的作用。

(1) 润滑油的主要作用

① 润滑作用　压缩机机体中作相对运动的部件之间充入的润滑油形成油膜，将其隔开，减少彼此间的摩擦和磨损，延长了使用寿命。

② 降低温度　润滑油在冷冻压缩机内不断循环，对相对运动表面进行冷却，将摩擦热不断带走，提高压缩机的工作效率。

③ 冲刷、洗涤作用　对相对运动表面由于摩擦而产生的细小颗粒杂质进行冲刷、洗涤。

④ 起密封作用　润滑油在各轴封及汽缸与活塞之间形成完整的油膜，起到密封作用，防止冷冻剂泄漏。

润滑油品种不同，它们的性能也各有差异，对于不同的冷冻机，应根据其各自的操作及压缩机的结构，选择与之相对应的润滑油。

(2) 润滑油指标

① 黏度　压缩机润滑油的黏度应适中，黏度过小油太稀形不成油膜，起不到润滑作用；过大会大大增加运动部件的运动阻力，冷却效果也不好，增加动力消耗。

② 闪点　润滑油在空气中的闪燃温度叫闪点。由于机件的相对运动摩擦生热，使润滑油温度不断升高，因此要求润滑油的闪点必须高于机件的正常工作温度，避免润滑油闪燃着火的可能性。

③ 凝固点　温度降低，润滑油的黏度会相应增加，当油温降低到一定温度时，将凝成固体，此温度称为润滑油的凝固点。所选用的润滑油的凝固点必须低于它们所处的环境和被润滑机件的工作温度，以防止润滑油凝固。

④ 酸值　润滑油中酸值应控制在一定范围，以避免对设备、机件的腐蚀。

⑤ 其他指标　润滑油还应具有高温下的稳定性，低温下流动性好，不应含水和沉淀物等特点，对直接与制冷剂接触的润滑油还应具有不与制冷剂起反应等特点。

(3) 润滑油的选择

① 根据压缩机的需要，选择黏度适中的润滑油。

② 凝固点要低，在低温状态下流动性能良好，避免在蒸发器等低温部分因凝结而沉积管内，影响冷冻效率和冷冻能力。

③ 润滑性能良好，其黏度随温度的变化量要小，能保证在较宽的温度范围内具有良好的润滑性能。

④ 化学稳定性和抗氧化性能良好。

⑤ 电绝缘性能良好。

13.4 压缩蒸气冷冻机的主要设备

压缩蒸气冷冻机的主要设备是压缩机、冷凝器、蒸发器和节流器。此外，还有油分离器、气液分离器等辅助设备。

13.4.1 压缩机

冷冻装置中的压缩机称为冷冻机，是冷冻循环的核心。常用冷冻压缩机有活塞式、螺杆式、离心式、滚动转子式、涡旋式和滑片式等种类。活塞式压缩机和离心式压缩机是最常用的冷冻压缩机，其特点在前面已经介绍，不再重复。

螺杆式压缩机（图13-4）是近些年发展起来的一种压缩机，具有转速较高、结构简单紧凑、体积小、重量轻的特点；排气温度低，可以在高压缩比下单级运行，在高压缩比下容积效率较高；易损零件少，运转周期长，使用安全可靠。振动小，运转平稳；能量可以无级调节，对少量进液不敏感等优点。缺点是整个机组的体积和质量大，结构比较复杂，噪声较大，在正常情况下，螺杆式压缩机的总效率一般比往复活塞式压缩机稍低。由于螺杆式压缩机显示

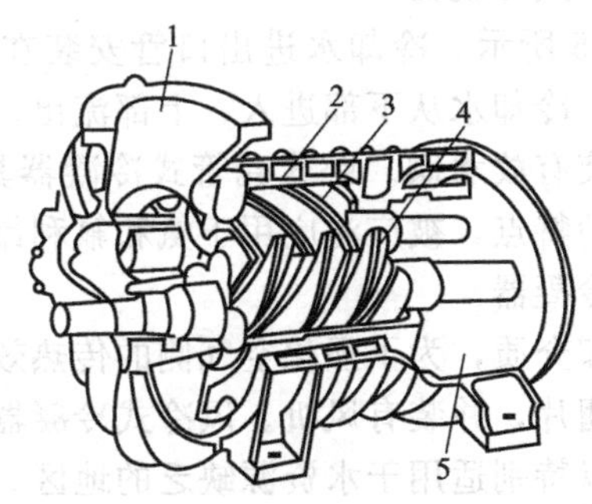

图13-4 螺杆式压缩机

1—吸气口；2—机壳；3—阴转子；4—阳转子；5—排气口

的优点，使其占有了大容量压缩机的使用范围。

需要注意的是冷冻装置中所采用的压缩机必须与所选用的冷冻剂和冷冻要求相适应。

13.4.2 冷凝器

冷凝器是通过冷却介质来冷却冷凝制冷压缩机排出的冷冻剂蒸气，并将热量传给高温热源的间壁式换热器。常用的冷凝器的种类很多，有壳管式、风冷式、蒸发式、淋激式等。

(1) 立式壳管式冷凝器

立式壳管式冷凝器的外壳是由钢板焊成的圆柱形筒体，筒体内的两端焊有管板，在管板上用扩胀法或焊接法将无缝钢管进行固定，冷凝器顶部装有配水箱，以便使冷却水能均匀地分配到各个管口，在每一根无缝钢管口上设有一个带斜槽的导流管头（或分水环），使冷却水沿钢管内壁作螺旋状运动下降，形成薄膜状的水层，从而延长冷却水的热交换时间，提高冷却效率，节省水量。

在外壳上设有进气、出液、放空、均压、放油和安全阀等管路接口，与相应的管路和设备相连。立式壳管式冷凝器的主要优点是传热效果比较好，占地面积小，可以安装在室外。由于冷却水直通流动，没有结冻的危险，并可采用水质较差的冷却水，清除水垢方便。缺点是冷却水的消耗量较大，冷冻剂泄漏时不容易发现。适用于水源充足、水质较差的地区，广泛应用于大、中型氨冷冻系统中。

(2) 卧式壳管式冷凝器

结构如图 13-5 所示。冷却水进出口管安装在卧式壳管式冷凝器的同一封头上，冷却水从下部进入，上部流出。另一封头上部装有排气阀，下部装有放水阀。卧式壳管式冷凝器具有传热系数大、冷却水消耗量少的特点，被广泛应用于氨和氟利昂冷冻系统中。

(3) 风冷式冷凝器

以空气为冷却介质，为了强化空气侧的传热效果，在蛇型盘管组的盘管上加有翅片，并装有风机。风冷式冷凝器的最大优点是不消耗水资源，所以特别适用于水资源缺乏的地区。被广泛用于小型氟利昂冷冻系统中。

(4) 蒸发式冷凝器

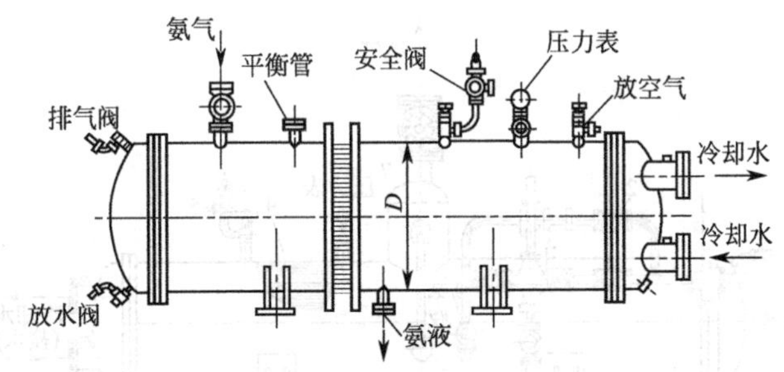

图 13-5 卧式壳管式冷凝器结构

冷却水直接喷淋在冷凝器的盘管上，一部分水吸收管内冷冻剂蒸气冷凝时放出的热量而蒸发，没有被蒸发的水循环使用。蒸发式冷凝器装有风机，用以加大空气自下而上的流速，不断带走水蒸气，加速喷淋水的汽化。蒸发式冷凝器主要是利用冷却水汽化来吸收冷冻剂蒸气冷凝时放出的热量，消耗水量少，特别适用于水资源缺乏的地区。

13.4.3 蒸发器

蒸发器是冷冻系统中生产和输出冷量的设备。在蒸发器中，低压液态冷冻剂吸收被冷却物系的热量在低温下蒸发而实现制冷。分为液体冷却和空气冷却两大类。在此介绍化工生产中应用较多的液体冷却蒸发器。这种蒸发器用于直接冷却液体，例如生产冷水或冷冻盐水，再由低温载冷剂去冷却制冷环境的空气或物料。

(1) 满液式卧式管壳式蒸发器

满液式卧式管壳式蒸发器结构如图 13-6 所示，载冷剂由封头下端进入后，从下到上，顺序在各管束中往返流动，最后由封头上部排出。节流后的液体冷冻剂从外壳下部进入壳程空间，并充满壳程大部分空间。管间液态冷冻剂吸收管内载冷剂的热量沸腾汽化，使载冷剂冷却。汽化产生的冷冻剂蒸气在壳内上升至顶部，经液体分离器分离夹带液滴后被吸入压缩机内。

卧式壳管式蒸发器的充液高度需要控制，当制冷剂为氨时，约为壳径的70%～80%；氟利昂由于起泡沫的现象较严重，它的充液量为壳体的55%～65%。过高的液面会使没有汽化的液体随沸腾生成的气泡带入压缩机，引起湿冲程。

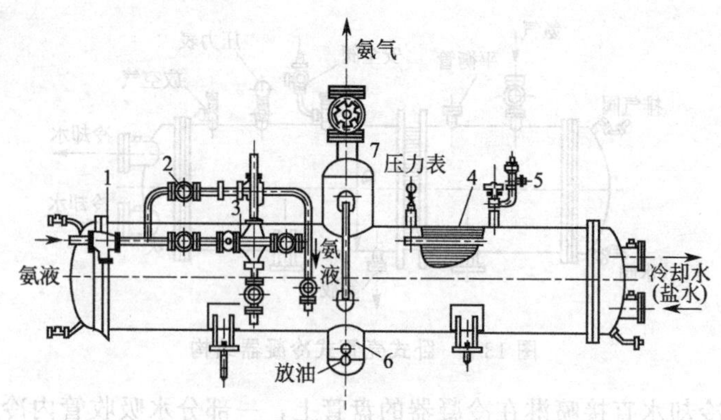

图 13-6 满液式卧式管壳式蒸发器结构

1—液氨过滤器；2—节流阀；3—浮球阀；4—传热管束；
5—安全阀；6—集油包；7—回气包

这种蒸发器的优点是结构紧凑，传热系数大，适用于闭式盐水循环系统，可以减少盐水对金属的腐蚀，同时也避免盐水因吸收空气中水分而降低浓度。其缺点是当盐水浓度降低或盐水泵一旦因意外停止运转时，盐水在管中可能冻结，使蒸发器损坏。因此，必须随时控制盐水浓度，使其冻结温度比冷冻剂的蒸发温度低 8～10℃。若冷冻剂为氟利昂，冷冻剂的充装量较大时，需在液位上限部位开回油孔，另配一套回油装置，否则氟利昂内溶解的润滑油难以返回压缩机。

(2) 干式壳管式蒸发器

干式壳管式蒸发器用于制冷量较大的氟利昂制冷系统中，其结构与满液式卧式管壳式蒸发器结构相似，但工作过程不同。冷冻剂在管内流动汽化，载冷剂在壳体内流动被冷却。为了提高载冷剂的流速，强化传热，在壳体内装有折流板。干式壳管式蒸发器较满液式的制冷剂充灌量少，只有管内容积的 40%左右；由于载冷剂在管外，冷量损失少，还可以防止因冻结而造成管子冻裂的危险。

(3) 立管蒸发器

图 13-7 是一台立管蒸发器。其蒸发面由直立的列管所组成，两组横卧的总管，直径较大的循环管和直径较小的弯曲管相连接而成管组。操作时，液态冷冻剂充满下部总管和各竖管的大部分空

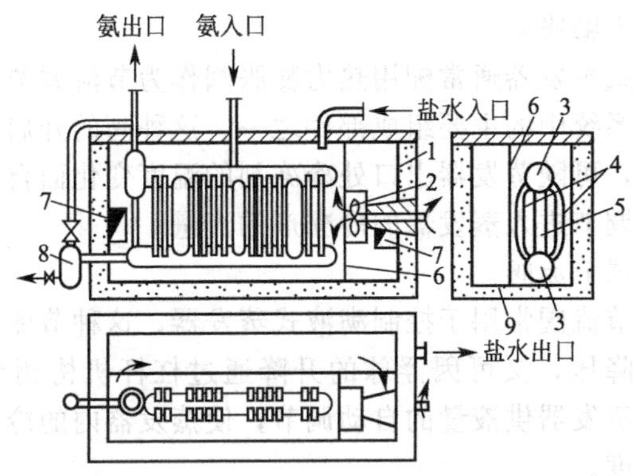

图 13-7　立管蒸发器

1—槽；2—搅拌器；3—总管；4—弯曲管；5—循环管；
6—挡板；7—挡板上的孔；8—油分离器；9—绝热层

间。由于弯曲管中液体蒸发较剧烈，液体弯曲上升，从循环管下降，形成自然循环。汽化后的冷冻剂蒸气经气液分离器后，被压缩机抽走。整个管组放在矩形冷冻盐水的槽内，借螺旋桨搅拌器的作用循环流动。立管蒸发器能够达到比较大的传热系数。

13.4.4　节流器

节流器是冷冻装置中将冷却冷凝后的冷冻剂液体由冷凝压力节流降压至蒸发压力的必不可少的部件，它直接控制整个冷冻系统冷冻剂的循环量，节流器的容量要与蒸发器的产冷量相匹配。节流器的能力过小，会使蒸发器的传热面积得不到充分利用，产冷量下降；节流器的能力过大，会影响节流器的调节性能，使蒸发器出口处的温度产生较大波动，使冷冻装置不能正常运行。它的容量以及正确调节是保证冷冻装置正常运行的关键。常用于普通冷冻中的节流器有节流阀、热力膨胀阀、浮球节流阀、毛细管等，要根据冷冻系统的特点和选用的冷冻剂进行选择。

(1) 节流阀

又称膨胀阀或手动调节阀，它的外形与普通截止阀相似。与截止阀结构不同之处是截止阀的阀芯一般为平头，而节流阀为针形或 V 形缺口的锥体，螺杆采用细牙螺纹，在调节供液量时逐渐开启或关闭，其开度的大小随负荷变化而定。

（2）热力膨胀阀

非满液式蒸发器通常配用热力膨胀阀作为节流调节装置，它是氟利昂冷冻系统中的主要组成部件之一。这种阀的开启度通过感温机构的作用，可随蒸发器出口处冷冻剂的温度变化而自动变化，从而能够自动调节进入蒸发器的冷冻剂的流量。

（3）浮球节流阀

浮球式节流阀常用于控制满液式蒸发器，这种节流阀既可以使冷冻剂节流降压，又可因浮球的升降通过杠杆机构调节阀的开启度，实现对蒸发器供液量的自动调节，使蒸发器内的冷冻剂液面保持一定的高度。

13.5 制冷系统的安全技术

制冷系统承受的压力虽属中、低压范畴，但由于有些制冷剂具有毒性、使人窒息、易燃、易爆等特点，因此要求系统的操作必须严格。为了确保制冷系统的安全，要求做到正确设计，精心制造，认真安装，正确使用和严格操作。

13.5.1 安全装置

（1）压力监视

制冷系统的运转是否处于安全状态，其主要监视手段是通过压力表显示制冷系统各部位的压力，所使用的压力表必须合适和有效。一方面便于进行正常的操作，另一方面可以根据压力变化及时判断制冷系统内有无异常的超压现象发生，可以及时消除或报警。对氨制冷系统，必须使用氨用压力表，因为普通压力表是由铜合金制造的，当接触氨时，很快被腐蚀。氨用压力表是用钢材制造的，对氨有相对的稳定性。所以氨用压力表不能用普通压力表来代替。

（2）安全保护装置

① 压力保护装置　为了防止系统超压运行，在制冷设备上设置了安全阀或压力控制继电器，或压差控制继电器以及自动报警等压力保护装置。一旦发生异常超压，压力保护装置即自动动作，把设备内压力排至大气中或自动停机，保证制冷系统不致因超压而发生事故。因此，系统上的压力保护装置不能任意调节和拆除。安全

阀之前必须设置截止阀，便于安全阀的检测和更换，截止阀必须处于开启状态。

安全阀必须定期检验，并加以铅封。在运行中，若由于超压引起安全阀动作，按规定该安全阀必须重新进行校验合格之后，方可重复使用。因为安全阀一旦在超压时自动开启，往往不容易恢复到完全密封状态，造成制冷剂泄漏损失。这种情况下，绝对禁止用拧紧弹簧式安全阀的调整螺栓来消除泄漏。

在设备上设置安全阀最重要的要求是安全阀一旦启动时，必须具有足够的排气能力，能够迅速地排除超压部分的制冷剂，起到安全保护作用。因此，安全阀的安装必须要经过合理选择，而且要保持安全阀出口的畅通。

制冷系统的压力安全保护装置除了安全阀外，还有电信号的压力表、紧急停机装置、压力继电器和压差继电器等安全设备。例如，压缩机的高压保护装置，当排气压力过高时切断电源，防止发生事故；润滑油压差保护装置可确保压缩机在运行中必须保持一定的油压，若油压低于某一定值时，压差继电器工作，压缩机停止工作，防止发生设备事故。另外还有其他的压力保护装置。随着制冷系统自动控制程度的提高，压力保护装置日趋完善。

② 其他保护装置　为了防止压缩机发生湿冲程，在储液器上安装液位指示和液位报警装置。为了正确控制压缩机的吸气温度、排气温度、轴承温度以及制冷系统其他运行工况的温度，都必须装有温度计进行监视和记录。特别是压缩机的吸气温度、排气温度、润滑油温度、蒸发温度等都是制冷系统安全运行的重要参数，都必须要有可靠的温度计或温度记录仪来监测，一旦发生超出控制范围的情况，可以及时处理。

为了确保电机的正常工作，必须安装电流表和过载保护装置。还有制冷系统各高压设备之间的均压管，储液器上的遮阳棚，机器运转部件上的防护罩，工作间内良好的通风换气设备等一切保护设备安全和人身安全的装置。

13.5.2 安全操作

为了使制冷系统安全运行，有三个必要的条件：第一是使系统内的制冷剂蒸气不得出现异常的高压，以免设备破裂；第二是不得发生湿冲程、液击、液爆等误操作，以免破坏设备，造成人身伤亡事故；第三是设备的运动部件不得有缺陷或紧固件松动，以免损坏机械。

为了保证制冷系统的正常运行，在系统中安置了用途各异的各种阀门，正确操作各种阀门是安全运行的关键。除了按照工艺流程的要求，正确启闭各个阀门之外，在操作阀门的时候，应根据不同的用途进行不同的操作。例如，开启排气阀门时要迅速，开启进气阀门时要缓慢，调节充液节流阀必须缓慢逐步地进行等。特别要注意，制冷系统中有液态制冷剂的管道和设备，严禁同时将两端阀门关闭。例如，供液管、排液管等管道内充满液态制冷剂，若将两端阀门同时关闭，管内液态制冷剂吸收外界热量，液体产生体积膨胀，此时管道或设备内所受到不仅是制冷剂的饱和蒸气压，而且还有比饱和蒸气压大得多的液体体积膨胀对器壁产生的液压，一旦超过设备或管道承受能力时就会发生设备和管道的爆裂事故，通常称为“液爆”，其后果不堪设想。所以充满液态制冷剂管道和设备的两端阀门，至少有一个必须是开启的。特别是冷凝器和储液器之间的液体管道，储液器与供液节流阀之间的液体管道，液态制冷剂分配台等，这些都是可能发生液爆的部位，在实际操作中必须十分注意。

防止湿冲程是制冷操作的一个重要问题，除了开机时回气阀门必须缓慢开启外，在运行中要注意热负荷的变化，及时调整充液节流阀的开启度，控制储液器的液位，防止大量液态制冷剂充入蒸发器而引发湿冲程。氨气是有毒介质，氟利昂是破坏大气层臭氧的物质，因此不能随意从制冷系统中向外排放不凝性气体，需要经过专用设置的空气分离器向外排放。

为了防止检修时因设备内残存的制冷剂造成操作者中毒和窒息，特别是氨与空气混合达一定比例后遇明火发生爆炸，以及氟利昂制冷剂遇到明火时会分解出剧毒的光气。因此，检修前必须要办理必要的动火手续和检修作业证，抽尽管道和设备内的制冷剂，并且用惰性气体或氮气进行置换，经分析合格之后，方能进行检修作业或实施动火作业。

安全操作十分重要，任何操作都关系到制冷系统的安全。因此，每个操作者都必须按照工艺规程和岗位操作法进行操作，确保制冷系统的安全。

一、判断题

(　　) 1. 冷冻剂在冷凝时放出热量。

(　　) 2. 液氨节流后温度降低。

(　　) 3. 蒸气压缩制冷常用制冷剂有液氨、氟利昂等。

(　　) 4. 把80℃热水冷却成常温水的操作也称为冷冻。

(　　) 5. 冷冻剂是制冷系统中完成循环的工作介质。

(　　) 6. 氨压缩机压缩比过大，会造成排气温度偏低。

(　　) 7. 节流阀开启度过大，会造成冷冻机吸气温度过高。

(　　) 8. 不凝气体存在会改变冷凝温度。

(　　) 9. 过冷温度越低，制冷剂的单位质量制冷量将越大。

(　　) 10. 一个冷冻机的冷冻能力与它所需要的功率的比值叫做该冷冻机的冷冻系数。

(　　) 11. 冷冻剂是制冷系统中完成循环的工作介质，冷冻剂在汽化时放出热量。

二、选择题

1. 液氨沸腾时温度（　　）。

A. 升高　　B. 不变　　C. 降低

2. 下列物料哪些可作冷冻剂？（　　）

A. 氨　　B. 乙烷　　C. 二氧化碳　　D. 氢

3. 液氨节流后温度（　　）。

A. 降低　　B. 不变　　C. 升高

4. 一般地说，冷凝器处液氨是处于（　　）状态。

A. 饱和　　B. 过冷　　C. 过热

5. 不凝气体的存在会使冷凝压力（　　）。

A. 降低　　B. 升高

6. 冷却水温度降低会使冷凝压力（ ）。

A. 降低　　B. 提高

7. 增加一个冷冻循环的制冷量（冷冻能力）可采取的最有效的方法是（ ）。

A. 提高冷冻机功率　　B. 开大节流阀

C. 降低冷却水温度

8. 在制冷循环操作中，经常调节的工艺参数为（ ）。

A. 压缩机吸气量　　B. 节流阀开度

9. 蒸发温度不变，冷凝压力越高，则冷冻机制冷量（ ）。

A. 越大　　B. 越小

10. 蒸发温度高，则蒸发压力（ ）。

A. 高　　B. 低

11. 冷凝后制冷剂液体在冷凝压力下再进一步冷却后的温度称（ ）温度。

A. 蒸发　　B. 冷凝　　C. 过冷

12. 冷冻机的冷冻系数是用来衡量工作好坏的一个重要指标，在同样冷冻量的情况下冷冻系数越大，其所消耗的功率（ ）。

A. 越大　　B. 越小　　C. 无关

三、填空题

1. 冷冻剂在循环系统中经过________四个基本过程完成一个制冷循环。

2. 在循环系统中必不可少的四大件为________。

3. 蒸发器的作用为________。

4. 冷凝器的作用为________。

5. 压缩机的作用为________。

6. 节流器的作用为________。

7. 蒸发温度降低时，相应的压力____，使压缩比____，冷冻能力____。

8. 冷凝温度升高时，相应的压力____，使压缩比____，冷冻能力____。

9. 过冷温度升高时，冷冻能力________。

10. 常用冷冻剂是________。

11. 常用载冷剂是______________________________。

四、简答题

1. 简述冷冻的基本原理。

2. 压缩机气缸内发出不正常响声的原因有哪些？如何处理？

3. 画出冷凝器结构简图并简要说明。

4. 工业上人工制冷有哪几种类型？各有哪些特点？

5. 氨作为制冷剂有何优缺点？

6. 试简述蒸发温度和冷凝温度对冷冻过程的影响。

7. 为什么蒸发温度很低或冷凝温度很高时，要采用多级压缩？

8. 为什么蒸发温度很低时，可以采用复叠式制冷？

9. 在氨冷冻机的冷凝器中，每小时消耗的冷却水量是20t，水的进出口温度差为6℃，压缩机所消耗的理论功率为23.5kW。试确定冷冻机的冷冻能力和冷冻系数。

10. 某理想冷冻循环，每千克冷冻剂自被冷物吸热1.2MJ，吸热时的温度为−10℃。冷冻剂在冷凝器中放热时的温度为15℃。试求其冷冻系数与消耗的机械功。

附　　录

一、计量单位换算

单位名称	符　号	换成法定计量单位的换算系数	备　注
1. 长度			
英寸	in	0.0254m	
英尺	ft	0.3048m	12in
英里	mile	1609.344m	1.609km
2. 面积			
平方英寸	in^2	$6.4516\times10^{-4}m^2$	
平方英尺	ft^2	$0.092903m^2$	$144in^2$
3. 体积			
立方英寸	in^3	$1.63871\times10^{-5}m^3$	
立方英尺	ft^3	$0.0283168m^3$	$1728in^3$
英加仑	UK gal	$4.54609dm^3$	
美加仑	US gal	$3.78541dm^3$	
4. 温度			
华氏度	℉	$℉=\frac{9}{5}℃+32$	
5. 质量、重量			
磅	lb	0.45359237kg	
吨	t	1000kg	
6. 力、重力			
达因	dyn	$10^{-5}N$	$1g\cdot cm/s^2$
千克力	kgf	9.80665N	
磅力	lbf	4.44822N	
7. 压强(压力)			
工程大气压	at	98066.5Pa	$1kgf/cm^2$,$10mH_2O$
标准大气压	atm	101325Pa	760mmHg,$10.33mH_2O$
毫米汞柱	mmHg	133.322Pa	
毫米水柱	mmH_2O	9.80665Pa	$1kgf/m^2$
8. 动力黏度			
泊	P	$10^{-1}Pa\cdot s$	
厘泊	cP	$10^{-3}Pa\cdot s$	$1mPa\cdot s$
9. 功、能、热			
千克力米	kgf·m	9.80665J	
国际蒸汽表卡	cal	4.1868J	
热化学卡	cal	4.1840J	
10. 功率、传热速率			
千克力米每秒	kgf·m/s	9.80665W	
千卡每小时	kcal/h	1.163W	
米制马力		735.499W	75kgf·m/s
电工马力		746W	

续表

单位名称	符号	换成法定计量单位的换算系数	备注
11. 热导率			
千卡每米秒度	kcal/(m·s·℃)	4187W/(m·K)	
千卡每米时度	kcal/(m·h·℃)	1.163 W/(m·K)	
12. 传热系数			
千卡每平方米时度	kcal/(m^2·h·℃)	1.163W/(m^2·K)	
13. 比热容、比熵			
千卡每千克度	kcal/(kg·℃)	4187J/(kg·K)	
14. 潜热、比焓			
千卡每千克	kcal/kg	4187J/kg	

通用气体常数 R 值　R = 8.314　kJ/(kmol·K)

= 848　kgf·m/(kmol·K)

= 82.06　atm·cm^3/(kmol·K)

= 0.08206　atm·m^3/(kmol·K)

= 0.08206　atm·L/(mol·K)

= 1.987　cal/(mol·K)

= 1.987　kcal/(kmol·K)

二、管子规格

1. 无缝钢管在不同压力等级下的壁厚　mm

公称直径 DN /mm	实际外径 /mm	公称压力 /MPa						
		1.6	2.5	4.0	6.4	10.0	16.0	20.0
15	13	2.5	2.5	2.5	2.5	3	3	3
20	25	2.5	2.5	2.5	2.5	3	3	3
25	32	2.5	2.5	2.5	3	3.5	3.5	5
32	38	2.5	2.5	3	3	3.5	3.5	6
40	45	2.5	3	3	3.5	3.5	4.5	6
50	57	2.5	3	3.5	3.5	4.5	5	7
65	76	3	3.5	3.5	4.5	6	6	9
80	89	3.5	4	4	5	6	7	11
100	108	4	4	4	6	7	12	13
125	133	4	4	4.5	6	9	13	17
150	159	4.5	4.5	5	7	10	17	—
200	219	6	6	7	10	13	21	
250	273	7	8	8	11	16	—	
300	325	8	8	9	12	—		
350	377	9	9	10	13	—		
400	426	9	10	12	15			

2. 水、煤气管（有缝钢管）规格

公称直径/mm	实际外径/mm	壁 厚/mm	
		普通级 公称压力≤1MPa	加强级 公称压力≤1.6MPa
8	13.50	2.25	2.75
10	17.00	2.25	2.75
15	21.25	2.75	3.25
20	26.75	2.75	3.50
25	33.50	3.25	4.00
32	42.25	3.25	4.00
40	48.00	3.50	4.25
50	60.00	3.50	4.50
70	75.50	3.75	4.50
80	88.50	4.00	4.75
100	114.00	4.00	5.00
125	140.00	4.50	5.50
150	165.00	4.50	5.50

3. 承插式铸铁管规格

公称直径/mm	内径/mm	壁厚/mm	公称直径/mm	内径/mm	壁厚/mm
低压管(工作压力≤0.45MPa)					
75	75	9	300	302.4	10.2
100	100	9	400	403.6	11
125	125	9	450	453.8	11.5
150	151	9	500	504	12
200	201.2	9.4	600	604.8	13
250	252	9.8	800	806.4	14.8
普通管(工作压力≤0.75MPa)					
75	75	9	500	500	14
100	100	9	600	600	15.4
125	125	9	700	700	16.5
150	150	9	800	800	18.0
200	200	10	900	900	19.5
250	250	10.8	1000	997	22
300	300	11.4	1100	1097	23.5
350	350	12	1200	1196	25
400	400	12.8	1350	1345	27.5
450	450	13.4	1500	1494	30

注：铸铁臂的有效长度除内径为 75mm 和 100mm 两种为 3000mm 外，其余均为 4000mm。

三、液体黏度和293K时的密度

1. 液体在常压下黏度列线图

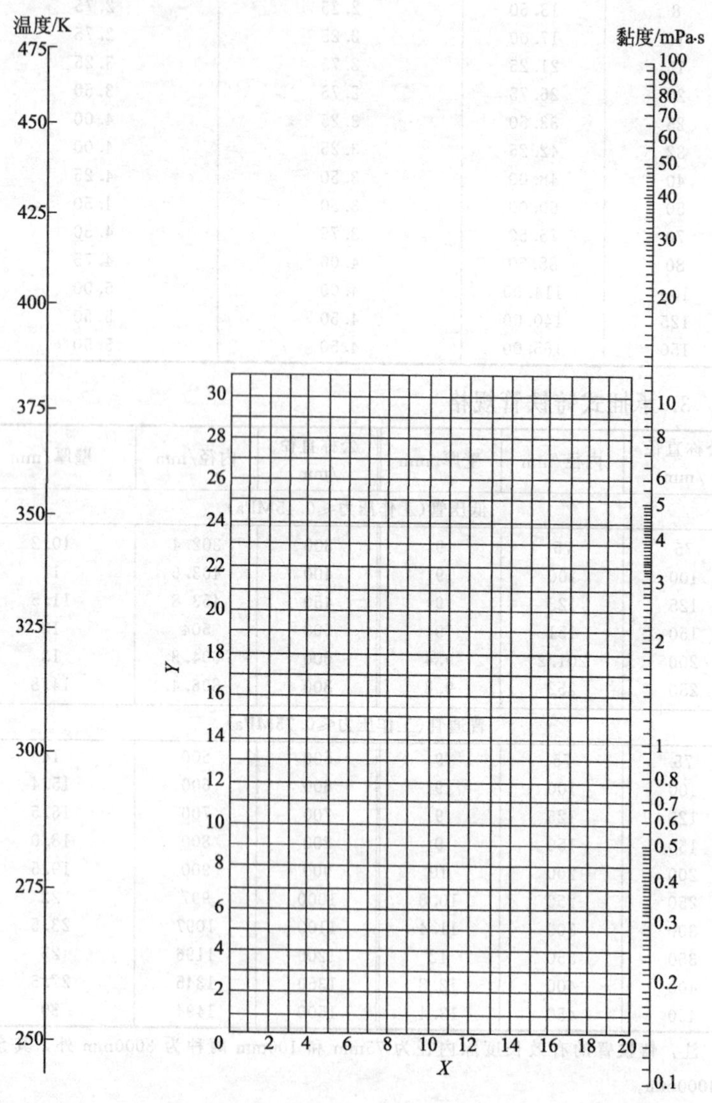

2. 液体黏度列线图坐标值和 293K 时的密度

序号	名　称	X	Y	ρ /(kg/m³)	序号	名　称	X	Y	ρ /(kg/m³)
1	水	10.2	13.0	998	33	硝基苯	10.6	16.2	1205
2	25%NaCl 盐水	10.2	16.6	1186					(291K)
				(298K)	34	苯胺	8.1	18.7	1022
3	25%$CaCl_2$ 盐水	6.6	15.9	1228	35	酚	6.9	20.8	1071
4	100%氨	12.6	2.0	817					(298K)
				(194K)	36	联苯	12.0	18.3	992
5	26%氨水	10.1	10.9	904					(346K)
6	二氧化碳	11.6	0.3	1101	37	萘	7.9	18.1	1493
				(236K)	38	100%甲醇	12.6	10.5	792
7	二氧化硫	15.2	7.1	1434	39	90%甲醇	12.3	11.8	820
				(273K)	40	40%甲醇	7.8	15.5	935
8	二硫化碳	16.1	7.5	1263	41	100%乙醇	10.5	13.8	789
9	溴	14.2	13.2	3119	42	95%乙醇	9.8	14.3	804
10	汞	18.4	16.4	13546	43	40%乙醇	6.5	16.6	935
11	110%硫酸	7.2	27.4	1980	44	乙二醇	6.0	23.6	1113
12	100%硫酸	8.0	15.1	1831	45	100%甘油	2.0	30.0	1261
13	98%硫酸	7.0	24.8	1836	46	50%甘油	6.9	19.6	1126
14	60%硫酸	10.2	21.3	1498	47	乙醚	14.5	5.3	708
15	95%硝酸	12.8	13.8	1493					(298K)
16	60%硝酸	10.8	17.0	1367	48	乙醛	15.2	14.8	783
17	31.5%盐酸	13.0	6.6	1157					(298K)
18	50%氢氧化钠	3.2	15.8	1525	49	丙酮	14.5	7.2	792
19	戊烷	14.9	5.2	630	50	甲酸	10.7	15.8	1220
				(291K)	51	100%醋酸	12.1	14.2	1049
20	己烷	14.7	7.0	659	52	70%醋酸	9.5	17.0	1069
21	庚烷	14.1	8.4	624	53	醋酸酐	12.7	12.8	1083
22	辛烷	13.7	10.0	703	54	醋酸乙酯	13.7	9.1	901
23	三氯甲烷	14.4	10.2	1489	55	醋酸戊酯	11.8	12.5	879
24	四氯化碳	12.7	13.1	1595	56	氟利昂-11	14.4	9.0	1494
25	二氯乙烷	13.2	12.2	2495					(290K)
26	苯	12.5	10.9	879	57	氟利昂-12	16.8	5.6	1486
27	甲苯	13.7	10.4	866					(243K)
28	邻二甲苯	13.5	12.1	881	58	氟利昂-21	15.7	7.5	1485
29	间二甲苯	13.9	10.6	867					(273K)
30	对二甲苯	13.9	10.9	861	59	氟利昂-22	17.2	4.7	3870
31	乙苯	13.2	11.5	867					(273K)
32	氯苯	12.3	12.4	1107	60	煤油	10.2	16.9	780～820

四、气体在常压下的黏度

1. 气体在常压下黏度列线图

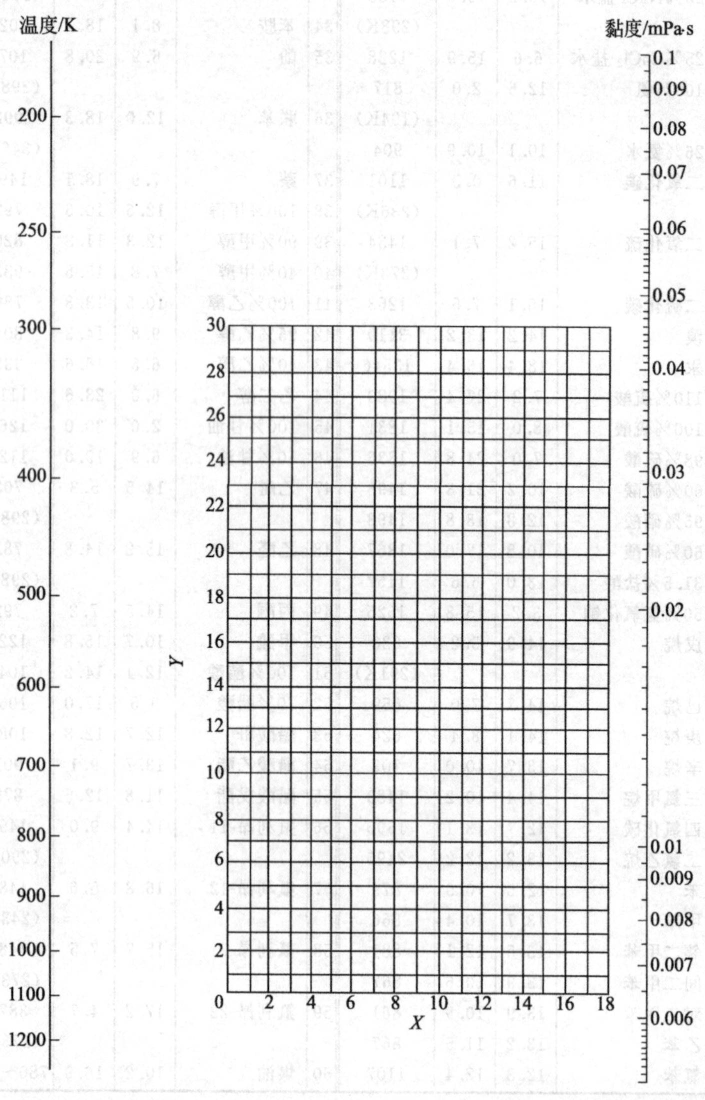

2. 气体黏度列线图坐标值

序号	名 称	X	Y	序号	名 称	X	Y
1	空气	11.0	20.0	21	丁烯	7.2	13.7
2	氧	11.0	21.3	22	丁炔	8.9	13.0
3	氮	10.6	20.0	23	戊烷	7.0	12.8
4	氢	11.2	12.4	24	己烷	8.6	11.8
5	$3H_2+N_2$	11.2	17.2	25	环己烷	9.2	12.0
6	水蒸气	8.0	16.0	26	三氯甲烷	8.9	15.7
7	二氧化碳	9.5	18.7	27	苯	8.5	13.2
8	一氧化碳	11.0	20.0	28	甲苯	8.6	12.4
9	氨	8.4	16.0	29	甲醇	8.5	15.6
10	硫化氢	8.6	18.0	30	乙醇	9.2	14.2
11	二氧化硫	9.6	17.0	31	丙醇	8.4	13.4
12	二硫化碳	8.0	16.0	32	醋酸	7.7	14.3
13	氯	9.0	18.4	33	丙酮	8.9	13.0
14	氯化氢	8.8	18.7	34	乙醚	8.9	13.0
15	甲烷	9.9	15.5	35	醋酸乙酯	8.5	13.2
16	乙烷	9.1	14.5	36	氟利昂-11	10.6	15.1
17	乙烯	9.5	15.1	37	氟利昂-12	11.1	16.0
18	乙炔	9.8	14.9	38	氟利昂-21	10.8	15.3
19	丙烷	9.7	12.9	39	氟利昂-22	10.1	17.0
20	丙烯	9.0	13.8	40	氟利昂-113	11.3	14.0

五、水的物理性质

温度 T /K	密度 ρ /(kg/m³)	蒸气压 p /kPa	比热容 C_p /[kJ/(kg·K)]	黏度 $\mu\times10^3$ /Pa·s	热导率 /[W/(m·K)]	膨胀系数 $\beta\times10^4$ /K^{-1}	表面张力 $\sigma\times10^3$ /(kg/s)	普朗特数 Pr
273	999.9	0.61	4.209	1.792	0.553	0.63	75.6	13.67
283	999.7	1.22	4.188	1.301	0.575	0.70	74.2	9.52
293	998.2	2.33	4.180	1.005	0.599	1.82	72.7	7.02
303	995.7	4.24	4.175	0.801	0.618	3.21	71.2	5.42
313	992.2	7.37	4.175	0.656	0.634	3.87	69.7	4.31
323	988.1	12.33	4.175	0.549	0.648	4.49	67.7	3.54
333	983.2	19.92	4.176	0.469	0.659	5.11	66.2	2.98
343	977.8	31.16	4.184	0.406	0.668	5.70	64.4	2.55
353	971.8	47.34	4.192	0.357	0.675	6.32	62.6	2.21
363	965.3	71.00	4.205	0.317	0.680	6.95	60.7	1.95
373	958.4	101.33	4.217	0.286	0.683	7.52	58.9	1.75
383	951.0	143.3	4.230	0.259	0.685	8.08	56.9	1.36
393	943.1	198.6	4.247	0.237	0.686	8.64	54.8	1.47
403	934.8	270.2	4.264	0.218	0.686	9.19	52.9	1.36
413	926.1	361.5	4.284	0.201	0.685	9.72	50.7	1.26
423	917.0	476.2	4.310	0.186	0.684	10.3	48.7	1.17
433	907.4	618.3	4.343	0.174	0.683	10.7	46.6	1.10
443	897.3	792.5	4.377	0.163	0.679	11.3	44.3	1.05
453	886.0	1004	4.414	0.153	0.675	11.9	41.3	1.00
463	876.0	1255	4.456	0.144	0.670	12.6	40.0	0.96
473	863.0	1554	4.502	0.136	0.663	13.3	37.7	0.93
483	799.0	3978	4.841	0.110	0.618	18.1	26.2	0.86
493	712.5	8593	5.732	0.0912	0.540	29.2	14.4	0.97
503	450.5	22070	40.29	0.0569	0.337	264	4.70	6.79

六、干空气的物理性质（p＝101.325kPa）

温度 t /℃	密度 ρ /(kg/m³)	黏度 $\mu\times10^5$ /Pa·s	热导率 $\lambda\times10^2$ /[W/(m·K)]	比热容 $C_p\times10^{-3}$ /[J/(kg·K)]	普朗特数 Pr
−50	1.584	1.46	2.034	1.013	0.728
−40	1.515	1.52	2.115	1.013	0.728
−30	1.453	1.57	2.196	1.013	0.723
−20	1.395	1.62	2.278	1.009	0.716
−10	1.342	1.67	2.359	1.009	0.712
0	1.293	1.72	2.440	1.005	0.707
10	1.247	1.77	2.510	1.005	0.705
20	1.205	1.81	2.591	1.005	0.703
30	1.165	1.86	2.673	1.005	0.701
40	1.128	1.91	2.754	1.005	0.699
50	1.093	1.96	2.824	1.005	0.698
60	1.060	2.01	2.893	1.005	0.696
70	1.029	2.06	2.963	1.009	0.694
80	1.000	2.11	3.044	1.009	0.692
90	0.972	2.15	3.126	1.009	0.690
100	0.946	2.19	3.207	1.009	0.688
120	0.898	2.29	3.335	1.009	0.686
140	0.854	2.37	3.486	1.013	0.684
160	0.815	2.45	3.637	1.017	0.682
180	0.779	2.53	3.777	1.022	0.681
200	0.746	2.60	3.928	1.026	0.680
250	0.674	2.74	4.265	1.038	0.677
300	0.615	2.97	4.602	1.047	0.674
350	0.566	3.14	4.904	1.059	0.676
400	0.524	3.31	5.206	1.068	0.678
500	0.456	3.62	5.740	1.093	0.687
600	0.404	3.91	6.217	1.114	0.699
700	0.362	4.18	6.711	1.135	0.706
800	0.329	4.43	7.170	1.156	0.713
900	0.301	4.67	7.623	1.172	0.717
1000	0.277	4.90	8.064	1.185	0.719

七、常用离心泵的规格（摘录）

1. IS 型单级单吸离心泵

型号	流量/(m^3/h)	扬程/m	转速/(r/min)	汽蚀余量/m	泵效率/%	功率/kW		泵外形尺寸(长×宽×高)/mm	泵口径/mm	
						轴功率	配带功率		吸入	排出
IS50-32-125	7.5		2900				2.2	465×190×252	50	32
	12.5	20	2900	2.0	60	1.13	2.2			
	15		2900				2.2			
IS50-32-160	7.5		2900				3	465×240×292	50	32
	12.5	32	2900	2.0	54	2.02	3			
	15		2900				3			
IS50-32-200	7.5	52.5	2900	2.0	38	2.62	5.5	465×240×340	50	32
	12.5	50	2900	2.0	48	3.54	5.5			
	15	48	2900	2.5	51	3.84	5.5			
IS50-32-250	7.5	82	2900	2.0	28.5	5.67	11	600×320×405	50	32
	12.5	80	2900	2.0	38	7.16	11			
	15	78.5	2900	2.5	41	7.83	11			
IS65-50-125	15		2900				3	465×210×252	65	50
	25	20	2900	2.0	69	1.97	3			
	30		2900				3			
IS65-50-160	15	35	2900	2.0	54	2.65	5.5	465×240×292	65	50
	25	32	2900	2.0	65	3.35	5.5			
	30	30	2900	2.5	66	3.71	5.5			
IS65-40-200	15	53	2900	2.0	49	4.42	7.5	485×265×340	65	40
	25	50	2900	2.0	60	5.67	7.5			
	30	47	2900	2.5	61	6.29	7.5			

2. Y型离心油泵

型号	流量/(m^3/h)	扬程/m	转速/(r/min)	汽蚀余量/m	泵效率/%	功率/kW		泵外形尺寸(长×宽×高)/mm	泵口径/mm	
						轴功率	配带功率		吸入	排出
50Y60	7.5	71	2950	2.7	29	5.00	7.5	370×460×420	50	40
	13.0	67		2.9	38	6.24		370×460×420		
	15.0	64		3.0	40	6.55		370×460×420		
50Y60A	7.2	56	2950	2.9	28	3.92	7.5	370×460×420	50	40
	11.2	53		3.0	35	4.68		370×460×420		
	14.4	49		3.0	37	5.20		370×460×420		
65Y60	15	67	2950	2.4	41	6.68	11	718×520×500	65	50
	25	60		3.05	50	8.18		718×520×500		
	30	55		3.5	57	8.90		718×520×500		
65Y60A	13.5	55	2950	2.3	40	5.06	7.5	718×520×500	65	50
	22.5	49		3.0	49	6.13		718×520×500		
	27	45		3.3	50	6.61		718×520×500		
65Y100	15	115	2950	3.0	32	14.7	22	705×525×612	65	50
	25	110		3.2	40	18.8		705×525×612		
80Y100	30	110	2950	2.8	42.5	21.1	37	713×530×615	80	65
	50	100		3.1	51	26.6		713×530×615		
	60	90		3.2	52.5	28.0		713×530×615		
80Y100A	26	91	2950	2.8	42.5	15.2	30	713×530×615	80	65
	45	85		3.1	52.5	19.9		713×530×615		
	55	78		3.1	53	22.4		713×530×615		
80Y100B	25	78	2950	2.8	42	12.65	18.5	713×530×615	80	65
	40	73		2.9	52	15.3		713×530×615		
	55	62		3.1	55	16.85		713×530×615		
100Y60	60	67	2950	3.3	58	18.85	30	750×525×590	100	80
	100	63		4.1	70	24.5		750×525×590		
	120	59		4.8	71	27.7		750×525×590		
100Y60A	54	54	2950	3.4	54	14.7	22	750×525×590	100	80
	90	49		4.5	64	19.9		750×525×590		
	108	45		5.0	65	22.4		750×525×590		

八、8-18、9-27 型离心通风机综合特性曲线

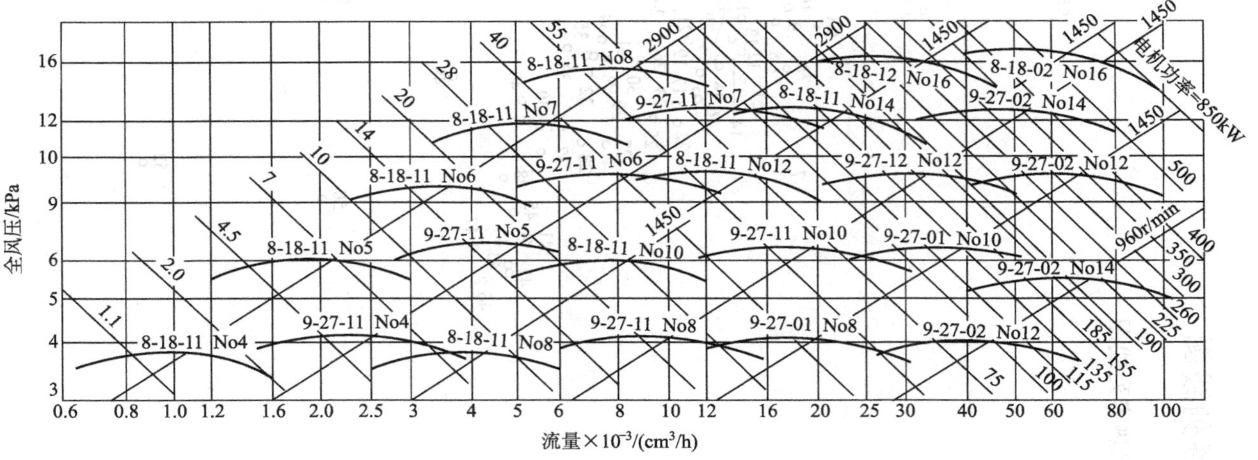

九、比热容列线图

1. 液体比热容列线图

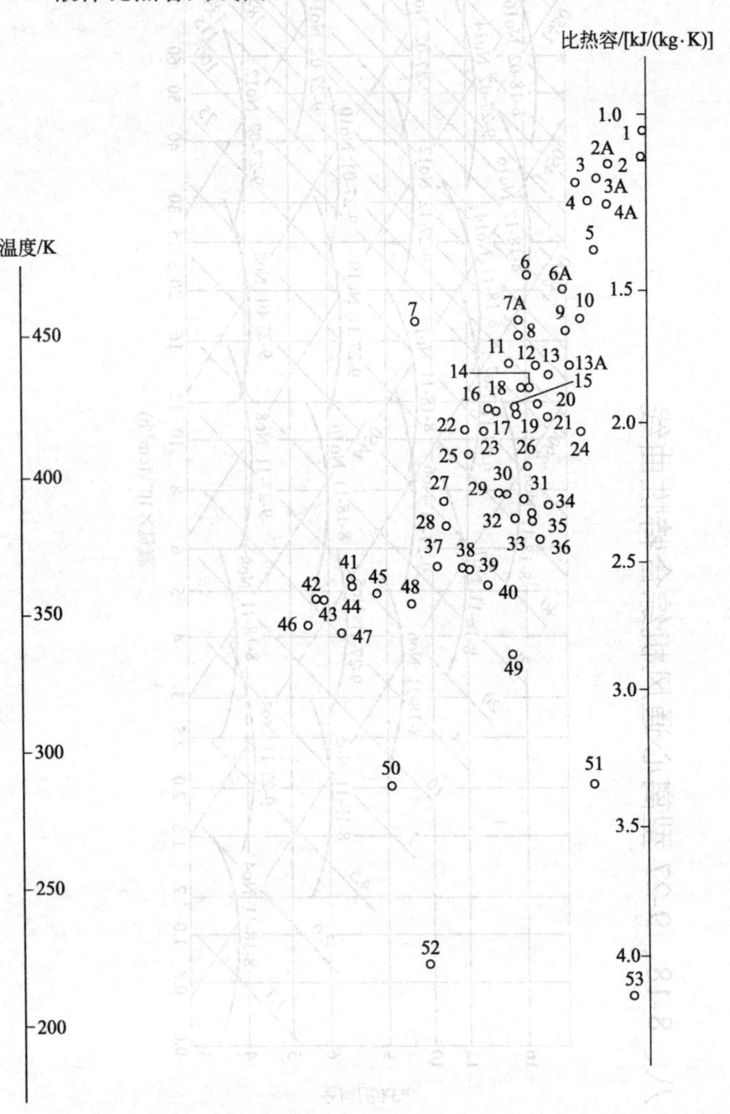

液体比热容列线图中的编号

编号	名 称	温度范围/K	编号	名 称	温度范围/K
1	溴乙烷	278～298	23	甲苯	273～333
2	二硫化碳	173～298	24	醋酸乙酯	223～298
2A	氟利昂-11	253～343	25	乙苯	273～373
3	四氯化碳	283～333	26	醋酸戊酯	273～373
3	过氯乙烯	243～413	27	苯甲基醇	253～303
3A	氟利昂-113	253～343	28	庚烷	273～333
4	氯仿	273～323	29	醋酸 100%	273～353
4A	氟利昂-21	253～343	30	苯胺	273～403
5	二氯甲烷	233～323	31	异丙醚	193～293
6	氟利昂-12	233～288	32	丙酮	293～323
6A	二氯乙烷	243～333	33	辛烷	223～298
7	碘乙烷	273～373	34	壬烷	223～298
7A	氟利昂-22	253～333	35	已烷	193～293
8	氯化苯	273～373	36	乙醚	173～298
9	硫酸 98%	283～318	37	戊醇	223～298
10	苯甲基氯	243～303	38	甘油	233～293
11	二氧化硫	253～373	39	乙二醇	233～473
12	硝基苯	273～373	40	甲醇	233～293
13	氯乙烷	243～313	41	异戊醇	283～373
13A	氯甲烷	193～293	42	乙醇 100%	303～353
14	萘	363～473	43	异丁醇	273～373
15	联苯	353～393	44	丁醇	273～373
16	二苯基醚	273～473	45	丙醇	253～373
16	联苯醚 A	273～473	46	乙醇 95%	293～353
17	对二甲苯	273～373	47	异丙醇	253～323
18	间二甲苯	273～373	48	30%盐酸	253～373
19	邻二甲苯	273～373	49	盐水 25% $CaCl_2$	233～293
20	吡啶	223～298	50	50%乙醇	293～353
21	癸烷	193～298	51	盐水 25% NaCl	233～293
22	二苯基甲烷	303～373	52	氨	203～322
23	苯	283～353	53	水	283～473

2. 气体等压比热容列线图（在 101.3kPa 下）

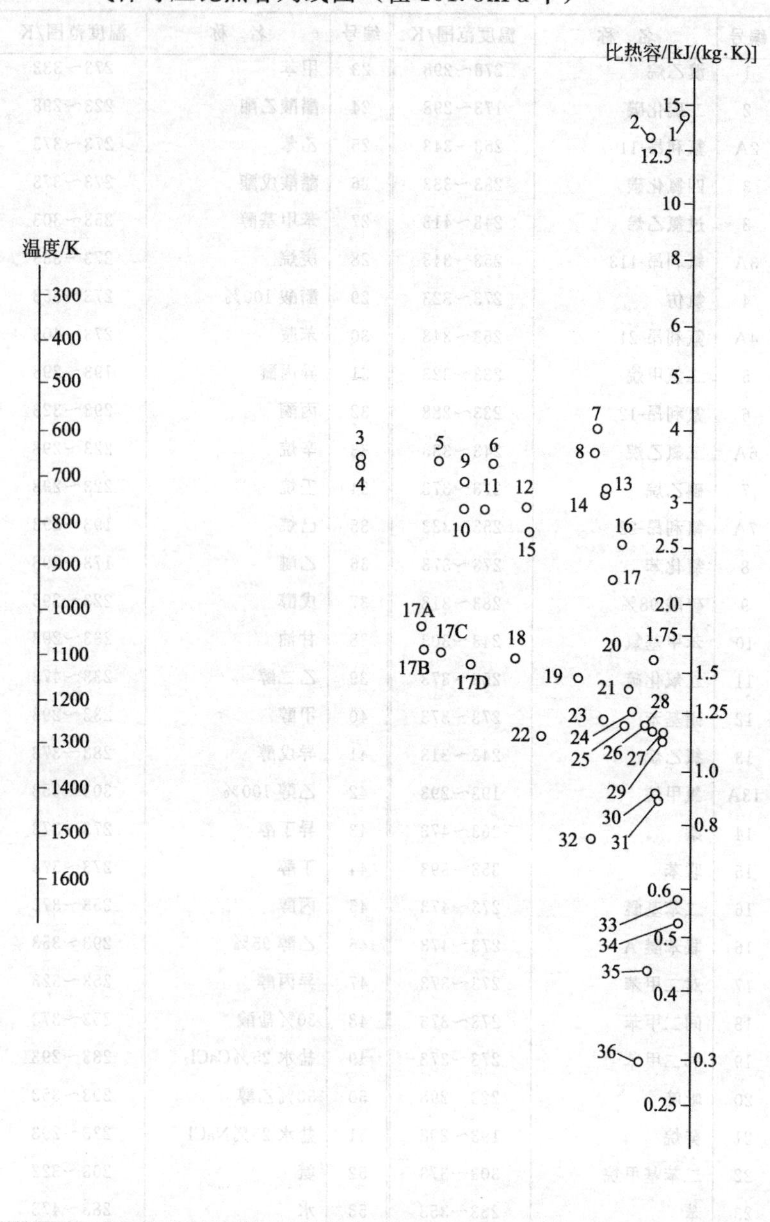

气体等压比热容列线图中的编号

编号	名称	温度范围/K	编号	名称	温度范围/K
1	氢	273～873	17D	氟利昂-113	273～423
2	氢	873～1673	18	二氧化碳	273～673
3	乙烷	273～473	19	硫化氢	273～973
4	乙烯	273～473	20	氟化氢	273～1673
5	甲烷	273～573	21	硫化氢	973～1673
6	甲烷	573～973	22	二氧化硫	273～673
7	甲烷	973～1673	23	氧	273～773
8	乙烷	873～1873	24	二氧化碳	673～1673
9	乙烷	473～873	25	一氧化氮	273～973
10	乙炔	273～473	26	氮	273～1673
11	乙烯	473～873	27	空气	273～1673
12	氨	273～1873	28	一氧化氮	973～1673
13	乙烯	873～1673	29	氧	773～1673
14	氨	873～1673	30	氯化氢	273～1673
15	乙炔	473～873	31	二氧化硫	673～1673
16	乙炔	673～1673	32	氯	273～473
17	水蒸气	273～1673	33	硫	573～1673
17A	氟利昂-22	273～423	34	氯	473～1673
17B	氟利昂-11	273～423	35	溴化氢	273～1673
17C	氟利昂-21	273～423	36	碘化氢	273～1673

十、液体汽化潜热列线图

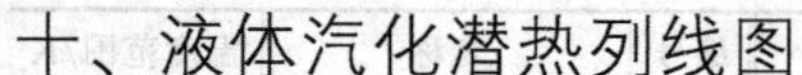

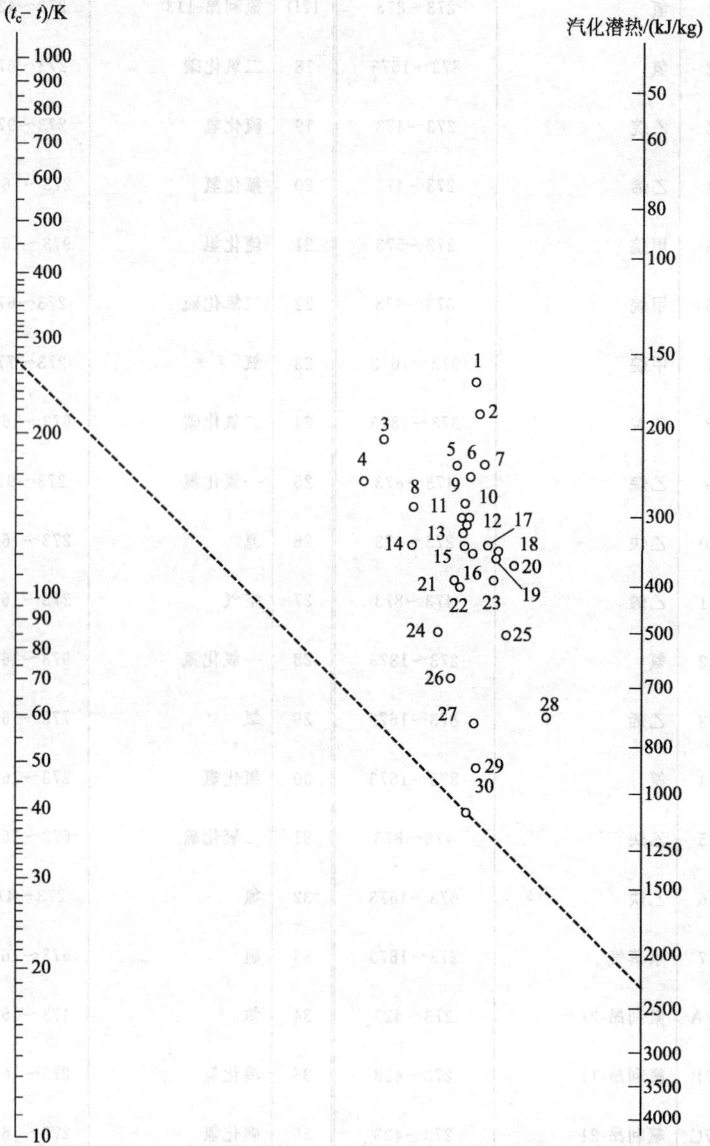

$(t_c - t)$/K
1000
900
800
700
600
500
400
300
200
100
90
80
70
60
50
40
30
20
10
汽化潜热/(kJ/kg)
50
60
80
100
150
200
300
400
500
700
800
1000
1250
1500
2000
2500
3000
3500
4000
1
2
3
4
5
6
7
8
9
10
11
12
13
14
15
16
17
18
19
20
21
22
23
24
25
26
27
28
29
30

液体汽化潜热列线图中的编号

编号	名　称	t_c/K	(t_c-t)/K
1	氟利昂-113	487	90～250
2	氟利昂-12	384	40～200
2	氟利昂-11	471	70～250
2	四氯化碳	556	30～250
3	联苯	800	175～400
4	二硫化碳	546	140～275
5	氟利昂-21	451	70～250
6	氟利昂-22	369	50～170
7	三氯甲烷	536	140～275
8	二氯甲烷	489	150～250
9	辛烷	569	30～300
10	庚烷	540	20～300
11	己烷	508	50～225
12	戊烷	470	20～200
13	乙醚	467	10～400
13	苯	562	10～400
14	二氧化硫	430	90～160
15	异丁烷	407	80～200
16	丁烷	426	90～200
17	氯乙烷	460	100～250
18	醋酸	594	100～225
19	一氧化氮	309	25～150
20	一氯甲烷	416	70～250
21	二氧化碳	304	10～100
22	丙酮	508	120～210
23	丙烷	369	40～200
24	丙醇	537	20～200
25	乙烷	305	25～150
26	乙醇	516	20～140
27	甲醇	513	40～250
28	乙醇	516	140～300
29	氨	406	50～200
30	水	647	100～500

用法举例：

求水在 373K 时的汽化潜热。首先从上表中查得水的编号为 30，$t_c=647$K，则 $t_c-t=647-373=274$ (K)，再在列线图的 t_c-t 标尺上定出 274K 的点，与图中编号为 30 的点连一直线，延长到汽化潜热的标尺上读出交点读数为 2257kJ/kg，此即水在 373K 时的汽化潜热。

十一、某些固体的热导率

1. 常用金属材料的热导率

W/(m·K)

材料	温度/K				
	273	373	473	573	673
铝	324	224	224	224	224
铜	384	379	372	368	362
铁	72.7	67.5	61.5	54.6	48.8
碳钢	51.4	48.8	44.2	41.8	34.9
不锈钢	16.3	17.4	17.4	18.5	—

2. 常用非金属材料的热导率

材料	温度/K	热导率/[W/(m·K)]	材料	温度/K	热导率/[W/(m·K)]
软木	303	0.043		1473	1.64
玻璃棉	—	0.035～0.07	保温砖	—	0.116～0.21
矿渣棉	—	0.076	建筑砖	293	0.7～0.815
保温灰	—	0.07	混凝土	—	1.28
锯屑	293	0.0465～0.0482	绒毛毡	—	0.0466
棉花	373	0.07	85%氧化镁粉	273～373	0.07
石棉	273	0.156	聚氯乙烯	—	0.116～0.175
	373	0.191	加玻璃纤维	—	0.259
厚纸	293	0.14～0.35	加石棉纤维	—	0.294
玻璃	303	0.095	聚酯加玻璃纤维	—	0.259
	253	0.756	聚碳酸酯	—	0.191
搪瓷	323	0.873～1.16	硬橡胶	273	0.15
云母	293	0.43	聚四氟乙烯	—	0.242
泥土	293	0.7～0.93	泡沫玻璃	258	0.00489
冰	273	2.32		193	0.0035
软橡胶	—	0.129～0.16	聚苯乙烯泡沫	298	0.0042
泡沫塑料	—	0.0465		123	0.00175
木材(横向)	—	0.14～0.175	聚乙烯	—	0.33
木材(纵向)	—	0.384	石墨	—	140
耐火砖	403	0.875			

十二、某些液体的热导率

材　料	温度/K	热导率 /[W/(m·K)]	材　料	温度/K	热导率 /[W/(m·K)]
醋酸100%	293	0.171	正癸烷	303	0.147
50%	293	0.35		333	0.144
丙酮	303	0.177	二氯二氟甲烷	266	0.099
	348	0.164		289	0.092
丙烯醇	298～303	0.180		311	0.083
液氨	258～303	0.50		333	0.074
	293	0.45		355	0.066
	333	0.50		348	0.157
乙酸戊酯	283	0.144	正已醇	303	0.161
正戊醇	303	0.163		348	0.156
	373	0.154	煤油	293	0.149
异戊醇	303	0.152		348	0.140
	348	0.151	水银	301	8.36
苯胺	273～293	0.173	甲醇100%	293	0.215
苯	303	0.159	80%	293	0.267
	333	0.151	60%	293	0.329
溴苯	303	0.128	40%	293	0.405
	373	0.121	20%	293	0.492
正已烷	303	0.138	100%	323	0.197
	333	0.135	氯甲烷	258	0.192
正庚烷	303	0.163		303	0.154
硝基苯	303	0.164	石油润滑油	273	0.138～0.156
正乙酸丁酯	298～303	0.147	蓖麻油	293	0.180
正丁醇	303	0.168		373	0.173
	348	0.164	橄榄油	293	0.168
异丁醇	283	0.157		373	0.164
氯化钙水30%	303	0.55	三聚乙醛	303	0.145
15%	303	0.59		373	0.135
二硫化碳	303	0.161	正戊烷	303	0.135
	348	0.152		348	0.128
四氯化碳	273	0.185	过氯乙烯	323	0.159
	341	0.163	石油醚	303	0.13
氯苯	283	0.144		345	0.126
三氯甲烷	303	0.138	正丙醇	303	0.171
对异丙基甲苯	333	0.137		348	0.164

续表

材料	温度/K	热导率/[W/(m·K)]	材料	温度/K	热导率/[W/(m·K)]
异丙醇	303	0.157	正辛烷	303	0.144
	333	0.155		333	0.140
钠	373	85	溴乙烷	293	0.121
	480	80	乙醚	303	0.138
氯化钠水溶液	303	0.57		348	0.135
25%	303	0.59	碘乙烷	313	0.111
12.5%	303	0.36		348	0.109
硫酸90%	303	0.43	乙二醇	273	0.265
60%	303	0.52	汽油	303	0.135
30%	303	0.149	甘油 100%	293	0.284
甲苯	348	0.145	甘油 80%	293	0.327
	303	0.149	甘油 60%	293	0.381
乙苯	333	0.142	甘油 40%	293	0.448
二氯乙烷	323	0.142	甘油 20%	293	0.481
二氯甲烷	258	0.192	甘油 100%	373	0.291
	303	0.166	β-三氯乙烷	303	0.138
乙酸乙酯	293	0.175	松节油	288	0.128
乙醇 100%	293	0.182	凡士林	288	0.184
乙醇 80%	293	0.237	水	273	0.57
乙醇 60%	293	0.305		303	0.615
乙醇 40%	293	0.388		333	0.658
乙醇 20%	293	0.486		353	0.688
乙醇 100%	323	0.151	邻二甲苯	293	0.155
硝基苯	373	0.152	间二甲苯	293	0.155
正壬烷	303	0.145	正庚烷	303	0.140
	333	0.142		333	0.137

十三、饱和水蒸气表（按压力排列）

绝对压力/kPa	温度/℃	蒸汽比容 ν /(m³/kg)	焓/(kJ/kg)		汽化潜热/(kJ/kg)
			液体	蒸汽	
1.0	6.3	129.37	26.48	2503.1	2476.8
1.5	12.5	88.26	52.26	2515.3	2463.0
2.0	17.0	67.29	71.21	2524.2	2452.9
2.5	20.9	54.47	87.45	2531.8	2444.3
3.0	23.5	45.52	98.38	2536.8	2438.4
3.5	26.1	39.45	109.30	2541.8	2432.5
4.0	28.7	34.88	120.23	2546.8	2426.6
4.5	30.8	33.06	129.00	2550.9	2421.9
5.0	32.4	28.27	135.69	2554.0	2418.3
6.0	35.6	23.81	149.06	2560.1	2411.0
7.0	38.8	20.56	162.44	2566.3	2403.8
8.0	41.3	18.13	172.73	2571.0	2398.2
9.0	43.3	16.24	181.16	2574.8	2393.6
10	45.3	14.71	189.59	2578.5	2388.9
15	53.5	10.04	224.03	2594.0	2370.0
20	60.1	7.65	251.51	2606.4	2354.9
30	66.5	5.24	288.77	2622.1	2333.7
40	75.0	4.00	315.93	2634.1	2312.2
50	81.2	3.25	339.80	2644.3	2304.5
60	85.6	2.74	358.21	2652.1	2393.9
70	89.9	2.37	376.61	2659.8	2283.2
80	93.2	2.09	390.08	2665.3	2275.3
90	96.4	1.87	403.49	2670.8	2267.4
100	99.6	1.70	416.90	2676.3	2259.5

续表

绝对压力 /kPa	温度/℃	蒸汽比容 ν /(m^3/kg)	焓/(kJ/kg)		汽化潜热 /(kJ/kg)
			液体	蒸汽	
120	104.5	1.43	437.51	2684.3	2246.8
140	109.2	1.24	457.67	2692.1	2234.4
160	113.0	1.21	473.88	2698.1	2224.2
180	116.6	0.988	489.32	2703.7	2214.3
200	120.2	0.887	493.71	2709.2	2204.6
250	127.2	0.719	534.39	2719.7	2185.4
300	133.3	0.606	560.38	2728.5	2168.1
350	138.8	0.524	583.76	2736.1	2151.3
400	143.4	0.463	603.61	2742.1	2138.5
450	147.7	0.414	622.42	2747.8	2125.4
500	151.7	0.375	639.59	2752.8	2113.2
600	158.7	0.316	670.22	2761.4	2091.1
700	164.7	0.273	696.27	2767.8	2071.5
800	170.4	0.240	720.96	2773.7	2052.7
900	175.1	0.215	741.82	2778.1	2036.2
1×10^3	179.9	0.194	762.68	2782.5	2019.7
1.1×10^3	180.2	0.177	780.34	2785.5	2005.1
1.2×10^3	187.8	0.166	797.92	2788.5	1990.6
1.3×10^3	191.5	0.151	814.25	2790.9	1976.7
1.4×10^3	194.8	0.141	829.06	2792.4	1963.7
1.5×10^3	198.2	0.132	843.86	2794.5	1950.7
1.6×10^3	201.3	0.124	857.77	2796.0	1938.2
1.7×10^3	204.1	0.117	870.58	2797.1	1926.5
1.8×10^3	206.9	0.110	883.39	2798.1	1914.8

十四、某些水溶液不同沸点对应的质量分数（101.3kPa）

溶　质	溶液的质量分数/%								
	374K	375K	376K	377K	378K	380K	383K	388K	393K
$CaCl_2$	5.66	10.31	14.16	17.36	20.00	24.24	29.33	35.63	40.83
KOH	4.49	8.51	11.97	14.82	17.01	20.88	25.65	31.97	36.51
KCl	8.42	14.31	18.96	23.02	26.57	32.62	—	—	—
K_2CO_3	10.31	18.37	24.24	28.57	32.24	37.69	43.97	50.86	56.04
KNO_3	13.19	23.66	32.23	39.20	45.10	54.65	65.34	79.53	—
$MgCl_2$	4.67	8.42	11.66	14.43	16.59	20.32	24.41	29.48	33.07
$MgSO_4$	14.31	22.78	28.31	32.23	35.32	42.86	—	—	—
NaOH	4.12	7.40	10.15	12.51	14.53	18.32	23.08	26.21	33.77
NaCl	6.19	11.03	14.67	17.69	20.32	25.09	—	—	—
$NaNO_3$	8.26	15.61	21.87	27.53	32.42	40.47	49.87	60.94	68.94
Na_2SO_4	15.26	24.8	30.73	—	—	—	—	—	—
Na_2CO_3	9.42	17.22	23.72	29.18	33.86	—	—	—	—
$CuSO_4$	26.95	39.98	40.83	44.47	—	—	—	—	—
$ZnSO_4$	20.00	31.22	37.89	42.92	46.15	—	—	—	—
NH_4NO_3	9.09	16.66	23.08	29.08	34.21	42.53	51.92	63.24	71.26
NH_4Cl	6.10	11.35	15.96	19.80	22.89	28.37	35.98	46.95	—
$(NH_4)_2SO_4$	13.34	23.14	30.65	36.71	41.79	49.73	—	—	—

溶　质	溶液的质量分数/%									
	398K	413K	433K	453K	473K	493K	513K	533K	553K	573K
$CaCl_2$	45.80	57.89	68.94	75.86	—	—	—	—	—	—
KOH	40.23	48.05	54.89	60.41	64.91	68.73	72.46	75.76	78.95	81.63
K_2CO_3	60.40	—	—	—	—	—	—	—	—	—
KNO_3	—	—	—	—	—	—	—	—	—	—
$MgCl_2$	36.02	38.16	—	—	—	—	—	—	—	—
$MgSO_4$	—	—	—	—	—	—	—	—	—	—
NaOH	37.58	48.32	60.13	69.97	77.53	84.03	88.89	93.02	95.92	98.47
NaCl	—	—	—	—	—	—	—	—	—	—
$NaNO_3$	—	—	—	—	—	—	—	—	—	—
Na_2SO_4	—	—	—	—	—	—	—	—	—	—
Na_2CO_3	—	—	—	—	—	—	—	—	—	—
$CuSO_4$	—	—	—	—	—	—	—	—	—	—
$ZnSO_4$	—	—	—	—	—	—	—	—	—	—
NH_4NO_3	77.11	87.09	93.20	96.00	97.61	98.84	—	—	—	—
NH_4Cl	—	—	—	—	—	—	—	—	—	—
$(NH_4)_2SO_4$	—	—	—	—	—	—	—	—	—	—

十五、某些双组分混合物在 101.3kPa（绝压）下的汽液平衡数据

1. 甲醇-水

甲醇的质量分数/%		甲醇的质量分数/%		甲醇的质量分数/%		甲醇的质量分数/%	
液体中	蒸气中	液体中	蒸气中	液体中	蒸气中	液体中	蒸气中
1	7.3	10	43.4	40	76.0	70	88.3
4	23.5	20	61.0	50	81.2	80	92.1
6	31.5	30	70.5	60	84.8	90	96.0

2. 苯-甲苯

t/℃	苯的摩尔分数/%		t/℃	苯的摩尔分数/%		t/℃	苯的摩尔分数/%	
	液体中	气体中		液体中	气体中		液体中	气体中
110.4	0	0	100	25.6	45.3	88.0	65.9	83.0
108.0	5.8	12.8	96.0	37.6	59.6	84.0	83	93.2
104.0	15.5	30.4	92.0	50.8	72.0	80.02	100	100

3. 乙醇-水

t/℃	乙醇的摩尔分数/%		t/℃	乙醇的摩尔分数/%		t/℃	乙醇的摩尔分数/%	
	液体中	气体中		液体中	气体中		液体中	气体中
100	0	0	82.7	23.37	54.45	79.3	57.32	68.41
95.5	1.90	17.00	82.3	26.08	55.80	78.74	67.63	73.85
89.0	7.21	38.91	81.5	32.73	58.26	78.41	74.72	78.15
86.7	9.66	43.75	80.7	39.65	61.22	78.15	89.43	89.43
85.3	12.38	47.04	79.8	50.79	65.64			
84.1	16.61	50.89	79.7	51.98	65.99			

十六、几种冷冻剂的物理性质

冷冻剂	化学分子式	相对分子质量	常压下蒸发温度/K	临界温度 T_c/K	临界压力 p_c /kPa	临界体积 V_c/(L/kg)	凝固点 T/K	绝热指数 $k=\frac{C_p}{C_V}$
氨	NH_3	17.30	239.8	405.6	11301	4.13	195.5	1.30
二氧化硫	SO_2	64.06	263.1	430.4	7875	1.92	198.0	1.26
二氧化碳	CO_2	44.01	194.3	304.2	7358	2.16	216.6	1.30
氯甲烷	CH_3Cl	50.49	249.4	416.3	6680	—	175.6	1.20
二氯甲烷	CH_2Cl_2	84.94	313.2	512.2	6357	—	176.5	1.18
氟利昂-11	$CFCl_3$	137.39	296.9	471.2	4375	1.80	162.2	1.13
氟利昂-12	CF_2Cl_2	120.92	243.4	384.7	4002	1.80	118.2	1.14
氟利昂-13	CF_3Cl	104.47	191.7	301.9	3861	1.72	93.2	—
氟利昂-21	$CHFCl_2$	102.93	282.1	451.7	5169	—	138.2	1.16
氟利昂-22	CHF_2Cl	86.48	232.4	369.2	4934	1.90	113.2	1.20
氟利昂-113	$C_2F_3Cl_3$	187.37	321.0	487.3	3416	1.73	238.2	1.09
氟利昂-114	$C_2F_4Cl_2$	170.91	277.3	—	—	—	—	—
氟利昂-143	$C_2H_3F_3$	84.04	225.9	344.6	4120	—	161.9	—
甲烷	CH_4	16.04	111.7	190.6	4493	—	90.8	—
乙烷	C_2H_6	30.06	184.6	305.3	4934	4.70	90.0	1.25
丙烷	C_3H_8	44.10	231.0	369.5	4258	—	86.0	1.13
乙烯	C_2H_4	28.05	169.5	282.4	5042	4.63	104.1	—
丙烯	C_3H_6	42.08	226.0	364.7	4454	—	—	—

十七、几种冷冻剂的沸点和饱和蒸汽压的关系

冷冻剂	蒸汽压/kPa												
	323K	313K	303K	293K	283K	273K	263K	253K	243K	233K	223K	203K	173K
氨	2033	1555	1167	1003	615.2	429.6	291.0	190.3	119.6	71.8	40.9	10.9	
氟利昂-12	1217	959.4	744.6	568.0	423.8	309.0	219.7	151.1	101.0	64.26	39.14	12.26	
丙烯	2056	1647	1299	1011	775	583	430	308	213	143	91.5	32.5	4.06
乙烯						4086	3245	2533	1939	1452	1061	518	125.4

注：超过临界温度，无汽液平衡。

十八、氯化钠溶液的物理性质

相对密度(288K)	溶液中盐的质量分数/%	冻结温度 T/K	黏度 $\mu \times 10^3$/Pa·s					热导率/[W/(m·K)]		
			273K	268K	263K	258K	253K	273K	263K	253K
1.0	0.1	273.2	1.77	—	—	—	—	0.582	—	—
1.01	1.5	272.3	1.79	—	—	—	—	0.578	—	—
1.02	2.9	271.4	1.81	—	—	—	—	0.576	—	—
1.03	4.3	270.6	1.82	—	—	—	—	0.573	—	—
1.04	5.6	269.7	1.84	—	—	—	—	0.571	—	—
1.05	7.0	268.8	1.87	—	—	—	—	0.569	—	—
1.06	8.3	267.8	1.91	2.31	—	—	—	0.566	—	—
1.07	9.6	266.8	1.96	2.37	—	—	—	0.564	—	—
1.08	11.0	265.7	2.02	2.44	—	—	—	0.561	—	—
1.09	12.3	264.6	2.08	2.52	—	—	—	0.558	—	—
1.10	13.6	263.4	2.15	2.61	—	—	—	0.556	—	—
1.11	14.9	262.2	2.24	2.72	3.35	—	—	0.554	0.519	—
1.12	16.2	261.0	2.32	2.84	3.49	—	—	0.551	0.516	—
1.13	17.5	259.6	2.43	2.97	3.68	—	—	0.549	0.514	—
1.14	18.8	258.1	2.56	3.12	3.87	4.78	—	0.547	0.512	—
1.15	20.0	256.6	2.69	3.28	4.08	5.01	—	0.544	0.509	—
1.16	21.2	255.0	2.83	3.44	4.31	5.28	—	0.542	0.507	—
1.17	22.4	253.2	2.96	3.64	4.56	5.58	6.87	0.541	0.506	0.477
1.175	23.1	252.0	3.04	3.75	4.71	5.75	7.04	0.540	0.505	0.476
1.18	23.7	256.0	3.14	3.86	4.87	5.94	—	0.539	0.504	—
1.19	24.9	263.7	3.30	4.07	—	—	—	0.536	—	—
1.20	26.1	271.5	3.47	—	—	—	—	0.534	—	—
1.208	26.3	273.2	3.50	—	—	—	—	0.534	—	—

十九、氯化钙溶液的物理性质

相对密度(288K)	溶液中盐的质量分数/%	冻结温度 T/K	黏度 $\mu\times10^3$/Pa·s				热导率/[W/(m·K)]			
			273K	263K	253K	243K	273K	263K	253K	243K
1.00	0.1	273.2	1.78	—	—	—	0.582	—	—	—
1.05	5.9	270.2	1.98	—	—	—	0.568	—	—	—
1.10	11.5	266.1	2.30	—	—	—	0.552	—	—	—
1.15	16.8	260.5	2.77	4.37	—	—	0.535	0.504	—	—
1.16	17.8	259.0	2.87	4.51	—	—	0.530	0.500	—	—
1.17	18.9	257.5	2.99	4.67	—	—	0.526	0.497	—	—
1.18	19.9	255.8	3.12	4.85	—	—	0.521	0.493	—	—
1.19	20.9	254.0	3.28	5.07	—	—	0.516	0.490	—	—
1.20	21.9	252.0	3.44	5.32	8.61	—	0.512	0.486	0.465	—
1.21	22.8	249.9	3.62	5.61	9.02	—	0.507	0.484	0.463	—
1.22	23.8	247.5	3.82	5.93	9.48	—	0.502	0.480	0.459	—
1.23	24.7	244.9	4.02	6.27	10.00	—	0.498	0.477	0.457	—
1.24	25.7	242.0	4.26	6.68	10.57	14.81	0.493	0.473	0.455	0.437
1.25	26.6	238.6	4.52	7.08	11.17	15.89	0.489	0.470	0.452	0.436
1.26	27.5	234.6	4.81	7.52	11.85	17.17	0.484	0.466	0.449	0.435
1.27	28.4	229.6	5.12	8.03	12.69	18.84	0.479	0.463	0.447	0.434
1.28	29.4	223.1	5.49	8.63	13.79	21.29	0.475	0.459	0.444	0.433
1.286	29.9	218.2	5.69	9.05	14.39	22.56	0.472	0.457	0.443	0.432
1.29	30.3	222.6	5.89	9.33	14.96	23.84	0.470	0.456	0.442	0.430
1.30	31.2	231.6	6.34	10.06	16.19	26.59	0.465	0.452	0.439	0.429
1.31	32.1	239.3	6.83	10.87	17.63	30.71	0.461	0.449	0.436	0.428
1.32	33.0	246.1	7.39	11.73	19.19	—	0.457	0.444	0.434	—
1.33	33.9	252.0	8.02	12.73	20.99	—	0.452	0.441	0.432	—
1.34	34.7	257.6	8.65	13.81	—	—	0.442	0.437	—	—
1.35	35.6	263.0	9.32	15.19	—	—	0.443	0.433	—	—
1.36	36.4	268.1	10.09	—	—	—	0.440	—	—	—
1.37	37.3	273.2	10.92	—	—	—	0.435	—	—	—

二十、氯化钠溶液和氯化钙溶液的比热容

相对密度 (288K)	氯化钠 C_p/[kJ/(kg·K)]			相对密度 (288K)	氯化钠 C_p/[kJ/(kg·K)]			
	273K	263K	253K		273K	263K	253K	243K
1.01	4.07	—	—	1.10	3.50	—	—	—
1.02	4.00	—	—	1.11	3.44	—	—	—
1.03	3.94	—	—	1.12	3.38	—	—	—
1.04	3.88	—	—	1.13	3.33	3.30	—	—
1.05	3.83	—	—	1.14	3.27	3.25	—	—
1.06	3.77	—	—	1.15	3.22	3.20	—	—
1.07	3.72	—	—	1.16	3.17	3.15	—	—
1.08	3.68	—	—	1.17	3.13	3.11	—	—
1.09	3.63	—	—	1.18	3.09	3.06	—	—
1.10	3.59	3.58	—	1.19	3.04	3.02	—	—
1.11	3.55	3.54	—	1.20	3.00	2.98	2.95	—
1.12	3.52	3.50	—	1.21	2.97	2.94	2.92	—
1.13	3.48	3.47	—	1.22	2.93	2.91	2.88	—
1.14	3.44	3.43	—	1.23	2.90	2.87	2.85	—
1.15	3.41	3.40	—	1.24	2.87	2.84	2.82	2.79
1.16	3.38	3.37	—	1.25	2.84	2.81	2.79	2.76
1.17	3.35	3.34	3.32	1.26	2.81	2.78	2.76	2.74
1.175	3.33	3.32	3.31	1.27	2.78	2.76	2.73	2.71
1.203	3.25	—	—	1.28	2.76	2.73	2.71	2.68
				1.286	2.74	2.72	2.69	2.66
				1.37	2.53	—	—	—

参考答案

绪　　论

14. 13600kg/m^3　15. 9.81×10^{5}N/m^2

第1章　流体流动

一、判断题

1. √　2. √　3. √　4. ×　5. ×　6. ×　7. √　8. √　9. √
10. √　11. √　12. ×　13. √　14. √　15. √　16. √　17. ×
18. √　19. ×　20. ×　21. √　22. √　23. ×　24. ×　25. √
26. √　27. √　28. √　29. √　30. ×　31. ×　32. √　33. ×
34. √　35. √

二、选择题

1. B　2. C　3. A　4. A　5. A　6. B　7. A　8. A　9. A　10. A
11. A　12. C　13. B　14. C　15. B　16. A　17. A　18. B
19. C　20. A　21. B　22. C　23. B　24. A　25. A　26. A
27. B　28. B　29. B　30. C

五、计算题

1. 4m　2. 4895.2Pa　3. 22m　4. 0.272m/s　5. 1508W
6. 2.1m　7. 9160W　8. 2.1m　9. Re=5.3×10^4，湍流
10. Re=1.55×10^4，湍流

第2章　液体输送机械

一、判断题

1. √　2. ×　3. √　4. ×　5. ×　6. ×　7. √　8. ×　9. ×
10. √　11. √　12. √　13. √　14. √　15. √　16. ×　17. √
18. ×　19. ×　20. √　21. √　22. √

二、选择题

1. A　2. C　3. A　4. B　5. B　6. C　7. C　8. C　9. A
10. C　11. A　12. B　13. B　14. C　15. B

五、计算题

1. ①该泵合用；②不能正常工作

第 3 章　气体压缩和输送机械

一、判断题

1. × 2. √ 3. √ 4. × 5. × 6. × 7. × 8. ×

二、选择题

1. B 2. A 3. C 4. B 5. B 6. B

第 4 章　流体与粒子间相对运动的过程

一、判断题

1. × 2. √ 3. √ 4. × 5. × 6. × 7. × 8. ×

二、选择题

1. A 2. C 3. B 4. C 5. B 6. C 7. B 8. B 9. A 10. C
11. B 12. C

第 5 章　传热原理及传热设备

一、判断题

1. × 2. × 3. √ 4. √ 5. × 6. √ 7. × 8. × 9. ×
10. √ 11. √ 12. × 13. × 14. × 15. √ 16. × 17. √
18. ×

二、选择题

1. B 2. C 3. A 4. B 5. B 6. A 7. A 8. C 9. B 10. A
11. C 12. A 13. C 14. B 15. B 16. B 17. A 18. A
19. B 20. C

五、计算题

1. 25122kJ　2. 125.5kW　3. ① $\Delta t_{逆}=39.2K$；② $\Delta t_{并}=30.8K$
4. 12.8kW　5. 0.946kg/s；$11.8m^2$　6. ①310.4kW；②0.138kg/s；③56.35K；④ $4.59m^2$　7. 126kW；2kg/s；27℃　8. $\Delta t_{逆}=148.6K$；$\Delta t_{并}=104.3K$　9. ① $1237.8W/m^2$；② $t_a=710.6K<1100K$，安全　10. $t_2=78.5℃$；$A_{并}=36.9m^2$；$A_{逆}=32.6m^2$

第 6 章　蒸发

一、判断题

1. √ 2. × 3. × 4. √ 5. √ 6. × 7. √ 8. √ 9. ×
10. ×

二、选择题

1. C 2. C 3. B 4. B 5. B 6. B 7. C 8. B 9. C 10. B

五、计算题

1. 1000kg　2. 280.7t　3. 166.7kg/h；D = 873.4kg/h；A=12.3m^2

第7章　蒸馏

一、判断题

1. √　2. ×　3. √　4. √　5. ×　6. √　7. ×　8. ×　9. √　10. ×　11. ×　12. √　13. ×　14. √　15. √　16. √　17. √　18. ×　19. √　20. √　21. √　22. ×　23. ×　24. √　25. ×　26. √　27. √　28. √　29. ×　30. √　31. √　32. ×　33. √　34. √　35. √　36. √　37. ×　38. ×　39. ×　40. ×　41. ×　42. √　43. √　44. √　45. √　46. ×　47. √　48. √　49. √　50. ×

二、选择题

1. B　2. B　3. C　4. A　5. A　6. A　7. A　8. B　9. C　10. B　11. A　12. A　13. C　14. A　15. B　16. A　17. C　18. C　19. A　20. C　21. B　22. B　23. A　24. A　25. B　26. C　27. A　28. A　29. C　30. A　31. A　32. B　33. B　34. B　35. B　36. B

五、计算题

1. 96.5℃，0.64；气液混合态；0.29，0.52；104℃，0.4

2. y=0.667x+0.3

3. ①R = 3，x_D = 0.8，x_W = 0.05；②D = 33.33kmol/h，W = 66.67kmol/h，L = 100kmol/h，L' = 200kmol/h，V = V' = 133.33kmol/h

4. ①9.75×10^6 kJ/kmol，4422.6kg/h；②7.3×10^6 kJ/kmol，1.74×10^5 kg/h

第8章　吸收

一、判断题

1. √　2. √　3. ×　4. ×　5. √　6. √　7. ×　8. √　9. ×　10. √　11. √　12. ×　13. √　14. √　15. ×　16. ×　17. ×　18. √　19. √　20. √　21. ×　22. √　23. √　24. √　25. √

二、选择题

1. B 2. A 3. A 4. B 5. C 6. A 7. B 8. A 9. A
10. C 11. C 12. C 13. A 14. C 15. B 16. C

五、计算题

1. $p_{H_2}=900kPa$，$x_{N_2}=0.25$
2. 25%
3. 0.25kmol CO_2/kmol 空气
4. 0.0162%
5. 10.51kg 氨/m^3 水
6. 0.0236kmol 丙酮/kmol 水
7. 80%，2.61kmol 吸收质/kmol 水

第 9 章　干燥

一、判断题

1. × 2. × 3. × 4. × 5. √ 6. √ 7. √ 8. × 9. √
10. √ 11. √ 12. √ 13. √ 14. √ 15. ×

二、选择题

1. C 2. B 3. C 4. C 5. C 6. A 7. B 8. C 9. A 10. C
11. B 12. B 13. B 14. B 15. B

五、计算题

1. ①$p_{水}=7.968kPa$；②$H=0.116kg$ 水/kg 干气；③$0.495kg/m^3$
2. $L=2000kg$
3. ①183.67kg/h；②800kg/h
4. 394.74kg/h；1105.3kg/h
5. ① 0.205kg/s；② 1.203kg 干气/s，5.876kg 干气/kg 水；③0.333kg/s

第 10 章　液-液萃取

一、判断题

1. × 2. × 3. √ 4. × 5. × 6. × 7. √ 8. × 9. √
10. √

二、选择题

1. A 2. A 3. B 4. C 5. C 6. A 7. B 8. B 9. B 10. B

第 11 章 结晶

一、判断题

1. √ 2. × 3. × 4. × 5. √ 6. √ 7. × 8. √ 9. ×
10. √

二、选择题

1. C 2. B 3. B 4. A 5. A 6. B 7. A 8. A 9. C
10. B 11. C 12. C

五、计算题

1. 170.1kg/h 2. 266.1kg/h

第 12 章 膜分离技术

一、判断题

1. × 2. √ 3. × 4. × 5. √ 6. √ 7. × 8. × 9. √
10. √

二、选择题

1. B 2. B 3. C 4. A 5. B 6. C 7. A 8. C 9. A
10. B

第 13 章 冷冻

一、判断题

1. √ 2. √ 3. √ 4. × 5. √ 6. √ 7. √ 8. √ 9. √
10. √ 11. ×

二、选择题

1. B 2. A 3. A 4. A 5. B 6. A 7. C 8. B 9. B
10. A 11. C 12. B

参考文献

[1] 张弓．化工原理．北京：化学工业出版社，2001.

[2] 化工部人事教育司，化工部教育培训中心组织编写．化工工人技术理论培训教材．北京：化学工业出版社，1997.

[3] 韩文光．化工装置实用操作技术指南．北京：化学工业出版社，2001.

[4] 刘纪福，白荣春，山本格．实用余热回收和利用技术．北京：机械工业出版社，1998.

[5] F. 莫萨，H. 斯恰涅特泽．工业热泵——高效节能新技术．北京：中国轻工业出版社，1992.

[6] 谭天恩等．化工原理．北京：化学工业出版社，1998.

[7] 王锡玉，刘建中．化工基础．北京：化学工业出版社，2000.

[8] 陈敏恒等．化工原理．北京：化学工业出版社，1998.

[9] 大连理工大学编．化工原理．北京：高等教育出版社，2002.

[10] 陈常贵等．化工原理．天津：天津大学出版社，2003.

[11] 姜守忠等．制冷原理．北京：中国商业出版社，2003.

[12] 王振中．化工原理．北京：化学工业出版社，1990.

[13] 赵锦全．化工过程及设备．北京：化学工业出版社，1983.

[14] 何潮洪等．化工原理操作型问题的分析．北京：化学工业出版社，1997.

[15] 刘相臣等．化工装备事故分析与预防．北京：化学工业出版社，2003.

[16] 杨磊主．制冷原理与技术．北京：科学出版社，1988.

[17] 冷士良．化工单元过程及操作．北京：化学工业出版社，2006.

[18] 刘盛宾．化工基础．北京：化学工业出版社，1999.

[19] 刘茉娥，陈欢林．膜分离技术基础．杭州：浙江大学出版社，1993.

[20] 陆美娟．化工原理．北京：化学工业出版社，1995.

[21] 朱强．化工单元过程及操作例题与习题．北京：化学工业出版社，2005.

[22] 于文国．生化分离技术．北京：化学工业出版社，2006.

[23] 程祖球，叶永昌．化工基础．北京：化学工业出版社，2000.

相关链接

化工技术类专业技能考核试题集（全国化工技能大赛及化工操作工职业资格鉴定理论试题）

中国化工教育协会组织编写　许宁、徐建良　主编　丁志平　主审

书号：978-7-122-00307-2　定价 20 元

本书是针对参加全国石油与化工职业院校学生化工技能大赛、化工技术类专业的学生进行化工操作高、中级工取证考核的需要编写。内容包括化工基础知识、专业基础及专业知识、操作技能三个大的方面，按选择题和判断题两种题型编排。基础知识主要包括化工操作人员必备的基础化学方面的知识；专业基础及专业知识包括制图、电工仪表、化工材料、化工设备、反应器等方面的内容；操作技能主要包括流体输送设备、分离设备等方面的基本构造、性能、基本操作、日常维护及常见事故原因分析和处理。

本书可供参加全国化工技能大赛和化工操作工职业资格鉴定的职业院校学生及化工行业的从业人员使用。

化学检验工理论知识试题集全国化工技能大赛及分析检验工资格考核理论试题

中国化工教育协会组织编写　丁敬敏、杨小林　主编　黄一石　主审

书号：978-7-122-03044-3　定价 24 元

本试题集包括基础知识、专业知识及化验室管理知识三部分内容，按单项选择题、多项选择题、判断题和综合题四种题型汇编而成。基础知识主要指化学检验人员必备的基础化学知识，专业知识包括定量化学分析、仪器分析、工业分析、有机分析等方面的内容，化验室管理知识包括试剂管理、仪器管理、样品管理和检验质量管理等方面的内容。选择题和判断题可以作为上机考核的题目，综合题答案仅供参考。在难易程度方面分为基础、应用和提高三个层次，其中提高类题目占题量的 15%。本书是根据原国家劳动和社会保障部规定的化学检验工（中级、高级）职业资格鉴定所必需的鉴定内容和规范的要求编写的。

本书可供参加全国化工技能大赛和化学检验工职业资格鉴定的职业院校学生及化学分析行业的从业人员使用。